U0311638

棉花体细胞胚胎发生

李付广　主编

科学出版社

北京

内 容 简 介

本书主要通过棉花体细胞胚胎发生、组织培养、遗传转化与分析等方面对实验室关于棉花体细胞胚胎发生做了总结。全书前两章介绍了棉花组织培养相关的基本操作与培养体系，第三章和第四章分别从细胞学和生理学的角度分析了棉花体细胞胚胎的发生，第五章是与棉花体细胞胚胎发生过程相关基因的表达与调控，第六章和第七章主要阐述了材料的选育与棉花的遗传转化，第八章为棉花转基因材料的研究及遗传分析的方法，第九章为突变体的创造策略与应用。

本书适用于广大农林院校和科研院所的学生学习，同时对进行棉花相关方面研究的科研人员与技术人员也具有参考价值。

图书在版编目（CIP）数据

棉花体细胞胚胎发生/李付广主编. —北京：科学出版社，2017.2
ISBN 978-7-03-051797-5

Ⅰ. ①棉⋯　Ⅱ. ①李⋯　Ⅲ. ①棉花–体细胞–胚胎发生–研究
Ⅳ. ①S562.01

中国版本图书馆CIP数据核字（2017）第028729号

责任编辑：席　慧　刘　丹/责任校对：钟　洋
责任印制：肖　兴/封面设计：铭轩堂

科 学 出 版 社 出版
北京东黄城根北街 16 号
邮政编码：100717
http://www.sciencep.com

中国科学院印刷厂 印刷

科学出版社发行　各地新华书店经销

*

2017 年 2 月第 一 版　　开本：787×1092　1/16
2017 年 2 月第一次印刷　　印张：21 1/4
字数：544 000

定价：168.00 元

（如有印装质量问题，我社负责调换）

前　言

棉花是重要的经济作物，世界上有80多个国家种植。随着抗虫棉的推广应用，利用基因工程改良棉花也由研究阶段进入应用阶段。棉花转基因技术依托组织培养体系。

棉花组织培养主要通过体细胞再生途径。1986年至今，中国农业科学院棉花研究所开展棉花体细胞胚胎发育和转基因技术的系统研究已有31年。在国家转基因专项、国家自然科学基金、创新工程和产业体系等项目的支撑下，我们进行了深入的研究，在棉花组织培养体系建立、高分化率材料选育、转基因材料培养等方面取得了较大的进展。所建的"棉花组织培养性状纯化及外源基因功能验证平台构建"于2010年获国家技术发明二等奖。基于这一系列的科学研究结果，总结形成本书。

本书编者主要是棉花转基因研究与应用课题的成员和部分研究生。本书的具体内容及分工如下：第一章（张雪妍、王鹏）介绍棉花组织培养实验室建设及基本操作技术；第二章（王晔）介绍棉花常用组织培养外植体、培养体系及其研究进展；第三章（商海红）从细胞生物学方面研究了棉花体细胞胚胎发生过程中的变化与形态特征；第四章（葛晓阳、王倩华）从发育生理学方面研究了棉花体细胞胚胎发生的蛋白质组学变化和激素调控通路的变化；第五章（徐珍珍）研究了植物体细胞胚胎发生相关基因在棉花体细胞胚胎发育中的表达与调控；第六章（张朝军）从棉花组织培养的基因型限制方面展开研究，建立了高分化率材料选育技术；第七章（刘传亮）研究了棉花转基因技术，并建立了棉花基因枪轰击转化体系；第八章（秦文强）研究了棉花转基因材料筛选鉴定、外源基因功能评价体系；第九章（杨作仁）在突变体的创造策略与应用方面做了一些介绍。

棉花基因工程依托于棉花体细胞胚胎发生体系，外源基因的功能验证和转基因材料创制需要进行系统而繁琐的工作，在此基础上才能开展转基因棉花育种工作。

由于编者理论水平有限，研究持续时间较长，总结的时间相对较短，书中难免存在不足之处，恳请读者批评指正。

编　者

2016年11月

目　　录

第一章　棉花组织培养实验室及基本操作

第一节　植物组织培养的概念及应用

植物组织培养（plant tissue culture）是指在无菌条件下，将离体的植物器官、组织、细胞及原生质体，在人工配制的环境里培养，最终重新形成完整植株的方法。用于培养的植物体或一部分器官、组织、细胞、细胞器叫做外植体（explant）。植物组织培养的依据是植物细胞"全能性"（totipotancy）及植物的"再生作用"（regeneration）。植物组织培养包括器官培养、组织培养、胚培养、茎尖培养、花药培养、细胞培养等类型。1902年，德国著名植物学家G.Haberlanclt根据细胞学理论，大胆地提出了高等植物的器官和组织可以不断分割，直到单个细胞，即植物体细胞在适当的条件下，具有不断分裂和繁殖，发育成完整植株的潜力的观点。1943年，美国White在烟草愈伤组织培养中，偶然发现形成一个芽，证实了G.Haberlanclt的论点，提出了"植物细胞全能性"学说。自1971年Beasley首次从陆地棉胚珠的珠孔端诱导出愈伤组织、1979年Price和Smith首次报道从克劳茨基棉细胞悬浮培养中获得体细胞胚胎、1983年Davidonis在继代培养了两年后的陆地棉子叶愈伤组织中得到体细胞胚胎并再生出植株以来，棉花组织培养发展很快（张宝红等，1992），现已初步建立起棉花体细胞胚胎发生和植株再生体系（李克勤等，1991；Voo et al.，1991）。

组织培养应用十分广泛，现已在快速繁殖、脱毒、单倍体育种、离体胚培养和体外受精、种质资源保存、细胞融合、基因转化、细胞突变体筛选及植物次生产物的提取等方面得到广泛运用，其应用领域还在不断拓宽、延伸。

第二节　植物组织培养实验室的建立与基础操作

一、实验室的构成与设备

（一）洗涤与贮存室

洗涤室用来清洗玻璃、塑料和陶瓷等实验所用的器皿，一般面积为40~50m²，内设有中央实验台和用于洗涤干净后的器皿贮存的实验柜或架子，在实验台两端设有水槽，用于实验所用器皿的洗涤。需要1~2个较大的洗涤缸或塑料盆，用于对洁净度要求较高的玻璃器皿或进行二次清洗浸泡。烘箱用于快速对洗涤后的器皿进行烘干，温度控制在80~100℃即可；当温度控制在160℃以上时，可用于器皿的高温干燥灭菌。

（二）培养基配备与灭菌室

配备培养基与灭菌的房间面积一般为50~60m²，内设有中央实验台，在实验台的两端设有水槽，实验台中央设有长形的药品架，下方的柜子应分门别类，分别应有药品柜、器皿柜及器械柜等。此外，还应有通风橱与灭火设备。

常用的玻璃器皿包括各种规格的三角瓶、培养皿、烧杯及量筒等；还有各种规格的移液枪。

室内配有的主要仪器设备有电子天平，包括万分之一与百分之一两种，用于配制时药品的称量；pH计用于培养基和缓冲液等的pH测定；微波炉或电磁炉用于培养基的熬制；高温高压灭菌锅用于培养基、玻璃器皿及各种用于无菌操作的器械等的灭菌；冰箱用于储存一些需要低温保存的药品和植物材料等。

（三）接种室

该房间通常由里外两间构成。外间起到缓冲作用，用于准备工作，可以放置无菌操作工作人员的工作服、工作帽和鞋子等，能够减少室外杂菌进入，在防止污染上起到一定的作用；里间是无菌操作室，室内墙壁和地面都要光滑，以便清洗和灭菌，室内要有紫外灯，用于对房间的灭菌处理，也可定期用高锰酸钾、甲醛熏蒸消毒，具体操作过程如下。

（1）按照甲醛（40%）10ml/m³、高锰酸钾5g/m³计算用量。不同情况下，用量有所不同，但比例为2∶1。

（2）盛药容器要大、耐热、耐腐蚀：一般用陶瓷或玻璃容器，因为高锰酸钾和甲醛都具有腐蚀性，且混合后反应剧烈，释放热量。

（3）房间要密闭，这样熏蒸效果才会好。

（4）容器应尽量靠近门，以便操作人员迅速撤离；先将温水倒入容器内，后加入高锰酸钾，搅拌均匀；再加入甲醛；加入甲醛后，人立即离开，密闭房间。

注意顺序：是将甲醛倒入高锰酸钾溶液内。

（5）消毒时间一般为20~30min。

（6）消毒后要打开门窗通风换气。

无菌操作室内主要仪器为超净工作台，台内有酒精灯、装有70%乙醇浸泡的脱脂棉的广口瓶、酒精喷壶，以及接种用的无菌操作的小器械（如镊子、剪刀等），用于实验材料的无菌操作；小型双目解剖镜，在无菌操作时将其放置在超净工作台内，用于观察、解剖和分离较小的外植体；基因枪，用于外源基因的导入。

工作人员进入操作室内，应穿上经过灭菌的工作服和鞋子，并喷洒适量乙醇消毒。

（四）培养室

接种后的培养物会送至培养室进行培养。室内的温度、光照及湿度都需要进行调节。培养室一般包括光照培养室与暗培养室，室内有培养架、空调与加湿器等。培养架材料常用铝合金型材料，隔板可以用玻璃板或者胶合板。空调对室内的温度进行控制，一般为25~28℃（根据材料对温度的要求而定）；每层培养架安放两只灯管，光照强度为1500~3000lx（勒克斯），每日光照时间为10~16h，可通过安装自动定时器控制光照时间。

（五）显微操作和观察室

显微操作与观察室主要用于离体培养物的观察与记录，如对培养的原生质体的生长与发育状况的观察，具体生长、分化等过程可以通过显微镜的照相与摄像系统完成，需要室内保持干燥干净。

（六）人工气候室或温室

经离体培养获得的小植株，一般需要在可以调控温度和光照的人工气候室或者温室内经过炼苗，在季节适宜的情况下，再将其移栽至室外，若季节不允许，可继续在温室或人工气候室内生长至成熟。某些情况下，由于季节的限制，用于离体培养的外植体的供体首先要在人工气候室或温室内准备，然后才能接种。

二、实验室基本操作技术

（一）常用灭菌方法

灭菌是用物理或化学的方法完全除去或杀死器物表面和内部微生物的过程。物理方法包括热力灭菌、辐射灭菌、过滤灭菌等。化学方法则采用化学药物灭菌。对培养基和器皿的彻底灭菌及正确的无菌操作是防止染菌、保证组培材料正常生长及分化的关键，是植物组织培养工作中最基本，也是最重要的技术。灭菌的主要对象包括：玻璃、陶瓷、塑料器皿、操作工具、植物材料、培养基、操作室和培养室、超净工作台及操作者等。

1. 干热灭菌法　　致死温度是指一定时间内杀死某种微生物所需的最低温度，致死时间是指在一定温度下杀死某种微生物所需要的时间。干热灭菌的对象是不含水、耐高温并忌湿的物品，如玻璃、陶瓷、金属器械等。细菌的繁殖体在干燥状态下，80~100℃ 1h可被杀死；芽孢需要加热至160~170℃ 2h才杀灭。干热灭菌主要有以下几种方法。①焚烧：用火焚烧是一种彻底的灭菌方法，破坏性大，仅适用于废弃物品或动物尸体等。②烧灼：直接用火焰灭菌，适用于实验室的金属器械（镊、剪、接种环等）、玻璃试管口和瓶口等的灭菌。③干烤：在干烤箱内进行，加热至160~170℃维持2h，可杀灭包括芽孢在内的所有微生物，适用于耐高温的玻璃器皿、瓷器、玻质注射器等，组织培养中洗净的玻璃器皿都需干热灭菌。④红外线：波长为770nm至1000μm的电磁波，以1~10μm波长的热效应最强。红外线的热效应只能在照射到的表面产生，不能使物体均匀加热，常用于碗、筷等食具的灭菌。⑤微波：波长为1~1000mm的电磁波统称为微波，可穿透玻璃、塑料薄膜与陶瓷等物质，但不能穿透金属表面。微波炉的热效应分布不均匀，灭菌效果不可靠，用于非金属器械及食具消毒。干热灭菌比湿热灭菌需要更高的温度与较长的时间。

2. 湿热灭菌法　　棉织品（实验服、毛巾等）、溶液、培养基、工具等都可使用此方法灭菌。对于一些布制品，洗净晾干后用耐高压塑料袋装好，高压灭菌20~30min。对高压灭菌后不变质的物品，可以延长灭菌时间或提高压力。其中，培养基应在制备后24h内完成灭菌工序，高压灭菌前后的培养基，其pH会下降0.2~0.3个单位，要控制好灭菌的温度和时间。高压灭菌通常会使培养基中的蔗糖水解为单糖，从而改变培养基的渗透压。培养基中的铁在高压灭菌时会催化蔗糖水解，高压下蔗糖水解大大增强，添加1%活性炭，蔗糖水解率可达5%。

注意事项：防止高压灭菌培养基变化的方法如下。

（1）注意经常搜集有关高压灭菌影响培养基成分的资料，及时采取有效措施。

（2）设计培养基配方时尽量采用效果类似的稳定试剂并准确掌握剂量。例如，避免使用果糖和山梨醇而用甘露醇，以吲哚丁酸（IBA）代替吲哚乙酸（IAA），控制活性炭的用量（在0.1%以下），注意pH对高压灭菌下培养基中成分的影响等。

（3）配制培养基时应注意成分的适当分组与加入的顺序，如将磷、钙和铁放在最后加入。

（4）注意高压灭菌后培养基pH的变化及恢复动态。例如，高压灭菌后培养基的pH常由5.80升高至6.48。而96h后又回降至5.8左右。可以根据这一规律更好地把握实验。

培养基灭菌后一般置于培养室内，并放置3~5d后再用，目的是使培养器皿内的水蒸气挥发，并观察培养基的灭菌效果，以保证外植体接种在无菌的培养基上。

3. 辐射灭菌法　　用包括非电离辐射的红外线、微波及电离辐射的紫外线、α射线、γ射线等杀死微生物。前者是通过微波致死，后者是干扰代谢，引起酶系统紊乱将其杀死。需要注意的是，由于紫外线对皮肤和黏膜有刺激作用，应避免直接在紫外线下进行操作。

实验操作时，最常用的就是紫外线灭菌：在接种室、超净台上或接种箱里用紫外灯灭菌。紫外线的波长为200~300nm，其中以波长260nm的紫外线杀菌能力最强，但是由于紫外线穿透物质的能力很弱，所以只适于空气和物体表面的灭菌，而且要求距照射物以不超过1.2m为宜。在接种前打开紫外灯进行房间及超净台灭菌30min，然后进行接种。

4. 过滤灭菌法　　具有生理活性的或者不耐高温容易降解的物质通常使用微孔过滤器除去微生物，当滤孔小于0.2μm时，可除去病毒以外的所有微生物。灭菌具体对象有酶液、少量的某些液体培养基、不耐高温的抗生素、某些激素和维生素溶液等。

5. 化学灭菌法　　化学药物能够破坏微生物的细胞结构或使酶失活，阻止其正常代谢而将其杀死。杀菌的效果与化学药品的种类、浓度、处理时间及微生物种类和其对药物的敏感性有关。主要包括含氯灭菌剂（漂白粉、氯化汞和次氯酸钠等），用于物体或外植体表面灭菌；过氧化物灭菌剂（0.2%过氧乙酸和3%~6%双氧水等），常用于对皮肤和外植体表面的灭菌；醇类（70%乙醇），消毒效果好，用于大多数物体、器皿、皮肤表面及浸泡外植体表面灭菌；季铵盐类（0.1%~0.5%新洁尔灭溶液），用于对污染物表面进行灭菌；酚类灭菌剂（3%~5%石炭酸），对污染物表面或房间灭菌；醛类灭菌剂（甲醛或戊二醛等），用于对房间的熏蒸灭菌，常用熏蒸剂是甲醛，熏蒸时，房间关闭紧密，按5~8ml/m³的用量，将甲醛置于广口容器中，加5g/m³高锰酸钾氧化挥发。熏蒸时，房间可预先喷湿以加强效果。冰醋酸也可进行加热熏蒸，但效果不如甲醛。

（二）组织培养的无菌操作规程

（1）首先用70%乙醇喷洒或酒精棉擦拭超净工作台，然后将所需要用到的接种器具和培养基放入超净工作台，放入之前也应用70%乙醇喷洒，开启超净工作台的紫外灯照射20~30min后，再开启工作台气流，保持吹风状态。

（2）工作人员把手洗干净后，在外间缓冲室穿好工作服，然后用70%乙醇喷洒全身。

（3）进入无菌操作室内，检查接种所用的各种器具和物品是否齐全。

（4）接种前，应用70%酒精棉擦拭双手，然后在酒精灯的火焰上进行各样操作，注意不要将使用过的酒精棉或其他废弃物随意丢弃，应放在工作台内的专用容器内，工作完毕后要对废弃物和废液及时处理。

（5）对清洗过的植物材料进行灭菌处理（在自来水中清洗后转至70%乙醇中浸泡0.5~1min，若是种子则浸泡3~5min，用无菌水冲洗2~3次，再使用0.1%氯化汞溶液进行灭菌处理，最后用无菌水冲洗3~5次），再进行接种。

（6）在接种过程中应避免与人交谈，不要将实验台内的东西拿出超净工作台或将操作工具直接放在台面上，以免造成污染。应注意：若操作工具落到台面上，需用70%酒精棉进行擦拭后，在酒精灯火焰上进行灼烧，冷却后再使用；若酒精棉着火，要用湿布扑灭，切勿用嘴吹灭，以免将火焰扩大；若装有培养物的容器打碎，应及时用揩布蘸上5%石炭酸溶液收拾擦拭后，再用酒精棉擦手，然后继续进行操作。

（7）操作结束后，应及时将接种的材料转移到培养室，并清理操作台面，再打开紫外灯照射半小时后将其关闭。

（三）外植体的灭菌处理

从外界或室内选取的植物材料，都不同程度地带有各种微生物。这些污染源一旦带入培养基，便会造成培养基污染。因此，植物材料必须经严格的表面灭菌处理，再经无菌操作续接到培养基上，这一过程叫做接种。

第一步，将采来的植物材料除去不用的部分，将需要的部分仔细洗干净，置自来水龙头下流水冲洗几分钟至数小时，冲洗时间视材料清洁程度而定。

清洗时可加入洗衣粉，然后再用自来水冲净洗衣粉水。洗衣粉可除去轻度附着在植物表面的污物，除去脂质性物质，便于灭菌液的直接接触。当然，最理想的清洗物质是表面活性物质——吐温。

第二步，对材料的表面浸润灭菌。要在超净台或接种箱内完成，准备好消毒的烧杯、玻璃棒、70%乙醇、消毒液、无菌水、计时器等。用70%乙醇浸泡材料10～30s。由于乙醇具有使植物材料表面浸湿的作用，加之70%乙醇穿透力强，也很容易杀伤植物细胞，所以浸润时间不能过长。

第三步，用灭菌剂处理。表面灭菌剂的种类较多，常用的有次氯酸钙（9%~10%）、次氯酸钠（2%）、氯化汞（0.1%~1%）、抗生素（4~50mg/L）等，可根据情况选取1~2种使用，其中氯化汞处理时间约为5min，其余处理30min为宜。

灭菌剂应在使用前临时配制，灭菌后用无菌水涮洗3~4次即可；用氯化汞液灭菌的材料，氯化汞残毒较难去除，所以应当用无菌水涮洗8~10次，每次不少于3min，以尽量去除残毒。

灭菌时，把沥干的植物材料放到烧杯或其他器皿中，计时，倒入消毒溶液，不时用玻璃棒轻轻搅动，以促进材料各部分与消毒溶液充分接触，驱除气泡，使消毒彻底。灭菌时间是从倒入消毒液开始，至倒入无菌水时为止。吐温的用量，一般为加入灭菌液的0.5%，即100ml加入15滴。

最后一步是用无菌水涮洗，每次涮洗要3min左右，视消毒液种类，涮洗3~10次。无菌水涮洗是为了免除消毒剂杀伤植物细胞的副作用。

第三节　培　养　基

一、常用培养基的研制

培养基是植物组织培养的重要基质。在离体培养条件下，不同种植物的组织对营养有不同的要求，甚至同一种植物不同部位的组织对营养的要求也不相同，只有满足了各自的特殊要求，它们才能很好地生长。因此，没有一种培养基能够适合一切类型的植物组织或器官，在建立一项新的培养系统时，首先必须找到合适的培养基，培养才有可能成功。培养基的发展如图1-1所示。

最早是Sacks（1680）和Knop（1681）对绿色植物的成分进行了分析研究，根据植物从土中主要是吸收无机盐营养，设计出了由无机盐组成的Sacks溶液和Knop溶液，至今仍作为基本的无机盐培养基得到广泛应用。White（1943）的根培养基和Gautheret（1939）的愈伤组织培养基都是从早先用于完整植株培养的营养液发展而来。White培养基是基于Uspenski和Uspenskaia（1925）的海藻培养基，Gautheret的培养基是根据Knop的盐溶液而设计，所有后来的培养基配方的研制都是以White和Gautheret的培养基为基础。

1943年White为培养番茄根尖设计了根培养基，1963年又做了改良，称White改良培养基，提高了$MgSO_4$的浓度并增加了硼素。其特点是无机盐含量较低，适于生根培养。

1962年Murashige和Skoog为培养烟草细胞而设计了MS培养基。其特点是无机盐和离子浓度较高（硝酸盐含量比其他培养基高），为较稳定的平衡溶液。其养分的数量和比例较合适，可满足植物的营养和生理需要。它广泛用于植物的器官、花药、细胞和原生质体培养，效果良好。有很多培养基是由它演变而来的。

LS培养基由MS培养基演变而来，其大量元素、微量元素及铁盐均与MS相同，仅在有机物质中去掉甘氨酸、烟酸和盐酸吡哆素。

1966年，Wolter与Skoog设计的WS培养基无机盐含量低，微量元素种类少，适用于某些树种的生根培养。

1968年Galmborg等为培养大豆根细胞而设计了B5培养基。其主要特点是含有较低的铵，这可能对不少培养物的生长有抑制作用。实践得知，有些植物在B5培养基上生长更适宜，如双子叶植物特别是木本植物。

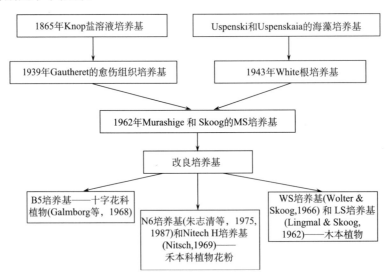

图1-1　培养基的发展过程（胡尚连等，2010）

1974年朱志清等为水稻等禾谷类作物花药培养而设计了N6培养基。其特点是成分较简单，KNO_3和$(NH_4)_2SO_4$含量高，用于小麦、水稻及其他植物的花药培养和其他组织培养。

KM-8P培养基也是在1974年设计的。其特点是有机成分较复杂，包括了所有的单糖和维生素，广泛用于原生质融合的培养。

二、培养基的组成

目前，植物组织培养常用培养基的成分主要可分为无机营养物、碳源、维生素、生长调节物质和有机附加物5类。

（一）无机营养物

无机营养物主要由大量元素和微量元素两部分组成，根据国际植物生理学会的建议，植物所需元素的量大于0.5mmol/L的称为大量元素，少于0.5mmol/L的称为微量元素。

在培养基中的活性因素，即不同类型的离子是由各种矿质元素经过解离和电离提供的。大量元素中，氮源通常由硝态氮或铵态氮，但在培养基中用硝态氮的较多，单独使用硝态氮时培养基的pH会增大，少量的铵态氮具有抑制这种增大的作用，因此一般将硝态氮和铵态氮混合使用。磷和硫则常由磷酸盐和硫酸盐来提供。钾是培养基中主要的阳离子，在近代的培养基中，其数量有逐渐提高的趋势。而钙、钠、镁的需要则较少。培养基所需的钠和氯化物，由钙盐、磷酸盐或微量营养物提供。微量元素包括碘、锰、锌、钼、铜、钴和铁。培养基中的铁离子，大多以螯合铁的形式存在，即$FeSO_4$与Na_2-EDTA（螯合剂）的混合。

（二）碳源

培养的植物组织或细胞，它们的光合作用较弱，在培养基中附加一些碳水化合物以供需要。即便是绿色的叶肉细胞，若在其生长过程中不外部添加碳源，也会在培养中逐渐失去绿色素，能够光合的组织在培养基中加入适量碳源能够生长得更好，因此碳源对于培养基是十分必要的。植物组织通常可利用的碳源有蔗糖、葡萄糖、麦芽糖、半乳糖、甘露醇及乳糖等。其中使用最多的碳源是蔗糖，而且通过高温高压灭菌后，可以使蔗糖水解产生更多可利用的糖，对愈伤组织的生长更好。在进行组织培养时，双子叶植物的根在有蔗糖存在时生长更好，而单子叶植物的根在有葡萄糖存在时生长最好。蔗糖除作为培养基内的碳源和能源外，对维持培养基的渗透压也起重要作用。

在棉花茎尖培养研究中，绝大多数是以蔗糖作为碳源，而葡萄糖作为碳源时，也有一定的优势。1977年，Smith和Price等确定了陆地棉等5个种的愈伤组织的诱导和继代培养条件。以葡萄糖作为碳源，加上高的光照强度和较高温度（29~30℃），愈伤组织能进行最适生长，可以避免多酚类物质的氧化，不变为褐色，因为葡萄糖和高光照强度能抑制愈伤组织变褐或者培养基颜色变深。1983年，Vesmanova（1983）以陆地棉品种'Tashkenti'发芽20d的幼苗茎尖为外植体在含有葡萄糖或蔗糖的培养基上进行茎尖培养，结果表明，3%葡萄糖可以显著提高植株再生率和根的诱导率；1996年，张献龙等在对陆地棉品种'华棉101'进行茎尖培养时也发现，葡萄糖明显好于蔗糖。

（三）维生素

虽然大多数植物细胞在培养中都能合成所必需的维生素，但在数量上，还明显不足，通常需加入一至数种维生素，以便获得最良好的生长。在培养基中加入维生素，常有利于外植体的发育，包括硫胺素（维生素B₁），对愈伤组织的产生和生活力有重要作用；吡哆素（维生素B_6），促进根的生长；烟酸（维生素B_3），与植物代谢和胚的发育有一定关系；抗坏血酸（维生素C），防止组织褐变；还有生物素、泛酸钙和叶酸等，在植物细胞里主要是以各种辅酶的形式参与多种代谢活动，对生长、分化等有很好的促进作用，都能在一定程度上改良培养材料的生长。一般用量范围为0.1~1.0mg/L，有时用量较高。

（四）有机附加物

有机附加物包括人工合成或天然的有机附加物。最常用的有酪朊水解物、酵母提取物、椰子汁、麦芽提取液、玉米乳、番茄汁及各种氨基酸等，这些复杂的人工或天然的营养混合物能够用来促进某些愈伤组织或器官的生长发育，缺点是这些混合物中能够促进组织培养生长发育的物质会随着供体的品种、部位、生长时期等的不同有所变化，导致实验的重复性不高，因此，复杂的不能明确具体成分的混合物的应用应尽可能避免，有时可用单个氨基酸有效地替代。

肌醇在糖类的相互转化中起重要作用，使用浓度一般为100mg/L。通常可由磷酸葡萄糖转化而成，还可进一步生成果胶物质，用于构建细胞壁。肌醇与6分子磷酸残基相结合形成植酸，植酸与钙、镁等阳离子结合成植酸钙镁，植酸可进一步形成磷脂，参与细胞膜的构建。适当使用肌醇，能促进愈伤组织的生长及胚状体和芽的形成。对组织和细胞的繁殖、分化有促进作用，对细胞壁的形成也有作用。

另外，琼脂也是最常用的有机附加物，它主要是作为培养基的支持物，使培养基呈固体状态，以利于各种外植体的培养，通常浓度为0.8%~1.0%，过高的浓度会使培养基变硬，营养物质不易扩散到组织中。

（五）生长调节物质

植物激素是植物新陈代谢中产生的天然化合物，它能以极微小的量影响植物的细胞分化、分裂、发育，影响植物的形态建成、开花、结实、成熟、脱落、衰老和休眠及萌发等许许多多的生理生化活动，在培养基的各成分中，植物生长调节物是培养基的关键物质，对植物组织培养起着决定性作用。

常用的生长调节物质大致包括3类。

（1）植物生长素类。种类：IAA（indo acetic acid，吲哚乙酸），IBA（indolebutyri acid，吲哚丁酸），2，4-D（2，4-二氯苯氧乙酸），NAA（naphthalene acetic acid，萘乙酸），BR（油菜素内酯）等。作用：用于诱导愈伤组织形成，诱导根的分化和促进细胞分裂、伸长生长。

（2）细胞分裂素类。种类：Zt（zeatin，玉米素）、6-BA（6-苄氨基嘌呤或BAP）和KT（kinetin，激动素）。作用：①诱导芽的分化促进侧芽萌发生长；②促进细胞分裂与扩大；③抑制根的分化。

（3）赤霉素类。已知的赤霉素种类很多，而组织培养中使用的赤霉素只有一种，即赤霉酸（GA_3）。主要用于促进幼苗茎的伸长生长，促进不定胚发育成小植株；赤霉素和生长素协同作用，对形成层的分化有影响，当生长素和赤霉素比值高时有利于木质部分化，比值低时有利于韧皮部分化；此外，赤霉素还用于打破休眠，促进种子、块茎、鳞茎等提前萌发。一般在器官形成后，添加赤霉素可促进器官或胚状体的生长。

此外，脱落酸与乙烯对植物休眠及成熟等也有一定的作用。

1991年，张献龙等以陆地棉品种'珂字棉201'为材料，研究了基本培养基中添加多种激素对体细胞胚胎发生的影响。IAA、2，4-D与KT并用时，IAA最易诱导胚胎发生，2，4-D最差。新型植物激素BR与2，4-D并用时，可使难以诱导胚胎发生的品种'河南79'胚胎发生。同一种激素，用量不同效果不同，以10^{-2}ppm[①] 2，4-D、10^{-1}ppm KT和10^{-2}ppm BR最适于胚胎发生。用量增加则抑制胚状体产生。大量研究表明，植物激素在组织培养中扮演重要角色，不同类型的植物激素在体细胞胚胎发生过程中发挥不同作用（Sun et al.，2006；Bassuner et al.，2001）。2，4-D+KT组合是棉花组织培养中的常用植物激素组合，广泛地用于棉花愈伤组织的诱导和体细胞胚胎发生（Trolinder et al.，1987；Trolevder et al.，1988a，1988b）。此外，其他的植物激素组合也在不同的实验室被成功地应用于不同棉花品种的体细胞胚胎发生（Sakhanokho et al.，2001；Rajasekaran et al.，2004；Wu et al.，2004；Jin et al.，2006），其中IBA+KT组合通常用来继代胚性愈伤组织和促进体细胞胚胎发生，近年来也被成功地应用于愈伤组织的诱导和分化调控。

三、培养基成分和培养条件对体细胞胚胎发生能力的影响

培养基成分和培养条件对体细胞胚胎发生具有重要的影响，如培养基中的氮源、激素及培养温度等。氮源对体细胞胚胎发生具有重要的影响。在常用的棉花组织培养基中，添加的氮源氨基酸有天冬氨酸、脯氨酸及谷氨酸（张朝军，2008）。Price等（1977）曾指出，在培养基中加入谷氨酰胺是体细胞胚胎发生的关键。在培养基中常添加的无机氮源为铵态氮和硝态氮。Trolinder（1989）通过研究发现氮化物对于体细胞胚胎发生和成熟都有很重要的作用，增加一定浓度的KNO_3有利于棉花体细胞胚胎发生。张寒霜等（1999）通过分析试验结果认为，NH_4NO_3减半时，促进体细胞胚胎发生，而KNO_3加倍时由于其中的K^+的调节作用有利于胚状体的形成。

激素对体细胞胚胎发生具有很重要的影响，不同的激素、不同的比例都会产生不同的效果。还有其他因素，如不同培养条件、培养基的不同 pH对体细胞胚胎发生也有一定的影响。大多数研究者认为组织培养一般使用偏酸性的培养基，pH在5.8~6.2之间。吴家和等（1999）提出，在棉花的组织培养时，培养基的 pH调整在6.0~6.5的范围是适于棉花体细胞胚胎发生和植株再生的，培养温度以28~30℃为宜；张朝军等（2008）认为，在一定的范围内，较高光强和高温度是棉花愈伤组织培养的较佳培养条件。

四、培养基的制备

（一）制备母液

为了避免每次配制培养基都要对几十种化学药品进行称量，应该将培养基中的各种成分，按原量10倍、100倍或1000倍称量，配成浓缩液，这种浓缩液叫做母液。这样，每次配制培养基时，取其总量的1/10、1/100、1/1000，加以稀释，即成培养液。培养液中各类物质制备母液的方法说明如下。

（1）大量元素。大量元素包括硝酸铵等用量较大的几种化合物。制备时，按表中排列

---

① 1ppm=×10^{-6}

的顺序，以其10倍的用量，分别称出并进行溶解，以后按顺序混在一起，最后加蒸馏水，使其总量达到1L，此即大量元素母液。

（2）微量元素。因用量少，为称量方便和精确起见，应配成100倍或1000倍的母液。配制时，每种化合物的量加大100倍或1000倍，逐次溶解并混在一起，制成微量元素母液。

（3）铁盐。铁盐要单独配制。由硫酸亚铁（$FeSO_4 \cdot 7H_2O$）5.57g和乙二胺四乙酸二钠（Na_2-EDTA）7.45g溶于1L水中配成。每配1L培养基，加铁盐5ml。

（4）有机物质。主要指氨基酸和维生素类物质。它们都是分别称量，分别配成所需的浓度（0.1~1.0mg/ml），用时按培养基配方中要求的量分别加入。

（5）植物激素。最常用的有生长素和细胞分裂素。这类物质使用浓度很低，一般为0.01~10mg/L。可按用量的100倍或1000倍配制母液，配制时要单个称量，分别贮藏。

配制植物生长素时，应按要求浓度称好药品，置于小烧杯或容量瓶中，用1~2ml 0.1mol/L氢氧化钠溶解，再加蒸馏水稀释至所需浓度。配制细胞分裂素时，应先用少量0.5mol/L或1mol/L的盐酸溶解，然后加蒸馏水至所需量。

以上各种混合液（母液）或单独配制药品，均应放入冰箱中保存，以免变质、长霉。至于蔗糖、琼脂等，可按配方中要求，随称随用。

（二）配制培养基的具体操作

（1）根据配方要求，用量筒或移液管从每种母液中分别取出所需的用量，放入同一烧杯中，并用粗天平称取蔗糖、琼脂放在一边备用。

（2）将（1）中称好的琼脂加蒸馏水300~400ml，加热并不断搅拌，直至煮沸溶解呈透明状，再停止加热。

（3）将（1）中所取的各种物质（包括蔗糖），加入煮好的琼脂中，再加水至1000ml，搅拌均匀，配成培养基。

（4）用1mol/L的氢氧化钠或盐酸，滴入（3）中的培养基里，每次只滴几滴，滴后搅拌均匀，并用pH计测试其pH，直到将培养基的pH调到5.8。

（5）将配好的培养基，用漏斗分装到三角瓶（或试管）中，并用棉塞塞紧瓶口，瓶壁写上号码。瓶中培养基的量约为容量的1/4或1/5。培养基的成分比较复杂，为避免配制时忙乱而将一些成分漏掉，可以准备一份配制培养基的成分单，将培养基的全部成分和用量填写清楚。配制时，按列出内容顺序，按项按量称取，就不会出现差错。MS培养基与B5培养基的内容见本章附表。

（三）培养基的灭菌与保存

培养基配制完毕后，应立即灭菌。培养基通常应在高压蒸汽灭菌锅内，120℃条件下，灭菌20min。如果没有高压蒸汽灭菌锅，也可采用间歇灭菌法进行灭菌，即将培养基煮沸10min，24h后再煮沸20min，如此连续灭菌3次，即可达到完全灭菌的目的。经过灭菌的培养基应置于10℃下保存，特别是含有生长调节物质的培养基，在4~5℃低温下保存要更好些。含吲哚乙酸或赤霉素的培养基，要在配制后的一周内使用完，其他培养基最多也不应超过一个月。在多数情况下，应在灭菌后两周内用完。

第四节　组织培养污染的类型及克服方法

一、污染来源

组织培养过程中常见的污染来源有外在因素和内在因素，外在因素包括材料的生长环境、器皿消毒情况、操作人员、工作环境、培养环境等，内在因素主要是所取的外植体材料自身所带的细菌、内生细菌和真菌。培养环境：门窗关闭不严，菌类进屋机会多，菌尘共存，室内潮湿，菌类繁衍多、快，带菌组培苗未及时清理。

无菌接种室：接种室彻底消毒时间间隔久，工作人员身上带菌进入。

器具：超净工作台长时间不换滤网，致使净化能力降低或者过滤装置失效；接种用具灭菌不彻底，或者是灭菌后没有烘干，放置时间长又落入细菌或真菌，引起污染。

操作：未及时发现轻度污染苗，接种过程交叉感染等。违规操作引起真菌孢子随着组培材料落入瓶中。

外植体带菌：材料被带入组织培养过程中易引起内生菌的污染（周俊辉，1999；朱广廉，1996；邱坚锋，1987）。外植体带菌引起的污染，情况则比较复杂，与外植体的种类、取材季节、部位、预处理方法及消毒方法等密切相关。

二、污染分类

（一）细菌污染

细菌污染又分为表面细菌污染和内生细菌污染。表面细菌引起的污染通常在2~3d就能在外植体周围或培养基表面形成明显的如水污状、油污状、气泡，或干缩的红、黄、乳白等颜色的菌落。而内生细菌引起的污染，在刚接种的组培苗瓶中表现不明显，随着继代培养次数的增加，菌量逐渐累积，才在培养基上显现出来。①培养材料附近出现黏液状和发酵泡沫状物体，或在培养基表面呈流水状。②黄色油腻状，在培养基瓶壁首先长出黄色点状物质，进而蔓延至整个培养基，附着在组培苗基部。③培养基表面呈红色薄层状、白色堆状或者边缘呈褶皱状。

（二）真菌污染

真菌污染表现在培养基上产生灰褐色、暗绿色或白色等菌落，菌落上有绒毛状物质，一般接种后培养2~3d就可以观察到直径为0.5~1.0cm的污染菌斑，真菌生长迅速，7~10d就会蔓延整个培养基，导致组培苗死亡。真菌污染除直接接触传播外，主要通过空气媒介传播。在经过几次继代之后，培养过程中出现的污染主要来自于接种时带入而不是材料带菌引起的真菌污染，是可以预见和预防的。

三、污染防治

由于造成污染的原因很多，故针对不同情况分别预防，有的放矢，尽可能做到早期预防。

（一）外植体选择与前处理

迄今为止，组织培养获得的成功，几乎包括了植物体的各个部位，其中植物胚不易被污染且具有幼嫩的分生组织细胞（王彭伟，1998；陈正华，1986），是常用的外植体。对利用茎尖或者花梗作外植体，可先在室内或无菌条件下对枝条进行预培养或暗培养，而后再取其新抽出的嫩枝或徒长、黄化的枝条。对室内盆栽材料应选取洁净、无病虫害、比较细嫩、生长能力较强的部位且经多次接种易获得无菌材料的作物作为外植体，而后将截取材料进行前处理消毒、冲洗。在无菌纸或无菌盘上截去材料两端，接入培养基。

（二）适宜的培养环境

培养室要保持干燥、清洁。观察干湿温度计，阴雨天，开空调除湿，室内要定期打扫，每天喷洒75%乙醇除尘，保持干净和室内空气干燥，减少真菌生长繁殖。及时清理培养室污染的培养瓶，进行灭菌处理，以防扩散。

（三）工作环境

定期用高锰酸钾和甲醛熏蒸接种室，甲醛、水、高锰酸钾比例为2：1：1，甲醛（40%）10ml/m³，高锰酸钾5g/m³。接种前，无菌室室内和超净工作台开紫外灯照射消毒30min，然后打开超净工作台，吹风20min后使用。定期检查超净工作台。利用营养琼脂培养基制成的平板，按照检测程序进行培养观察，如果无菌斑生长即表明洁净度效果良好。

（四）培养基及器皿灭菌

培养基彻底灭菌后，先放入缓冲间，抽取样品放在培养室培养2~3d。若培养基表面和内部均无任何细菌痕迹和真菌菌斑，便可使用了。定期对培养器皿和接种工具进行高压灭菌消毒。消毒出锅后的接种纸或者接种盘最好放入烘箱烘干水分后2d内用完；刀、剪、镊子等金属用具在开始使用前用浸泡在75%乙醇中的棉球擦拭，再在带有石英砂的消毒器内高温消毒5~10min，冷却后使用。

（五）正确的操作方法

接种前用肥皂洗手，流水冲洗干净，用70%乙醇擦洗双手，手不能接触材料或器皿边缘，不要在工作台前谈话，接种时瓶子要倾斜，防止空气中细菌或真菌孢子落入瓶中。继代最好一瓶接种一瓶或两瓶，而不与另一瓶材料混接入一瓶，防止交叉污染。

（六）细致的观察

仔细鉴别出污染瓶，防止继代和交叉污染。对污染材料带瓶放入高压灭菌锅，彻底杀灭菌体后再清洗，可以有效减少单位面积的菌体数量。

（七）部分污染瓶的处理

对于部分稀缺材料，在前期组培瓶中材料单株少，如果是细菌引起的污染，又是在个别单株周围出现症状，可以尽早地对没有污染的其他单株进行转接培养观察，如果是真菌引起的污染，最好处理掉，不能转接。

（八）抗生素的应用

抗生素虽然在植物组培中应用广泛，但是抗生素一般不稳定，遇酸、碱或加热都易分解而失去活性，而且抗生素浓度高低还会直接影响材料的生长。用灭菌过滤器过滤后加入其余已经高温灭菌的培养基中（吴素萱，1978），一般认为0.2mm孔径滤膜足以去除大部分细菌。针对不同的材料，不同的实验室选择使用不同抗生素，需要经过试验，最后确定选用抗生素的种类和适宜温度。

第五节　培养条件及其调控技术

在植物组织培养过程中，根据所培养的植物种类、生产规模，选择合适的器材、设施是十分必要的，只有这样才能确保整个操作过程的顺利进行。在器材、设施的选择上，不要贪大求洋，应该在其是否实用上多下工夫。在研究型的组织培养操作中，往往对器材、设施的要求较高；而在生产型的组织培养中，则对器材、设施的要求较为粗放，因此管理者必须根据实际情况来进行培养器材、设施的遴选。

在植物组织培养的过程中，从外植体的采收到试管苗的定植都必须在特定的环境中进行。例如，培养基的配制要在专用的器材、设施中进行；外植体的接种要在专用的器材、设施中进行。应该根据植物组织培养不同阶段的需要，选择不同的器材、设施。只有从降低投入、提高工效、节约劳力等诸方面加以考虑，才能降低培养成本、提高培养效率。

一、温度

因为温度是植物组织培养中的重要因素，所以植物组织培养在最适宜的温度下生长分化才能表现良好，大多数植物组织培养都是在23~28℃之间进行，一般采用25℃。低于15℃时培养，植物组织会表现生长停止，高于35℃时对植物生长不利。但是，不同植物培养的适温不同。百合的最适温度是20℃，月季是25~27℃，番茄和棉花是28℃。温度不仅影响植物组织培养育苗的生长速度，也影响其分化增殖及器官建成等发育进程。例如，烟草芽的形成以19~28℃为最好，在12℃以下、33℃以上形成率皆最低。

不同培养目标采用的培养温度也不同，百合鳞片在30℃以下生长的小鳞茎的发叶速度和百分率都比在25℃以下的高。桃胚在2~5℃条件进行一定时间的低温处理，有利于提高胚培养成活率。用35℃处理草莓的茎尖分生组织3~5d，可得到无病毒苗。

二、光照

组织培养中光照也是重要的条件之一，主要表现在光强、光质及光照时间方面。

（一）光照强度

光照强度对培养细胞的增殖和器官的分化有重要影响，从目前的研究情况看，光照强度对外植体、细胞的最初分裂有明显的影响。一般来说，光照强度较强，幼苗生长得粗壮，而光照强度较弱，幼苗容易徒长。

（二）光质

光质对愈伤组织诱导、培养组织的增殖及器官的分化都有明显的影响。例如，百合珠芽在红光下培养，8周后，分化出愈伤组织。但在蓝光下培养，几周后才出现愈伤组织，而唐菖蒲子球块接种15d后，在蓝光下培养首先出现芽，形成的幼苗生长旺盛，而白光下幼苗纤细。

（三）光周期

试管苗培养时要选用一定的光周期来进行组织培养，最常用的周期是16h的光照，8h的黑暗。研究表明，对短日照敏感的品种的器官组织，在短日照下易分化，而在长日照下产生愈伤组织，有时需要暗培养，尤其是一些植物的愈伤组织在黑暗下比在光下更好，如红花、乌饭树的愈伤组织。

三、气体

氧气是组织培养中必需的因素，瓶盖封闭时要考虑通气问题，可用附有滤气膜的封口材料。通气最好的是棉塞封闭瓶口（现在一般使用有透气孔的封口膜），但棉塞易使培养基干燥，夏季易引起污染。固体培养基可加入活性炭来增加通气度，以利于发根。培养室要经常换气，改善室内的通气状况。液体振荡培养时，要考虑振荡的次数、振幅等，同时要考虑容器的类型、培养基等。

四、湿度

湿度包括培养容器内容湿度和外界环境的相对湿度条件，容器内湿度主要受培养基水分含量和封口材料的影响。前者又受琼脂含量的影响。在冬季应适当减少琼脂用量，否则，将使培养基过硬，以致不利于外植体接触或插入培养基，导致生长发育受阻。封口材料直接影响容器内湿度情况，但封闭性较高的封口材料易使透气性受阻，也会导致植物生长发育受影响。

环境的相对湿度可以影响培养基的水分蒸发，一般要求60%~80%的相对湿度，常用加湿器或经常洒水的方法来调节湿度。湿度过低会使培养基丧失大量水分，导致培养基各种成分浓度的改变和渗透压的升高，进而影响组织培养的正常进行。湿度过高时，易引起棉塞长霉，造成污染。

附表

附表 1　MS 培养基

成分		培养基配方用量/（mg/L）
大量元素	硝酸钾（KNO₃）	1900
	硝酸铵（NH₄NO₃）	1650
	磷酸二氢钾（KH₂PO₄）	170
	硫酸镁（MgSO₄·7H₂O）	370
	氯化钙（CaCl₂·2H₂O）	440
微量元素	碘化钾（KI）	0.83
	硼酸（H₃BO₃）	6.2
	硫酸锰（MnSO₄·4H₂O）	22.3
	硫酸锌（ZnSO₄·7H₂O）	8.6
	钼酸钠（Na₂MoO₄·2H₂O）	0.25
	硫酸铜（CuSO₄·5H₂O）	0.025
	氯化钴（CoCl₂）	0.025
铁盐	乙二胺四乙酸二钠（Na₂EDTA·2H₂O）	37.3
	硫酸亚铁（Fe₂SO₄·7H₂O）	27.9
有机成分	肌醇	100
	氨基乙酸	2
	盐酸硫胺素（VB₁）	0.4
	盐酸吡哆醇（VB₆）	0.5
	烟酸（VB₃或VPP）	0.5
	蔗糖（sucrose）	30g /L
	琼脂（agar）	7g /L

注：用于植物组织培养的基础培养基（pH 5.8）

附表 2　B5 培养基

成分		培养基配方用量/（mg/L）
大量元素	硝酸钾（KNO₃）	2500
	硫酸铵[（NH₄）₂SO₄]	134
	磷酸二氢钠（NaH₂PO₄·H₂O）	150
	硫酸镁（MgSO₄·7H₂O）	250
	氯化钙（CaCl₂·2H₂O）	150
微量元素	碘化钾（KI）	0.75
	硼酸（H₃BO₃）	3.0
	硫酸锰（MnSO₄·4H₂O）	10
	硫酸锌（ZnSO₄·7H₂O）	2.0

续表

成分		培养基配方用量/（mg/L）
微量元素	钼酸钠（Na$_2$MoO$_4$·2H$_2$O）	0.25
	硫酸铜（CuSO$_4$·5H$_2$O）	0.025
	氯化钴（CoCl$_2$）	0.025
铁盐	乙二胺四乙酸二钠（Na$_2$EDTA·2H$_2$O）	37.3
	硫酸亚铁（Fe$_2$SO$_4$·7H$_2$O）	27.8
有机成分	肌醇	100
	谷氨酰胺	800
	盐酸硫胺素（VB$_1$）	10
	盐酸吡哆醇（VB$_6$）	1.0
	烟酸（VB$_3$或VPP）	1.0
	蔗糖（sucrose）	20g /L
	琼脂（agar）	7g /L

注：用于植物组织培养（pH5.5）

参 考 文 献

陈正华. 1986. 木本植物组织培养技术. 北京: 高等教育出版社

李克勤, 王哲之, 张大力, 等. 1991. 陆地棉组织细胞培养的研究. 西北植物学报, 11(2): 144-153

邱坚锋. 1987. 热带地区植物组织培养中污染的控制. 热带林业科技, (5): 72-75

王彭伟. 1998. 肾蕨组织培养快速繁殖的研究. 北京林业大学学报, 20(2): 107

吴家和, 陈志贤, 李淑君. 1999. 棉花体细胞愈伤组织诱导和增殖期间某些代谢产物的动态变化. 中国棉花,
　　26: 17-18

吴素萱. 1978. 植物组织和细胞培养. 上海: 上海科学技术出版社

张宝红, 丰嵘. 1992. 棉花组织培养名录. 植物生理学通讯, 28(4): 308-314

张朝军. 2008. 棉花叶柄高效再生体系的建立与遗传分析. 北京: 中国农业科学院博士学位论文

张寒霜, 李俊兰, 高鹏, 等. 1999. 低酚陆地棉的体细胞胚胎发生和植株再生. 河北农业大学学报, 22(1): 9-12

张献龙, 王武, 刘金兰, 等. 1991. 不同激素诱导陆地棉体细胞胚胎发生的效应. 华中农业大学学报, 10(3):
　　247-251

周俊辉. 1999. 植物快速繁殖技术中存在的问题与对策. 仲恺农业技术学报, 12(4): 64-70

朱广廉. 1996. 植物组织培养中外植体灭菌. 植物生理学通讯, 32(6): 444-449

Bassuner B M, Lam R, Lukowitz W, et al. 2001. Auxin and root initiation in somatic embryos of *Arabidopsis*. Plant
　　Cell Reports, 20: 1141-1149

Beasley C A. 1971. *In vitro* culture of fertilized cotton ovules. Bioscience, 21: 906-907

Davidonis G H, Hamilton R H. 1983. Plant regeneration from callus tissue of *Gossypium hirsutum* L. Plant Sci
　　Letter, 32: 89-93

Jin S X, Zhang X L, Nie Y C, et al. 2006. Identification of a novel genotype for *in vitro* culture and genetic
　　transformation of cotton. Biologia Plantarum, 50(4): 519-524

Price H J, Smith R H. 1979. Somatic embryogenesis in suspension cultures of *Gossypium klozschianum* Anderss.
　　Planta, 145: 305-307

Price J H, Smith R H, Grumbles R M. 1977. Callus cultures of six species of cotton(*Gossypium hirsutum* L.)on defined media. Plant Sci Lett, 10: 115-119

Rajasekaran K, Sakhanokho H F, Zipt A, et al. 2004. Somatic embryo initiation and germination in diploid cotton(*Gossypium arboreum* L.). *In Vitro* Cellular&Developmental Biology-Plant, 40: 177-181

Sakhanokho H F, Zipt A, Rajasekaran K, et al. 2001. Induction of highly embryogenic calli and plant regeneration in upland(*Gossypium hirsutum* L.)and Pima(*Gossypium barbadense* L.)cottons. Crop Science, 41: 1235-1240

Sun Y Q, Zhang X L, Guo X P, et al. 2006. Somatic embryogenesis and plant regeneration from different wild diploid cotton(*Gossypium*)species. Plant Cell Reports, 25(4): 289-296

Trolevder N L, Goodin J R. 1988a. Somatic embryogenesis in cotton(*Gossypium*). Ⅰ. Effects of explants and hormone regime. Plant Cell Tissue and Organ Culture, 12: 31-42

Trolinder N L, Goodin J R. 1987. Somatic embryogenesis and plant regeneration in *Gossypium hirsutum* L. Plant Cell Reports, 6: 231-234

Trolinder N L, Goodin J R. 1988b. Somatic embryogenesis in cotton. Ⅱ. Requirements for embryo development and plant regeneration. Plant Cell Tissue and Organ Culture, 12: 43-53

Trolinder N L. 1989. Genotype specificity of the somatic embryogenesis in cotton. Plant Cell Rep, 8: 133-136

Vesmanova O Y. 1983. Evaluation of the capacity of cotton for microclonal propagation from meristematic tissue. Uzbekskii Biologieheskii Zhurnal, 4: 47-52

Voo K S, et al. 1991. Indirect somatic embryogenesis and plant recovery from cotton. *In Vitro* Cell Dev Bio, 27(Plant): 117-124

Wu J H, Zhang X L, Nie Y C, et al. 2004. Factors affecting somatic embryogenesis and plant regeneration from a range of recalcitrant genotypes of Chinese cotton. *In Vitro* Cellular & Developmental Biology-Plant, 40: 371-375

第二章　棉花组织培养体系

第一节　外植体的选择与处理

棉花组织培养体细胞胚胎发生能力受多种因素影响，其中外植体选择与处理对组织能否再生起很大作用，不同类型及不同发育时期的外植体其再生能力都不同。目前棉花的组织培养中常用的外植体主要有无菌苗的下胚轴、叶柄、子叶、根等。

研究表明，不同外植体类型之间在愈伤组织诱导和分化方面存在着差异。因此棉花组织培养体系的改良与外植体的筛选历来是组织培养工作者的注重点之一。宋平等（1987）研究胚珠的组织培养发现，授粉的胚珠相对未受粉的胚珠再生能力更强。Finer等（1988）研究发现组织培养产生的无菌苗，其再生能力比成熟的叶片、叶柄强；Trolinder和Goodin（1988）研究发现下胚轴细胞的再生能力优于叶片及叶柄，并且子叶节附近的下胚轴更容易诱导出胚性愈伤组织；张海及焦改丽等都报道了子叶培养体系，并且研究发现，不同的器官中下胚轴的再生能力最强；张朝军等（2006）还报道了'中24'的叶柄高分化率组织培养体系。

愈伤组织的诱导是组织培养的起始阶段，能否获得活力旺盛和易于分化的愈伤组织是棉花组织培养成功的关键。现在虽已从多种外植体中获得愈伤组织，但大量的试验结果表明棉花下胚轴是易于获得愈伤组织的外植体，而且幼嫩组织比老化组织更易诱导，一般以幼嫩的下胚轴切段为外植体时，将下胚轴切成长度为0.5~0.8cm的小段最佳。

基因型在愈伤组织诱导中起着重要的作用（Finer et al., 1984）。一般来说亚洲棉较易，陆地棉次之，海岛棉较难，野生棉难易不等（董合忠等，1989）。棉花下胚轴比子叶或叶片作外植体优越（Troloinder et al., 1988）。子叶节附近是下胚轴最易形成愈伤组织的部分（Finer et al., 1984；张献龙等，1990）。Finer等（1984）发现用成熟棉株的茎、叶片、叶柄作外植体与用培养7d的无菌苗相比，难以诱导愈伤组织。谭晓连等（1988）研究了盆栽拟似棉的叶、叶柄和茎在离体培养中的反应，发现茎最容易诱导体细胞胚胎发生和植株再生。宋平等（1987）发现，未授粉胚珠产生的愈伤组织不如授粉胚珠。此外，外植体的放置方向也很重要，利用下胚轴作外植体时，必须使表皮与培养基接触，若使切口与培养基接触，会长出生长缓慢的红色愈伤组织（Price et al., 1977）。近年来，研究表明毛根能够再生，但难易程度缺少比较（焦改丽等，2002）；张海等（2002）报道了棉花子叶离体培养与植株再生，但再生频率不高。简而言之，下胚轴最易，中胚轴和上胚轴次之，子叶较差，叶片和茎段最差，这可能与不同遗传型材料对诱导培养体系存在较大的差异有关。但总的来说，幼嫩组织比成熟组织更易诱导棉花体细胞胚胎发生（迟吉娜等，2004）。

一、无菌苗

棉花组织培养中大量使用的外植体主要来自无菌苗，研究发现无菌苗下胚轴诱导愈伤组织时最易，叶片和茎段最难（Troloinder et al., 1988）。

山西省农业科学院棉花所建立了以'冀合713'为模式化品种的组织培养体系，该体系的外植体采用无菌苗下胚轴，并进行了农杆菌介导的遗传转化；同时中国农业科学院棉花研究所也成功地建立了以'CCRI24'为模式化品种的无菌苗下胚轴组织培养体系。张献龙等（2004）和董合忠等（1990）报道，下胚轴是诱导获得胚胎发生的较佳外植体，子叶节附近是下胚轴最易形成愈伤组织的部位，离子叶节越远，形成愈伤组织能力越弱。健壮幼苗下胚轴作外植体时易形成愈伤组织。一般暗处萌发的无菌苗其外植体比光照下获得的无菌苗更易形成愈伤组织和胚状体。下胚轴是利用最为广泛的棉花组织培养外植体，因此，如何获得健壮的无菌苗是建立高频再生体系的前提和基础。在无菌苗培养过程中，种子的消毒至关重要，不仅要消毒彻底，还不能对种子伤害太大，否则会导致无菌苗长势不良，影响后续实验。通常植物种子消毒使用的消毒剂有乙醇、双氧水、氯化汞、次氯酸钠等。消毒剂的种类和浓度需要特别注意，乙醇对棉花无菌苗造成的伤害较大，最好不使用。氯化汞毒性比双氧水大，灭菌后经过多次清洗，可以有效清除残余的氯化汞，因此在用氯化汞进行消毒时，控制消毒时间和规范清洗环节可以有效克服这一缺点，消毒5min后可以用无菌水清洗6～7次，每次轻轻摇晃瓶体2min，这样处理种子对发芽率和发芽势不会有影响。用浓度为50g/L的次氯酸钠消毒棉花种子能够大大降低污染，对发芽率及生长势没有明显影响。在对种子进行消毒时，需要去掉种壳进行，否则消毒不彻底，并且会造成无菌苗生长高矮不齐。双氧水作为棉花种子消毒剂，灭菌效果好，易于清洗且残留量低，但其浓度明显影响到无菌苗的发育。一般使用1%的双氧水消毒30min即可，双氧水消毒后用无菌水冲洗2次。

棉花幼苗的长势对培养基pH为5~9不敏感，因此，无菌苗培养基不需要调pH，用自来水配制即可，添加1/2 MS和蔗糖30g/L。

在接种种子时，将种子平放于培养基中即可，不能将胚根端埋在培养基中，会使种子呼吸受到影响，影响种子发芽。

将培养7d的无菌苗下胚轴切成0.5~0.8cm的切段，下胚轴切段平放于愈伤组织诱导培养基。外植体的放置方向很重要，利用无菌苗下胚轴作外植体时，必须使表皮与培养基接触，若使切口与培养基接触，会产生生长缓慢的红色愈伤组织（Price et al.，1977）。

二、田间材料的灭菌处理

在棉花组织培养中，获得无菌外植体是组织培养成功的必要前提，取自于田间或温室的叶柄、叶片等外植体常带有大量的细菌和霉菌，因此，通过化学药剂消除植物材料上的杂菌是植物组织培养的重要环节。

组织培养中经常使用的灭菌剂有次氯酸钠、过氧化氢、漂白粉、溴水和低浓度的氯化汞等。使用这些灭菌剂，都能起到表面杀菌的作用。对于茎叶，因为暴露在空气中，且生有毛或刺等附属物，所以灭菌前应该用自来水冲洗干净，用吸水纸将水吸干，再用70%乙醇漂洗一下。然后，根据材料的老嫩和枝条的坚硬程度，用2%~10%次氯酸钠溶液浸泡6~15min，用无菌水冲洗3次，用无菌纸吸干后进行接种。灭菌方法比较繁琐，耗时较长，不符合对棉花茎叶灭菌的要求。因此有人对灭菌方法进行了改良。改良后的方法为将棉花的茎叶浸入0.1% $HgCl_2$溶液中灭菌，之后用灭菌蒸馏水冲洗3~4遍，以彻底清除残余的$HgCl_2$。清洗后切除两端的伤口部分，剩余部分横切成0.5~0.8cm长的切段，接入愈伤组织诱导培养基中。

三、花药

花药和花粉培养是获得单倍体植株的主要途径。在自然情况下，小孢子分裂为营养细胞和生殖细胞，其中生殖细胞分裂产生雄配子（精子）。处于单核时期（小孢子）的花药，在离体培养条件下，由于改变了小孢子（或花粉）原来的生活环境，使它离开正常的发育途径（即形成成熟花粉最后产生精子的途径）。小孢子发育为配子体的正常发育途径受到抑制，转为孢子体发育途径，即通过器官再生途径或胚状体再生途径发育为单倍体植株。这是目前获得单倍体植株的主要方法。

（一）花药培养意义

进行植物花药培养意义重大，育种工作者常用花药离体培养法来获得单倍体植株，然后经过人工诱导使染色体数目加倍，重新恢复到正常植株的染色体数目。植物花粉培养的主要目的：①获得基因纯合的育种材料和进行单倍体育种，以利用杂种优势，提高育种效率，缩短育种年限。②研究植物遗传变异规律的好材料，为植物育种提供理论依据。③克服远缘杂种的不育性，获得具有双亲优良特性的可育远缘杂种。④利用在远缘杂交F₁代花药培养过程中丰富的染色体变异材料进行植物细胞遗传学等基础性研究。在我国，已经先后育成小麦、水稻、玉米、油菜等作物的花药培养新品种。花药培养与转基因育种相结合，在组织培养过程中导入优良基因，可使作物育种发生革命性的变化。

（二）棉花花药培养现状

与棉花的其他外植体一样，花药培养能否成功地诱导出再生植株及诱导频率的高低受到基因型、花药培养的时期、培养基及其组成、培养方式等多种因素影响。不同基因型植株的花药在愈伤组织诱导和分化、成胚能力及成苗过程中的反应不同，有些甚至不能启动分裂。棉花花药培养研究早在20世纪70年代初就开始了，但长期处于摸索和优化阶段。国内外大量学者对棉花花药的选择、花药消毒与灭菌、培养基优化等方面进行了一系列的研究和探索，至今只能获得极少量单倍体的愈伤组织、胚状体、根状体及茎状体。棉花花药诱导的愈伤组织绝大多数为花药壁分裂形成的四倍体细胞，而极少发现小孢子的启动。1978年，Barrow等对陆地棉和海岛棉的花药进行了培养并获得了大量的愈伤组织，但细胞学检查表明，仅有2%~4%的细胞表现为单倍体（$n=2x=28$），且都包埋于双倍体愈伤组织中，常随愈伤组织的增殖而退化和消失。此后，李秀兰等（1987）用石蜡切片法观察花药培养中小孢子的发育状况，发现在适宜的培养条件下，花粉细胞可以启动分裂并能形成多细胞团和愈伤组织，从而证明了棉花花药培养形成花粉单倍体植株是有希望的。国内外学者在棉花花药愈伤组织的优化、离体小孢子的成活条件等方面进行了大量的研究，但采用该途径尚未获得有实用价值的优良品种，也没有再生植株的倍性和育性的后续报道（秦永华和刘进元，2006）。然而通过培育单倍体株系而形成的相关技术，在棉花生物技术研究中具有重要的应用价值。它既可以用于研究花粉细胞分化条件和胚胎发生机制，也可为深入开展棉花遗传工程和发育分子生物学的研究提供技术基础，从而提高选择效率，缩短育种周期。

（三）棉花花药的消毒与灭菌处理

组织培养中经常使用的灭菌剂有次氯酸钠、过氧化氢、漂白粉、溴水和低浓度的氯化汞等。使用这些灭菌剂，都能起到表面杀菌的作用。对于花药，因为暴露在空气中，且花蕾表面经常附着有多种微生物，为了尽可能减少污染，近年来编者使用多种灭菌剂对花药进行处理，发现其中以低浓度氯化汞效果好。

花药的药壁及药隔组织为二倍体，而花药中的花粉粒即小孢子为单倍体。因此，将花药作为外植体进行组织培养时，要防止花药损伤导致的花药壁形成二倍体的愈伤组织。一般在适宜的培养条件下，花药中的小孢子会大量分裂，逐渐将花药壁撑破，并在分化培养基上形成单倍体植株；还有一种方式是将花药中的花粉粒分离出来进行离体培养，该方法能避免花药壁、花药隔及花丝的影响，获得完全纯合的单倍体。这两种方法的目的都是要诱导花粉细胞快速发育成单倍体植株，大体上都要经过制备培养基、接种花药和离体培养3个步骤。

采集花蕾时，应选择连续在晴天强紫外线下暴露4d以上的花蕾，这样可使污染率明显降低。从田间采集的花蕾在灭菌之前应先将有病虫害的花蕾剔除，并摘除苞叶和萼片。

将花蕾先用自来水冲洗干净，用吸水纸将水吸干，再准备6个培养皿，其中1~4号培养皿中放置0.1%HgCl$_2$溶液，5号和6号培养皿中放置灭菌水。先将花蕾在1号培养皿中清洗一遍，然后依次移到2号、3号、4号培养皿中灭菌处理，在每个培养皿中浸泡1~3min，之后在5号和6号培养皿中用纯净水冲洗，以彻底清除残余的HgCl$_2$。这种方法简便易操作，并能大大缩短接种时间，降低污染，对于被虫害损伤的花蕾灭菌效果也很理想，大大提高了接种效率。

四、原生质体

植物原生质体培养及体细胞杂交是创造新物种、克服不亲和性和进行遗传转化的有效手段。自从1973年Beasley等首次从陆地棉的纤维中分离出原生质体并经过培养得到小细胞团，至今棉花原生质体培养再生已在多个实验室获得成功，创造出多个种间体细胞杂种，为棉花遗传改良提供了丰富的种质资源。

原生质体的来源材料很多，目前报道的有来自于棉花纤维、子叶、叶肉、幼胚、愈伤组织及胚性细胞悬浮系。原生质体的分裂、增殖和再生活力受外植体的基因型、材料来源及发育时期的影响。祝水金等（2006）发现从胚性细胞悬浮系中分离到的原生质体其再生能力较强，且分裂迅速，再生较快，可以得到大量发育时期一致的均一胚性细胞，能够有效地避免细胞间生理状态差异的影响。孙玉强等（2006）发现从棉花活体组织和愈伤组织中分离的原生质体易褐化且分裂能力弱，而从胚性细胞悬浮系和体细胞幼胚分离的原生质体，容易得到再生植株。Khasanoy等将棉花叶肉细胞和表皮细胞进行原生质体分离，发现从表皮细胞分离出的原生质体易分裂产生细胞团；而胚性愈伤组织分离的原生质体呈圆形，细胞质浓厚，体积较小，与从活体组织分离的原生质体相比更容易再生细胞壁，持续分裂形成细胞团或愈伤组织，并具有较强的胚胎发生能力。因此，一般会选择胚性细胞悬浮系作为棉花原生质体培养的供体材料。原生质体分离的步骤如下。

材料准备：将培养7d的无菌苗切段并放入愈伤组织诱导培养基进行愈伤组织培养，之后从固体培养基上选取继代20d左右、生长均一且旺盛的愈伤组织放入液体培养基中，110r/min振荡培养，每两周继代一次，3代后用于分离原生质体。

原生质体分离：用吸管吸取1g左右继代6~10d的悬浮培养物于培养皿中，吸干培养基，加入1.5ml酶混合液，轻轻摇匀，封口膜封口，置于摇床上（20~30r/min）或静置，28℃暗条件下酶解16~24h。酶混合液一般由纤维素酶、果胶酶及渗透压稳定剂等配合而成，过滤灭菌。

原生质体纯化：愈伤组织经过酶解处理后得到的是含有未经消化的组织、破碎细胞及原生质体的混合液，必须进行纯化。可以先采用孔径45μm的网筛去除较大的渣质，然后采用原生质体洗液（CPW）并添加甘露醇和蔗糖的洗涤液进行密度梯度离心，进而得到纯净的原生质体。

原生质体活性检测：常用的方法是荧光素二乙酸（FDA）法。将FDA用丙酮配制成5mg/ml的浓度。按每毫升原生质体25μl FDA的比例加入FDA，5min后在显微镜下检查原生质体活性，以一个视野中在暗场中发绿色荧光的原生质体数占亮场中总的原生质体数的百分率来计算原生质体的活力。

五、胚

植物胚培养是指对植物的胚（幼胚和成熟胚）、子房、胚珠和胚乳进行的离体培养。其中，幼胚（珠）离体培养技术是通过人为改善幼胚发育条件，提供幼胚发育必需的营养物质，从而促使其发育成植株，这为创造遗传新种质提供了一条重要途径。一般造成棉属种间杂种胚败育的原因是幼胚得不到足够的营养物质而夭亡。将幼小胚胎进行离体培养，调整杂种胚发育的外界条件与营养因素，可有效地改善杂种胚、胚乳和母体组织的生理不协调性。离体胚培养还能够克服植物远缘杂交种花粉与柱头不亲和的问题。同时，胚胎培养也是研究棉花纤维发育和离体受精的重要手段。

（一）胚培养技术

消毒：胚的表面消毒方式与其他外植体消毒方式有所不同，因为胚在胚珠中发育，胚珠又在子房中生长，所以胚是生长在无菌环境中的，因此没有必要将胚剥离之后再消毒，只需要用乙醇对棉花子房进行表面消毒，再用双氧水浸泡10~30min，之后用无菌水冲洗干净即可。

胚的剥离：将消毒后的棉花子房放置在干净的培养皿中，在超净工作台上将子房壁切开，将胚珠从子房中剥离出来，然后小心地去除珠被，进而取出完整的胚，直接接种在适合的培养基上即可。

（二）胚培养应用

1. 棉花纤维离体培养研究　　胚珠培养是研究离体棉纤维生长发育的重要方法。胚珠培养是指从子房中剥离出胚珠，并接种于培养基上培养的过程。Beasley等（1973）首次对棉花进行了胚珠培养并获得了成功。棉花纤维离体培养为棉花纤维生长发育的研究提供了实验平台，并且是研究棉纤维伸长发育的重要方法之一，可以作为研究细胞伸长和分化的参考模型。

棉花纤维离体培养受基因型、培养方式、培养基及环境因素的影响。Sakhanokho等（2001）认为，液体悬浮培养能够缩短培养时间，促进胚的萌发和成熟。郑泗军等（1996）还比较分析了不同碳源对棉花纤维离体生长发育的影响，结果表明0.2mol/L葡萄糖是诱导棉花未受精胚珠纤维离体发育的合适碳源。激素也是影响胚离体发育的重要物质，其中生长素对棉纤维的生长促进作用很大。Gialvalis和Seagull（2001）以未受精胚珠为材料进行胚珠培养时，在培养基中单独添加IAA后的胚珠表面突起数显著增加，朱勇清等（2003）对陆地棉极短纤维突变体*li*进行电镜扫描后发现在纤维伸长期开始后纤维伸长受阻，说明IAA能够有效促进棉花纤维的早期发育。赤霉素能够促进细胞分裂和茎的伸长、诱导水解酶的合成等。于海川（2008）利用改进的高效液相色谱（high performance liquid chromatography，HPLC）方法测定了棉花纤维早期发育过程中的赤霉素含量，结果表明赤霉素对纤维早期发育有促进作用。刘灵等（2007）在离体胚珠培养时添加BR能显著促进纤维的伸长，而相应的抑制剂（BRZ）则能抑制纤维的伸长（Shi et al.，2006）。宋艳梅（2004）发现，在一定范围内，在培养基中添加梯度浓度的BR，随着BR浓度的升高，纤维长度也随之增长，而当BR与GA配比使用时，纤维长度与对照相比增长，可见BR能有效促进纤维的伸长，且与GA能协同促进纤维的伸长。韩迎春等（2004）研究发现日照条件对棉花纤维比强度和马克隆值具有极显著的正效应。蒋淑丽等（1999）研究了光照和黑暗环境对棉花离体胚珠培养的影响，结果表明，在黑暗条件下胚珠成活率、纤维生长量、胚珠鲜重等均高于光照条件。说明黑暗条件更适宜棉花离体胚珠培养，而光照条件对纤维生长有抑制作用。授粉情况同样影响纤维离体培养。吕萌等（2010）以'新陆早36号'为材料，通过离体胚珠培养研究受精与否对纤维发育的影响，结果发现受精胚珠在培养不同时间后的纤维长度均比未受精胚珠长，暗示受精胚珠更适合棉花离体胚珠培养。

2. 远缘杂交胚胎抢救　　棉花幼胚离体培养是棉花远缘杂交胚胎抢救的重要手段。棉属由40多个种组成，棉属野生种和近缘种中蕴藏着抗逆、抗病虫等优良基因，将这些有益基因转育到栽培种中创造优异种质材料是拓宽棉花遗传基础的有效途径。由于遗传隔离，杂种幼胚和胚乳、幼胚和母体组织之间发育不协调，使得幼胚得不到足够的营养物质，造成棉属种间杂种胚败育，棉花属种间杂交难以成功。将幼小胚胎进行离体培养，调整杂种胚发育的外界条件与营养因素，可有效地改善杂种胚、胚乳和母体组织的生理不协调性。棉花远缘杂交胚胎抢救能够为创造棉花遗传新种质提供一条重要途径。

1935年，Skovstel将戴维逊氏棉（*Gossypium davidsonii*）和斯笃克氏棉（*G.stocksii*）2个野生种的F₁代成熟度低的杂种幼胚进行了离体培养，得到1株弱小植株。之后许多学者对棉花自交幼胚或属种间杂种胚离体培养进行了一系列研究（马峙英等，2006）。Beasley等将授精后48h胚珠进行离体培养，不仅使幼胚逐渐发育，而且成功诱导了胚珠表皮细胞的纤维发育，其培养基（BT）作为基本培养基被以后的许多学者采用。棉花幼胚培养和植株建成结果见表2-1。

表2-1　棉花幼胚培养和植株建成结果

时间及研究者	胚(珠)来源	胚龄/DPA	培养基	激素及附加物	培养结果
1967年Mauney等	*G.hirsutum*	12~14	Mauney	0	10%~25%成熟胚
1972年Joshi等	*G.hirsutum*	6	White	IAA 0.5~2mg/L，KT 0.5~4mg/L，YE 500mg/L，GA 32~10mg/L，CH 250~2000mg/L	正常大小1/3的胚
1974年Easley等	*G.hirsutum*	2	BT	IAA 0~8.8mg/L，KT 0~18.8mg/L，GA 0~17.3mg/L	纤维发育，幼胚发育
1977年Tewart等	*G.hirsutum*	2~4	BT，SH	IAA，KT，GA	50%~60%胚萌发，植株形成

续表

时间及研究者	胚(珠)来源	胚龄/DPA	培养基	激素及附加物	培养结果
1978年Tewart 等	*G.barbadense* × *G.herbaceum* *G.hirsutum* × *G.arboreum*	2~4	BT，SH	IAA 0~5μmol/L，KT 0~5μmol/L，GA 0~5μmol/L	0~53%胚萌发，植株形成
1982年胡绍安 等	*G.histurum* × *G.sturtianum* *G.histurum* × *G.davidsonii*	2	BT	IAA 0.9mg/L，KT 0.5mg/L，GA 1.5mg/L，NAA 0.5mg/L	0~61.4%发育成萌发胚，幼苗形成
1984年Gill等	*G.herbaceum* × *G.stocksii* *G.arboreum* × *G.stocksii*	15	MS	IAA 1.5mg/L，KT 0.5mg/L，CH 250mg/L	48%~71%胚萌发，获得成株
1984年Mirza 等	*G.hirsutum* × *G.herbaceum*等 19个不同棉属种间杂	2~4	BT，BH	IAA 5μmol/L，KT 0.05μmol/L，GA 0.5μmol/L	8.0%~50.0%胚萌发，幼苗形成
1985年Baja等	*G.arboreum* × *G.hirsutum* *G.herbaceum* × *G.stocksii*	3~15	MS	IAA 1.5μmol/L，KT 0.5μmol/L，CH 250μmol/L	19.1%~34.7%萌发胚，获得成株
1986年 Thengane等	*G.hirsutum* × *G.arboreum*	8~12	BT，BH	IAA 0~5μmol/L，KT 0~0.5μmol/L，GA 0~0.05μmol/L，CH 50~200mg/L	0~56%成活率，获得成株
1987年Gill等	*G.arboreum* × *G.hirsutum* *G.hirsutum* × *G.arboreum*	3	MS，ST	IAA 0.5~1.5μmol/L，KT 0.2~0.5μmol/L，CH 250μmol/L	0~34.7%胚萌发，幼苗形成
1988年张献龙 等	*G.hirsutum* × *G.arboreum*	2	BT	IAA 0~1mg，NAA 0~1mg，Gln 0~1mmol/L，Pro 0~1mmol/L	0~28.9%成胚率，幼苗形成
1992年Liu等	*G.hirsutum* × *G.arboreum* *G.hirsutum* × *G.hirsutum*	0	BT，SH	IAA，KT，NAA，C	成胚率0.60%~1.88%
2000年Borola 等	*G.arboreum* × *G.hirsutum*	12，15，20，25	BT，MS	IAA 0~5μmol/L，KT 0~0.5μmol/L，GA₃ 0.05μmol/L，CH 0~100μmol/L	每组合45个萌发胚有0~10个幼苗形成
2003年 Mehetre等	*G.triobum*，*G.lotschianum*等 18个棉属野生种自交胚	7	MS	IAA1.5~2.5mg/L，KT 0.5~2.0mg/L，NAA 0~1.0mg/L，CH 200~300mg/L	4.05%~75.63%胚萌发，幼苗形成
2004年 Mehetre等	*Amphidiploid*(*G.arboreum* × *G.anonalum*) × *G.hirsutum*	3~14	MS，BT	IAA 1.5~2.5μmol/L，CH 200~300mg/L，KT 1.0~2.0mg/L，NAA 1.0mg /L	0.97%~20.0%萌发胚，植株形成

资料来源：王彦霞等，2006

第二节　常用培养方法

一、悬浮培养

（一）悬浮培养的优势

悬浮培养是将游离的植物细胞或细胞团在液体培养基中进行培养增殖的方法。悬浮培养是一种优点非常突出的培养体系，培养基在液体状态下使得细胞能够更加充分均一地吸收营养物质，使得细胞状态与固体培养相比更加均匀一致，有利于在细胞水平进行各种遗传操作及生理生化研究；而且细胞的增殖速度加快，缩短组织培养的成苗时间；同时适合进行大规模培养，极大节省了人力和物力。

（二）悬浮培养方法

供体材料：以愈伤组织为供体材料建立的棉花悬浮培养体系，是目前棉花悬浮培养的主要方法。由于悬浮培养的特殊性，作为材料来源的愈伤组织质地必须疏松，易于在液体培养基中被打散。因此，一般选择颗粒小、疏松易碎、状态湿润、颜色淡黄或灰白色的棉花愈伤组织。同时还必须具备较强的增殖和再生能力。

培养基：一个良好的悬浮细胞培养体系中，悬浮物分散状态良好，细胞团大小均一，形态一致，且生长迅速。除了选择好材料，用于悬浮培养的液体培养基也很重要。渗透压在悬浮培养中对体细胞胚胎的发生、发育、成熟起着重要作用，能引起细胞失水，使得细胞内含物含量升高，新陈代谢旺盛，直接影响体细胞的成熟。在悬浮培养中，通常使用蔗糖作为渗透压调节剂，研究认为，当蔗糖浓度为6%的渗透压为最适合渗透压。聚乙二醇（PEG）也是一种常用的渗透压调节剂。与蔗糖相比，PEG的最大特点是本身不能渗透植物细胞壁进入细胞质，因而不会引起质壁分离，在合适的浓度下，可产生一种与干旱条件下相似的水分胁迫，使细胞内正常的蛋白质合成受到抑制，相应地诱导一些胁迫蛋白合成，抑制愈伤组织细胞的分裂，加速胚的发育和成熟。

悬浮培养继代：为了保持培养基中养分充足，应定期对悬浮组织进行继代培养，更换新鲜培养基。更换周期根据接种量而定。继代时，可用大号移液管，吸取培养基中部的细胞团，一般培养基中部的细胞团小而均匀，细胞质浓厚。

液体培养基的振荡：为了避免液体培养基中的组织因缺氧而死亡，必须保持培养基处于振荡状态使其能溶解更多的氧气。振荡还可以使细胞团在培养基中保持均匀分布，促进培养基内气体交换，避免细胞缺氧而抑制生长。常用的振荡设备有：旋转式摇床、慢速摇床和自旋式培养架。可以根据实际需要选择适合的振荡方式。

（三）棉花胚性愈伤组织的悬浮培养

棉花体细胞胚胎发生的频率低，且体细胞胚胎的发育存在着不同步性，给体细胞胚胎发生发育过程的生理学、生物化学和分子生物学研究带来许多困难。棉花悬浮培养不仅能促进胚性细胞增殖、分化，形成大量发育一致的胚状体并有效富集，还能促进胚性细胞大量快速增殖，形成均一的小细胞团和单细胞，为生理生化、遗传学和细胞学等研究提供实验体系。它与固体培养相比，胚性愈伤组织能够更充分更均匀地吸收营养，有利于体细胞胚胎发生和发育的同步性。但悬浮培养产生的体细胞胚胎易产生畸形、玻璃化等非正常胚。一般认为，悬浮培养可作为促进棉花体细胞胚胎发育成熟的中间步骤。夏启中（2005）认为，不同应用目的的细胞悬浮系的建立在起始愈伤组织的选择、激素的配比和营养成分的使用量等方面均不相同。用于组培中促进和富集胚状体的棉花细胞悬浮系，应选择橙黄色颗粒状的胚性愈伤组织，培养基中的钾离子、肌醇和氨基酸的含量应尽可能降低，激素应选择IBA和KT；而用于细胞程序性死亡（PCD）研究的悬浮系，应选择黄白色疏松的胚性愈伤组织，钾离子、肌醇和氨基酸的含量应相应增加，激素应选择2，4-D和KT。通过绘制棉花胚性愈伤组织悬浮细胞的生长曲线，认为棉花胚性愈伤组织悬浮系每隔13d继代一次较好。曹景林（2008）以陆地棉品种'Coker201'为材料，建立了一种简单有效的棉花体细胞胚胎高频率发生和同步发育的培养体系。经过多次继代获得的胚性愈伤组织，经过振荡培养后过筛，重新悬浮于同样的液体培养基中。悬浮培养14d后，过50目筛，将筛上的胚性愈伤组织重悬于新鲜的培养基中，并用吸管吸取悬浮液，将其均匀地接种在表面垫有滤纸的同成分固体培养基进行固体培养。利用这种培养体系，获得的体细胞胚胎数量分别是单纯悬浮培养和固体培养（不垫滤纸）的16.5倍和4.0倍。其中球形胚、鱼雷形胚和子叶形胚的同步发生率分别为70.2%、52.3%和73.0%。

尽管与固体培养相比，液体悬浮培养有许多突出的优点，但由于组培技术的限制，过去对悬浮细胞系的研究和应用多局限于胡萝卜、拟南芥和烟草等少数植物上。随着对棉花悬浮细胞系研究和应用的不断深入，棉花悬浮细胞系有望成为植物研究和应用中又一模式体系。

二、固体培养

固体培养是指在培养液中添加琼脂或Gelrite等固化剂使其固化。最常用的凝固剂是琼脂，用量一般为5~7g/L，当培养基pH较低时应相应增加用量，与琼脂相比，Gelrite的透明性较好，便于观察和拍照，其用量一般在2~2.5g/L。研究表明，培养基固化剂也是影响棉花愈伤组织生长的因素。国内多用琼脂作为固化剂，随着海洋污染严重，现在生产的琼脂往往含有许多杂质，对棉花组织培养产生不利的影响，并且琼脂粉会使愈伤组织发生褐化。Gelrite作为固化剂因其成分稳定而优于琼脂，但是在替换琼脂时需要对培养体系进行改进，不然容易玻璃化。与Gelrite作用相同的还有一种称为phytagel的固化剂，在水稻组织培养中应用得较多，在棉花上与Gelrite应用效果没有明显区别，基本不需要调节培养体系。

固体培养与液体培养相比，继代简单且继代周期较长，一般4周继代一次。培养基放置在光照、温度适宜的培养架上即可。

第三节　常用培养基中无机盐对体细胞胚胎发生的影响

无机盐类是棉花愈伤组织诱导和细胞分化所必需的。尽管不同基因型的品种在组织培养的不同阶段对不同无机盐的需求量各不相同，但许多研究结果表明，无机盐类对棉花体细胞再生的调控影响趋势是：适当浓度的无机盐对棉花愈伤组织诱导、愈伤组织增殖和分化起促进作用，无机盐浓度过低或过高则不利于甚至抑制体细胞再生。

（一）硝酸银

植物组织培养中会用到硝酸银（$AgNO_3$）。在植物离体培养中，植物细胞会产生乙烯并逐渐积累。而乙烯能够抑制植物器官发生和体细胞胚胎发生。银离子能够通过竞争性作用结合于细胞膜上的乙烯受体蛋白而抑制乙烯的活性，其作用主要表现为促进器官发生和体细胞胚胎发育。硝酸银曾作为一种杀菌剂，应用于组织培养中外植体消毒。而在植物离体培养中，硝酸银是一种有效的乙烯活性抑制剂，它通过竞争性地作用于乙烯作用部位而促进器官发生和体细胞胚胎发生。研究发现，在单子叶植物中，硝酸银能促进小麦、玉米愈伤组织成苗；对向日葵、拟南芥等双子叶植物的离体植株再生也有促进作用。硝酸银还能促进孢子甘蓝愈伤组织的生长，提高其植株再生能力。组织学研究表明，硝酸银使得子叶柄薄壁细胞直接参与芽原基形成并发育成苗。硝酸银也能够促进体细胞胚胎发生，将其添加到培养基中能提高孢子甘蓝花药培养中胚的产生。对胡萝卜体细胞胚胎发生有促进作用，还能够防止组织培养中材料的褐化与玻璃化。

有研究者将硝酸银应用于植物遗传转化上，以提高外源基因的转化效率。添加一定浓度的硝酸银可以有效地提高烟草、甘蓝型油菜、非洲菊的分化率。分化培养基上添加低浓度$AgNO_3$可以提高水稻愈伤组织的分化率，高浓度$AgNO_3$导致愈伤组织的褐化率升高，并出现白苗。

关于硝酸银在棉花组织培养上的应用还未见报道。

（二）氯化钠

棉花是重要的经济作物和纤维作物，在粮棉争地情况下为保证棉花种植面积，需扩展其在不适合粮食种植的新疆等西北地区的种植范围，因此，筛选培育耐盐品种具有深远的意义。而研究棉花在离体条件下对盐胁迫的反应是筛选耐盐株系和进行离体鉴定的基础。只有明确了盐胁迫对棉花组织培养的影响，才能更快速有效地进行棉花耐盐性筛选和离体鉴定。

随着组织培养技术的日益成熟，近十几年来国内外学者利用组织培养技术研究植物耐盐变异体的筛选，已取得一定的进展。目前，已筛选出烟草、水稻、苜蓿、番茄、玉米、芦苇等植物的耐盐细胞系并再生植株。棉花耐盐变异体的筛选最初就是在原有的培养基中加入从低到高不同浓度的氯化钠（NaCl），然后将无菌的子叶、胚轴、胚根等外植体放在含盐的培养基上培养，最后获得耐盐的愈伤组织。

盐胁迫对棉花愈伤组织诱导及增殖的影响：研究发现，低浓度的NaCl一般不影响愈伤组织的诱导与生长，随着NaCl浓度的增高，愈伤组织越来越难以诱导和生长，外植体和愈伤组织都会因NaCl浓度较高而死亡。盐胁迫会延长外植体脱分化长出愈伤组织的时间，降低了愈伤组织诱导率。同时，氯化钠的加入抑制了外植体的生长膨大，随着氯化钠含量的提高，愈伤组织增殖速度越来越慢，当氯化钠含量小于5g/L时，对愈伤组织的生长影响较少；当盐含量大于10g/L时，显著抑制了愈伤组织的生长；当氯化钠含量提高到20g/L时，愈伤组织几乎停止生长。随着盐含量的升高，愈伤组织的含水量降低。细胞学观察表明，随着盐含量的提高，愈伤细胞逐渐变小。研究还发现，随着盐胁迫次数的增加，愈伤组织的抗性增加，存活率增加且生长加快。由此可见，盐胁迫有可能提高植物在愈伤组织水平上的抗性。金燕芳等（2013）发现，在氯化钠处理棉花胚性愈伤组织时，随着浓度的逐步升高，每个培养皿中的胚性愈伤组织鲜重逐步降低，在100mmol/L时愈伤组织死亡，表明在高盐环境下胚性愈伤组织增殖受到阻碍。但是与胚性愈伤组织增重不同，在0~75mmol/L范围内，随着氯化钠浓度升高，培养皿中体细胞胚胎的数目显著增加，并在75mmol/L时达到最高，但当浓度升高至100mmol/L时则出现相反的效果，说明适当的氯化钠处理能够促进体细胞胚胎发育。

盐胁迫对棉花体细胞胚胎发生及发育的影响：研究发现，盐胁迫导致愈伤组织所产生的体细胞胚胎中成熟胚变少，未成熟胚增多。将盐胁迫产生的体细胞胚胎转移到胚萌发培养基上时，随着盐胁迫的增加，成株率降低，正常苗率下降。

（三）硝酸钾

不同氮源含量及比例可以调控愈伤组织的诱导、生长和分化。硝态氮和铵态氮在棉花组织培养过程中发挥着不同的作用，Davidonis（1983）和Trolinder（1987）发现，不添加硝酸铵（NH_4NO_3），但是硝酸钾（KNO_3）加倍更有利于体细胞胚胎发生。Sakhanokho（2001）研究也发现硝态氮有利于体细胞胚胎的发育和成熟，增加KNO_3浓度可以促进胚发生。同时，NH_4NO_3在愈伤组织诱导阶段是必需的，形成胚性愈伤组织后转移到KNO_3加倍且去掉NH_4NO_3的MSB培养基上，能有效促进胚分化。张寒霜等（1999）分析其试验结果认为，NH_4NO_3减半时，减少氮源有利于胚性愈伤组织的形成，KNO_3加倍时K^+的调节作用有利于胚状体的形成。棉花愈伤组织诱导初期铵态氮的添加至关重要。如果培养基中不含NH_4^+，诱导出的愈伤组织在转移到含铵态氮的培养基中也不能进行体细胞胚胎发生。而在愈伤组织增殖和分化过程中，将铵态氮逐渐降低，硝态氮逐渐上升并加倍，将有利于棉花愈伤组织生长和体细胞胚胎的发生。

张朝军等（2004）发现，培养基中氮源的配比可能是棉花新分化的胚性愈伤组织继代中出现褐化的根源。通过棉花不同培养阶段调节硝酸钾与硝酸铵的用量，可以得到不同的效果。在棉花胚状体萌发的培养中，使用硝酸钾用量加倍且去除硝酸铵的MS培养基，有利于获得正常苗。在新出胚性愈伤组织的继代培养中，调节两者的用量，可以防止胚性愈伤组织褐化，有利于获得绿色胚状体。

（四）硫酸亚铁

很多研究认为硫酸亚铁（$FeSO_4$）的含量与愈伤组织形态和分化率有关。当提高硫酸亚铁浓度时，愈伤组织变得疏松，可有效增加胚胎发生频率。而在没有硫酸亚铁的条件下，所有供试基因型都不能诱导愈伤组织产生，铁盐浓度加倍则有利于愈伤组织诱导和胚分。

（五）硫酸铜

硫酸铜（$CuSO_4$）是组织培养中常用的一种化学物质。Chi等（2001）证明在草地早熟禾品种（'Kenblue'）的诱导培养基中添加0.1μmol/L的硫酸铜（$CuSO_4$）能显著提高诱导率、生长速率和胚性愈伤率，而5μmol/L的$CuSO_4$能提高再生率。据报道，高浓度的Cu^{2+}对愈伤组织的筛选和植株再生有明显的效果，即高浓度Cu^{2+}能在大块愈伤组织中筛选出胚性愈伤组织，在添加了硫酸铜的培养基中，一部分愈伤组织逐渐褐化，另一部分停止生长或生长减慢，一段时间后，发生褐化的愈伤组织表面长出了结构疏松、嫩黄色颗粒状的胚性愈伤组织。这可能是由于愈伤组织大多由多种类型的细胞组成，较高浓度的Cu^{2+}有助于其中的胚性细胞的保留和增殖，同时又能抑制其他类型细胞的生长或致其死亡。

（六）稀土

稀土元素一般是指化学周期表中的镧系元素（15种）和与镧系元素化学性质相似的钪、钇元素，共17种元素的总称。随着我国稀土资源的开发应用，尤其是近十几年来在农业领域的开发应用，现已证明，稀土元素对植物生长能起一定调节和刺激作用。适量的稀土元素能促进植物根系对养分的吸收，增加植物体内源激素的含量，从而促进组培苗的增殖、分化、生长，并且可以促进组培苗叶绿素合成及提高酶的相关活性，促进植物的新陈代谢活动，促进叶和根的生长。近年来，许多学者将稀土应用到植物组织培养领域，探讨稀土在植物组织及细胞工程中的应用及作用机制，并取得了一定的进展。

稀土在生物技术研究领域一般作为生理生化的金属激活剂使用，其最大的作用因素是浓度，对于试管苗的生根、愈伤组织诱导增殖、体细胞胚胎发生等方面都表现为低浓度促进生长，高浓度抑制生长，类似于植物激素的作用。稀土对愈伤组织诱导增殖有促进作用。在甘蔗组培中，添加1~10mg/L的稀土能够明显提高愈伤组织的诱导率，与对照相比提高27%。在黄连愈伤组织培养基中，添加不同浓度的Yb（镱）和Eu（铕）化合物，愈伤组织鲜重有所增加，Eu浓度为1mg/L时，促进作用最大。25d时，愈伤组织鲜重为对照的1.57倍。稀土对体胚发生的影响：培养基中添加6mg/L的Yb、La（镧）时，枸杞的体胚诱导频率分别达到160.8%和156.2%。Ce（铈）、Pr（镨）及Er（铒）在较低浓度下效果较好，相对诱导频率分别为149.7%、155%和157.4%，但浓度提高时诱导频率呈下降趋势。

研究表明稀土对体胚发生的作用可能是通过影响细胞内游离钙浓度变化来调控植物细胞次生代谢物质合成。稀土诱导胞内钙离子浓度的过渡性增高，可使钙离子结合到钙调蛋白上，使之具有功能活性，从而诱导一系列生理生化反应。镧、铈、钕、铕都属于稀土范畴，稀土在发生作用时是作为诱导物与植物细胞膜上的受体结合，诱导物与受体结合后激活膜联第二信使系统（如钙调素、磷酸肌醇、cAMP、G蛋白等），间接激活核特异基因，刺激植物细胞与防御相关基因的表达，控制次生代谢途径中关键酶的合成[如1mmol/L的$(NH_4)_2Ce(NO_3)_6$能够刺激紫杉烯合成酶基因的转录活性增高]或通过诱导细胞发生凋亡，促进次生代谢产物的合成，通过增加膜的通透性。而高浓度的稀土则会破坏在细胞膜上的作用，影响细胞膜的透性，使胞质中的K^+等营养离子流失，阻碍了植株的正常营养代谢。

我国是个稀土大国，拥有丰富的稀土资源，应继续通过研究发掘稀土元素在组织培养中的作用，增加稀土元素的应用途径，稀土在组织和细胞培养上将是一个很有应用前景的产业。

第四节 棉花组织培养常用激素的种类与作用

一、植物激素的种类

在植物组织培养中，激素用量虽小，却起着至关重要的作用，它不仅可以促进植物组织的脱分化和形成愈伤组织，还可以诱导不定芽、不定胚的形成。合适的激素种类及配比不仅影响胚性愈伤组织的分化，对高效诱导体细胞胚胎也发挥着重要的作用。在植物组织培养过程中，比较常用的激素主要包括五大类，依次是生长素类、细胞分裂素类、赤霉素、乙烯和脱落酸。在所有的植物激素中，生长素和细胞分裂素是报道最多的能够促进体细胞胚胎发生的两种植物激素（Sagare et al.，2000；Feher et al.，2003；Yang and Zhang，2010）。用于棉花组织培养的外源激素及激素类似物主要有2，4-D、KT、6-BA、IAA等。研究结果表明，适当应用植物激素不仅能成功地诱导胚性愈伤组织，也是影响胚状体高频率诱导的主要因素。在五大类激素中，以生长素类、细胞分裂素类和脱落酸类与胚状体高频率诱导关系最密切。激素不仅影响棉花胚状体形成，而且对胚状体的发育进程也有重要影响（亓建飞等，2005）。

生长素类：在促进外植体脱分化形成胚性愈伤组织阶段是必不可少的。使用不同的生长素对照试验表明，2，4-D诱导效果最为明显。李淑君等（1990）在棉花胚状体发育研究中观察到2，4-D使棉花胚状体率高达93.3%，IAA为77.7%，NAA为50%。在胚状体发育和成熟阶段，加入低浓度的2，4-D能较大地提高胚状体的诱导频率。

细胞分裂素类：主要有6-BA（苄基腺嘌呤）、激动素，均有利于棉花胚状体的形成。在棉花胚状体的诱导中适当添加一些细胞分裂素类物质有利于胚状体的大量形成（张朝军等，2005）。一般认为生长素和细胞分裂素类的结合使用，可以促进棉花胚状体的高频诱导。

赤霉素和脱落酸等也经常被用于植物组织培养中，赤霉素（最常使用的是GA₃）对器官形成有良好的促进作用，抑制体细胞胚胎的形成。虽然含有赤霉素的培养基上诱导获得的胚状体可发育到鱼雷期，但不利于胚状体的进一步发育。而脱落酸（ABA）有促进休眠的作用，能够促进体细胞胚胎的发生。

二、各类植物激素之间的相互作用

激素是影响体细胞胚胎发生的关键因素，在很多情况下，多种激素相互协调、相互影响和相互对立促进植物体细胞胚胎发生，并非是由其中某一类型单独发挥作用。

（一）生长素与细胞分裂素对体细胞胚胎发生的调节作用

体细胞胚胎发生过程中，内源激素和外源激素的平衡及调控具有非常重要的意义。由于在培养基中添加外源生长调节剂，调控内源激素的平衡，使内源激素达到新的平衡，其作用机制可能与细胞信号转导有关。很多研究表明，通过添加生长素或细胞分裂素等植物激素到培养基上，能够促进体细胞胚胎发生（Sagare et al., 2000; Feher et al., 2003）。张寒霜等（1999）通过分析试验结果认为，IAA和KT是应用最广泛的植物生长调节剂。罗小敏等（2004）对15种不同激素配比培养基中的愈伤组织的诱导情况进行了比较，结果表明，2,4-D和KT的配合使用能够改善愈伤组织的诱导效果，单独使用2,4-D和KT效果不佳。郑艳红等（2003）研究发现，2,4-D虽然容易诱导愈伤组织并且易出现胚性愈伤组织，却严重抑制胚性愈伤组织分化为胚状体；张朝军等（2008）发现在棉花胚状体的诱导时期，适当添加一些细胞分裂素类物质有利于胚状体的大量形成。

（二）生长素与细胞分裂素对体细胞胚胎发生的调节作用机制

近年来，体细胞胚胎发育中内源激素和外源生长调节剂平衡的问题越来越受到研究者的关注（张献龙等，1997）。体细胞胚胎发生过程中，植物激素的平衡是调控胚胎发育的重要条件，启动细胞分化、脱分化不是外源生长调节剂与内源激素的简单相加，更可能是由于外源生长调节剂通过对内源激素的调节使内源激素达到新的平衡所致，其作用机制可能与细胞信号转导有关。

研究发现，在胚性细胞的分化起始期，植物内源的生长素、细胞分裂素及它们的比率急剧上升（Thomas et al., 2002）。在继代的胚性愈伤组织中，其内源IAA的含量与初始分化的愈伤相比低了几十倍，而细胞分裂素iPA的含量下降到整个体细胞培养过程中的最低值（Zeng et al., 2007），这说明，生长素和细胞分裂素之间的平衡及动态变化与体细胞胚胎发生能力有着非常密切的关系。因此，着重研究生长素、细胞分裂素信号通路的重要调控基因，对揭示体细胞胚胎发生的分子机制具有重要意义。

正向和反向遗传学已经鉴定到许多生长素感知、信号转导及转运过程中重要的作用基因。Zheng等（2012）认为与低分化率或不分化棉花材料相比，高分化率材料生长素运输基因*PIN7*和信号转导通路里的*SHY2*表达量要高得多，而*ARF3*的表达则相反，这可能暗示着再分化能力与生长素信号强弱有关。Yang等（2012）应用RNA-Seq技术发现棉花体细胞胚胎发生过程中生长素合成、运输、代谢、信号应答等相关基因表达均有不同程度的变化，如*Aux/IAA*、*ARF*、*SAUR*等，从各个方面调节体细胞胚胎发生这一复杂的过程。本实验室Xu等利用RNA-Seq方法初步研究了‘W10’（‘CCRI24’）高分化与不分化姐妹系在体细胞胚胎发生过程中转录水平的动态变化。鉴定了大量与生长素合成和信号通路相关基因，进一步分析发现这些基因在姐妹系及愈伤不同发育阶段都具有显著的差异。这些基因分别注释到色氨酸代谢通路、AUX1、TIR1、Aux/IAA、ARF、SAUR、GH3 gene family、AHKs、AHP、ARR-B和ARR-A等。由此可见，生长素与体细胞胚胎发生有着密切的关系，生长素信号通路在棉花体细胞胚胎发生的脱分化和再分化过程中发挥很重要的作用。

在高等植物中，细胞分裂素通过对细胞分裂与分化的调节而广泛参与对植物生长发育的调控。植物中的细胞分裂素主要有玉米素（ZT）、异戊烯腺嘌呤（iPAs）。人工合成的细胞分裂素有6-苄基氨基嘌呤（6-BA）和激动素（KT）。细胞分裂素合成的限速酶是由ATP/ADP-isopentenyl transferase（*IPT*）基因编码的。拟南芥中有3个细胞分裂素的受体，当细胞分裂素和AHK受体结合后，受体自动磷酸化，并通过磷酸化级联反应将信号转移到AHPs蛋白家族，随后磷酸化细胞分裂素主要的响应因子type-B和type-A arabidopsis response regulators（ARRs）蛋白家族（To and Kieber，2008）。B-ARRs作为转录因子，它们的磷酸化可以诱导细胞分裂素调节基因的表达（Hwang and Sheen，2001；Rashotte et al.，2006；Deruère et al.，2007）。研究发现，在拟南芥B-ARRs反应调节因子*arr1*、*arr10*、*arr11*这3个突变体中，生长素响应因子*ARF*类基因中*ARF4*、*ARF5*和*ARF12*变化比较显著，说明B-ARRs响应因子对生长素响应基因具有重要调节作用；生长素合成酶相关基因中*YUC1*、*YUC4*和*YUC6*表达出现明显的下调，暗示B-ARRs响应因子对生长素合成酶相关基因的表达具有正调节作用（Sun et al.，2011）。细胞分裂素信号转导途径的反应调节因子B-ARRs对生长素相关基因具有重要的调节作用，是通过B-ARRs来调控生长素相关基因转录水平的。

大量的生理学、遗传学及转录组学的证据共同说明了在植物发育过程中细胞分裂素与生长素相互作用的重要性。然而直到最近几年才开始对两种激素信号转导组分间的相互作用展开深入系统研究。B-ARRs可以激活*AUX/IAA*基因表达从而抑制生长素信号（Dello et al.，2008）。早期的体细胞胚胎发生过程中，在胚底部基细胞中，生长素诱导*ARR7*和*ARR15*的表达，削弱细胞分裂素的输出，细胞分裂素和生长素通过拮抗作用影响胚的形成（Müller and Sheen，2008）。生长素信号的负调节子IAA3/SHY2是细胞分裂素信号通路中AHK3-ARR1，12作用的靶标，当IAA3/SHY上调的时候，细胞分裂素削弱生长素信号影响细胞增殖（Taniguchi et al.，2007；Ioio et al.，2008）。细胞分裂素改变生长素输出载体*PIN*基因，*fPIN1*、*PIN3*、*PIN7*的表达控制细胞间生长素的转运和重新分布，从而抑制生长素信号（Ioio et al.，2008；Růžička et al.，2009）。尽管细胞分裂素和生长素之间的互作机制已有很多报道，但是愈伤分化过程中生长素和细胞分裂素的互作关系和信号传递途径尚未完全阐释，有待进一步研究。

第五节　棉花分生组织培养

分生组织是指植物特定组织部位中具有持续或周期性分裂或分化能力的细胞,分生组织细胞体积小,细胞排列紧密,细胞核较大,一般按照位置分为顶端分生组织、侧生分生组织和居间分生组织。

棉花茎尖培养时使用的是完整的分生组织。茎尖培养区别于体细胞培养的脱分化和再分化,不存在基因型限制植株再生,也不会发生染色体异常引起的后代变异等问题。奚元龄(1985)第一次通过培养陆地棉茎尖组织获得完整植株,Bajaj随后以陆地棉幼苗的茎尖为外植体获得丛生芽,吴敬音(1994)利用陆地棉种子的顶端分生组织在低浓度激素条件下诱导出完整植株,1997年Nasir以19个陆地棉品种的茎尖分生组织为材料在添加了激素的不同培养基上培养,获得完整植物。2008年赵福永以4种不同的陆地棉茎尖为外植体,建立了棉花茎尖的高效植株再生体系。

最近的研究认为,同一外植体不同发育阶段对农杆菌侵染的敏感性不同,分生组织由于具有非常活跃的细胞分裂能力而对农杆菌浸染更加敏感。棉花茎尖分生组织分裂能力强,具有发育成完整植株的能力,茎尖培养不经过愈伤组织阶段就成苗再生,植株再生不受基因型的限制,通常1.5~3个月时间就能成苗,因而茎尖分生组织培养和遗传转化相结合可以开辟一条简便、高效、直接的获得棉花遗传转化体系的途径。

尽管农杆菌介导棉花茎尖遗传转化有诸多优点,但是仍然存在嵌合体和生根困难的限制因素,通常只有部分分生组织细胞被转化,从而产生嵌合体,对材料的筛选和应用造成困难。只有将来能够发育成生殖结构的细胞被转化,目的基因才能稳定遗传给后代。

第六节　棉花原生质体培养及体细胞杂交

一、研究进展

原生质体培养是一项新的细胞工程技术,是为了克服植物远缘杂交不亲和性,改良作物品质而发展起来的。植物原生质体是指去掉细胞壁之后细胞剩余的裸露部分,包含原生质膜、细胞质、细胞核等结构。1971年Takebe首次通过酶解法分离得到烟草叶肉的原生质体,并得到再生植株,极大地推动了原生质体培养技术的发展。迄今至少已有49个科160多个属的360多种植物(含变种和亚种)的原生质体再生植株问世。从原生质体培养到植株再生需经过原生质体分离、纯化、培养、细胞壁再生、细胞分裂、细胞团和愈伤组织形成、体细胞胚胎发生和植株再生等一系列过程,与体细胞培养相比,原生质体培养难度更大,培养程序更加复杂,且体细胞杂交又需要将纯化后的原生质体进行融合,继而培养融合细胞再生成植株,获得杂种植株。

棉花原生质体培养始于20世纪70年代初期。1989年,陈志贤和佘建民以'Coker201'、'Coker312'和'晋棉4号'的胚性悬浮系来源的原生质体得到再生植株,成功地建立了胚性悬浮系分离原生质体的方法。李仁敬等(1995)和孟庆玉等(1996)用新疆长绒棉'新海3号'、'新海6号'、'新海7号'、'吉扎70'等20个品种的胚性悬浮系分离到的原生质体进行培养得到胚性愈伤组织。王喆之等（1998）建立了陆地棉'鲁棉6号'原生质体的培养体系。吕复兵等（1999）从陆地棉'Coker201'胚性悬浮系来源的原生质体培养得到再生植株。Sun（2005）用陆地棉'Coker201'的叶片、下胚轴幼根、胚性愈伤、幼胚和胚性悬浮系进行原生质体分离培养，并优化了培养体系。Yang等（2007）在此基础上成功建立了野生棉戴维逊氏棉的原生质体培养体系，得到再生植株。原生质体培养的成功为其在棉花遗传育种上的应用奠定了基础。

迄今为止，对陆地棉、海岛棉、亚洲棉、克劳茨基棉和戴维逊氏棉等棉种的子叶、下胚轴、叶片和茎等器官的外植体进行了原生质体分离、培养研究，其中陆地棉、海岛棉和克劳茨基棉3个种获得了再生植株，但是与某些作物如小麦在原生质体培养技术上的发展相比，棉花原生质体培养技术还不够成熟，存在较多的问题，需要加大这方面的研究。

二、原生质体培养

（一）材料选择

外植体的基因型、类型及发育时期均能影响原生质体的分裂、愈伤组织的增殖及植株再生。不同基因型来源的原生质体的活力差别很大。植物的各个器官，如根、茎、叶、子叶、下胚轴、果实、种子、愈伤组织和悬浮细胞都可作为分离原生质体的材料。研究表明，子叶、真叶、幼根及下胚轴来源的原生质体活力弱，分裂能力不强，且培养过程中极易褐化。而胚性愈伤组织和胚性细胞悬浮液分离的原生质体体积小、细胞质浓厚，比活体器官组织分离的原生质体容易再生细胞壁，能持续分裂形成细胞团或愈伤组织，并具有较强的胚胎发生能力。陈志贤等（1989）在对几个棉花品种的原生质体培养研究时，提出胚胎发生能力强的材料在建立好的悬浮系的基础上原生质体培养容易成功，而胚胎发生能力差的材料即使能得到再生愈伤，也不易成苗。孙玉强等（2005）对陆地棉'Coker201'的6个外植体（叶片、下胚轴、幼根、胚性愈伤、幼胚和胚性悬浮系）分别进行原生质体分离培养研究，发现胚性细胞悬浮系分离的原生质体体积小、细胞质浓厚、植板率较高，形成再生愈伤的时间短，而叶片、下胚轴和根分离的原生质体液泡大，活性不高。

（二）分离方法

目前，用于原生质体分离的酶有纤维素酶、果胶酶和半纤维素酶。实验中可根据材料的不同选择不同的酶类组合、酶解时间、酶解温度及处理方式。不同植物适宜的酶液浓度有较大差异，大部分植物使用酶液中纤维素酶的适宜浓度是0.5%~2%，而对于纤维含量较高的物种如棉花，纤维素酶浓度要适量偏高。而果胶酶浓度的变化对原生质体的产量和活力影响不大，一般为0.1%~1%。每1g组织需要10ml左右的酶液。酶解时间一般不超过24h，酶解温度为25~28℃。酶液中渗透压对原生质体分离至关重要。甘露醇是最常用的渗透压调节剂，Ollveira等（1992）认为0.55~0.60mol/L的甘露醇浓度适宜于原生质体分离和保存。加入适量的聚乙烯吡咯烷酮（PVP）或乙-ω-吗啉乙磺酸缓冲液（MES）可稳定酶解过程中的pH，对于分离原生质体有利。孙玉强等（2004）用3.0%纤维素酶、1.5%果胶酶、0.5%半纤维素酶混合酶液酶解20h获得高质量的原生质体，其中有活力的原生质体达到90%。

（三）活力测定

原生质体活力强弱是衡量原生质体培养是否成功的重要标准。根据活力强弱修正酶液组合及酶解时间，以便继续下一步实验。常用的有荧光素二乙酸法（FDA法）、酚藏红花染色法、胞质环流等。其中最常用的是FDA法，将FDA液与一滴原生质体悬浮液在载玻片上混匀，室温染色5~10min。用荧光显微镜观察。无活力的原生质体不能产生荧光，活的原生质体产生黄绿色荧光，以一个视野中在暗场中发绿色荧光的原生质体数在亮场中总的原生质体数的百分率来计算原生质体活力。

（四）原生质体培养和植株再生

棉花原生质体经过分离纯化后，经检测活力较高的原生质体需要在适宜的培养基上才能启动细胞壁再生和细胞持续分裂，之后形成细胞团，长出愈伤组织、胚状体，最终发育成苗。培养基的种类、植物生长调节物质、培养方法、培养密度、渗透压调节剂等是影响其再生的重要因素。棉花原生质体常用的培养基是KM8P培养基和K3培养基。佘建民（1988）用K3培养基培养棉花原生质体并得到愈伤组织，认为K3能够使得原生质体持续分裂形成细胞团并发育成愈伤组织，适合棉花原生质体培养。陈志贤等（1989）、吕复兵等（1999）和Sun等（2005）用改良的KM8P进行棉花原生质体培养成功得到再生植株。研究表明2，4-D对原生质体启动分裂和诱导出愈伤组织是必需的。生长素和细胞分裂素配比在原生质体培养中起着决定作用，不同激素组合和配比对棉花原生质体的持续分裂和再生有很大的影响。Sun（2005）认为2，4-D或NAA与KT的激素组合能有效促进原生质体分裂形成愈伤组织。渗透压调节方面，葡萄糖和甘露醇配合作碳源和渗透压稳定剂能促使棉花原生质体细胞壁的再生、细胞分裂和细胞团的增殖。氮素营养对于原生质体的培养十分重要，棉花原生质体培养对氨态氮和硝态氮的用量及其比例较敏感。添加谷氨酰胺、天冬酰胺等有机物能不同程度地提高原生质体分裂的频率，促进细胞团形成（陈志贤等，1989；佘建民等，1989）。原生质体培养初期不需要光照，因为强光抑制细胞的分裂，当形成细胞团以后再移到光下进行培养。

棉花原生质体培养常用方法有液体浅层培养法、平板培养法和固液相结合培养法等。

平板培养法：该方法是把原生质体悬浮在液体培养基中，与42~45℃的含2倍体积固化剂的灭菌培养基迅速等量混合，转到培养基中并旋转，瞬间凝固，之后密封平皿，进行暗培养。培养7d左右原生质体开始分裂。该法的优点是原生质体分布均匀，有利于分裂，并且方便观察其生长发育情况。缺点是受热伤害，容易破碎。

液体浅层培养法：该法是用液体培养基进行培养，把纯化后的原生质体调整好密度，转移到培养皿中暗培养。培养5~10d细胞开始分裂，之后开始降低培养基的渗透压，逐渐将不含渗透压调节剂的新鲜液体培养基置换原培养基。当形成大的细胞团之后，放置到去除渗透压调节剂的固体培养基上进行繁殖培养。该方法的优点是操作简单，对原生质体伤害最小，能及时降低渗透压并能补充新鲜培养基。在原生质体培养过程中，及时更换培养基和适时调节渗透压，可以促进细胞分裂和愈伤组织形成。缺点是原生质体容易沉淀，分布不均匀，难以选出单细胞无性系。

固液相结合培养法：先将培养基采用固体平板培养法包埋在培养皿底层，上面再加入相同成分的培养基进行暗培养。当细胞开始分裂后，用新鲜液体培养基更换原液体培养基。当形成大细胞团之后，平铺到除去渗透压调节剂的固体培养基上进行培养。固液双层培养法操作方便，较好地结合了液体培养和包埋培养的优点。通气性好，接触氧气面大，代谢的废物易扩散，容易添加新鲜培养基，同时方便用倒置显微镜进行观察和照相。

原生质体的初始培养密度须控制在一定范围内。当原生质体密度过低时，原生质体再生细胞不能持续分裂，这可能是因为原生质体本身具有与分裂有关的物质，原生质体密度过低，这种物质达不到一定浓度而影响分裂；密度过高，会由于营养不足，或细胞代谢物过多而妨碍再生细胞的正常生长。棉花原生质体培养以$5×10^4$~$5×10^5$/ml的培养密度较好。

三、原生质体的融合

远缘杂交技术和现代基因工程技术主要是针对细胞核，而原生质体融合为细胞质基因的重组和改良提供了可能。原生质体融合，也称体细胞杂交，是现代生物技术的重要组成部分。其能克服传统有性杂交育种中常见的杂交障碍，转移细胞核中的染色体组、染色体片段或细胞质中的叶绿体DNA和线粒体DNA，突破作物品种改良过程中的局限性，在实现远缘遗传重组、转移多基因控制的性状、创造植物的新类型和新品种方面已显示出广阔的应用前景。

（一）原生质体融合类型

对称融合即通过物理或化学方法，使种内或种间完整原生质体融合，产生核与核、胞质与胞质间重组的对称杂交技术。原生质体融合后的个体称为融合体。同种原生质体间的融合称为同源融合，即同核体；非同种原生质体间的融合称为异源融合，即异核体。

不对称融合是指通过物理或化学方法，将供体原生质体细胞核钝化，与完整的或者胞质钝化的受体原生质体融合，获得只有一方亲本核基因的不对称杂种。由于所得融合产物含全套受体染色体及部分供体染色体，其胞质基因可能发生重组。这类体细胞融合称为不对称原生质体融合。不对称融合保持了细胞融合的优点，又克服了对称融合无法排除不良性状的弊端，而且杂种能很快稳定。

不对称融合涉及种内组合、种间组合、属间组合等。X射线辐照和γ射线辐照是原生质体不对称融合早期使用较多的两种处理方式。射线的辐照剂量因物种不同差异较大，在小酸浆与曼陀罗的不对称融合中，小酸浆原生质体经150Gy X射线辐照后融合，获得的不对称融合杂种含3条供体染色体。而在烟草种间不对称融合中，Bates等（1957）用100Gy X射线辐照蓝茉莉叶烟草原生质体，融合后获得了仅含1条供体染色体的不对称融合杂种。Zhou等（1996）用不同浓度碘乙酰胺处理的小麦原生质体为受体，以γ射线处理的簇毛麦原生质体为供体，得到不对称融合杂种。近年来，紫外线也越来越多地用于不对称融合实验中。夏光敏等（1996）报道了用小麦与经紫外线照射的新麦草和高冰草的属间体细胞融合。向凤宁等（1999）将普通小麦99P原生质体与经紫外线照射的无芒雀麦愈伤组织来源的原生质体用PEG法诱导融合得到不对称融合杂种。Yang等（2007）利用紫外线照射过的克劳茨基棉的原生质体作为供体与陆地棉（'Coker201'）的原生质体进行电融合，详细研究了不同剂量的紫外线对供体原生质体处理的效果，发现紫外线剂量为$38.7J/cm^2$能有效致死供体原生质体，得到了陆地棉与野生棉的不对称融合杂种植株。

1972年首例体细胞杂种植株再生开辟了利用原生质体融合进行作物改良的研究。1974年，Kao等利用PEG作为融合剂使原生质体融合得到高频杂种。1978年，转入抗寒性状的第一例属间体细胞杂种产生，标志着体细胞杂交开始应用于作物性状改良。1990年，由原生质体融合产生了商业化烟草品种并释放到了生产市场。目前，已开展不对称融合的植物有烟草、胡萝卜、番茄、马铃薯、茄子、柑橘、油菜、小麦、水稻等。

在棉花中，已经开展了多个组合的对称融合及两个组合的不对称融合。Sun等（2004，2005，2006）和Yang等（2007）通过原生质体的电融合，培养后连续获得多个体细胞杂种植株。利用原生质体融合将野生种中的抗病等优良性状向栽培种中转移具有很大的潜力，对拓宽新种质创造的渠道有重要的意义。

（二）原生质体融合方法

体细胞杂交最重要的技术就是融合方法。主要分为化学融合法和物理融合法。化学融合法是指以化学试剂作为诱导剂，诱导原生质体融合，主要有聚乙二醇（PEG）融合法和高钙-高pH法。物理融合法是指用电激、离心、振动等机械方法来促使原生质体融合的方法，主要有电融合法和超声波法等。

PEG融合法因其操作简单，融合效果好，不需要昂贵的仪器设备而被广泛采用。具体操作过程如下：将制备好的双亲原生质体悬浮于0.4~0.6mol/L的Mannitol液中，调整好密度，一般为2×10^5个/ml，等比例混合。制备PEG液和稀释液。然后将两种原生质体悬浮液等体积混合于培养皿中，静置5min，在一侧滴入等量PEG液并用吸管诱导接触，混匀。镜下观察决定混合时间。最佳处理时间为大部分原生质体吸附成二体时，开始分次加入稀释清洗液，最后用培养用液体培养基洗一次。采用PEG融合法时动作要迅速，融合后要轻拿轻放。目前，主要要以PEG为融合剂诱导原生质体化学融合的方法。辛化伟等（1997）通过PEG结合高Ca^{2+}-高pH融合获得了水稻与大黍不对称体细胞杂交再生植株；用该技术体系获得的原生质融合植株还有小麦、番茄、薄荷和马铃薯等。但PEG法的融合效果受PEG种类与浓度等多种因素的影响，故其融合频率较低，一般只有1%~5%。虽然用聚乙酸乙烯酯（PVA）、聚乙烯吡咯烷酮（PVP）、藻酸钠和葡聚糖（dextran）作融合剂融合频率可达10%，二甲基亚砜、链霉蛋白酶等作融合促进剂能显著提高融合频率，但操作过程繁琐，且PEG对植物原生质体有较大的毒性，甚至导致线粒体严重破坏。

高钙-高pH法是在高钙-高pH液诱导下，原生质体吸附、聚合，最后融合在一起。具体操作与PEG融合法类似，高pH有利于原生质体聚集接触。Keller采用该方法进行烟草叶肉原生质体融合，获得了品种间的体细胞杂种。1972年Carlson用$NaNO_3$进行烟草原生质体融合，获得种间体细胞杂种植株。

电融合法是利用不对称的电极结构，产生不均匀的电场，使黏合相连的原生质膜瞬间破裂，与相邻的原生质体连接、闭合，产生融合体。电融合方法包括两个步骤：①对装有原生质体悬浮液的融合槽两电极间施加高频交流电场，使原生质体偶极化而沿着电场线方向泳动并相互吸引形成与电场线平行的原生质体串珠；②用一次或多次瞬间高压直流电脉冲使质膜可逆性穿孔，相连的质膜瞬间被电击穿后又迅速连接闭合，恢复成嵌合质膜而融为一体。该方法的优点是没有化学残留，重复性好。缺点是设备昂贵。

相对来说，电融合法具有对原生质体损伤小、易操作、融合率高（15%以上）等优点，自Senda等（1979）首先报道了电场诱导细胞融合成功后，该技术已得到广泛的应用，并表现出比PEG法更多的优越性。

四、体细胞杂种选择

原生质体融合处理后的产物是同核体、异核体及没有融合的亲本原生质体。因此，需要对杂种细胞进行筛选和对体细胞杂种进行鉴定。

如何从含有双亲单细胞和同源融合细胞的细胞中筛选出杂种细胞是体细胞杂交成功的一个关键技术。融合产物中有很多遗传背景不同的细胞系，有融合的细胞、未融合的细胞、多核融合的细胞、嵌合融合的细胞等。筛选带供体基因的融合产物，需要一套选择系统。

利用物理特性进行筛选：利用原生质不同颜色、大小、漂浮密度进行挑选。Chuong等（1988）用荧光激活细胞分拣机FACS实现了大量挑选杂种细胞。有研究者以愈伤组织有无叶绿素为选择标记，利用白化或叶绿素缺失突变体作受体，初步筛选绿色愈伤组织再生植株为不对称融合杂种。

利用互补选择进行筛选：该法是利用双亲细胞在生理或遗传特性方面所产生的互补作用来进行选择，包括营养缺陷性互补、白化突变体与野生型互补、抗性差异互补、非等位基因互补等。

（1）激素自养型互补选择：双亲任何一方的原生质体在培养基上生长都需要添加生长调节剂，而异核体杂种细胞由于融合后的互补效应，自身能产生内源激素，不需要外施生长调节剂也能在培养基上生长发育。粉蓝烟草和郎氏烟草的原生质体在无生长素的培养基中均不能再生，但融合杂种可以产生内源生长激素，从而能够在无生长素的培养基中生长发育（Carlson，1972）。

（2）营养缺陷型互补选择：如两个营养缺陷型突变体融合后可得到表现正常的杂种。Gleba等（1988）研究蓝茉莉叶烟草与颠茄不对称融合时，利用代谢突变体为材料，受体为硝酸还原酶缺失突变体，依据硝酸还原酶的补偿性选择杂种。

（3）抗性突变体互补选择：Bates等（1987）研究普通烟草与蓝茉莉叶烟草种间不对称融合时，利用双亲对抗生素抗性的差异，蓝茉莉叶烟草抗卡那霉素（Km[r]），蓝曙红反应阳性（Nop[+]），普通烟草为野生型，融合后即可依杂种的抗性进行选择，只有存在携带Km[r]/Nop[+]染色体（或片段）的植株才能存活。

（4）基因互补选择：由两个非等位基因突变产生的光敏突变体在正常光下生长慢，再生愈伤组织为淡黄色，而融合杂种愈伤在强光下为绿色。烟草的S和V两个光敏感叶绿体缺失突变体由非等位隐性基因控制，在正常光照下生长缓慢，叶片淡绿色，但将两者的原生质体融合后能形成绿色的愈伤组织，并再生植株。在强光下，杂种叶片呈暗绿色。Melcher于1974年根据该法选出了杂种植株。

杂种植株的选择：融合后的同核体和异核体在适宜的培养基上继续分裂可形成愈伤组织，转移到分化培养基上可分化成完整的再生植株。由于初始融合产物的遗传物质可能被排除，或在培养过程中会发生体细胞克隆变异等现象，因而还必须对获得的杂种进行严格的鉴定。用来鉴定体细胞杂种的方法有形态学比较（花的颜色、形态、叶子的形态和大小等）、细胞学观察（染色体、叶绿体数目、形态、核DNA含量等）、生化分析（同工酶和次生代谢产物等）、分子生物学鉴定和染色体原位杂交技术。确定不对称杂种的遗传组成是利用不对称融合进行育种的关键。一般将性状、染色体、分子生物学或原位杂交相结合，较全面地检测不对称杂种的基因型。

（1）形态学鉴定：根据杂种植株的表型进行鉴定，如株型、叶形、花色等。杂种植株的外部形态往往介于两亲本之间，与亲本有区别。有些形态学差异如叶形、气孔等可以直观表现出来。Bates等（1987）进行了普通烟草和蓝茉莉叶烟草的不对称融合，得到了101株再生植株，其中46株与普通烟草相似或一致；55株倾向于普通烟草，但畸形，花药皱瘪无花粉。Yamashita等（1989）研究了22株甘蓝型油菜与白菜型油菜间的不对称融合杂种，9株与受体相似，13株表现双亲中间型。Vlahova等（1997）通过不对称融合得到了烟草和番茄的高度不对称融合杂种，营养生长期杂种植株与受体植株（烟草）形态相似，植株矮小，生长势弱；在开花期，杂种花的形态产生了一些变异。然而，有些形态学上的变异也可能是长期的组织培养过程中产生的无性系变异，因此在杂种鉴定中仅靠形态学比较是不够的。

（2）细胞学鉴定：杂种细胞中的核、染色体及细胞器的特征是鉴定杂种的重要依据。在融合时如采用二倍体原生质体，杂种可能是四倍体或异源非整倍体。不亲和的属间杂种植株染色体数目有较大变异。而不对称融合杂种的染色体组成复杂。大致可分为以下几种：①含全套受体染色体，仅转移了供体胞质基因组；②含全套受体染色体及少量供体染色体；③含全套受体染色体及多条供体染色体；④混倍性，染色体组成紊乱，无规律性；⑤受体染色体多倍化。研究还发现，不对称融合杂种中存在大量染色体断片、微小染色体及重排染色体。除了分析染色体的数目外，采用流式细胞仪检测再生杂种的DNA含量也用于融合杂种的检测中；Sun等将这种方法引入棉花融合杂种的检测中，结果证明流式细胞仪检测是一种用于杂种检测可行的方法。

（3）生化鉴定：利用亲本的某些生化特征作为鉴定指标，如酶、色素、蛋白质、同工酶等。不对称融合杂种通常表现出部分同工酶为双亲杂种带，另一部分表现为双亲之一特征带。Bauer-Weston等（1993）通过同工酶（过氧化物酶、酯酶、葡萄糖磷酸变位酶）分析了拟南芥与甘蓝型油菜不对称融合杂种的不对称性，这3种酶均清楚地显示了杂种带。刘宝等（1995）分析了普通烟草与波缘烟草不对称融合杂种的苹果酸脱氢酶和酯酶同工酶谱，发现5个杂种细胞无性系均表现出受体普通烟草苹果酸脱氢酶的特征酶带；5个杂种细胞无性系除均具普通烟草酯酶的特征酶带外，3株还表现出供体烟草的全部酶带，2株只表现供体部分酶带。

（4）分子标记手段：利用限制性内切核酸酶对融合体再生植株的叶绿体和线粒体基因组进行酶切和电泳分析。常用的鉴定植物体细胞杂种细胞核基因组检测的分子生物学方法有随机扩增多态性DNA标记（RAPD）、简单重复序列标记（SSR）、限制性片段长度多态性（RFLP）、扩增片段多态性（AFLP）、Southern杂交等。

五、棉花原生质体培养与体细胞杂交存在的问题

随着分子生物学的迅猛发展，棉花的遗传改良逐渐采用了各种现代生物技术（基因工程、细胞工程和蛋白质工程等）。尽管基因工程能够扩大基因来源，打破遗传障碍，使得性状优良的基因能够定向转移到目标受体中来，但是只能实现少量基因的定向转移。而原生质体融合技术能够克服植物远缘杂交不亲和性，转移多个有利基因进行性状改良，而且能够进行细胞质改良。不对称融合、胞质杂交可以产生带有部分或不带一方核物质的杂种，原生质体融合不仅将两个生物的核基因组结合在一起，更重要的是它还能将两个融合个体的细胞质结合在一起，这就为细胞质基因的重组和改良提供了可能。

尽管棉花原生质体培养和体细胞杂交已取得很大的进展，但同时也存在很多技术难题，主要包括以下几方面。

供体材料受基因型限制，目前培养成功的品种不多，对大多数陆地棉品种进行原生质体培养还很难。需要加强对野生棉和陆地棉的原生质体培养体系的摸索，扩大再生基因型范围，为原生质体培养和融合提供材料。

原生质体植板率低、培养周期长、畸形率高。需要从材料选择、培养密度和方法，以及激素配比等多方面研究原生质体培养体系，提高棉花原生质体培养效果。同时在培养过程中，及时更换培养基和适时调节渗透压，可以促进细胞分裂和愈伤组织形成。前人研究表明KM8P培养基可用于棉花原生质体的培养，因为这是一个有机和无机营养物非常全面的培养基。Yang等认为，以KM8P为基本培养基，添加IAA、NAA和IBA的培养基可以启动细胞分裂，但是其效果不如添加2，4-D的培养基，高浓度的2，4-D对诱导原生质体的早期分裂非常有效，但是如果只添加2，4-D和KT对后期愈伤的形成也存在不利影响，而低浓度的2，4-D和添加适量的NAA对愈伤团的形成比较有利。在培养密度上，陈志贤认为，棉花原生质体的密度为5×10^4/ml较好，低于这个密度较难成功。而采用液体浅层法培养和固液双层培养时，棉花原生质体一般要求密度为2×10^5/ml左右（吕复兵等，1991；Sunctal，2005）。采用较高的密度（5×10^5ml）进行培养，可以缩短原生质体再生细胞启动分裂的时间，同时提高分裂频率和植板率（王品之等，1998）。

体细胞杂交、植株再生难度较大。棉花体细胞杂交过程中，电融合是简洁、方便、融合效率高的原生质体融合方法，但是它会对原生质体产生一定的伤害。因此，应尽量减少电激次数和融合时间，原生质体融合以后，融合细胞倍性增加，导致分裂分化能力降低，造成大量的畸形胚和畸形苗，需在再生过程中调节激素和微环境等来促进正常植株再生。此外，体细胞杂种拥有双亲的细胞质和细胞核物质，可能会因遗传或生理的不协调而造成不育。延长杂种生育时间、控制光照、连续回交是克服体细胞杂种不育的主要方法。

第七节　胚　培　养

植物胚培养是指对植物的胚（幼胚和成熟胚）、子房、胚珠和胚乳进行的离体培养。植物的离体胚培养可分为幼胚培养和成熟胚培养。

离体胚培养能够解决植物远缘杂交的败育问题，克服远缘杂交的不亲和性。因为在远缘杂交过程中，由于胚乳不能够正常发育或杂种胚与胚乳之间生理上的不协调，容易造成杂种胚不能正常发育，因此需要将幼胚取出进行离体培养，克服受精后发育障碍。同时，胚培养还能够打破种子休眠，缩短育种周期，提高种子萌发率。棉花胚珠的离体培养主要诱导未受精和受精后的胚珠形成植株。影响棉花胚珠培养成植株的因素主要有基因型的组合，要求的培养条件比较严格，不易获取完全胚，幼胚龄对胚珠的培养也有巨大的影响，如果取材时间过晚，杂交会因胚珠得不到足够的营养易导致败育死亡。

离体胚也是研究棉花纤维发育和离体受精的重要手段。胚珠培养是研究离体纤维生长发育的重要方法。1935年，Skovsted将剥离去种皮后的杂种胚放在培养基上培养，获得了戴维逊氏棉×斯笃克氏棉两个野生棉种F_1杂种植株。此后，Mauney（1961）和Eid等（1973）成功地将棉花种间不同天数的胚珠培养成植株。Stewart和Hsu（1978）把四倍体与二倍体棉种杂交后2d的许多组合的胚珠在液体培养基上培养，获得杂种植株。钱思颖等（1988）用White培养基培养种间杂种零代种子的胚，获得了一批陆地棉、亚洲棉和二倍体野生种种间杂种。近些年，研究者用胚珠培养成功地获得了十几个棉花种间杂种，并选育出一大批抗病虫、抗旱耐盐碱优良性状种质。此外，鲍淮钊1982年利用陆地棉花粉粒发育处于单核期时的未受精幼小胚珠为供试材料。去掉幼蕾苞叶后，用乙醇和过氧化氢消毒，再用无菌水冲洗干净，然后在无菌条件下，取幼小胚珠接种于诱导培养基上。接种后置培养室内进行暗培养，待出愈后再转入分化培养基中进行光培养，发现在基本培养基附加赤霉素和生长素，培养棉花未受精的幼小胚珠，一般只能促使棉纤维生长，而不形成或极少形成愈伤组织。只有在附加赤霉素和细胞分裂素的培养基中，才能促使其愈伤组织增殖，甚至在诱导培养基增殖的灰白色愈伤组织上，也能分化出暗灰白色的类根状组织。之后将未受精胚珠长出的愈伤组织放于分化培养基上，3周后在愈伤块上分化出一簇鲜绿色的丛生状的幼芽组织，再分化出绿色圆锥形的小芽，小芽出现多个芽头，经观察发现能形成芽原基及叶原基的细胞，为培养再生小植株创造了条件。

幼胚培养：将材料灭菌后在无菌条件下切开子房壁，用镊子取出胚珠，剥离珠被，取出完整的幼胚并放在培养基上进行培养。

幼胚的遗传转化：幼胚剥离后，使用针刺、涡旋振荡、石英砂混合处理等机械方式对幼胚组织造成伤口，然后用农杆菌进行浸染。

第八节　单倍体培养

单倍体是指具有配子染色体的孢子体，加倍单倍体（DH系）在遗传上是高度纯合的，如果在育种工作中把单倍体植株作为一个环节，就能很快获得纯系，加快育种速度，并能创造出植物的新类型。目前产生单倍体的主要方法有：诱导孤雌生殖、半配合法、染色体消除法和花药与花粉培养法。最常见的是花药与花粉培养。

一、研究进展

花药培养是指将发育到特定阶段的花药取出，离体接种到培养基上后通过调控花粉粒的发育来诱导其分化，使其分裂出的细胞团形成愈伤组织、胚状体，最后形成单倍体再生植株，染色体加倍后便能得到遗传稳定的纯合二倍体植株，可缩短育种年限，对获得的基因纯合材料进行植物遗传规律研究，以及外源基因导入，培育优良品种。花粉培养又称游离小孢子培养，是指以单个花粉粒为外植体进行离体培养的技术，这一培养技术已经在十字花科植物单倍体的培养中得以广泛应用。与花药培养技术相比，花粉培养的最大优点是获得的再生植株中单倍体和双单倍体的比例较高。至今，花药和花粉培养仍是获得单倍体的主要技术手段，但是该技术存在一些局限。无论是花粉培养还是花药培养都在不同程度上受到植物种类、品种、基因型、供试材料的生长发育阶段、植物生长调剂、预处理等的影响。

与其他外植体的植物组织培养方法相比，该技术的难度比较大，发展的速度较缓慢。1964年，Ghua和Mhaeshwari在毛叶曼陀罗花药培养中，成功地由花粉诱导得到了单倍体植株，从而促进了花药和花粉培养的研究。迄今通过花药培养和花粉培养已在烟草、水稻、小麦、玉米、番茄、甜椒、草葛、苹果等多种植物上成功获得单倍体植株。利用花药和花粉培养诱导花粉发育成单倍体植株，单倍体植株经过秋水仙素等药剂处理后，染色体加倍可以获得同源二倍体的纯合系，其后代不会分离，可以直接用于植物育种（韩磊，2005）。在花药培养或是花粉培养的过程中小孢子的发育时期非常重要。很多报道显示，对于大多数植物而言，小孢子的单核靠边期是进行花药接种的理想时期。例如，对于百合而言，花粉所处的发育时期可能比培养基成分等其他因素更重要，其中处于早期、中期的单核小孢子比单核晚期更易产生愈伤组织（Arzate-Femandez et al.，1997）。

　　1978年，Barrow等利用海岛棉和陆地棉的花药离体培养获得了大量愈伤组织，只有少数单倍性的细胞，而且被双倍体愈伤所包埋，随着愈伤组织的增殖逐渐退化。1998年，张海等对果枝上的花药低温处理后通过愈伤组织诱导，发现培养前低温预处理和植物生长物质的调控能提高棉花花药愈伤组织的诱导率。棉花花药的培养也会受到糖源的影响。蔗糖及麦芽糖能促进愈伤组织的诱导和胚状体的形成；葡萄糖能促进愈伤组织的生长，但是胚状体不能被诱导出来。目前，虽然单倍体的愈伤组织、根状体和胚状体能够获得，但是也只有个别棉花种属能得到再生植株，棉花花药组织的培养还需要进一步的研究。

二、单倍体培养的应用

　　单倍体培养在生物学和遗传学研究方面发挥着重要作用：在植物育种方面，单倍体育种是获得植物新品种的有效途径。单倍体加倍成功便可获得双单倍体株系，使性状在相对较短的时间内得以纯合，提高了育种效率，很大程度上降低育种的成本。玉米DH株系已经实现了商业化生产。另外，还可以通过DH株系的杂交F$_1$代实现杂种优势。有些植物尤其是雌雄异株的多年生木本植物如杨树，生长周期很长而且遗传背景高度杂合，利用单倍体技术育种将是理想的选择。

　　在基因组测序方面，2009年，Rousseau等提出利用单倍体进行基因测序来满足分子诊断中对序列高精准度的要求。在马铃薯研究领域，新一代测序技术使得基因测序速度提高了10倍以上，测序成本也降低了90%。棉花基因组异源四倍体遗传背景复杂，基因组高度杂合，建立并应用单倍体测序这一全新的测序策略对于棉花等遗传背景复杂、基因组高度杂合植物的基因组学研究来说无疑具有重要而深远的意义。

　　在功能基因的发掘与鉴定方面，随着拟南芥、水稻、棉花等植物基因组测序的完成，通过插入失活、突变诱导、转座子示踪等技术手段研究功能基因的反向遗传学成为新的研究热点，诱变产生并鉴定各种突变体，进而建立饱和的突变体库将是进行功能基因组学研究的有效手段。以植物单倍体材料为研究对象进行功能基因的研究已经在酵母、苔藓等多个研究领域开展，由于单倍体只含有来自于父本或是母本的一套染色体组，不管是显性基因还是隐性基因都能在表现型和RNA水平上得以表达。因此，利用单倍体植株进行突变体筛选，构建突变体库能解决工作量大、成本高等问题，具有深远的意义。

　　在基因工程育种方面，单细胞的小孢子是外源基因的理想受体细胞，诱导成株后易于使外源目的基因在个体水平上得以表达；单倍体植株一旦加倍成功便能得到纯合的二倍体植株，并且不会有嵌合体的干扰，因此，将单倍体育种与转基因技术有效结合，不仅有利于实现分离和克隆重要性状的功能基因，而且有利于揭示相应的分子机制。以单倍体为受体材料，采用基因工程技术对性状进行遗传调控，更容易从基因水平上进行品质和产量的改良。这一技术已经在烟草、水稻上取得了成功的应用。由于单倍体只有一套染色体，将植物单倍体作为转基因受体，避免了等位基因分离，得到的植株通过加倍处理能够得到纯合的二倍体植株，这样既能减少外源基因的损失，又可以有效缩短育种周期。

在遗传图谱的构建及数量性状位点（QTL）作图方面，与F_2、F_3、BCn等暂时性群体不同，双单倍体群体是永久性群体，这一类作图群体的特点在于等位基因位置是固定的，可以无限地用于新标记作图，种子可繁育多次，便于重复检验等。双单倍体DH株系在遗传上绝对纯合，是利用分子标记构建分子遗传图谱的理想材料，也适用于QTL遗传图谱。以单倍体或是双单倍体作为遗传作图群体，利用分子标记构建遗传图谱已经在杨树、小麦等多种植物中取得成功。目前已经建立起适用于单倍体基因位点研究的生物模型，并且开发出了执行这些功能的软件，这些辅助条件及设备的成功应用将在很大程度上促进单倍体植物材料在遗传图谱构建上的应用。

三、单倍体培养方法

（一）花药培养

采集晴天气候适宜条件下生长健壮棉花植株上的花蕾，将有病害、虫害的花蕾剔除，并摘除苞叶和萼片，先在显微镜下检查其发育阶段，挑选花粉处于单核期的花蕾，然后进行消毒。一般采用升汞或双氧水对花蕾表面进行消毒。具体做法是将去掉苞叶、萼片的花蕾浸泡在0.1%的升汞溶液中，浸泡5~10min，取出后用无菌水冲洗3次。之后在无菌条件下取出花药，花药的取出过程要特别小心，防止花药损伤，因为花药受损常会刺激花药壁形成愈伤组织，同时这种损伤可能会使花药产生影响组织培养的物质。花药培养一般先在25℃黑暗条件下进行脱分化培养，3周左右花药中的小孢子经过脱分化形成愈伤组织，或者逐渐撑破花药壁后，再转入分化培养基培养。张海（1998）认为，适当节位的花蕾外植体、培养前的低温预处理及合理的激素条件是提高棉花花药愈伤组织诱导率的主要条件，第5~8果枝上的花蕾的花药愈伤组织发生最好；在同一果枝上，离主茎越近其花药愈伤组织诱导率越高，反之则诱导率越低。超过第4果节后，大部分不能形成愈伤组织。低温预处理可有效提高花药愈伤组织诱导率。Barrow对陆地棉和海岛棉的花药进行了培养并获得大量愈伤组织，但是细胞学检查却表明，仅有2%~4%的细胞是单倍体（$n=2x=28$），而且都深埋于双倍体愈伤组织中，随着愈伤组织的增殖会退化并消失。李秀兰等（1987）用石蜡切片法观察花药培养中的小孢子的发育状况，发现在适宜的培养条件下，花粉细胞可以启动分裂并能形成多细胞团和愈伤组织，从而证明了棉花花药培养形成花粉单倍体植株是有希望的。目前，国内外学者在棉花花药愈伤组织培养方面进行了大量的研究，但是并没有再生植株的倍性和育性的后续报道，采用该途径也还没有获得比较有实用价值的后续报道。但是单倍体组织培养在棉花生物技术研究中具有非常重要的应用价值，需要坚持研究下去。

（二）花粉培养

花粉培养必须将花粉从花药中分离出来，以单个花粉粒作为外植体进行离体培养。与花药培养相比，花粉培养前必须进行花粉的分离与纯化。将小孢子从花粉里分离出来的主要方法有自然散落法、挤压法和机械游离法。

自然散落法是将花蕾消毒后，无菌条件下取出花药，将花药接种在培养基上一段时间，等待花粉囊自动开裂，小孢子会散落在培养基中。此方法操作简易，不需要专门的仪器，在水稻、大麦、小麦、玉米上成功采用，但是成功率较低，容易受花药组织的影响。

挤压法是将消毒处理过的花药放置在无菌培养皿或者烧杯中，加入少量提取液之后，用玻璃棒轻压花药，将花粉粒挤到提取液中去。之后过筛，除去组织碎片，将提取液及小孢子进行低速离心，使小孢子沉淀，并清洗几次后进行培养。芜菁、大麦、小麦、玉米、水稻等作物都采用此法进行小孢子培养。棉花中也采用此方法。

机械游离法包括磁搅拌法和小型搅拌法。适合一次性处理大量材料，但该法对花粉有不同程度的机械损伤。

花粉培养方式主要有液体培养法、平板培养法、固液双层培养法及看护培养法。

参 考 文 献

陈秀兰. 1998. 提高棉花抗盐性的途径. 棉花学报, (2): 64-67

陈英, 曹毅, 等. 1999. 玉米幼胚的组织培养及其植株再生的研究. 四川大学学报: 自然科学版, (6): 1125-1129

陈颖, 谢寅峰, 等. 2003. 稀土在组织及细胞培养上的应用研究进展. 福建林学院学报, 23(4): 380-384

陈志贤, 李淑君, 等. 1987. 棉花细胞悬浮培养胚胎发生和植株再生某些特性的研究. 中国农业科学, (5): 6-12

迟吉娜, 李喜焕, 等. 2004. 棉花体细胞胚胎发生和植株再生的影响因素. 棉花学报, 16(1): 55-61

戴雪梅, 华玉伟, 等. 2013. 植物悬浮细胞培养的关键技术及存在问题. 热带生物学报, (4): 381-385

戴梓茹, 黎继烈. 2007. 激素对植物细胞悬浮培养代谢产物的影响研究进展. 中国生物工程杂志, 27(6): 118-122

丁亮. 2003. 外源基因和棉酚对陆地棉茎尖培养和体细胞培养的影响. 杭州: 浙江大学硕士学位论文

董春英, 王瑞. 2013. 稀土元素在组织培养中的作用研究进展. 湖南林业科技, 40(3): 71-73

董合忠. 1990. 棉花体细胞胚胎发生和植株再生. 植物生理学报, (2): 8-12

董新国, 张献龙, 等. 1999. 陆地棉花药培养的解剖学和细胞学研究. 作物学报, 25(6): 782-784

韩迎春, 毛树春, 王香河, 等. 2004. 温光和种植制度对棉花早熟性和纤维品质的影响. 棉花学报, 16(5): 301-306

化青报, 翟晓巧, 等. 2008. 木本植物悬浮细胞培养影响因素研究. 河南林业科技, 28(2): 13-15

郑艳红, 熊庆娥. 2003. 植物体细胞胚胎发生的研究进展. 四川农业大学学报, 21(1): 59-63

蒋淑丽, 洪彩霞. 1999. 光照对棉花胚珠纤维离体发育的影响. 棉花学报, (5): 255-258

金芳燕. 2013. 棉花体细胞胚胎与合子胚比较转录组分析. 武汉: 华中农业大学硕士学位论文

孔娟. 2002. 芥菜类蔬菜高频再生体系的建立及硝酸银的作用. 杭州: 浙江大学硕士学位论文

李秀兰. 1987. 棉花花药培养小孢子发育的细胞学观察. 作物学报, (1): 87-88

李燕娥, 吴霞. 1997. 棉花无菌苗最佳生长条件的探讨. 棉花学报, (4): 222-223

李英. 2013. 北京杨花药培养诱导单倍体再生体系的研究. 北京: 北京林业大学硕士学位论文

刘方, 王坤波, 等. 2002. 中国棉花转基因研究与应用. 棉花学报, 14(4): 249-253

刘辉. 2009. 马铃薯花药培养及双单倍体植株的鉴定. 哈尔滨: 东北农业大学硕士学位论文

吕萌, 王娟, 倪志勇, 等. 2010. 受精对胚珠离体培养棉纤维生长发育的影响分析. 新疆农业科学, 47(5): 893-897

罗莉, 韩烈保, 等. 2005. 硫酸铜, 硝酸银和脱落酸对草地早熟禾胚性愈伤诱导的影响. 草原与草坪, (4): 20-24

罗小敏. 2004. 棉花组织培养与雪花莲凝集素基因转化. 保定: 河北大学硕士学位论文

亢建飞, 李付广, 等. 2004. 植物组织培养中畸形苗发生机理的研究进展. 棉花学报, 16(4): 243-248

宋艳梅. 2004. 油菜素内酯对棉花纤维分化发育的影响及其调控基因*bzr1*的转化. 济南: 山东师范大学硕士学位论文

谭晓连, 钱迎倩. 1988. 不同外植体来源和培养条件对拟似棉植株再生的影响. Journal of Genetics & Genomics, (2): 3-7

汤飞宇, 肖文俊. 2007. 棉花体细胞无性系变异的研究进展. 江西棉花, 29(5): 3-7

唐敏. 2015. 稀土在球兰组织培养技术中的促根研究. 现代农业, (6): 103-105

汪静儿, 孙玉强, 等. 2007. 棉花原生质体培养与体细胞杂交研究进展. 棉花学报, 19(2): 139-144

王雷, 张君, 等. 2001. 胚龄和2,4-D浓度对玉米自交系幼胚愈伤组织诱导率的影响. 玉米科学, (3): 26-28

王令刚. 2007. 棉花原生质体培养与融合. 武汉: 华中农业大学硕士学位论文

王清连, 刘方. 2000. 棉花组织培养直接胚胎发生和植株再生. 河南职业技术师范学院学报, 14(1): 22-25

王文星, 屈山, 等. 2006. 硝酸银对离体培养烟草叶片愈伤组织形成和芽再生及其脯氨酸和丙二醛含量的影响(简报). 植物生理学报, 42(4): 668-670

王艳, 杨一心, 等. 2005. 稀土(镨、钕)配合物对非洲紫罗兰组织培养与快繁的影响. 湖北民族学院学报: 自然科学版, 23(1): 75-78

吴敬音, 朱祯. 1994. 陆地棉(*G. hirsutum* L.)茎尖分生组织培养及其在基因导入上的应用. 棉花学报, (2): 89-92

奚元龄, 魏振承, 等. 1987. 棉花茎尖培养批量成苗. 江苏农业学报, (4): 1-6

夏光敏, 向凤宁, 等. 1999. 小麦与高冰草属间体细胞杂交获可育杂种植株. 植物学报, 41(4): 349-352

夏启中. 2005. 棉花悬浮细胞系的建立及其培养细胞的程序性死亡的观察研究. 武汉: 华中农业大学博士学位论文

辛化伟, 孙敬三, 等. 1997. 水稻与大黍不对称体细胞杂交再生植株. Acta Botanica Sinica, (8): 717-724

杨细燕. 2009. 棉花原生质体不对称融合研究及原生质体细胞壁重建相关基因的表达谱分析. 武汉: 华中农业大学博士学位论文

于海川. 2008. 棉花赤霉素信号途径重要组分*GhFB1*, *GhFB2*和*GhGID1*基因的克隆和表达分析. 海口: 海南大学硕士学位论文

袁晓凡, 赵兵, 等. 2005. 稀土元素在药用植物细胞和组织培养中的应用. 植物学报, 22(1): 115-120

张宝红, 李秀兰. 1994. 棉花花药培养及其在遗传育种中的应用. 安徽农业大学学报, (4): 498-502

张宝红, 李秀兰. 1995. 棉花花药的消毒与灭菌. 中国棉花, (4): 28-28

张朝军, 李付广, 等. 2004. 棉花新诱导的胚性愈伤组织快速分化胚状体研究. 中国棉花学会2004年年会会议论文

张朝军, 李付广, 等. 2008. 植物体细胞胚胎发生机理的研究进展. 棉花学报, 20(2): 141-147

张朝军, 李付广. 2007. 棉花体细胞胚胎发生研究进展. 中国棉花学会2007年年会会议论文

张福丽, 葛红莲, 等. 2012. 棉花无菌苗培养条件的探讨. 湖北农业科学, 51(5): 887-889

张海, 易永华, 等. 2002. 棉花子叶离体培养与植株再生. 西北农业学报, 11(1): 84-85

张海, 易永华. 1998. 提高棉花花药愈伤组织诱导率的研究. 西北农业学报, (3): 1-3

张寒霜, 李俊兰. 1999. 低酚陆地棉的体细胞胚胎发生和植株再生. 河北农业大学学报, (1): 9-12

张猛. 2007. 干燥和硝酸银对水稻愈伤组织分化及其生理生化特性的影响. 南宁: 广西大学硕士学位论文

张鹏, 傅爱根, 等. 1997. $AgNO_3$在植物离体培养中的作用及可能的机制. 植物生理学报, (5): 376-379

张伟. 2014. 小麦组织培养再生体系及单倍体植株诱导技术优化研究. 北京: 中国农业科学院硕士学位论文

张文胜, 张宝红. 1996. 盐胁迫对棉花胚性愈伤组织增殖、胚胎发生及发育的影响. 棉花学报, (4): 189-192

张献龙, 孙玉强, 等. 2004. 棉花细胞工程及新种质创造. 棉花学报, 16(6): 368-373

张献龙. 1990. 陆地棉体细胞胚胎发生、植株再生及其机制的研究. 武汉: 华中农业大学博士学位论文

张勇, 秦樊鑫, 等. 2010. 稀土在植物学中的应用. 贵州农业科学, 38(6): 137-140

赵占军, 陈茂盛, 等. 2003. 胚龄和激素对小麦幼胚组织培养的影响. 生物技术, 13(5): 7-8

郑泗军, 蒋淑丽, 洪彩霞, 等. 1996. 碳源和基因型对棉花未受精胚珠纤维离体发育的影响. 棉花学报, (6): 301-304

朱勇清, 许可香, 陈晓亚. 2003. 棉花li突变体生长素极性运输的减弱. 植物生理与分子生物学学报, 29(1): 15-20

Beasley J O. 1940. Hybridization of American 26-chromosome and Asiatic 13-chromosome species of *Gossypium*. Jour Agr Res, 60(3): 175-181

Bruno M, Jen S. 2008. Cytokinin and auxin interaction in root stem-cell specification during early embryogenesis. Infection & Immunity, 453(7198): 1094-1097

Carlson P S, Smith H H, et al. 1972. Parasexual interspecific plant hybridization. Proceedings of the National Academy of Sciences of the United States of America, 69(8): 2292-2294

Finer J J, Smith R H. 1984. Initiation of callus and somatic embryos from explants of mature cotton(*Gossypium klotzschianum* Anderss). Plant Cell Reports, 3(1): 41-43

Finer J J. 1988. Plant regeneration from somatic embryogenic suspension cultures of cotton(*Gossypium hirsutum* L.). Plant Cell Reports, 7(6): 399-402

Gialvalis S, Seagull R W. 2001. Plant hormones alter fiber initiation in unfertilized, cultured ovules of *Gossypium hirsutum*. Journal of Cotton Science, 5(4): 252-258

Hwang I, Sheen J. 2001. Two-component circuitry in *Arabidopsis* cytokinin signal transduction. Nature, 413(6854): 383-389

Jiao G L, Jun L I, et al. 2002. Research on the utilization of new explants to establish a high efficiency transformation system in cotton. Acta Gossypii Sinica, 14(1): 22-27

Marhavy P. 2012. Auxin-cytokinin interactions during plant developmental processes. Ghent University.

Masatoshi T, Naokazu S, et al. 2007. ARR1 directly activates cytokinin response genes that encode proteins with diverse regulatory functions. Plant & Cell Physiology, 48(2): 263-277

Moubayidin L, Di M R, et al. 2009. Cytokinin-auxin crosstalk. Trends in Plant Science, 14(14): 557-562

Müller B, Sheen J. 2008. Cytokinin and auxin interaction in root stem-cell specification during early embryogenesis. Nature, 453(7198): 1094-1097

Raffaele D I, Kinu N, et al. 2008. A genetic framework for the control of cell division and differentiation in the root meristem. Science, 322(5906): 1380-1384

Rashotte A M, Mason M G, et al. 2006. A subset of *Arabidopsis* AP2 transcription factors mediates cytokinin responses in concert with a two-component pathway. Proceedings of the National Academy of Sciences, 103(29): 11081-11085

Sagare A P, Lin Y L L C, et al. 2000. Cytokinin-induced somatic embryogenesis and plant regeneration in *Corydalis yanhusuo*(Fumariaceae)- a medicinal plant. Plant Science, 160(1): 139-147

Sakhanokho H F, Zipf A, et al. 2001. Induction of highly embryogenic calli and plant regeneration in *Upland*(L.)and *Pima*(L.)cottons. Crop Science, 41(4): 1235-1240

Sun Y, Liu S, et al. 2011. An interspecific somatic hybrid between upland cotton(*G. hirsutum* L. cv. ZDM-3)and wild diploid cotton(*G. klotzschianum* A.). Plant Cell Tissue & Organ Culture, 106(3): 425-433

Sun Y, Zhang X, et al. 2005. Plant regeneration via somatic embryogenesis from protoplasts of six explants in Coker 201(*Gossypium hirsutum*). Plant Cell Tissue & Organ Culture, 82(3): 309-315

Thomas C, Bronner R, et al. 2002. Immuno-cytochemical localization of indole-3. Planta, 215(4): 577-583

To J P, Deruère J, et al. 2007. Cytokinin regulates type-A *Arabidopsis* response regulator activity and protein stability via two-component phosphorelay. The Plant Cell Online, 19(12): 3901-3914

Trolinder N L, Goodin J R. 1988. Somatic embryogenesis in cotton(*Gossypium*) Ⅰ. Effects of source of explant and hormone regime. Plant Cell Tissue & Organ Culture, 12(1): 31-42

Wang Y X, Wang X F, Ma Z Y. 2006. 影响棉花幼胚(珠)离体培养及植株建成的因素分析. Acta Agriculturae Boreali-Sinica, 10: 37-40

Wu J, Zhang X, et al. 2004. Factors affecting somatic embryogenesis and plant regeneration from a range of recalcitrant genotypes of Chinese cottons(*Gossypium hirsutum* L.). *In Vitro* Cellular and Development Biology-Plant, 40(4): 371-375

Yang X Y, Zhang X L. 2010. Regulation of somatic embryogenesis in higher plants. Critical Reviews in Plant Sciences, 29(1): 36-57

Yang X, Zhang X, et al. 2012. Transcript profiling reveals complex auxin signalling pathway and transcription regulation involved in dedifferentiation and redifferentiation during somatic embryogenesis in cotton. BMC Plant Biology, 12(1): 110

Zeng F, Zhang X, et al. 2007. Chromatin reorganization and endogenous auxin/cytokinin dynamic activity during somatic embryogenesis of cultured cotton cell. Plant Cell Tissue & Organ Culture, 90(1): 63-70

第三章 体细胞胚胎发生的细胞学基础

第一节 棉花体细胞胚胎发生机制的研究进展

一、棉花体细胞胚胎发生和植株再生体系的建立

1971年，Beasley首次从陆地棉的胚珠诱导出愈伤组织，1979年，Price和Smith从克劳茨基棉（*Gossypium klotzschianum*）细胞悬浮培养中获得体细胞胚胎；1983年，Davidonis和Hamilton从陆地棉（*G. hirsutum* Linn.）子叶的愈伤组织中获得了体细胞胚胎和再生苗，随后Shoemaker等（1986）从'珂字棉312'和'珂字棉201'中获得再生植株。与国外相比，我国棉花组织培养相关研究工作开展较晚，且是从野生棉组织培养开始起步的。首先，刘桂云等（1987）从野生戴维逊氏棉（*G. davidsonii*）的愈伤组织中得到再生植株。此后，陈志贤等（1987）在国内首次报道了陆地棉'珂字棉312'的再生植株，与此同时，雷蒙德氏棉（*G. raimondii*）、拟似棉（*G. gossypioides*）、戴维逊氏棉等棉属不同种也都得到了再生植株（吴敬音和陈松，1988；谭晓连和钱迎倩，1988；陆振鑫和夏振澳，1991）；根据棉花体细胞胚胎的发生机制，棉花体细胞胚胎发生和形态建成的研究主要集中在体细胞胚胎起源、形态建成和胚胎学发育等方面（刘春明等，1991；王喆之等，1990；李克勤等，1991；吴家和等，2003；夏启中等，2005）；由于棉花体细胞胚胎发生和再生过程中常伴随着大量的畸形胚和畸形苗，与此相关的研究也有报道（李克勤等，1991；李秀兰等，1991）。在上述工作的基础上，2006年，华中农业大学张献龙课题组报道了 *G. davidsonii*、*G. klotzschianum*、*G. raimondii*、*G. stocksii* 等数个二倍体棉属的组织培养工作（Sun et al.，2003，2004）。汪静儿等（2007）报道了棉属G染色体组数个野生棉的体细胞胚胎发生和植株再生。经过近30年的发展，已经获得了戴维逊氏棉、雷蒙德氏棉、瑟伯氏棉（*G. thurberi* Todaro）、拟似棉、草棉（*G. herbaceum* Linn.）、亚洲棉（*G. arboreum* L.）、海岛棉（*G. barbadense* L.）和陆地棉8个棉种的再生植株（迟吉娜等，2005）；并建立起了体细胞培养、花药培养、茎尖培养、胚珠和胚培养及原生质体培养等不同的培养体系（秦永华等，2006）。很多实验室通过胚胎发生途径获得了棉花（主要是陆地棉）再生植株，并建立一些棉花组织培养的体系（刘传亮等，2004；金双侠等，2007；Wu et al.，2004；Wang et al.，2006；Sakhanokho et al.，2001，2004，2005）。

二、棉花体细胞胚胎的发生途径

Sharp等（1980）把体细胞胚胎的发生方式概括为直接发生和间接发生两种途径。已有研究表明，陆地棉体细胞胚胎发生多是通过间接发生途径完成的（王喆之等，1990；李克勤等，1991；卢春明等，1991），也有研究报道陆地棉的植株再生是通过体细胞胚胎直接发生的，但获得成功的实例却很少（Nobre et al.，2001）。

棉花体细胞胚胎的发育过程与合子胚类似：从原胚、球形胚、心形胚、鱼雷形胚到子叶期胚（王喆之等，1990；李克勤等，1991；卢春明等，1991）。陆地棉体细胞胚胎的起源方

式一直存在争议，更多的学者倾向于单细胞起源，主要的论据包括以下两点：①在棉花愈伤组织中发现了与合子胚起源类似的细胞不等分裂；②发现了与合子胚类似的胚柄等结构。棉花体细胞胚胎起源愈伤组织位置也有不同，既有发生于近表层的愈伤组织内部的报道（卢春明等，1991），也有内外同时起源的描述（王喆之等，1990），商海红等（2009）认为体细胞胚胎起源部位可能与培养方式有关。

三、棉花体细胞胚胎发生和形态建成过程中的细胞程序性死亡研究

细胞程序性死亡（programmed cell death，PCD）是一种受基因控制，主动有序的细胞死亡过程。植物的胚胎发育、器官形成、衰亡等发育过程均伴随着细胞程序性死亡，特别是植物合子胚发育过程常伴随细胞程序性死亡，助细胞、反足细胞、胚柄、原胚乳细胞等结构的消亡均与细胞程序性死亡关系密切（Wu and Alice，2000；孙朝煜等，2002），此外，植物的许多生命现象，如根冠细胞脱落（de Jong et al.，2000）、导管细胞分化、叶片缺刻和穿孔形成（Greenberg，1996）也与细胞程序性死亡关系密切。体外培养的植物组织和细胞中也会发生细胞程序性死亡（Young et al.，1997）。例如，挪威云杉原胚团细胞发育过程中发生了大量的PCD（Harvel et al.，1996；Filonova et al.，2000）。在陆地棉组织培养研究中也有相关报道（吴家和等，2003）。

现有研究数据表明，在陆地棉体细胞胚胎的形成过程中有两次PCD：①愈伤组织脱离下胚轴，在新鲜培养基上培养生长时，一些内含物少的管状细胞发生PCD；②愈伤组织细胞再分化形成体细胞胚胎时，也能观察到PCD现象（吴家和等，2005）。初步推测其原因，第一次PCD发生可能与体细胞胚胎发生时的细胞不对称分裂、胚柄细胞消亡等因素有关；而第二次PCD高峰可能与分化培养基中生长素和细胞分裂素的降低有关。

四、体细胞胚胎发生过程中的外植体细胞超微结构变化研究

在模式植物中，20世纪70年代报道了胡萝卜培养物的超微结构，90年代以后，崔凯荣等以枸杞（*Lycium barbarum* L.）、小麦（*Triticum aestivum* L.）等为材料对体细胞胚胎发生过程中的细胞超微结构进行了观察；水晶掌（*Haworthia cymbiformi*）、菊芋（*Cichorium* spp.）等植物体细胞胚胎超微结构也有相关研究报道（邢更生等，1994；黄清俊等，2005；Chapman et al.，2000）。

研究发现，外植体细胞脱分化过程中，叶绿体内膜系统趋于解体并向原质体状态转变。早期胚性细胞的细胞核较大，核仁相对致密；线粒体数量明显增加，细胞中未见大的中央液泡，但是细胞质中分布有一系列小液泡，其他细胞器（高尔基体、粗面内质网、核糖体）明显增多。胚性细胞发育到晚期，细胞核偏移，胞间连丝消失，细胞器数量增加，线粒体含量增多。梨形胚阶段胚体不同部位细胞在超微结构上存在一定的差异，生长点部位细胞内质体中出现膜系结构，部分细胞内出现初级叶绿体，细胞质中线粒体和游离核糖体分布较多，质体中有淀粉粒积累（邢更生等，1994；黄清俊等，2005；Chapman et al.，2000）。

通常认为，植物体细胞胚胎发生过程中胚性愈伤组织和非胚性愈伤组织具有不同的发育命运。二者的细胞组织方式、组织学、细胞超微结构等差异较大。非胚性愈伤组织的细胞大、排列松散、形状不规则，液泡较大，细胞核小，细胞器少；而胚性愈伤组织细胞小、排列紧密，细胞核大而明显，细胞质浓厚，细胞器丰富，细胞各种代谢活动活跃，为细胞进一步分

裂和分化做好了准备（程佑发和王勋陵，2001；詹园凤和王广东，2006；Verdeil et al.，2001；Konieczny et al.，2005；Parameswari，2007）。在猕猴桃（*Actinidia chinensis* Planch）、油菜（*Brassica campestris*）、小麦等植物的组织培养中，在胚性愈伤组织中均发现有细胞外基质的发育，而在愈伤组织和非胚性愈伤组织则未发现其发育（Wang et al.，1998；Iwai et al.，1999；Verdeil et al.，2001；Konieczny et al.，2005；Parameswari，2007；Popielarska-Konieczna et al.，2008）。与模式植物相比，系统研究棉花体细胞胚胎发生和形态建成过程中细胞超微结构变化的研究报道较少。

第二节　pBI-GFP 载体的构建和陆地棉的遗传转化

棉花植物体细胞胚胎的发生途径直接关系到农杆菌介导的棉花遗传转化的植株再生效率，因此，有必要利用细胞生物学手段对农杆菌介导的棉花遗传转化的不同阶段和不同类型的材料进行研究（迟吉娜等，2005；秦永华和刘进元，2006；李付广和刘传亮，2007）。针对棉花体细胞胚胎发生和形态建成过程中畸形胚和畸形苗发生率较高等问题，利用细胞学研究技术，比较胚性愈伤组织和非胚性愈伤组织在细胞学水平的差异，需深入了解农杆菌介导的棉花转化和植株再生过程中主要细胞器和细胞外基质等的动态变化过程（李克勤等，1991；Sunilkumar and Rathore，2001；亓建飞等，2004；Jin et al.，2006；Wu et al.，2008）。

为了达到上述研究目的，就必须确保细胞学和组织学研究材料为阳性转化材料，利用荧光显微镜对不同类型愈伤组织中增强型绿色荧光蛋白（EGFP）的表达情况进行观察，发现*EGFP*基因在愈伤组织、胚性愈伤组织、非胚性愈伤组织和体细胞胚胎中均可表达。通过PCR和Southern blotting发现，在EGFP表达阳性的愈伤中，T-DNA已经整合到细胞基因组中。由于EGFP在愈伤组织、胚性愈伤组织等组织中均可表达，并可快速无损伤地鉴定出阳性转化体，确保材料的生活状态，这为细胞学和组织学的研究奠定了良好的基础（Chalfie et al.，1994；Chiu et al.，1996；Sunilkumar and Rathore，2001；Sunilkumar et al.，2002）。本研究选择了质地较硬、生长快速的非胚性愈伤组织，硬化、白色非胚性愈伤组织，硬化、绿色非胚性愈伤组织，硬化、生长快速的非胚性愈伤组织等几种有代表性的非胚性愈伤组织进行了组织学和细胞学的研究（商海红等，2009）。

一、pBI-GFP 双元表达载体的构建和功能验证

绿色荧光蛋白（green fluorescent protein，GFP）是一种在当今生命科学和医学研究中被广泛使用的示踪物。利用荧光显微镜（fluorescence microscope）或激光扫描共聚焦显微镜（laser confocal scanning microscope）可以检测到阳性转化子发出的绿色荧光。由于GFP可以快速、无损伤地鉴别出棉花的阳性转化体，因此，将植物双元载体pBI121进行改造，得到含有*EGFP*基因的表达载体pBI-GFP，可用于阳性转化体的鉴定，该载体含有*Npt*Ⅱ筛选标记和*EGFP*报道基因（图3-1A）。得到载体后，利用基因枪轰击法转化洋葱表皮对载体进行初步功能验证，发现EGFP可表达，将pBI-GFP质粒转化农杆菌菌株LBA4404的感受态细胞，用于棉花的转化（图3-2B、C）（商海红等，2009）。

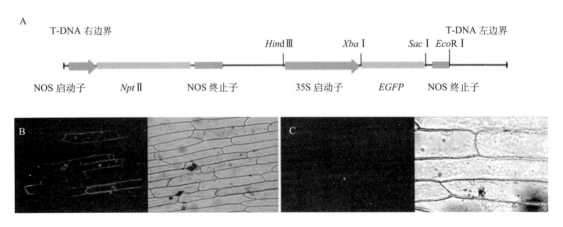

图 3-1　pBI-GFP T-DNA 区的结构和功能验证

A. pBI-GFP T-DNA 区；B. 35S:EGFP；C. 对照

二、棉花遗传转化和植株再生

（一）诱导愈伤组织

　　将携带有pBI-GFP质粒的农杆菌菌株LBA4404与下胚轴切段共培养48h，发现大部分切段保持绿色，切段两端颜色较为鲜亮，也有一部分切段颜色变得灰白，两端有不同程度的褐化（图3-2）。将共培养后的切段转接到含有200.0mg/L头孢霉素、50.0mg/L卡那霉素的愈伤组织诱导培养基MSB5中，培养条件为28℃光照培养。1周以后，部分切段的两端开始膨大并生长出愈伤组织，培养30~40d后，可以得到颜色灰黄、质地松软的抗卡那霉素的愈伤组织，与早期的抗性愈伤组织比较，其质地和颜色变化较大。与此同时，也可得到极少量白色、质地较硬的愈伤组织，由于所占比例很小，在此不作重点研究。分别取早期愈伤组织（培养2周）和晚期卡那霉素抗性愈伤组织（培养40d）进行细胞学和组织学研究。观察记录外植体状况与愈伤组织诱导情况，并统计抗性愈伤组织的诱导率；同时在超净工作台上取部分组织制成水装片，利用荧光显微镜观察GFP荧光并计算阳性比率，发现不同批次间抗性愈伤组织的诱导率为40.0%~45.2%，其中90.0%以上可以不同程度地检测到EGFP表达。整个实验中不经农杆菌感染的外植体在愈伤组织诱导及分化组织培养过程中，均不添加卡那霉素，只添加头孢霉素200mg/L。

（二）诱导胚性愈伤组织

　　胚性愈伤组织的诱导是棉花转化中一个重要的技术瓶颈。在农杆菌介导的棉花转化过程中，胚性愈伤组织的诱导和分化增生常伴随大量非胚性愈伤组织的发生，二者还会互相转化，已经诱导出的胚性愈伤组织会重新转变为非胚性愈伤组织。这些非胚性愈伤组织在颜色、质地等方面存在着巨大的差异，这些表型特征决定愈伤组织是否能分化出体细胞胚胎和再生成植株，同时也是选择材料进行下一步培养的重要依据，具有重要的实践意义。

　　将GFP阳性愈伤组织转移到分化培养基（MSB6）上，每40d继代培养一次，分别统计胚性愈伤组织的诱导率，对诱导胚性愈伤组织过程中出现的不同类型的非胚性愈伤组织进行观察和记录，并进行取样固定，为组织和细胞学研究准备材料。继代培养2~3次后，可以得到黄绿色、颗粒状、发育良好的胚性愈伤组织（图3-2）。

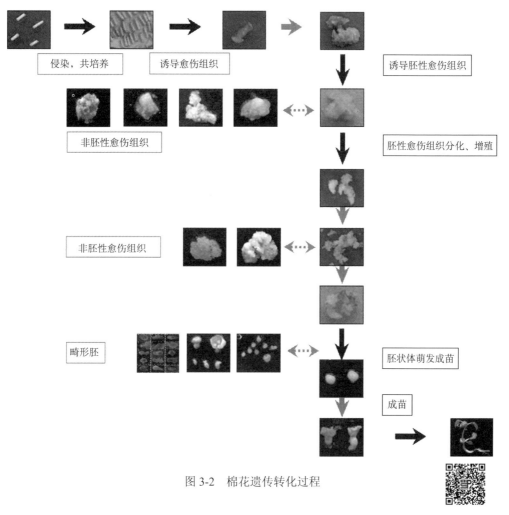

图 3-2　棉花遗传转化过程

（三）胚性愈伤组织分化增生

将诱导得到的胚性愈伤组织转接到胚性愈伤组织增殖分化培养基（MSB7）上进行分化增殖培养，继代培养周期为40d，通过继代培养1~2次，可得到黄绿色、米粒状结构的胚性愈伤组织，进一步培养可以得到胚状体（图3-2）。

（四）胚状体萌发与获得再生苗

挑选胚状体转接到胚状体萌发成苗培养基（MSB8）中，经过1~2次继代培养，获得再生苗（图3-2）。

（五）再生苗的培养

将长出2~3片真叶的再生苗转接到成苗培养基中继续培养40d，待幼茎部分木质化时可用于嫁接（图3-2）。

（六）再生苗的培养与定植

将砧木种子播种在营养钵中。当棉苗长到1~2片真叶时就可以嫁接。嫁接以长出2片真叶的实生苗做砧木比较合适，过嫩则易伤了主茎。嫁接后置于温度28~30℃、高湿、光照充足的环境下进行培养，再生苗的成活率可以达到93.2%。

三、非胚性愈伤组织

（一）胚性愈伤组织诱导阶段发生的非胚性愈伤组织

在胚性愈伤组织诱导过程中，会产生大量非胚性愈伤组织，这些愈伤组织在颜色和质地上差别很大；经过详细的观察和比较，为了便于研究，对非胚性愈伤组织进行分类，并分别取样固定进行归类统计。结合经验和前人的研究，根据其颜色和质地（Zhang et al.，2001；Kumria et al.，2003；李官德等，2006），可将胚性愈伤组织诱导阶段发生的非胚性愈伤组织分为以下几类（图3-3）。

1. 质地较硬、生长快速的非胚性愈伤组织　　卡那霉素抗性愈伤组织转接到胚性愈伤组织诱导培养基上后，经过一段时间的培养，出现质地较硬、生长快速的非胚性愈伤组织。这类愈伤组织分化较快，生长迅速，愈伤组织呈浅绿色，质地较硬，镊子难以夹碎（图3-3A）；呈现出异质性，常分化出一些颜色较浅、质地疏松的愈伤组织，这些疏松的愈伤组织生长较慢。这类非胚性愈伤组织的典型特点是在表面经常发生一些与根系类似的结构，是发生率较高的一类愈伤组织。

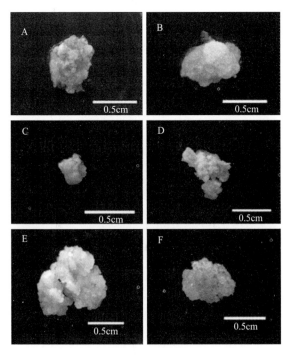

图3-3　非胚性愈伤组织和胚性愈伤组织

A.质地较硬、生长快速的非胚性愈伤组织；B.硬化、白色霜状的非胚性愈伤组织；C.硬化、绿色霜状的非胚性愈伤组织；D.硬化、生长快速的非胚性愈伤组织；E.重新愈伤化、生长过快的非胚性愈伤组织；F.红褐色的愈伤组织

2. 硬化、白色霜状的非胚性愈伤组织　　　卡那霉素抗性愈伤组织转接到胚性愈伤组织诱导培养基上以后，随着培养时间的延长，出现硬化、白色霜状非胚性愈伤组织。这类愈伤组织开始逐渐出现在愈伤组织的表面，通常呈半球形，质地很硬，生长较慢，表面呈现出白色霜状的结构，逐渐形成大的团块状组织，很难分化（图3-3B）。

3. 硬化、绿色霜状的非胚性愈伤组织　　　此类愈伤组织与硬化、白色霜状非胚性愈伤组织发生特点较为类似，也主要出现在愈伤组织的表面，通常呈半球形，质地很硬，颜色翠绿鲜艳；但生长迅速，随着培养时间的延长，逐渐形成绿色且质地较硬的团块状组织，很难分化（图3-3C）。

4. 硬化、生长快速的非胚性愈伤组织　　　卡那霉素抗性愈伤组织转接到胚性愈伤组织诱导培养基上以后，此类愈伤组织迅速出现，表面覆盖一层霜状结构，颜色为白色、绿色或二者相间分布，质地较硬，用镊子难以夹碎，且生长速度快，通常在2~3周内将培养基消耗完毕，很难分化（图3-3D）。

5. 其他类型的非胚性愈伤组织　　　棉花的胚性愈伤组织诱导阶段还有很多其他类型的愈伤组织，如褐化、玻璃化等，在这里不作为研究材料。

（二）胚性愈伤组织分化增生培养阶段的非胚性愈伤组织

在胚性愈伤组织分化增生培养阶段，95.0%以上的转化系可以得到胚状体，但是部分转化系中却存在胚性愈伤组织与非胚性愈伤组织共同生长的现象，这些非胚性愈伤组织生长迅速，对胚状体的发生产生较大影响；在相同的培养条件下，部分胚性愈伤组织会向非胚性愈伤组织发生转化，重新形成各种类型的非胚性愈伤组织。在该培养阶段，主要的非胚性愈伤组织有以下几种类型。

1. 重新愈伤化、生长过快的非胚性愈伤组织　　　这类愈伤组织呈白色或者黄白色（图3-3E），颜色较浅，质地较软，容易分散在水中或者液体培养基中；生长速度快，继代2周左右即可长满培养瓶，将培养基消耗完毕，并一直保持这种快速生长状态，很难分化，因其生长速度快被称为"疯长型愈伤组织"（李官德等，2006）。

2. 花青素积累的非胚性愈伤组织　　　在培养过程中，这类愈伤组织常呈现出红色，有研究推测是花青素积累，并认为是开始分化的前兆（Kumria et al.，2003），通过观察发现，在这类愈伤组织中可见少量胚状体（图3-3F）。

3. 其他类型性的非胚性愈伤组织　　　除了上述两类非胚性愈伤组织之外，还有褐化、玻璃化等其他类型非胚性愈伤组织。在胚性愈伤组织增殖分化培养基上，有的培养瓶内的培养物会发生褐化，这种现象主要发生在培养的后期；继代培养之前，褐化的培养物常会有一些胚状体发生，可进一步形成再生苗。培养过程中，有一定数量的愈伤组织发生玻璃化，这类组织可以分化出胚状体并成苗，但是这些胚状体也会发生不同程度的玻璃化，很难形成再生苗。

棉花外植体诱导产生的愈伤组织大致分为：胚性愈伤组织和非胚性愈伤组织（董合忠等，1990；Wilkins，2003），前者能发育成体细胞胚胎，后者则不能。目前，在棉花的遗传转化中，胚性愈伤组织的诱导是棉花遗传转化过程的重点和难点，培养基成分、激素浓度和配比、筛选剂（抗生素）浓度、培养条件等均可以影响胚性愈伤组织的诱导。在上述因素中，激素浓度和配比是关键。在目前的棉花转化研究中，胚性愈伤组织诱导体系主要有KT/IAA和

ZT/IBA两种培养体系，而且均有成功应用的报道。通过对两种培养体系进行系统的研究，发现KT/IAA的诱导效率较高，综合前人的研究结果，KT/IAA系统也是应用较多的系统（商海红等，2009）。

四、转化材料的分子检测

为了确保细胞和组织学研究的材料为阳性转化体，并为下一步培养提供依据，需对抗性愈伤组织进行分子检测。

（一）EGFP 在愈伤组织中的表达情况

在超净工作台上用镊子取少量的愈伤组织，制成水装片，利用荧光显微镜观察GFP荧光。由于GFP荧光信号的检测不需要额外的处理，无需破坏愈伤组织和细胞结构，因此可确保研究结果的准确性。

在卡那霉素抗性愈伤组织、胚性愈伤组织、非胚性愈伤组织和体细胞胚胎中均可以检测到GFP的信号（图3-4）。由于35S启动子为组成型表达启动子，在各个细胞器均可以检测到荧光信号。抗性愈伤组织中有90.0%~96.0%的转化系可以观察到GFP荧光（图3-4）（商海红等，2009）。

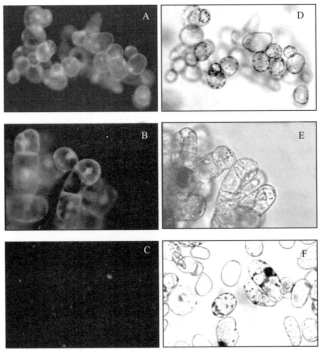

图 3-4　EGFP 在愈伤组织中的表达情况

A.胚性愈伤组织；B.绿色、质地较硬的愈伤组织；C.组织培养；D~F. A~C 相应的明场

（二）EGFP 阳性愈伤组织的基因组 DNA 分析

为了证明双元载体pBI-GFP的T-DNA区整合到了棉花的基因组中，通过提取EGFP表达的

棉花愈伤组织的DNA做PCR和Southern blotting分析。以基因组DNA为模板，对报道基因*EGFP*的编码区和标记基因*Npt*II的部分编码片段进行PCR扩增，结果均得到了扩增产物（图3-5A、B）。将表达GFP荧光的愈伤组织进一步培养，提取培养产物的基因组DNA做Southern blotting分析，其中有90.0%以上的愈伤组织检测到EGFP编码区的杂交信号。上述研究结果证明，双元载体pBI-GFP的T-DNA区已经成功整合到了棉花的基因组中。酶切组合为*Sac*I和*Xba*I，通过这一组合可以切出750bp的*EGFP*片段（图3-5）（商海红等，2009）。

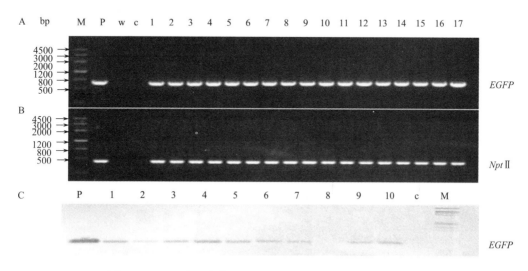

图 3-5　*EGFP* 表达愈伤组织基因组 *EGFP* 和 *Npt*II 的分子检测

A、B. *EGFP* 和 *Npt*II 的 *PCR* 检测 [1~17 愈伤组织；c.组织培养；w.模板（水）；P.模板（pBI-GFP 质粒）；M.DNA marker]; C. *EGFP* 片段 Southern blotting [1~10.愈伤组织；c.组织培养；P.质粒 pBI-GFP（*Sac*I 和 *Xba*I 酶切）；M.DNA marker]

（三）再生苗的分子检测

将部分再生苗嫁接到实生苗的砧木上，待成活后提取再生苗基因组DNA进行分子检测，73.0%的植株可以检测到有*EGFP*片段（图3-6A）；通过进一步的Southern blotting分析，均可以检测到*EGFP*片段的杂交信号（图3-6B）。

实验选用增强型绿色荧光蛋白（EGFP）基因作为报道基因，首先对pBI121进行改造，构建了一个35S启动子驱动的*EGFP*植物表达载体pBI-GFP，经过酶切和测序验证，利用基因枪轰击法对其进行了初步验证，发现EGFP在洋葱表皮中可以高效表达。将质粒转化到农杆菌（LBA4404）中并用于棉花的转化，棉花抗性愈伤组织的诱导率为40.0%~45.2%，胚性愈伤组织的分化率达到70.0%以上，分化的愈伤组织经过继代培养后绝大多数可以得到再生植株。

因棉花转化体系发展不够完善，体细胞胚胎发生过程中愈伤组织表现出表型多样性。特别是胚性愈伤组织诱导、分化增殖过程中，常常会发生大量的非胚性愈伤组织。通过选择质地较硬、生长快速的非胚性愈伤组织，硬化、白色非胚性愈伤组织，硬化、绿色非胚性愈伤组织，硬化、生长快速的非胚性愈伤组织等几种主要类型的非胚性愈伤组织进行组织学和细胞学的研究，为下一步的研究奠定了材料基础。

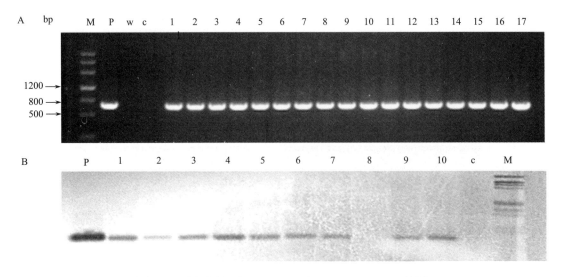

图 3-6　再生苗基因组 DNA PCR 和 Southern blotting 检测

A. *EGFP* 片段的 PCR 检测[1~17.再生苗；c.受体；w.模板（水）；P.模板（质粒 pBI-GFP）；M.DNA marker]；B. *EGFP* 片段的 Southern blotting 检测[P.质粒 pBI-GFP（*Sac* I 和 *Xba* I 酶切）；1~10. 再生菌株系；c. 转化受体（'中 24'）；M，DNA marker]

　　为了确保细胞学和组织学研究材料为阳性的转化材料，通过荧光显微镜对不同类型愈伤组织中EGFP的表达情况进行了观察，发现*EGFP*基因在愈伤组织、胚性愈伤组织、非胚性愈伤组织和体细胞胚胎均可以表达。通过PCR和Southern blotting发现，在EGFP表达阳性的愈伤组织中，T-DNA已经整合到细胞基因组中。将再生苗嫁接到实生苗砧木上，待成活后提取叶片基因组DNA做PCR检测，73.0%植株可以检测到*EGFP*片段的扩增；经进一步Southern blotting分析，证明T-DNA已经整合到棉花基因组中（商海红等，2009）。

第三节　棉花体细胞胚胎发生过程外植体细胞学和组织学变化

　　植物体细胞胚胎发生是高度分化的植物体细胞向胚胎发生途径转化的发育再建过程，是植物生长发育过程中的独特现象。在一定条件下，植物体细胞可以改变发育模式，分化为胚性细胞，并通过体细胞胚胎发生和形态建成发育成完整的植株，这一过程涉及脱分化和再分化两个重要阶段。

　　脱分化是指已有特定结构和功能的植物组织，在一定的条件下，逐步失去原有的分化状态，转变为具有分生能力的胚性细胞的过程。而再分化是指愈伤组织诱导转变为胚性细胞并具备体细胞胚胎发生能力的过程。这两个重要的转折阶段，细胞形态结构和生理生化特性都发生一系列的变化，虽然棉花的遗传转化是以棉花的组织培养和体细胞胚胎发生为基础进行的，但经过农杆菌侵染和抗生素的筛选，这一过程变得更加复杂。

一、下胚轴

下胚轴为棉花转化中广泛应用的外植体，在细胞超微结构水平上，下胚轴的薄壁组织细胞具有典型植物薄壁细胞的特点：细胞壁厚度均匀，无局部加厚的现象；具有大的中央大液泡，细胞质贴壁分布，细胞质、叶绿体、细胞核等细胞器被挤压；叶绿体数目很少，基粒片层清晰可见，叶绿体中无淀粉粒的积累，内膜发育较好，但是光合作用并不强；局部可以看见有粗面内质网的发育；细胞之间有一定的细胞间隙的发育（图3-7）（商海红等，2009）。

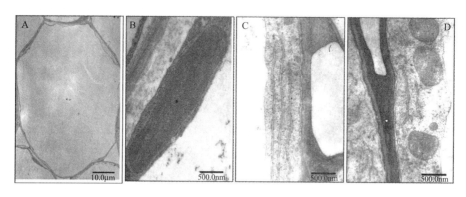

图 3-7　下胚轴切段的细胞学特征

A.细胞；B.叶绿体；C.细胞壁；D.细胞壁和线粒体

二、愈伤组织

脱分化是指已有特定结构和功能的植物组织，在一定的条件下，逐步失去原有的分化状态，转变为具有分生能力的胚性细胞的过程（许萍等，1996）。诱导愈伤组织细胞是体细胞丧失分化状态，转变为薄壁细胞的重要阶段，具有分生能力的胚性细胞的过程。棉花体细胞脱分化的结果是由下胚轴细胞分裂增生形成愈伤组织细胞。由于早期的愈伤组织和转愈伤组织诱导培养基时期的愈伤组织在颜色和质地上具有较大的差异，将其分为早期愈伤组织和晚期愈伤组织两个时期来研究（商海红等，2009）。

（一）早期愈伤组织

早期愈伤组织颜色较浅，多为黄白色，部分质地透明（图3-8A、B），与晚期的愈伤组织差异显著。在细胞组织方式上，构成愈伤组织的细胞排列疏松，细胞体积较小，形状无差别，多以单个细胞存在，也有少数细胞聚集而成，还有的以细胞结合体的形式存在（图3-8C、D）。在细胞超微结构水平上，早期愈伤组织细胞为典型的薄壁细胞状态：细胞壁厚度均匀，无局部加厚的现象，细胞之间排列疏松；具有大的中央大液泡，细胞质、细胞核等贴壁分布；愈伤组织细胞中，叶绿体以造粉体的状态存在，淀粉粒的积累出现在叶绿体基质中，内部看不见膜结构，造粉体的数目很少；局部可以看见有粗面内质网的发育和线粒体的分布（图3-8E、F和G）。

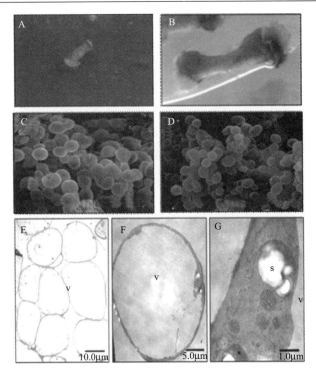

图 3-8　早期卡那抗性愈伤组织的细胞学特征

A、B.早期的愈伤组织；C、D.早期愈伤组织的细胞组合方式；E、F.细胞；G.细胞壁、线粒体、造粉体。v.液泡；s.糙粉体

（二）晚期愈伤组织

与早期愈伤组织比较，晚期愈伤组织颜色变深，多呈现灰白色，质地松软（图3-9A、B）；部分细胞体积变大，形状开始出现分化，一部分细胞呈球形，另一部分开始变长；细胞排列疏松，主要以单个细胞存在（图3-9C、D）。在细胞超微结构水平上，大部分愈伤组织细胞为典型薄壁细胞：细胞壁厚度均匀，无局部加厚的现象。部分细胞的形态开始变化，主要包括两类：一类形状不规则，细胞核与细胞质开始向细胞的一端集中，细胞质开始变得浓稠，而细胞的另一端为大液泡；另一类细胞为长圆形，细胞中出现大量的线粒体（图3-9E、F）。

与体细胞相比，诱导出的愈伤组织细胞多数为球形，体积较小，细胞之间结合松散，很容易分散在液体中。在细胞超微结构水平上，这些细胞高度液泡化，胞质稀少，很难发现细胞核、质体等细胞器，局部可见线粒体，内质网等细胞器。愈伤组织细胞是一种分化程度极低的细胞，为下一步胚性细胞的获得奠定了基础。在愈伤组织诱导培养基上，也有部分细胞开始出现功能的分化，主要表现为细胞形态由球形转变为长圆形；细胞内部的细胞质开始增多，在细胞一端开始大量出现细胞核、线粒体等细胞器，而另一端出现大液泡。

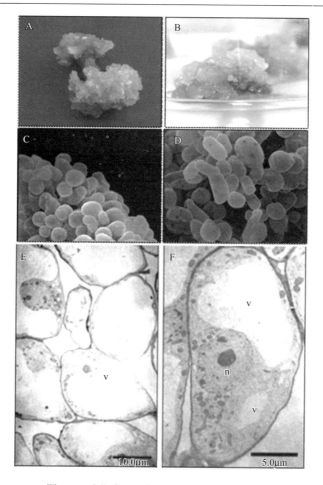

图 3-9　晚期卡那抗性愈伤组织的细胞学特征

A、B.晚期愈伤组织；C、D.晚期愈伤组织的细胞组合方式；E、F.细胞。v.液泡；n.细胞核

三、胚性愈伤组织

胚性愈伤组织为黄绿色，质地较脆，多以颗粒状存在。胚性愈伤组织的细胞以胚性细胞团存在，细胞团之间界限明显，细胞团多由球形或半球形的细胞构成，形状规则，大小一致；细胞外有细胞外基质形成的纤维状结构覆盖（图3-10A、B）。在组织学水平上，胚性愈伤组织细胞形态和体积相近，表面有胚性细胞结构，随着培养时间的增加，愈伤组织表面形成了类似体细胞的结构，容易与愈伤组织分离（图3-10C、D和E）。

在细胞超微结构水平上，胚性愈伤组织细胞表现为分生组织状态，细胞壁较薄；细胞质浓稠，密度大，细胞器丰富，围绕细胞核排列；质膜内陷；细胞核位于细胞中央，有明显的核仁结构；液泡分裂为小的液泡，在细胞内均匀分布；叶绿体以原质体状态存在，内膜系统降解，有淀粉粒累积。细胞之间结合紧密，细胞间隙小，较难观察（图3-10G、H和I）。

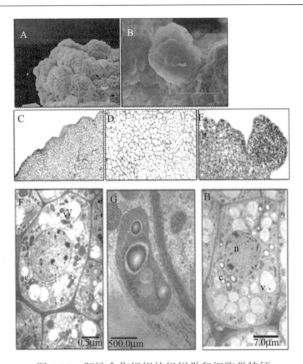

图 3-10　胚性愈伤组织的组织学和细胞学特征

A、B.细胞组织方式；C、D、E.胚性愈伤组织的组织学特征；C.表面；D.内部；E.胚性细胞团；F.细胞；

G.叶绿体；H.细胞。v. 液泡；n. 细胞核；c.淀粉粒

随着胚性愈伤组织的诱导，愈伤组织的细胞表现出分生组织的特点，细胞质致密，细胞器丰富，液泡变为一系列的小液泡，表明胚性愈伤组织的代谢活动比较旺盛；叶绿体退化为原质体状态。这些变化为下一步体细胞胚胎的发生奠定了基础。

四、胚状体及其组织细胞学研究

（一）棉花转化过程中的胚状体

利用扫描电镜对棉花黄绿色米粒状胚性愈伤组织到胚状体各个阶段的培养物进行系统的观察，会发现，在棉花转化过程中典型胚状体所占的比例非常低；棉花体细胞胚胎的发生具有明显的不同步性，甚至在同一块愈伤组织上就可发现处于不同阶段的胚状体。通过对胡萝卜、烟草等研究结果的分析，也可将棉花体细胞分为球形胚、心形胚、鱼雷形胚、子叶形胚等几个阶段（图3-11）。但在棉花组织体细胞的发生和形态建成过程中，上述四个阶段难

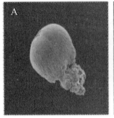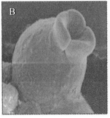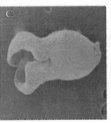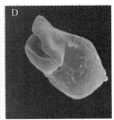

图 3-11　胚状体

A.球形胚；B.心形胚；C.鱼雷形胚；D.子叶形胚

以明显分开，为了研究方便，可将胚状体发育分为两个阶段：子叶发生前胚状体和子叶期胚状体，并分别对其进行组织学和细胞学研究（商海红等，2009）。

（二）胚状体的组织细胞学研究

1. 子叶发生前胚状体　　子叶发生前胚状体是指在形态上未分化出类子叶（与合子胚比较）、在体视显微镜下难以分辨出类子叶结构的胚状体（图3-12A、B）。

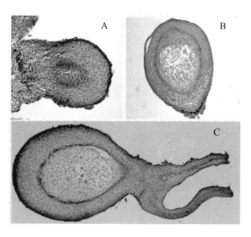

图 3-12　胚状体的组织学结构

A、B.子叶发生前胚状体；C.子叶期胚状体

子叶发生前胚状体的细胞在超微结构水平上表现为分生组织状态，细胞壁较薄；细胞质浓稠，电子密度较高，细胞器丰富；细胞核很大，位于细胞的中央，有明显的核仁结构；液泡分裂为小的液泡，在细胞内部均匀分布；粗面内质网、溶酶体等细胞器清晰可见；叶绿体内膜系统开始出现，未有淀粉粒的积累；细胞间结合紧密，未见细胞间隙（图3-13）。

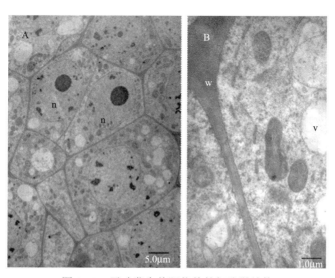

图 3-13　子叶发生前胚状体的细胞学结构

A.细胞；B.细胞壁、叶绿体。n.细胞核；w.细胞质；v.液泡

2. 子叶期胚状体　　　子叶期的胚状体是指在形态上已经分化出类子叶（与合子胚比较），在体视显微镜可以分辨出类子叶结构分化的胚状体（图3-12C）。

子叶期胚状体细胞的超微结构特点：已有叶肉细胞功能的初步分化，表现出与叶肉细胞类似的状态，细胞壁较薄；细胞为长圆形，内部开始出现中央大液泡，细胞质和细胞器出现贴壁分布的趋势；出现叶绿体内膜系统和脂质体，有淀粉粒的积累（图3-14）。

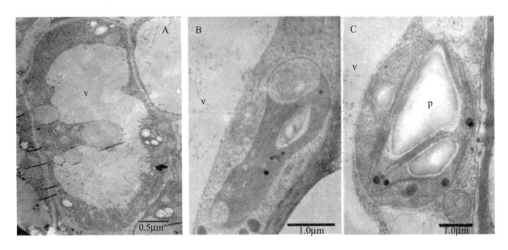

图 3-14　子叶期胚状体的细胞学结构

A.细胞；B.细胞壁；C.叶绿体。v.液泡；p.细胞间隙

五、再生苗的组织细胞学研究

从组织学分析，再生苗叶片的叶肉细胞出现功能的分化，栅栏组织和海绵组织等结构已经完整（图3-15B、C）。利用扫描电镜观察再生苗的下表皮，发现叶片已经具备发育良好的气孔器和腺毛等结构（图3-14B）。在超微结构水平上，再生苗的叶肉细胞已经具备典型植物叶肉细胞的结构，内部开始出现中央大液泡，细胞质和细胞器开始贴壁分布；叶绿体内膜系统发育良好，有淀粉粒的积累和脂质体结构。细胞排列较为疏松，细胞间隙较为发达（图3-15）。

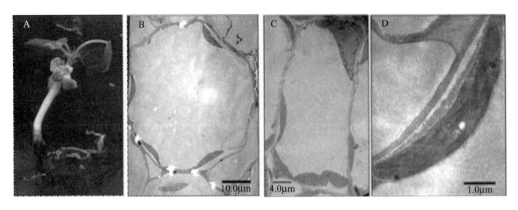

图 3-15　再生苗叶片的细胞学结构

A.再生苗；B.再生苗的栅栏组织细胞；C.再生苗的海绵组织细胞；D.叶绿体

六、棉花遗传转化过程中叶绿体的变化规律

下胚轴中叶绿体结构正常，体积大，基粒和基质片层发达。随着胚性愈伤组织的诱导，叶绿体数目逐渐增加，聚集在细胞核的周围，并以原质体状态存在，其内膜系统部分降解，有淀粉粒的积累。待形成胚状体以后，内膜系统逐渐出现（Shang et al.，2009）。到子叶期的胚，叶绿体逐渐恢复到未培养的成熟细胞的水平，叶绿体内膜系统开始出现，有淀粉粒的积累，开始出现脂质体结构。再生苗阶段，叶绿体内膜系统恢复正常，行使正常自养功能。苜蓿、水晶掌、仙人掌、甜叶菊等植物的组织培养中均可得到相似的变化规律（余迪求等，1993；邢更生等，1994；黄清俊等，2005；Wang et al.，1998；Caredda et al.，1999；Mikula et al.，2007；Orban et al.，2007）。

七、体细胞胚胎发生过程中细胞外基质的动态变化

细胞外基质（extra cellular matrix，ECM）是植物细胞的重要组成部分，并处于动态的变化之中。在猕猴桃、油菜、小麦等植物的组织培养中，胚性愈伤组织中均发现有细胞外基质的发育，而在愈伤组织和非胚性愈伤组织则未发现其发育（Wang et al.，1998；Iwai et al.，1999；Verdeil et al.，2001；Konieczny et al.，2005；Parameswari，2007；Konieczna et al.，2008）。作为细胞形态和细胞超微结构的重要特征，Konieczna等（2008）认为细胞外基质的发育是愈伤组织获得胚性的重要特征并将其作为可能的形态学标记。

商海红等（2012）在此基础上，以愈伤组织为材料，对棉花体细胞胚胎发生和形态建成过程中细胞外基质的动态变化进行了系统研究。利用电镜技术对棉花体细胞胚胎发生和形态建成过程中细胞外基质的变化进行研究，发现细胞外基质在胚性愈伤组织诱导和体细胞胚胎的发生过程中呈现动态变化，诱导出胚性愈伤组织时，可见纤维状的细胞外基质；随着胚性愈伤组织表面形成由数个胚性细胞构成的集合体，细胞外基质发生达到最多，在愈伤表面形成网络状结构；随着胚性细胞团的发生和体细胞胚胎的形成，细胞外基质逐渐消退。而在各种非胚性愈伤组织表面均未发现细胞外基质（图3-16）。通过透射电镜也可得到类似的研究结果（图3-17）（商海红等，2009）。

细胞壁是植物细胞区别于动物细胞的重要特征之一，是植物细胞的重要组成部分。植物细胞壁是一个高度有序的复合体，通过细胞壁组成生物大分子的合成、修饰、积累和降解等过程。近年来研究发现，其中的一些变化，如胼胝质和角质的沉积，以及特异阿拉伯聚糖抗原结合位点（specific arabinogalactan protein epitopes）的变化与植物重要形态学变化关系密切（Pedroso and Pais，1992，1993；Kreuger and van Holstf，1995）。在一些植物的离体培养中，一些重要的形态发生与细胞外基质关系密切（Samaj et al.，1995）。

鉴于此，通过研究胚性愈伤组织诱导过程中愈伤组织外部特征的表面变化，结合非胚性愈伤组织和愈伤组织的研究发现，棉花胚性愈伤组织最初诱导时，细胞外基质就已出现，并呈纤细的纤维状结构；随着胚性愈伤组织表面形成数个胚性细胞构成的集合体，细胞外基质发生达到高峰，在愈伤组织表面形成网络状结构；随着胚性细胞团的发生，逐渐形成体细胞胚胎，细胞外基质逐渐消退；利用透射电镜也可得到相似的研究结果。而各种非胚性愈伤组织和愈伤组织表面没有细胞外基质的发育。类似的现象在*Cichorium*（Dubois et al.，1991，1992）、*Drosera rotundifolia*和*Zea mays*（Samaj et al.，1995）、*Pinus nigra*（Jasik et al.，1995）、

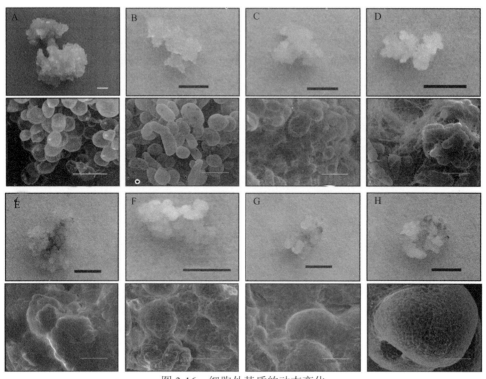

图 3-16 细胞外基质的动态变化

A.愈伤组织；B.胚性愈伤组织；C、D.胚性细胞集合体；E.胚性细胞团；F~H.胚状体。标尺：0.5cm

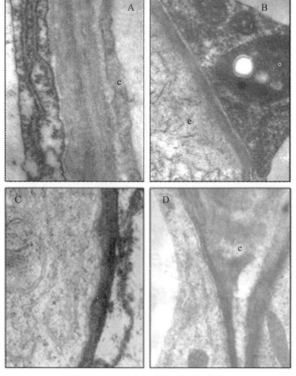

图 3-17 愈伤组织细胞外基质

A.胚性愈伤组织；B、C.胚性细胞集合体；D.胚性细胞团。e.细胞外基质

Papaver somniferum（Ovecka and Bobak，1999）、*Cocos nucifera*（Verdeil et al.，2001）、*Fagopyrum tataricum*（Rumyantseva et al.，2003）、*Drosera spathulata*（Bobak et al.，2003，2004）、*Brassica napus*（Parameswari et al.，2004，2007）、小麦（Konieczny et al.，2005）、猕猴桃（Konieczna et al.，2008）等植物的体细胞胚胎发生中也能观察到，细胞外基质与愈伤组织细胞获得体细胞胚胎发生能力关系密切。综上，细胞外基质的发生和消长变化与愈伤组织细胞获得并表达出体细胞胚胎发生能力关系密切，可以作为一个可能的细胞学标记用于确定愈伤组织细胞获得胚胎发生能力。

虽然利用组织化学的方法对其成分进行了研究（Dubois et al.，1992；Samaj et al.，1995；Bobak et al.，1999；Chapman et al.，2000），并有了一定的了解，但由于细胞壁成分的复杂性和研究手段的制约，对细胞外基质在植物愈伤组织细胞获得体细胞胚胎发生能力的过程中的作用机制和具体功能还缺乏系统的研究。

第四节　非胚性愈伤组织的细胞学和组织学研究

一、非胚性愈伤组织

（一）较硬、快速生长的非胚性愈伤组织

此类愈伤组织的分化特点为：质地硬且疏松、颜色浅、表面常出现与根系类似的结构，是发生比率较高和容易分化的一类愈伤组织（图3-3A）。通过扫描电镜观察，此类愈伤组织的表面细胞排列方式差别较大，有的部位细胞排列疏松，以单个细胞出现（图3-18A）；有的部位细胞排列以数个细胞构成的简单结构为主，且细胞排列疏松（图3-18B）；有些部位细胞排列方式比较复杂，既有由形状、体积相近的球形或半球形细胞构成胚性细胞团，又有以单个或者数个细胞形成的结构简单、体积差异较大、排列疏松的简单结构（图3-18C）。在组织学水平上，这类愈伤组织不同位置的细胞形态和体积差别很大，既有大而圆的细胞，又有形状不规则的细胞，还有体积小且细胞质致密的细胞（图3-18D）。在细胞超微结构水平上，大部分的细胞具有大的中央液泡和细胞核（图3-18E），细胞形状不规则。还有由数个细胞构成的集合体，有厚的细胞壁包围。部分细胞的叶绿体内膜系统发育良好。细胞间结合不紧密；细胞间隙明显可见（图3-18F、G）。

（二）绿色、质地较硬的非胚性愈伤组织

此类非胚性愈伤组织质地较硬，表面呈现绿色（图3-3C）。愈伤组织的表面细胞排列疏松，多以单个细胞存在，细胞大小差别较大，可见不等分裂，或者细胞成串分布（图3-19A、B）。在组织学水平上，该类愈伤组织细胞形态和体积差异明显（图3-19C）。在细胞超微结构水平上，细胞壁有局部加厚增生的现象；表面细胞呈圆形，内部细胞形状不规则；细胞高度液泡化，细胞质少；细胞核贴壁分布；液泡大，占据细胞的绝大部分；叶绿体存在发育良好的内膜系统。细胞间结合疏松；细胞间隙明显可见（图3-19D~G）。

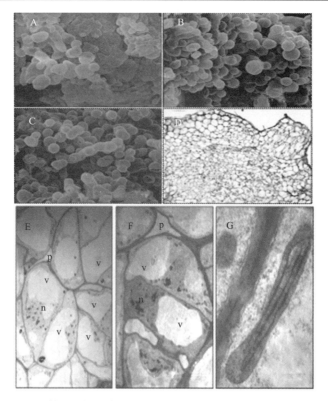

图 3-18　较硬、快速生长的非胚性愈伤组织的组织学细胞学特征

A、B、C.细胞表面组织方式；D.组织学特征；E、F.细胞；G.叶绿体。v. 液泡；p.细胞间隙；n. 细胞核

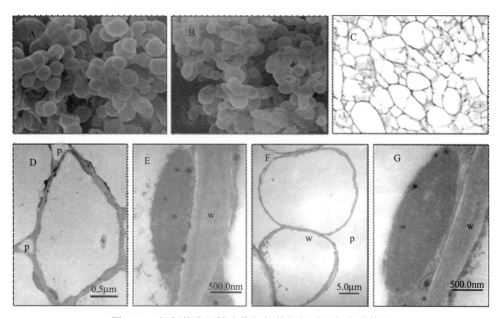

图 3-19　绿硬的非胚性愈伤组织的组织学和细胞学特征

A、B.细胞组织方式；C.组织学特征；D.细胞（内部）；E.叶绿体（内部）；F.细胞（表面）；G.叶绿体（表面）。p.细胞间隙；
w.细胞壁

（三）白色、质地硬的非胚性愈伤组织

此类非胚性愈伤组织质地较硬，表面覆盖有一层白色霜状结构（图3-3B）。表面细胞排列疏松，细胞体积大小不一，有细胞不等分裂形成的串珠状结构（图3-20A）。在组织学水平上，该类愈伤组织细胞形态和体积差异明显（图3-20B）。在细胞超微结构水平上，细胞壁相对均匀，表面细胞为圆形或椭圆形，内部细胞性状不规则；细胞高度液泡化，细胞质少；细胞核贴壁分布，核仁发育不明显；液泡占据细胞的绝大部分；叶绿体存在发育较好的内膜系统。细胞之间结合较紧密；细胞间隙明显可见（图3-20C~E）。

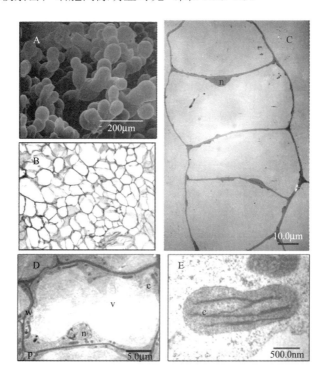

图 3-20　白硬的非胚性愈伤组织的组织学和细胞学特征

A.细胞组织方式；B.组织学特征；C.细胞（表面）；D.细胞（内部）；E.叶绿体（内部）。v.液泡；w.细胞壁；p.细胞间隙；n.细胞核；c.叶绿体

（四）重新愈伤化、疯长的非胚性愈伤组织

此类愈伤组织生长迅速，质地松软，在固定液中易散开（图3-3 E）。表面细胞排列疏松，细胞体积差异明显，可见由数个细胞构成简单的结合体和丝状结构（图3-21A、B）。在组织学水平上，该类愈伤组织细胞形态一致，有数个细胞构成的结合体存在（图3-21C）。在超微结构水平上，细胞壁均匀，细胞为圆形或椭圆形，呈快速分裂状态；细胞出现液泡化，细胞质很少，细胞核贴壁分布，核仁发育明显；液泡占据细胞绝大部分；叶绿体以类原质体状态存在，无淀粉粒的积累，内部存在空泡状结构；细胞间隙较发达（图3-21D、E）。

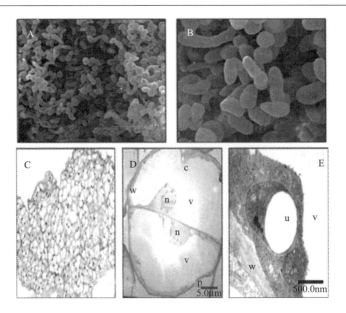

图 3-21　重新愈伤化、疯长的非胚性愈伤组织的组织学和细胞学特征

A、B.细胞组织方式；C.组织学特征；D.细胞（内部）；E.叶绿体（内部）。v.液泡；w.细胞质；p.细胞间隙；n.细胞核；c.叶绿体；

u.空泡结构

（五）红褐色愈伤组织

此类愈伤组织呈现出一定程度的红褐色，有研究认为是花青素积累（Kumria et al., 2003），这类愈伤组织可以分化，但分化能力较低（图3-3F）。细胞主要以细胞团形式存在，细胞团之间界限较为明显（图3-22A）。在组织学水平上，这类愈伤组织细胞形态和体积无明显差异（图3-22B）。在超微结构水平上，细胞壁相对均匀；细胞呈现一定的液泡化，细胞质和细胞器贴壁分布；细胞核贴壁分布，有核仁结构的发育；液泡占据细胞绝大部分；叶绿体结构具有发育良好的内膜系统，淀粉粒积累较多；细胞之间存在较为发达的细胞间隙（图3-22C、D）。

二、棉花胚性愈伤组织与非胚性愈伤组织在组织学和细胞学水平的差异

棉花愈伤组织细胞获得胚胎发生能力并分化增生为胚性愈伤组织是在分化培养基MSB6上完成的。经过1~2次继代培养，可诱导出黄绿色、质地较脆的胚性愈伤组织，但在诱导的过程中会出现各种类型的非胚性愈伤组织，这些非胚性愈伤组织的颜色、质地、形状差别明显。它们在来源、形态、产生时间等方面也都存在差异（Zhang et al., 2001；Kumria et al., 2003；Mishra et al., 2003；李官德等，2006）。

虽然愈伤组织的形态和质地差别巨大（Zhang et al., 2001；Kumria et al., 2003；Mishra et al., 2003；李官德等，2006），但其表面细胞的排列方式却只有两类：①以细胞团的形式存在，这些细胞团由形状、体积相近的半球形细胞构成，细胞之间结合紧密，细胞团间隙可见，主要出现在胚性愈伤组织的表面；②以单个细胞或数个细胞构成的简单细胞结合体的形式存在，细胞排列疏松，细胞的形态和体积差别较大，主要出现在非胚性愈伤组织的表面。在 *Mammillaria gracillis*（Poljuha et al., 2003）、小麦（Konieczny et al., 2005）、仙人掌（Konieczny et al.，2005）和大麦（Caredda et al.，1999）等组织培养中也有类似的现象。

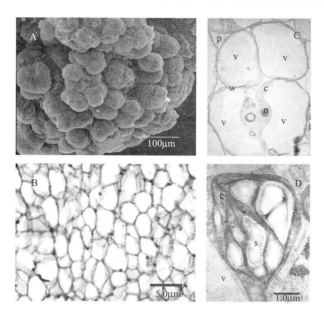

图 3-22　红褐色愈伤组织的组织学和细胞学特征

A.细胞组织方式；B.组织学特征；C.细胞（内部）；D.叶绿体（内部）。c.叶绿体；v.液泡；w.细胞质；p.细胞间隙；n.细胞核；

s.淀粉粒

在细胞超微结构水平上，胚性愈伤组织细胞核大，核仁明显；细胞质电子密度高，富含各种细胞器；质体呈现原质体状态，位于细胞核附近；粗面内质网较为丰富；存在大小不等的液泡，内质网周围有许多小泡，质膜内陷形成吞噬泡。非胚性愈伤组织虽然质地、颜色各异，但细胞超微结构相似，主要表现为有中央大液泡，细胞质被挤压在四周（商海红等，2009）。此外，胚性愈伤组织细胞之间很难发现细胞间隙，而各种非胚性愈伤组织细胞之间均有细胞间隙的存在。叶绿体的异常发育与非胚性愈伤组织、玻璃化胚状体及白化胚状体的发生关系密切。在质地较硬的两种愈伤组织细胞中，叶绿体内膜系统发育较好，特别是绿色的愈伤组织，基粒片层与真叶中的叶绿体非常接近，表现为功能分化的状态；虽然疯长型愈伤组织的叶绿体与胚性愈伤组织的状态比较接近，但无淀粉粒的积累，出现空泡状结构。玻璃化胚状体细胞，主要表现为叶绿体高度的空泡化，在叶绿体的内部大量出现空泡状结构，而正常的膜系统多被降解；白化胚胚状体的细胞中，叶绿体高度空泡化，结构较难分辨，两种结构在大麦、小麦等禾本科植物的体细胞胚胎发生相关研究中也有报道（Caredda et al.，1999；Konieczny et al.，2005）。

三、畸形胚状体及其组织细胞学研究

在芹菜、胡萝卜等模式植物中，胚状体一旦分化出来甚至只要诱导完成，转移到基本培养基后即可发育成熟并形成小植株（Zhou，1982）。但是，在棉花的体细胞胚胎发生和形态建成过程中，会发生大量的畸形胚状体，这些胚状体表现出各种各样的类型并且其再生能力不同。连体和子叶数目畸形的畸形胚状体虽然萌发较困难，但也可成苗。棉花的转化中出现的另一大类畸形的胚状体是大量的单极胚状体,这些胚状体在解剖镜下呈圆形的球形胚,在扫描电镜下为单极状态,表现为无根端或无芽端的畸形胚,即球形胚以后,一端保持正常分裂形成根或芽,另一端进行无序分裂或停止分裂,这些胚状体绝大多数无法成苗。

在棉花转化中还会发生白化胚和玻璃化胚,玻璃化胚主要表现表现为组织高度水化,发生率低,但一旦发生,其萌发形成的多为玻璃化苗,很难成活;白化胚一般表现为子叶失绿变白,这类胚状体在筛选剂浓度较高的情况下容易发生,由于缺乏叶绿素,完全依赖培养基提供营养,所以很难萌发成苗(商海红等,2009)。本实验室比较了两类胚状体与正常胚状体在细胞超微结构上的差异,发现玻璃化苗在细胞壁和叶绿体上与正常胚状体差异较大,主要表现为叶绿体基质出现大量的空泡状结构和细胞壁结构不完整;而白化胚状体在叶绿体、细胞质等方面存在较大的差异,主要表现为叶绿体基质出现大量的空泡状结构甚至很难分辨,并且在细胞质中出现大量的小液泡结构(商海红等,2009)。这些现象在其他植物胚胎发生机制相关的研究中也有报道(Kevers et al.,1982;Caredda et al.,1999;亓建飞等,2004;Konieczny et al.,2005)。

利用扫描电镜对陆地棉转化过程中出现的畸形胚状体进行研究,畸形胚状体主要包括连体、子叶畸形和单极胚等几大类(图3-23)。棉花畸形胚经常发生,各种畸形胚并非孤立发生,同一胚往往存在着多种表型变异。例如,有的畸形胚既为联体胚,又是玻璃化胚;有的既为单子叶胚,又为无极胚等。由于李秀兰等(1991)已经对畸形体细胞胚胎的发生和转化进行了较为详细的研究,所以就不再赘述。以下对白化胚和玻璃化胚在细胞超微结构上的变化进行论述(图3-24)。

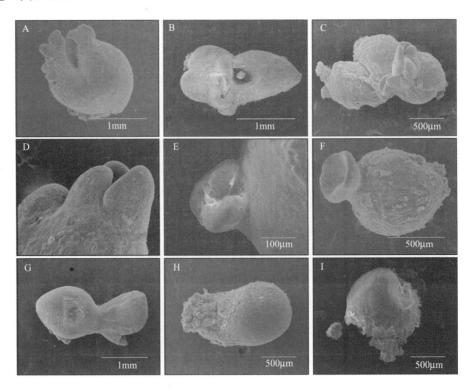

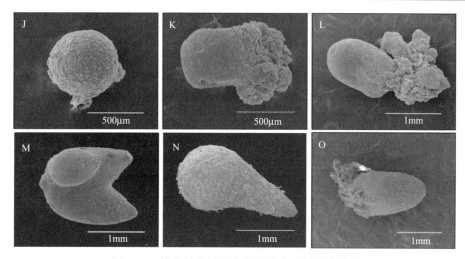

图 3-23　棉花转化过程中主要的畸形胚状体类型

A~C.连体胚；D~G.子叶数目畸形；H~L.单极胚状体（无根端）；M~O.单极胚状体（无胚芽端）

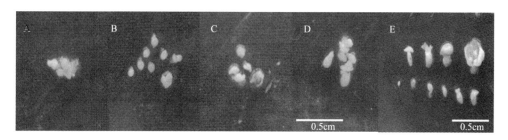

图 3-24　棉花转化过程中玻璃化胚和白化胚

A~D.玻璃化胚；E.白化胚

（一）玻璃化胚

玻璃化胚主要表现为高度水化，质地较脆，呈现透明状，其萌发形成的苗多为玻璃化苗，一般不能继续发育，萌发后不久即死亡。在细胞学水平上，玻璃化胚的细胞比较薄，甚至部分细胞的细胞壁发育不完全。与正常的胚状体比较，叶绿体的差异也较大，主要表现为叶绿体高度的空泡化，在叶绿体内部出现大量的空泡状结构，正常的膜系统等多被降解，此外，液泡膜也变得不规则（图3-25）。

（二）白化胚

白化胚一般表现为子叶失绿变白，在添加抗生素的培养基上很容易发生，由于缺乏叶绿素，完全依赖培养基提供营养，所以很难萌发成苗。

与正常的胚状体相比，白化胚在细胞学水平主要表现为叶绿体的高度空泡化，叶绿体的内部出现大量的空泡状结构，甚至很难分辨出叶绿体；此外，还出现大量的小液泡，细胞壁等结构差异显著（图3-26）。

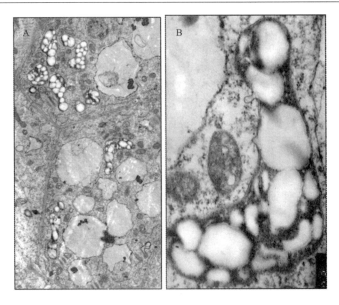

图 3-25　玻璃化胚状体的细胞学结构

A.细胞；B.叶绿体

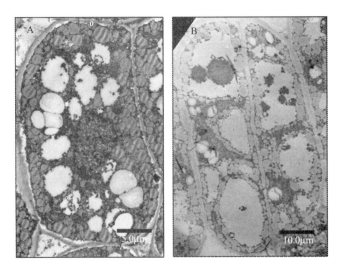

图 3-26　白化胚状体的细胞学结构

A.白化胚状体子叶叶肉细胞；B.白华苗真叶叶肉细胞

　　利用扫描电镜对陆地棉转化过程中畸形胚状体进行研究，发现畸形胚状体主要包括连体、子叶畸形和单极胚等几大类，而且各种畸形胚的发生相互关联，同一胚往往存在着多种表型变异，如有的畸形胚既为联体胚，又是玻璃化胚等。白化、玻璃化等胚状体叶绿体存在不同程度的异常发育，以内膜系统降解和出现空泡状结构为主，细胞壁、液泡等也有不同程度的发育异常（商海红等，2009）。

参 考 文 献

陈志贤, Uewe D J. 1994. 利用农杆菌介导法转移 *tfdA* 基因获得可遗传的抗2, 4-D棉株. 中国农业科学, 27(2):

312-337

程佑发, 王勋陵. 2001. 枣树体细胞胚胎发生和组织学研究. 西北植物学报, 21(1): 142-145

迟吉娜, 马峙英, 张桂寅. 2005. 中国棉花体细胞植株再生的基因型分析. 分子植物育种, 3(1): 75-82

黄清俊, 丁雨龙, 甘习华. 2005. 水晶掌胚状体发生的超微结构观察. 电子显微学报, 24(5): 74-78

李付广, 李秀兰, 李凤莲. 1994. 棉花体细胞胚胎发生及主要物质生化代谢机制. 河南农业大学学报, 28(3): 313-316

李付广, 刘传亮. 2007. 生物技术在棉花育种中的应用. 棉花学报, 19(5): 362-368

李官德, 肖娟丽, 罗晓丽, 等. 2006. 不同棉花愈伤组织状态与胚胎发生及其植株再生的关系. 山西农业科学, 34(1): 29-31

李克勤, 王喆之, 张大力, 等. 1991. 陆地棉组织细胞培养的研究. 西北植物学报, 11(2): 144-153

李秀兰, 李凤莲, 李付广. 1991. 棉花组织培养中异常苗转化为正常苗. 作物学报, 17(5): 392-393

陆振鑫, 夏振澳. 1991. 戴维逊棉的组织培养与原生质体培养研究. 植物学报, 33: 98-103

亓建飞. 2004. 农杆菌介导转化棉花过程中畸形苗发生机理的研究. 北京: 中国农业科学院硕士学位论文

商海红, 刘传亮, 张朝军, 等. 2009. 棉花体细胞胚胎发生机理的研究进展. 西北植物学报, 29(3): 637-642

商海红, 刘传亮, 张朝军, 等. 2012. 陆地棉体细胞胚胎发生过程中的细胞外基质研究. 棉花学报, 24(2): 167-175

孙朝煜, 张蜀秋, 娄成后. 2002. 细胞编程性死亡在高等植物发育中的作用. 植物生理学通讯, 38(4): 389-393

谭晓连, 钱迎倩. 1988. 不同外植体来源和培养条件对拟似棉植株再生的影响. 遗传学报, 5: 81-87

汪静儿, 孙玉强, 沈晓佳, 等. 2007. 棉花G染色体组野生棉种的体细胞胚胎发生与植株再生研究. 作物学报, 33(8): 1279-1285

王亚馥, 崔凯荣, 汪丽虹, 等. 1994. 小麦体细胞胚胎发生的超微结构研究. 植物学报, 36(6): 418-422

王喆之, 张大力, 李克勤, 等. 1990. 陆地棉愈伤组织产生及胚胎发生的细胞学研究. 西北植物学报, 10(2): 77-83

吴家和, 张献龙, 聂以春. 2003. 棉花体细胞增殖和胚胎发生中的细胞程序性死亡. 植物生理与分子生物学学报, 29(6): 515-520

吴敬音, 陈松. 1988. 外源激素和定向选择对棉花体细胞胚胎发生能力长期保持的影响. 江苏农业学报, 4: 9-15

吴敬音, 主卫民, 佘建明, 等. 1994. 棉花茎尖分生组织培养及其在基因导入上的应用. 棉花学报, 6(2): 89-92

夏启中, 张献龙, 聂以春, 等. 2005. 撤除外源生长素诱发棉花胚性悬浮细胞程序性死亡. 植物生理与分子生物学学报, 31(1): 78-54

邢更生, 崔凯荣, 山仑, 等. 1999. 植物体细胞胚胎发生的分子基础. 遗传, 21(1): 30-34

邢更生, 邢更妹, 崔凯荣, 等. 1999. 枸杞胚性细胞分化的超微结构研究. 电子显微学报, 18(4): 395-400

许萍, 张丕方. 1996. 关于植物细胞脱分化的研究概况. 植物学通报, 13(1): 20-26

詹园凤, 王广东. 2006. 大蒜体细胞胚胎发生的组织学研究. 农业生物技术科学, 22(1): 46-48

张朝军. 2008. 棉花叶柄高效再生体系的建立与遗传分析. 北京: 中国农业科学院学位论文

Chalfie M, Tu Y, Euskirchen G, et al. 1994. Green fluorescent protein as a marker for gene expression. Science, 263: 802-805

Chapman A, Blervacq A S, Hendriks T, et al. 2000. Cell wall differentiation during early somatic embryogenesis in plants. Ⅱ. Ultrastructural study and pectin immunolocalization on chicory embryos. Can J Bot, 78(6): 824-831

Chiu W, Niwa Y, Zeng W, et al. 1996. Engineered GFP as a vital reporter in plants. Current Biology, 6: 325-330

Davidonis G H, Hamilton R H. 1983. Plant regeneration from callus tissues of *Gossypium hirsutum* L. Plant Sci Lett, 32: 89-93

de Jong A J, Hoeberichts F A, Yakimova E T, et al. 2000. Chemical-induced apoptotic cell death in tomato cells:

involvement of caspase-like proteases. Planta, 211: 656-662

Dubois T, Dubois J, Guedira M, et al. 1992. SEM characterization of an extracellular matrix around somatic proembryos in roots of *Cichorium*. Ann Bot, 70: 119-124

Dubois T, Guedira M, Dubois J, et al. 1991. Direct somatic embryogenesis in leaves of *Cichorium*. A histological and SEM study of early stages. Protoplasma, 162: 120-127

Filonova L H, Bozhkov P V, Brukhin V B, et al. 2000. Two waves of programmed cell death occur during formation and development of somatic embryos in the gymnosperm, *Norway spruce*. J Cell Sci, 113: 4399-4411

Greenberg J T. 1996. Programmed cell death: a way of life for plants. Proc Natl Acad Sci USA, 93: 12094-12097

Harvel L, Durzan D J. 1996. Apoptosis during diploid parthenogenesis and early somatic embryogenesis of *Norway spruce*. Int J Plant Sci, 157: 1-8

Iwai H, Kikuchi A, Kobayashi T, et al. 1999. High levels of non-methylesterified pectins and low levels of peripherally located pectins in loosely attached non-embryogenic callus of carrot. Plant Cell Rep, 18: 561-566

Jimenez V M. 2001. Regulation of *in vitro* somatic embryogenesis with emphasis on to the role of endogenous hormones. Rev Brasi de Fisio Vegl, 13: 196-223

Jin S, Liang S, Zhang X, et al. 2006. An efficient grafting system for transgenic plant recovery in cotton(*Gossypium hirsutum* L.). Plant Cell, Tissue and Organ Culture, 85: 181-185

Konieczny R, Bohdanowicz J, Czaplicki A Z, et al. 2005. Extracellular matrix surface network during plant regeneration in wheat anther culture. Plant Cell Tissue Organ Cult, 83: 201-208

Konieczny R, Czaplicki A Z, Golczyk H, et al. 2003. Two pathways of plant regeneration in wheat anther culture. Plant Cell Tiss Org Cult, 73: 177-187

Kumria R, Leelavathi S, Bhatnagar R K, et al. 2003. Regeneration and genetic transformation of cotton: present status and future perspectives. Plant Tissue Cult, 13(2): 211-225

Kumria R, Sunnichan V G, Das D K, et al. 2003. High frequency somatic embryo production and maturation into normal plants in cotton(*Gossypium hirsutum*)through metabolic stress. Plant Cell Rep, 21: 635-639

Nobre J, Keith D J, Dunwell J M. 2001. Morphogenesis and regeneration from stomatal guard cell complexes of cotton(*Gossypium hirsutum* L). Plant Cell Rep, 20(1): 8-15

Parameswari N, Jeremy S, David H. 2006. Identification of a potential structural marker for embryogenic competency in the *Brassica napus* spp. oleifera embryogenic tissue. Plant Cell Rep, 25: 887-895

Parameswari N. 2007. Acquisition of embryogenic competence during somatic embryogenesis. Plant Cell Tiss Organ Cult, 10: 1-8

Popielarska-Konieczna M, Kozieradzka-Kiszkurno M, Swierczynska G, et al. 2008. Ultrastructure and histochemical analysis of extracellular matrix surface network in kiwifruit endosperm derived callus culture. Plant Cell Rep, 27: 1137-1145

Ratna K, Sadhu L, Raj K B, et al. 2003. Regeneration and genetic transformation of cotton: present status and future perspectives. Plant Tissue Cult, 13(2): 211-225

Sakhanokho H F, Ozias-Akins P, May O L, et al. 2005. Putrescine enhances somatic embryogenesis and plant regeneration in upland cotton. Plant Cell Tiss Organ Cult, 81: 91-95

Sakhanokho H F, Zipf A, Rajasekaran K, et al. 2001. Induction of highly embryogenic calli and plant regeneration in Upland(*Gossypium hirsutum* L.) and Pima(*Gossypium barbadense* L.) cotton. Crop Sci, 41: 1235-1240

Shang H H, et al. 2009. histological and ultrastructural observation reveals significant cellular differences between *Agrobacterium* transformed embryogenic and non-embryogenic calli of cotton. Journal of Integrative Plant Biology, 51(5): 456-465

Sharp W R, Sondahl M R, Caldas L S, et al. 1980. The physiology of *in vitro* asexual embryogenesis. Hort Rev, 2: 268-310

Shoemaker R C, Couche L J, Galbraith D W. 1986. Characterization of somatic embryogenesis and plant regeneration in cotton(*Gossypium hirsutum* L.). Plant Cell Reports, 3: 178-181

Sun Y Q, Zhang X L, Jin S X, et al. 2003. Somatic embryogenesis and plant regeneration in wild cotton(*Gossypium klotzschianum* Anderss). Plant Cell, Tissue and Organ Culture, 75: 247-253

Sun Y Q, Zhang X L, Nie Y C, et al. 2004. Production and characterization of somatic hybrids between uppland cotton(*Gossypium hirsutum*)and wild cotton(*Gossypium klotzschianum* Anderss)via electrofusion. Theor Appl Genet, 109: 472-479

Sun Y, Zhang X, Guo X, et al. 2006. Somatic embryogenesis and plant regeneration from different wild diploid cotton(*Gossypium*)species, Plant Cell Reports, 25(4): 289-296

Sunilkumar G, Campbell L M, Puckhaber L, et al. 2006. Engineering cottonseed for use in human nutrition by tissue-specific reduction of toxic gossypol. Proc Natl Acad Sci USA, 103: 18054-18059

Sunilkumar G, Mohr L, Lopata-Finch E, et al. 2002. Developmental and tissue-specific expression of CaMV 35S promoter in cotton as revealed by GFP. Plant Mol Biol, 50: 463-474

Sunilkumar G, Rathore K S. Transgenic cotton, factors influencing *Agrobacterium*-mediated transformation and regeneration. Mol Breed, 8: 37-52

Verdeil J L, Hocher V, Huet C, et al. 2001. Ultrastructural changes in coconut calluses associated with the acquisition of embryogenic competence. Ann Bot, 88: 9-18

Wang H L, Kang Y Q, Zhang C J, et al. 1998. Changes in nuclear ultrastructure during callus developmentin tissue culture of *Allium sativum*. Biologia Plantarum, 41(1): 49-55

Wang Y X, Wang X F, Ma Z Y, et al. 2006. Somatic embryogenesis and plant regeneration from two recalcitrant genotypes of *Gossypium hirsutum* L. Agricultural Sciences in China, 5(5): 323-329

Wu H M, Alice Y C. 2000. Programmed cell death in plant reproduction. Plant Molecular Biology, 44: 267-281

Young T E, Gallie D R, DeMason D. 1997. Ethylene-mediated programmed cell death during maize endosperm development of wild-type and shrunken2 genotypes. Plant Physiol, 115: 737-775

第四章　体细胞胚胎发生的生理学基础

第一节　体细胞胚胎发生生理生化研究开展的前提和意义

开展体细胞胚胎发生的生理生化研究，必须首先建立一个良好的体细胞胚胎发生体系，使得这个体系很容易控制。胡萝卜体细胞胚胎发生体系正符合实验要求，并已成为一个优良的研究体细胞胚胎发生的模式系统。胡萝卜体细胞悬浮物在含1mg/L的2,4-D的MS培养基上生长为非胚性愈伤，而在不含激素的MS培养基上则转变为组织化生长，在最适条件下可以100%地分化为体细胞胚胎。所以目前有关体细胞胚胎发生的生理生化研究大部分采用这个系统。另外，比较成熟的体细胞胚胎发生系统还有拟南芥、落叶松、苜蓿和棉花等。开展体细胞胚胎发生的生理生化研究有以下几个方面的意义：①提供体细胞胚胎发生机制研究的分子证据；②提供体细胞胚胎发生过程的特定生化标志；③可能是研究细胞全能性的良好途径；④加深对合子胚发生过程分子机制的了解，甚至提供良好的研究合子胚发生的体系，二者相比较研究有利于加深理解；⑤提供工作中的理论指导。

第二节　植物体细胞胚胎发生

体细胞胚胎发生是指在离体培养的条件下，植物的体细胞没有经过受精过程，但经过了胚发育过程形成完整植株的过程。植物体细胞胚胎发生包括间接胚胎发生和直接胚胎发生，植物间接体细胞胚胎发生（indirect somatic embryogenesis，ISE）是指在组织培养的离体条件下，植物的体细胞通过脱分化形成愈伤组织，再分化形成胚性愈伤组织，然后经历类似合子胚发生的途径发育形成胚状体，最后由胚状体发育成再生植株的过程。植物直接体细胞胚胎发生（direct somatic embryogenesis，DSE）不经历愈伤组织和胚性愈伤组织阶段，直接从组织或细胞发育成体细胞胚胎。植物体细胞胚胎在形态上与合子胚有很高的相似度，与合子胚发生途径也相似，都是从胚性细胞团到球形胚、心形胚、鱼雷形胚和子叶形胚。合子胚和体细胞胚胎的发育过程中都会有极性的建立，形成顶-基轴。顶轴部分主要是顶端分生组织，随着胚的发育产生子叶和胚轴，基轴主要是根端分生组织，主要产生胚根，从培养基中吸取营养。体细胞胚胎发生过程，尤其是体细胞胚胎发育过程与合子胚发育途径高度相似，说明植物在活体和离体条件下，在调控胚发育方面可能存在相似的分子机制。与合子胚发育相比较，体细胞胚胎发育过程可操作性更强，形态变化观察更方便，可以收集一定数量的发育状态一致的胚状体材料来进行基因功能的研究，因此，研究体细胞胚胎发育可以为研究植物合子胚发育基因表达调控网络提供理想的模型（Zimmerman，1993）。

随着植物组织培养的不断研究，许多植物种类已经可以利用组织培养的方式来获得体细胞胚，这在一定程度上解决了由于环境和遗传因素等而无法获得相对完整的大量形态一致的合子胚的问题，为科学系统地研究胚的发育机制奠定了基础。第一个通过无性方式获得体细胞胚胎的物种是胡萝卜，利用细胞悬浮培养技术首次观察到体细胞胚胎的形态和再生过程（Reinert，1958），随后其他物种包括玉米、小麦、大豆、水稻、棉花等也相继开发出了合适的培养体系，证明体细胞胚胎发生在不同物种中是广泛存在的（Conger，1987；Abdullah，1986；Ozias-Akins，1982；Komatsuda，1991；Trolinder，1987）。随后的研究也进一步证实，许多植物的不同组织、器官、原生质体等都具有体细胞胚胎发生的潜力，在合适的培养体系下它们都可以诱导产生体细胞胚胎。与合子胚形成新的植株一样，植物产生的体细胞胚胎也可以形成再生植株，在被子植物和裸子植物中都已经有了相关的报道。

体细胞胚胎发育和合子胚发育的过程高度相似，但它们的起始方式和发育特点也有不同（图4-1）。合子胚起始于受精的合子，经过横向和纵向不对称分裂，顶端细胞和基细胞形成不对称的两极，随着顶-基轴的形成，胚的顶轴逐渐增殖，胚体逐渐发育成完整植株；胚的基轴发育成胚柄，随着胚的不断发育，它逐渐通过细胞程序性死亡而退化，最后消失。而体细胞胚胎发生起始于单个胚性细胞或胚性细胞团，这些胚性细胞是由体细胞经过脱分化和再分化形成的。与植物有性生殖中经双受精过程形成的合子细胞一样，体细胞中包括了能够发育成完整植物的全部遗传信息，形成的植株遗传性相对稳定，不同的是体细胞胚胎与母体组织没有联系，出现所谓的生理隔离现象，有利于细胞分化和全能性表达。体细胞胚胎和合子胚有相似的发育过程，在合子胚的第一次分裂和体细胞胚胎发育的早期都会形成胚柄或类似于胚柄的结构，伴随着生长素的不对称分布形成不对称的顶-基轴模式（de Smet，2010），相继经历了球形胚、心形胚、鱼雷形胚和子叶形胚发育阶段；不同的是合子胚的球形胚的细胞数量是确定的，而体细胞胚胎的球形胚的细胞数量是不确定的，体细胞胚胎的成熟不经历脱水和休眠，可以直接发育成新的植株，而合子胚需要经历脱水和休眠才能发育成新的植株。

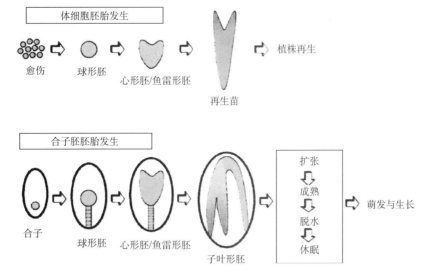

图 4-1 植物体细胞胚胎和合子胚发育过程（Kawashima and Goldberg，2010）

合子胚和体细胞胚胎发育过程的分子机制很相似，所以研究体细胞胚胎发育为研究合子胚发育提供了可以参照的模型，但由于两者生长发育的起始位置和生长环境不同，在组织形态和生理特征方面，体细胞胚胎发育过程与合子胚发育过程还存在明显的不同。主要有：合子胚发育过程需要胚乳细胞提供营养，而体细胞胚胎发育过程不存在胚乳细胞；合子胚发育过程的胚柄发挥着重要作用，对胚体的正常发育有重要影响，而体细胞胚胎发育过程中胚柄缺失或者发育迟缓；合子胚直接从受精的合子开始发育，而体细胞胚胎形成前，需要经历体细胞转化成胚性细胞的阶段；合子胚的储藏蛋白主要存在于成熟胚中，而体细胞胚胎的储藏蛋白在球形胚时期已经存在，随着胚的发育，储藏蛋白逐渐积累。

　　利用光学显微镜和透射电镜技术，植物体细胞胚胎和合子胚的形态学和细胞学研究已取得了很大进展。然而合子胚发育早期胚的体积小，并且被周围的母体细胞重重包围而难以接近。而且合子胚与周围的各种细胞存在相互作用，这给研究合子胚的发育机制带来了很多困难，研究进展缓慢。体细胞胚胎发育是在离体培养的条件下完成的，在一定程度上与合子胚形态发生有许多共同点，利用体细胞胚胎可以重现合子胚发育的整个过程，在很大程度上克服了研究合子胚发育的局限性。体细胞发育过程可以实时跟踪，条件也可以很好地控制，取材不受限制，这为研究带来了很多方便。因此，研究体细胞胚胎发生生理状态的变化有利于比较体细胞胚胎发生和合子胚发生的生理状态的变化的异同。

　　自从1958年胡萝卜体细胞胚胎发生体系建立以来，高等植物的体细胞胚胎发生在过去的一个世纪也被广泛关注，关于体细胞胚胎发生的条件，体细胞胚胎发生中胚性细胞的特征、生理状态的变化、分子机制的研究也相继展开，许多植物的体细胞胚胎发生体系也相继被建立。植物体细胞胚胎发生是一个特殊的发育通路，由一系列发育事件组成，包括细胞的脱分化，细胞分裂的激活，生理过程、代谢通路和基因表达模式的变化等。最初关于体细胞胚胎发生的研究主要是利用光学显微镜和电子显微镜对体细胞胚胎发生过程进行形态和结构上的描述，但随着现代分子生物学的发展，研究手段的增多，对体细胞胚胎发生过程中生理状态的了解也逐渐加深。

一、愈伤组织和胚性愈伤组织的生理生化特征

　　愈伤组织是体细胞胚胎的物质前提，对其生理生化特性的分析，有助于了解体细胞胚胎发生的分子背景。实际上，关于体细胞胚胎发生分子机制研究的文章，多数是以分化培养中的愈伤组织或含有体细胞胚胎的愈伤组织为材料的。外植体从启动到脱分化、愈伤组织的形成、增殖及再分化成器官或体细胞胚胎，最终形成再生植株，是一个包含两个方向相反的细胞学变化过程，因此，其生理生化变化也是很大的。根据愈伤组织生长发育的细胞组织学特点，可将其分为诱导期、分裂期（增殖期）和分化期（器官或体细胞胚胎形成期）。但实际上，愈伤组织诱导期十分短促，通常在几天之内完成，而且也有细胞的分裂；愈伤组织的增殖和分化也是互有交错的，即增殖中有分化，分化中有增殖，因此难以绝对划分愈伤组织处于哪一时期。为方便起见，将愈伤组织分为诱导期、增殖期和分化期愈伤组织。

（一）愈伤组织形成时蛋白质和核酸的代谢

　　张静兰等（1982）认为，形成愈伤组织时，RNA和蛋白质的合成非常重要，并测知绿豆子叶形成愈伤组织时，25S和18S rRNA明显增加，蛋白质含量也升高，而游离氨基酸含量减少，但DNA变化不大。但许萍和张丕芳（1996）发现细胞在脱分化时DNA含量明显增加。黄大年等（1987）报道分化期DNA和RNA含量均比增殖期高。徐桂芳等（1983）测知哈密瓜子

叶脱分化与分化时，RNase活性均增加，而DNase活性先升高后下降，并且两种酶的活性在分化期较高。愈伤组织生长时，其多聚核糖体增多，蛋白质含量升高，而当愈伤组织衰老时则相反。杨和平等（1991）发现，马唐愈伤组织诱导期、增殖期和分化期蛋白质含量都呈双峰曲线变化，在第7天和第14天分别出现两个高峰，但分化期保持在较高水平，并在外植体启动、愈伤组织形成及球形胚分化时出现新的蛋白质。玉米愈伤组织在分化期也出现新的小分子质量蛋白质，并且分化期的DNA、RNA和蛋白质均高于增殖期。

同工酶是基因表达的次级反应，可作为研究分化和发育基础变化的灵敏指标。许多研究表明，外植体启动、愈伤组织形成时，分别有新的过氧化物酶、淀粉酶和酯酶同工酶出现，在分化期器官分化、体细胞胚胎发育中也有相应的酶带出现，并且随着培养时间的增加，前两种酶同工酶带增加，而后者减少（徐桂芳，1983）。在分化期器官形成时，酶带增多伴随活力的升高（沈宗英，1985）。悬浮培养细胞在延迟期和减慢静止期过氧化物酶带较少，活力较低。苯丙氨酸转氨酶在分化期也出现两个高峰，而在第11天前后出现的第2高峰，似可作为组织启动分化的指示酶（余沛涛，1987）。总之，过氧化物酶、酯酶及淀粉酶同工酶可作为器官分化的生化指标。烟草愈伤组织增殖期有明显的抗氰呼吸，交替途径的相对贡献占总呼吸的44%~51%，而分化期交替途径运行量占总呼吸的41%~47%，承担呼吸电子传递的主要部分，而细胞色素途径只占总呼吸的29%~32%，交替途径运行程度的增高可能与烟草愈伤组织分化有一定相关性；烟草愈伤组织中还存在占总呼吸20%~30%的不被氰化钾（KCN）加氧肟酸（m-CLAM）抑制的剩余呼吸（梁厚果，1985）。最为有趣的是，一些C3植物培养细胞，除了C3途径之外，至少有30%~40%的CO_2是通过C4固定途径同化的，而且这一PEP羧化途径并不像是在传统的C4和CAM植物中所看到的那样为卡尔文环的CO_2捕捉者，两个途径在代谢上是通过PEP联系在一起的。百合小鳞茎脱分化、愈伤组织形成及小鳞茎发生等过程中，内源腐胺、亚精胺和精胺的含量呈钟形曲线，内源多胺水平和多胺氧化酶活性变化与小鳞茎发生有密切关系，可作为这一形态发生过程的生化指标。而胚性愈伤组织是指具有胚胎发生能力的愈伤组织，而不论它在什么培养基上、处于增殖或分化状态；非胚性愈伤组织则是只具有细胞增殖能力、没有胚胎发生能力的愈伤组织。这两种愈伤组织在形态学及细胞学上有一定差异，因而在生理上也一定存在差异。非胚性愈伤组织中游离氨基酸高于胚性愈伤组织，当胚胎发生受阻时，细胞内游离氨基酸增加，这说明后者蛋白质合成代谢强，因而分化能力高（Warren，1979）。也有报道提出胚胎发生快的愈伤组织中总游离氨基酸及精氨酸的含量比慢的要高，认为这给蛋白质合成提供了物质基础；高含量的内源精氨酸与细胞分化有关，有利于胚胎发生（徐竹筠，1989）。这些结果之间虽有矛盾之处，但都说明内源游离氨基酸含量和种类与胚胎发生有关。胚性愈伤组织的蛋白质和RNA合成速度高于非胚性的愈伤组织，且具有非胚性愈伤组织所没有的蛋白质、过氧化物酶、酯酶及淀粉酶同工酶带，它们可能与组织分化、胚胎发生有关，可视为标记蛋白。Syrkin等（1988）报道胡萝卜胚性愈伤组织中淀粉含量比非胚性愈伤中高出15~40倍，且其ADP-葡萄糖磷酸酶特有一种100kDa的亚单位，研究认为这种多肽是与胚胎发生潜能有关的多肽中的一个。Nomura（1985）则发现胡萝卜胚性愈伤组织在体细胞胚形成时有3个肽酶出现。Montague（1979）测出胚性愈伤组织中腐胺及精氨酸脱羧酶活性均高于非胚性愈伤组织，这反映了二者在多胺代谢上的差异。

（二）胚性细胞起始过程中生理状态的变化

　　一般来讲，早期的体细胞胚胎发生主要涉及体细胞去分化获得细胞全能性，然后增殖，增殖的细胞经过脱分化产生胚性细胞。不是所有的细胞都可以转变为胚性细胞，只有那些与胚性细胞产生相关的基因被激活的细胞才可以转变为胚性细胞（Nomura，1985）。一旦这些基因被激活，新的基因表达模式会取代过去的基因表达模式，胚性细胞才有可能发育成体细胞胚胎（Quiroz-Figueroa，2006）。随着体细胞转化为胚性细胞，细胞的生理状态也发生了很大的变化，这些特定的生理和化学因素的调节促使脱分化细胞转变为胚性细胞。利用延时追踪技术，Toonen（1994）发现胡萝卜的胚性细胞形态各异，主要分为五类：卵圆形液泡细胞、长形液泡细胞、球形液泡细胞、细胞质富集的球形细胞和不规则的细胞。所有这些胚性细胞都可以形成体细胞胚胎，但是频率差异很大。卵圆形和长形液泡细胞通过不对称的细胞聚集形成体细胞胚胎。球形液泡细胞和细胞质富集的球形细胞通过对称的细胞聚集形成体细胞胚胎。不规则的细胞先形成形状各异的细胞聚集群，然后形成体细胞胚胎。这些观察说明胡萝卜体细胞胚胎发生过程中细胞的生长有极性，也存无极性。同样利用延时追踪技术和体细胞胚胎发生类受体激酶（SERK）对鸭茅的体细胞胚胎起始进行了研究，发现小的等直径的细胞质丰富的细胞起源于维管束，可以发育成体细胞胚胎（Somleva，2000）。这些研究表明形成体细胞胚胎的胚性细胞来源和形态各异。

　　有报道指出生长调节剂（PGRs）和压力会参与信号转导通路，改变基因的表达模式，最终会通过细胞分裂导致愈伤组织无序生长或是极性生长，有利于体细胞胚胎发生的起始（Dudits，1991）。生长素在体细胞胚胎发生起始方面也发挥着重要的作用，外援添加生长素可以激活响应生长素的基因的表达，改变细胞的生理状态，从而使细胞获得全能性产生愈伤（Feher，2003）。除了生长素、细胞分裂素和脱落酸，茉莉酸、多胺、油菜素内酯等激素也可以改变体细胞的生理状态，调控体细胞胚胎发生的起始（Sagare，2000；Jiménez，2005）。

二、体细胞胚胎发育过程中生理动态的变化

　　体细胞胚胎的产生主要存在两种方式：单细胞起始和多细胞起始（Haccius，1978）。胚性细胞的相邻细胞决定了体细胞胚胎是由单细胞或多细胞形成。如果体细胞胚胎来源于单个细胞，协调的细胞分裂是存在的，而且有时候体细胞胚胎会通过一个类似于胚柄的结构与母体组织连接在一起（Williams，1986）。如果体细胞胚胎由多个细胞形成，则不存在协调的细胞分裂，体细胞胚胎的基部和母体组织融合在一起（Quiroz-Figueroa，2006）。组织切片分析也证明了不同物种的体细胞胚胎可能起源于单细胞或多细胞（Triglano，1989；Taylor，1996）。但是有一些植物的体细胞胚胎发生过程中的体细胞既可以由单细胞形成也可以由多细胞形成。体细胞胚胎可以由表皮细胞或亚表皮细胞产生。如果体细胞胚胎由表皮细胞发育而成，暗示体细胞胚胎可能来源于单细胞；如果体细胞胚胎由亚表皮细胞发育而成，暗示体细胞胚胎可能来源于多细胞（Maheswaran，1985）。

　　胚性细胞形成后，随着外部生理状态的改变而调节细胞内的生理状态，通过不断的增殖形成原胚性细胞团（PEMs）。在挪威云杉体细胞胚胎发生过程中，生长素对胚性细胞团的增殖是不可缺少的，但是对体细胞胚胎的发育有抑制作用（Filonova，2000）。不过生长素对胚发育的影响是因物种而异的。一些植物的体细胞胚胎在生长素存在的情况下也保持较好的胚

性能力，但是对大部分作物来讲，生长素的持续存在会导致胚性能力的丧失（von Arnold，2002）。还原态氮对胚性细胞的诱导和胚发育也有重要的影响。外源添加还原态氮有利于鸭茅表皮细胞的脱分化和细胞的增殖，产生次级体细胞胚胎（Trigiano，1992）。而在蒺藜苜蓿的体细胞胚胎发生过程中，还原态氮有利于增加体细胞胚胎的数量（Stuart，1984）。

（一）体细胞胚胎发生过程中内源激素含量的变化

许多相关研究皆表明，在体细胞胚胎分化过程中内源激素在接受诱导的刺激后，有含量升高的现象（Choi，1997；Charrière，1999）。可能的原因是外源植物生长调节剂的诱导可能导致植物内源激素水平的变化，进而启动一系列的信号转导及基因表达等过程，有利于体细胞胚胎的发生。各种内源激素的代谢和动态平衡在细胞分化中起着重要而关键的作用。

内源ABA有利于体胚发育和成熟（刘华英，2002）。Kamada（1981）等在胡萝卜细胞培养中发现，内源ABA含量一直保持比较低的水平，但从非胚性细胞转化为胚性细胞阶段，却伴随着内源ABA含量的增加。在枸杞体胚发生中，从胚性细胞大量形成期到体胚的成熟，内源ABA含量呈上升趋势（崔凯荣，2000）。在皇冠草体细胞培养中，ABA含量一直保持到体胚成熟期，变化不明显（崔凯荣，2002）。ABA含量高，大豆愈伤组织容易分化，胚性愈伤的ABA含量高于非胚性愈伤（郭子彪，1997）。研究发现内源ABA对植物体细胞胚胎的发生是通过光周期和光敏素来起到调控作用的，光周期可能是通过光敏素来调控内源ABA的水平，并以ABA浓度的变化来调控体细胞胚胎的发生。

Arnod和Hakman（1988）在研究ABA对挪威云杉（*Picea abies*）体细胞胚胎发育的调节作用时发现，挪威云杉体细胞胚胎成熟过程中内源ABA的浓度会迅速提高。在胡萝卜体细胞胚胎形成过程中，培养第10天时，形成胚的细胞中内源ABA的含量即上升到了最高值，而不能形成胚的细胞内ABA的含量直到第13天时才达到高峰（韩碧文，1993）。Beardmore（1995）也发现，在加入外源ABA后，黑云杉（*P. mariana*）成熟体细胞胚胎中内源ABA含量增加。Dunstan（1997）用ELISA分析白云杉（*P. glauca*）体细胞胚胎成熟期内源ABA含量变化时发现，随施用外源ABA浓度（12~60mmol/L）的增高，内源ABA的水平成比例地提高，高浓度ABA在成熟胚培养的6~8周内，前12d对胚成熟有效，通过周期性地加入ABA能延长其作用时间。Dong（1997）等也曾检测到悬浮培养的白云杉体细胞胚胎成熟时，内源ABA和mRNA的含量发生了很大的变化。在三叶胶（*Hevea brasiliensis*）体细胞胚胎发育过程中，加入10^{-5}mol/L的外源ABA后，其体细胞胚胎内源ABA的水平也有了提高。崔凯荣等在研究枸杞体细胞胚胎发生和发育过程中内源ABA含量的变化时发现，在外源ABA诱导下，胚性细胞启动分化期、胚性细胞大量形成期及早期单胚形成期内源ABA的含量均显著升高，表明外源ABA与内源ABA对体细胞胚胎的发生起着相互调节和促进的作用。在棉花体细胞胚胎蛋白质组数据中，发现ABA合成酶ABA2和ABA受体PYR1在体细胞胚胎中呈相反的表达趋势，表明ABA2和PRY1可能通过影响ABA的合成和信号转导去维持ABA的动态平衡，进而影响棉花体细胞胚胎发育；GA受体GID1和GA合成相关蛋白delta杜松萜烯合成酶同工酶从球形胚到子叶形胚呈下调表达，暗示GA含量在胚发育过程中呈现出逐渐降低趋势，推测GA可能通过调控GA合成和信号转导负调控棉花体细胞胚胎发育；JA合成酶AOS在体细胞胚胎发育过程中呈上调表达趋势，暗示JA含量在棉花体细胞胚胎发育过程中是上升的，可能正调控体细胞胚胎的形成和生长。总的来讲，ABA、GA和JA在调控棉花体细胞胚胎成熟和幼苗再生方

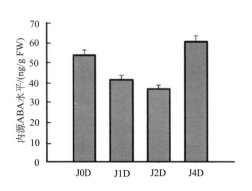

图 4-2　体细胞胚胎发生早期的
内源 ABA 水平（苏玉晓，2011）

未诱导的胚性愈伤组织（J0D），诱导后 1d（J1D）和 2d（J2D）
的胚性愈伤组织中，内源 ABA 的水平是逐渐下降的。
诱导后 4d（J4D）内源 ABA 的水平开始上升

面有重要作用。

在拟南芥体细胞胚胎发生过程中，为了测定拟南芥体细胞胚胎发生过程中内源 ABA 的水平，分别取在胚性愈伤组织诱导培养基（ECIM）培养14d（J0D）和去除生长素的次级体细胞胚胎诱导培养基（SEIM）再生培养1d（J1D）和2d（J2D）的胚性愈伤组织，分别测定其内源ABA 的含量（图4-2）。结果发现，J0D的胚性愈伤组织内源ABA的含量为53.7ng/g FW。J1D和J2D的胚性愈伤组织内源ABA的含量分别为41.3ng/g FW和36.7ng/g FW。说明诱导体细胞胚胎再生后愈伤组织内源ABA的含量是逐渐下降的。有意思的是，在SEIM上诱导培养4d（J4D）的愈伤组织内源ABA的浓度又开始升高，达到 60.3ng/g FW。以上测定结果说明，在拟南芥体细胞胚胎的早期形成过程中，内源ABA的水平是逐渐下降的。

为了进一步验证上述结果，我们对体细胞胚胎再生过程中ABA合成基因的表达水平进行了分析。在ABA合成过程中，ABA1催化玉米黄质转化为紫黄质，NCED催化顺式紫黄质反应，并最终形成含有15个碳原子的前体。在*NCED*基因家族中，*NCED6*和*NCED9*主要在种子中表达。*ABA2*编码一种短链脱氢还原酶催化ABA醛的产生，最终ABA醛在AAO3酶的催化作用下形成ABA。利用qRT-PCR分析发现，*ABA1*、*NCED9*和*AAO3*在J0D~J4D的表达量是逐渐下降的，其中*ABA1*在J0D、J1D和J2D表达量变化并不明显，J4D的表达量较前3个时期有所下降。*NCED6*和*ABA2*具有相同的表达模式，即前3个时期表达量逐渐下降，而J4D表达量升高。这与内源ABA含量测定的结果是一致的（图4-3）。上述结果表明，在拟南芥体细胞胚胎发生的早期，ABA合成基因的表达水平是逐渐下降的（苏玉晓，2011）。

内源IAA含量上升并维持在较高水平是胚性细胞出现的一个共同标志。香雪兰花序外植体离体培养中发现，培养前外植体切段两端的IAA含量无明显差别，但培养一段时间后，胚发生端（形态学上端）IAA的含量明显高于非胚发生端（形态学下端）（刘亚杰，2014）。在皇冠草和甘蔗体细胞胚胎发生中IAA含量不断增加。IAA含量的高低影响不同大豆品种愈伤组织诱导和分化，IAA含量高，愈伤组织容易诱导，在分化培养过程中，胚性愈伤组织的IAA高于非胚性愈伤组织。在胚发生早期，较高水平的内源CTK对体胚发生似乎是必需或有益的，高水平内源CTK对体胚发生的作用，有明显的基因型差异（郭子彪，1997）。分析棉花体细胞胚胎蛋白质组表达谱，发现两个吲哚乙酸合成酶GH3蛋白在子叶形胚中呈上调表达，GH3蛋白可以结合多余的IAA到氨基酸上，维持IAA的动态平衡，有利于体细胞胚胎发育。

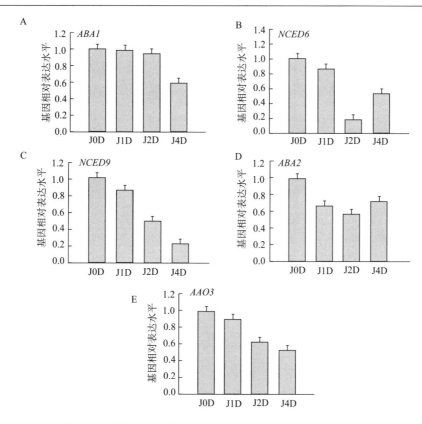

图4-3　体细胞胚胎发生过程中　ABA　合成基因的表达模式（苏玉晓，2011）

A~E. qRT-PCR 分析 ABA 合成基因 *ABA1*、*NCED6*、*NCED9*、*ABA2* 和 *AAO3* 的表达模式。*ABA1*、*NCED9* 和 *AAO3* 在 J0D~J4D 表达量是逐渐下降的；*NCED6* 和 *ABA2* 表达量表现出先下降后上升的变化趋势

宋仁美（1987）利用的突变细胞系W-001来研究内源激素与体细胞胚胎发生的关系。W-001是来自W-001C的5-MT（抗5-甲色氨酸）的突变细胞系，它能积累更多的色氨酸，受5-MT抑制而不死亡，但W-001C则死亡。色氨酸是合成吲哚乙酸的前体，于是W-001即使在缺乏外源生长素的条件下，胚的发生也受到阻碍，不能合成特异性胚性蛋白E1和E2。宋仁美还发现W-001所含细胞分裂素含量比值差异悬殊。因为内源高比值与外源高比值有着相同的生理效应，这个结果说明细胞分裂素的浓度由内源IAA来调节。同时，宋仁美还发现外源的生长素对内源生长素也有影响，认为生长素代谢改变以后，会使细胞特性发生变化，从而影响部分细胞的分化。

乙烯是气态的生长调节剂，它对各种组织和细胞培养系统的形态发生具有抑制与刺激的双重作用。Tisserat（1977）报道乙烯对胡萝卜体细胞胚胎发生具有抑制作用。Wann等（1987）也报道在挪威云杉胚性愈伤组织中放出乙烯的量仅为非胚性愈伤组织的1/117，而它对百合鳞片芽的形成则有促进作用。Ernst等（1985）在研究洋茴香细胞培养体细胞胚胎发生时得出如下结论：在洋茴香细胞培养中发生的原胚及胚的发育过程中，玉米素核苷的含量随着细胞对数生长而增加，继续培养则含量下降。在对数生长期玉米素核苷和玉米素上升到最大值，然后下降。他们认为这种高水平的自由状态的细胞分裂素可能对细胞的分裂和生长是很重要的，但如同自由的玉米素一样，并不直接参与胚的发生过程。

（二）体细胞胚胎发生过程中外源激素的作用

在植物体细胞胚胎发生过程中，外源激素起着传递发育信号的作用，使遗传物质脱分化及再分化，其作用效果与外植体的类型、基因型直接相关，也与愈伤组织中的内源激素种类和水平密切相关。

1. 外源ABA对植物体细胞胚胎分化的影响　　脱落酸对体细胞胚胎发生的作用曾一度被忽视，然而近来有实验证明脱落酸对体细胞胚胎的发生有很重要的作用。体细胞胚胎的发生与ABA的积累密切相关。一些研究结果表明，ABA在植物体细胞胚胎发生和发育过程中起着重要的作用（Mundy，1990）。

高浓度ABA对体细胞胚胎的发生起抑制作用，低浓度 ABA 则起促进作用。研究发现外源ABA有利于体胚发育和成熟。ABA处理能促进针叶树体细胞分化、抑制早期体胚的发生、提高体胚分化的同步化程度（齐力旺，2000；王颖，2002）；对'Shamouti'柑橘体胚发生有促进作用（崔凯荣，2002）。Rajasekaran（1987）等发现象草具有胚性发生能力的幼叶外植体和愈伤组织比不具胚性发生能力的成熟叶外植体和愈伤组织有较高水平的脱落酸，进一步研究得出如下结论：向培养基中加入一定浓度的脱落酸增强了胚性愈伤组织的形成和体细胞胚胎发生；用脱落酸合成抑制剂处理整体植株或向叶外植体的培养基中加入抑制剂，导致内源脱落酸的下降并抑制了体细胞胚胎发生，这种抑制可因外源脱落酸的加入得到部分解除，重新恢复其体细胞胚胎发生能力。杨映根等在研究青杆（*Picea wilsonii*）体细胞胚胎分化时发现，青杆愈伤组织在无ABA的培养基上不能产生体细胞胚胎，而将其转入附加1mg/L ABA的培养基中，3个月后即能分化出大量子叶期体细胞胚胎（杨映根，1994）。单独使用ABA也可直接诱导体胚的发生（Nishiwaki，2000）。范国强等在研究悬铃木（*Platanus acerifolia*）叶片体细胞胚胎发生及植株再生时发现，在WPM培养基中附加0.5mg/L的ABA可促进由叶片诱导出的胚性愈伤组织产生体细胞胚胎（范国强，2004）。此外，ABA在针叶树体细胞胚胎发生特别是成熟过程中也具有极为重要的作用（Attree，1993）。Salopek等（1997）的研究表明，ABA能够促进塞尔维亚云杉（*P. omorika*）体细胞胚胎的成熟。杨金玲等（1997）也先后证明ABA能明显地促进白杆（*P. meyeri*）和挪威云杉体细胞胚胎成熟。ABA不仅能够促进体胚分化，还能提高体胚的质量和正常胚的发生频率及同步化程度。有研究表明，ABA能降低培养基中腐胺的水平，进而抑制体细胞胚胎过早萌发，增加储藏蛋白的含量，提高体细胞胚胎的质量（崔凯荣，1993）。在培养基中加入0.2mg/L的ABA，可提高玉米正常胚的百分率。Robert等（1990）报道，同时加入ABA和IBA后，云杉成熟胚的数量和体细胞胚胎的同步化程度均有提高。外源激素的浓度是影响体细胞胚胎发生的重要因素，体细胞胚胎的萌发频率与外源激素的浓度密切相关。杨金玲等（1997）在研究白杆体细胞胚胎发生时发现，分化培养基中的ABA浓度是影响其体胚发生的关键因素。无ABA诱导时，没有胚性愈伤组织分化；随着分化培养基中ABA浓度的逐渐升高，体细胞胚胎的分化率也逐渐提高，当ABA浓度为2~8mg/L时分化率明显提高，且体细胞胚胎发育正常；但当ABA浓度达到10mg/L时则不利于其进一步发育和成熟。

外源脱落酸处理球形胚后，随着时间的推进，体细胞胚胎发育过程有了明显的变化。低浓度的脱落酸（小于0.04μmol/L）可以促进球形胚产生多的次级体细胞胚胎，而且次级体细胞胚胎大多可以发育成正常的子叶形胚；而正常培养条件下，4%左右的体细胞胚胎会发育成正常的子叶形胚（图4-4A）；0.01μmol/L脱落酸处理棉花体细胞球形胚，可以增加次级体细胞胚胎的数量，大约有13%的次级体细胞胚胎会发育成正常的子叶形胚（图4-4B、C）；0.04μmol/L脱落酸处理棉花体细胞球形胚后，可以使37%左右的次级体细胞胚胎发育成正常的子叶形胚（图4-4D、E）；但当培养基中添加的脱落酸浓度大于0.2μmol/L时，球形胚发育被阻止，次级体细胞胚胎的产生也被抑制（图4-4F）；当培养基中添加0.4μmol/L脱落酸时，棉花次级体细胞胚胎的产生显著降低，正常的子叶形胚的数量也显著减少（图4-4G）；当培养基中添加2μmol/L脱落酸时，体细胞胚胎的发育已经停滞，大多体细胞胚胎已经褐化死亡（图4-4H、I和J）。合适浓度的外源ABA处理棉花体细胞球形胚后，不仅有利于体细胞胚胎的顶端分生组织（SAM）正常发育，显著增加正常子叶形胚的数量，还可以缩短体细胞胚胎的成熟周期，增加转基因苗的再生率，显著提高棉花转基因效率。因此，合适的脱落酸浓度对棉花体细胞胚胎发育是必需的，这与蛋白质数据相一致，提示随着体细胞胚胎的发育脱落酸的信号转导增强。

图 4-4　ABA 促进棉花次级体细胞胚胎的产生和成熟

A.无 ABA 处理的次级体细胞胚胎；B、C.0.01μmol/L ABA 处理下次级体细胞胚胎的表型；D、E.0.04μmol/L ABA 处理下次级体细胞胚胎的表型；F.0.2μmol/L ABA 处理下次级体细胞胚胎的表型；G.0.4μmol/L ABA 处理下次级体细胞胚胎的表型；H、I、J.2μmol/L ABA 处理下抑制次级体细胞胚胎产生

与上述ABA对体细胞胚胎发生的促进作用不同的是，ABA抑制人参的愈伤组织生长，抑制胡萝卜和拟南芥体细胞胚胎的发育（佟曦然，1991；周俊彦，1982）。外源ABA添加到培养基后抑制拟南芥初级和次级体细胞胚胎的再生。在诱导初级体细胞胚胎的过程中，在固体培养基中施加不同浓度的ABA，培养10d后观察初级体细胞胚胎的再生情况。结果

发现，外源施加10nmol/L ABA对初级体细胞胚胎的再生作用不明显（图4-5B）。随着ABA浓度的升高，其对初级体细胞胚胎的抑制作用越来越明显。100nmol/L的外源ABA明显抑制了初级体细胞胚胎的产生，使产生的初级体细胞胚胎的数目与对照相比明显减少（图4-5C）。1μmol/L ABA严重抑制了初级体细胞胚胎的再生，并且外植体多表现出黄化现象（图4-5D）。随后，统计了外源施加不同浓度ABA再生的正常初级体细胞胚胎的频率（表4-1）。每次统计的块数$n=90$，重复3次试验结果。以上结果说明，外源施加ABA抑制了拟南芥初级体细胞胚胎的再生，并且随着施加ABA浓度的升高，这种抑制作用更加明显。

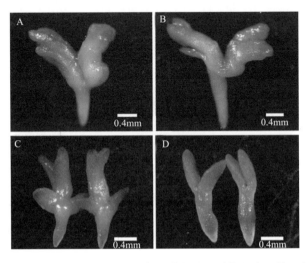

图 4-5　外源施加不同浓度的 ABA 对初级体细胞胚胎的影响（苏玉晓，2011）

A.初级体细胞胚胎；B.外源施加 10nmol/L ABA 对初级体细胞胚胎基本没有影响；

C.外源施加 100nmol/L ABA 不仅影响初级体细胞胚胎发生的频率，并且形态发生异常；

D. 1μmol/L ABA 严重抑制初级体细胞胚胎再生，且胚性愈伤组织明显黄化。

表 4-1　不同浓度的 ABA 处理对体细胞胚胎再生频率的影响（苏玉晓，2011）

ABA浓度	0	10nmol/L	100nmol/L	1μmol/L
再生正常初级体细胞胚胎频率/%	79.30	78.50	50.30	0.80
再生正常次级体细胞胚胎频率/%	75.60	73.50	42.50	32.60
每块愈伤产生次级体细胞胚胎数目（$n=90$）	44.8±7.4	41.2±3.4	17.4±2.5	4.5±3.1

在ECIM中外源施加不同浓度的ABA，后转入SEIM中再生培养8d，观察次级体细胞胚胎的再生情况(图4-6A)。我们发现，10nmol/L的低浓度ABA对次级体细胞胚胎再生的影响不明显（图4-6B）；而外源施加100nmol/L的ABA能够得到次级体细胞胚胎，但是次级体细胞胚胎的数量明显减少（图4-6C）；当外源ABA的浓度达到1μmol/L时，会基本抑制次级体细胞胚胎的产生（图4-6D）。统计结果也显示，外源施加ABA使再生的次级体细胞胚胎数目及频率明显下降（表4-1）。

图 4-6　外源施加不同浓度的 ABA 对次级体细胞胚胎的影响（苏玉晓，2011）

A.在 SEIM 上诱导 8d 的次级体细胞胚胎；B. 10nmol/L ABA 对次级体细胞胚胎的产生基本没有影响；C. 100nmol/L ABA 抑制了次级体细胞胚胎的产生，并且次级体细胞胚胎的数量明显减少；D. 1μmol/L ABA 明显抑制了体细胞胚胎的产生

　　干细胞决定基因*WUS*、胚胎特征基因*LEC1*和*LEC2*在体细胞胚胎发生中发挥着关键的作用，因此检测外源施加ABA能否引起体细胞胚胎发生过程中起重要作用的*WUS*、*LEC1*和*LEC2*的表达水平的变化是很有必要的。在ECIM中外源施加100nmol/L ABA，液体悬浮培养14d后，转移到不含生长素的SEIM中培养。以转移到SEIM培养0d（J0D）、2d（J2D）和4d（J4D）的组织为材料，qRT-PCR分析胚胎特征基因的表达水平变化（图4-7）。可以看到，对照中*WUS*的表达水平在J2D时最高，*LEC1*和*LEC2*也表现出相同的表达模式，这与之前的研究结果是一致的。外源施加ABA后，*WUS*、*LEC1*和*LEC2*在各时期与对照相比表达量都是下降的，但是下降的程度有所不同。综上说明，外源施加ABA，*WUS*、*LEC1*和*LEC2*在J0D、J2D、J4D与对照相比表达水平下降。说明，外源施加ABA抑制了次级体细胞胚胎的产生，可能是通过抑制胚胎特征基因的表达来实现的。

　　外源ABA处理抑制拟南芥初级体细胞胚胎和次级体细胞胚胎的产生，因此分析了ABA合成抑制剂氟啶酮（FLU）如何影响拟南芥体细胞胚胎的发育。在诱导初级体细胞胚胎的过程中，在固体培养基中施加不同浓度的FLU，观察初级体细胞胚胎的再生情况。结果发现，10nmol/L的外源FLU能抑制初级体细胞胚胎的发生，产生初级体细胞胚胎的数量减少，形态异常，表现为胚轴变短（图4-8B）。当浓度为100nmol/L时，初级体细胞胚胎的再生频率明显下降，并且愈伤组织多呈现黄化现象（图4-8C）。施加1μmol/L FLU不再产生初级体细胞胚胎，表现为两片子叶褐化（图4-8D）。对正常的初级体细胞胚胎的再生频率进行统计，发现外源施加10nmol/L FLU，再生频率即明显下降，仅为对照的50%，随着FLU浓度的升高，再生

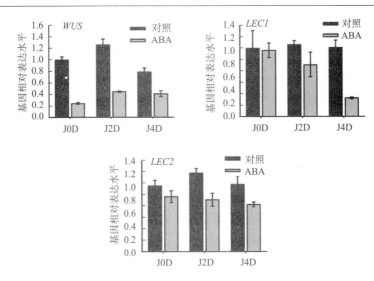

图 4-7　外源施加 ABA 后 *WUS*、*LEC1* 和 *LEC2* 的表达水平（苏玉晓，2011）

对照.无 ABA 时，在 ECIM 和 SEIM 上诱导产生的胚性愈伤组织；ABA.在 ECIM 中外源施加 100nmol/L ABA，转入 SEIM 诱导产生的胚性愈伤组织。J0D.初级体细胞胚胎转入 ECIM 诱导 14d 的胚性愈伤组织；J2D、J4D.胚性愈伤组织转入 SEIM 培养 2d、4d 产生的胚性愈伤组织

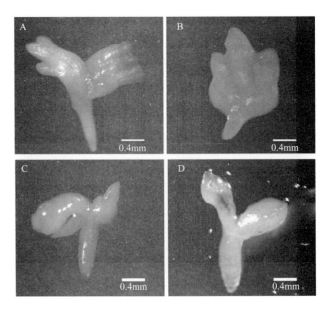

图 4-8　外源施加不同浓度的 FLU 对初级体细胞胚胎的影响（苏玉晓，2011）

A.初级体细胞胚胎；B. 10nmol/L FLU 抑制了初级体细胞胚胎的产生；C. 100nmol/L FLU 明显抑制了初级体细胞胚胎的再生，胚性愈伤组织变黄；D.外源施加 1μmol/L FLU 不再产生初级体细胞胚胎

频率逐渐下降（表4-2），说明ABA合成抑制剂FLU能够抑制初级体细胞胚胎的产生。内源ABA含量的过度减少，不能满足初级体细胞胚胎的正常形成。同样在胚性愈伤组织形成时期加入不同浓度的FLU，观察到次级体细胞胚胎的再生受到了不同程度的抑制。10nmol/L的FLU能够抑制次级体细胞胚胎的产生，表现为次级体细胞胚胎的数目减少（图4-9B）。100nmol/L的

FLU就能明显抑制体细胞胚胎的产生，一块愈伤组织仅能产生2~3枚次级体细胞胚胎，并且产生次级体细胞胚胎的形态异常（图4-9C）。继续升高浓度，1μmol/L的FLU可以完全抑制体细胞胚胎的再生，愈伤组织发生褐化现象（图4-9D）。说明FLU的浓度越高，对次级体细胞胚胎的抑制作用越明显。统计愈伤组织中产生正常的次级体细胞胚胎的比率，发现外源施加10nmol/L FLU再生次级体细胞胚胎的比率下降，每块愈伤组织中再生次级体细胞胚胎的数目与对照相比也明显下降，并且随着浓度的升高，FLU对次级体细胞胚胎的再生频率的抑制作用更明显（表4-2）。每次统计的块数 n=90，重复3次试验结果。这一结果说明，阻断ABA合成途径，降低内源ABA的水平，能够抑制次级体细胞胚胎的产生。同样，观察外源施加FLU对 *WUS*、*LEC1* 和 *LEC2* 表达水平的影响发现，外源施加10nmol/L FLU，利用qRT-PCR分析 *WUS*、*LEC1* 和 *LEC2* 的表达水平变化（图4-10）。结果表明，外源施加FLU使 *WUS*、*LEC1* 和 *LEC2* 的表达量与对照相比明显下降，说明施加FLU抑制体细胞胚胎的产生可能是通过抑制胚胎特征基因的表达来实现的。

表 4-2 不同浓度的 FLU 处理对体细胞胚胎再生频率的影响（苏玉晓，2011）

FLU浓度	0	10nmol/L	100nmol/L	1μmol/L
再生正常初级体细胞胚胎频率/%	78.40	36.80	10.90	0
再生正常次级体细胞胚胎频率/%	75.70	23.40	8.40	0
每块愈伤产生次级体细胞胚胎数目（n=90）	47.8±7.7	23.3±5.1	12.5±3.9	0

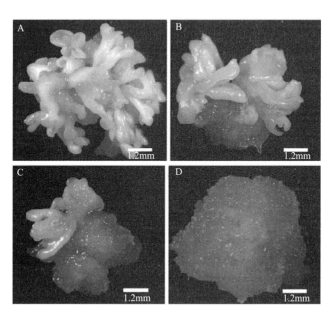

图 4-9 外源施加不同浓度的 FLU 对次级体细胞胚胎诱导的影响（苏玉晓，2011）

A.在 SEIM 培养 8d 的次级体细胞胚胎；B. 10nmol/L FLU 抑制了次级体细胞胚胎的产生；C. 100nmol/L FLU 明显抑制了次级体细胞胚胎的产生，每块愈伤组织中次级体细胞胚胎的数量明显减少；D.外源施加 1μmol/L FLU 不再产生次级体细胞胚胎，只得到褐化的愈伤组织

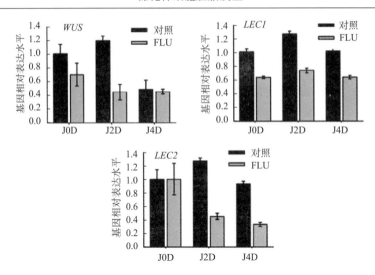

图 4-10　外源施加 FLU 观察 *WUS*、*LEC1* 和 *LEC2* 的表达水平（苏玉晓，2011）

对照.正常诱导产生的胚性愈伤组织；FLU.正常诱导产生的初级体细胞胚胎在转入 ECIM 时添加 10nmol/L 的 FLU 诱导产生的胚性愈伤组织，后转入 SEIM 培养；J0D.初级体细胞胚胎转入 ECIM 诱导 14d 的胚性愈伤组织；J2D、J4D. 胚性愈伤组织转入 SEIM 培养 2d 和 4d 产生的胚性愈伤组织

　　然而脱落酸促进体细胞胚胎发生的机制至今尚还没有定论，研究得还不是很清楚，在不同的物种有不同的推测。淀粉的积累是狼尾草属和其他一些草本植物胚性发生细胞的特征之一，Vasil 等（1982）认为脱落酸可能参与了碳水化合物的代谢。Abou-Mandour 等（1986）指出：玉米组织培养中渗透压应力对愈伤组织生长与分化的促进作用可能由脱落酸来调节。而且，脱落酸与其他生长调节剂之间的相互作用可能在决定体外分化途径中起着重要作用。大量实验表明，ABA是影响体细胞胚胎分化的关键物质，ABA能激活某些植物体细胞胚胎发生的特异基因，进而大量合成与体细胞胚胎分化相关的蛋白质，如储藏蛋白、胚胎特异性蛋白，以及与胚胎成熟有关的胚胎发生晚期丰富表达的LEA蛋白等（Misra，1993；Roberts，1990）。不同的植物对外源激素的需求不同，但总的说来，无论是对于愈伤组织的增殖，还是体细胞胚胎的分化，适宜低浓度的激素通常会起到促进作用，而过高浓度则可能会对体细胞胚胎的进一步发育产生不利的影响。总之，外源激素的最佳使用浓度与植物的种类和基因型直接相关。

　　2. 外源生长素对植物体细胞胚胎分化的影响　　体细胞胚胎诱导常用的生长素有2，4-D、IAA、NAA等，不同植物对生长素的种类需求不同，同种植物对不同外源生长素的浓度要求也不同。2，4-D是诱导大多数木本植物体细胞转变为胚性细胞的重要激素，是胚性感受态表达的重要因子，它能够改变细胞内源IAA代谢，在胚性愈伤组织诱导中起着较为重要的作用。在所有的生长素或生长素类似物中，2，4-D对体细胞胚胎发生的调节最有效。在体细胞胚胎发生成功的例子中一半以上使用了2，4-D。棉花胚性愈伤组织诱导大多数也是使用2，4-D，Pice和Smith（1979）发现在诱导棉花愈伤组织形成体细胞胚胎时，在悬浮培养基中加入2，4-D能促进悬浮培养物的生长，然后形成许多体细胞胚胎。不少研究者发现2，4-D和KT配合使用，更能促进体细胞胚胎发生。高浓度的2，4-D、BA和KT组合有利于胚性愈伤组织的诱导，但不利于后期单胚的形成，如果长时间处于高浓度2，4-D的培养基中，易造成体细胞胚胎成熟能力的丧失（贾彩凤，2004）。

3. 外源茉莉酸对植物体细胞胚胎分化的影响　　茉莉酸调控棉花体细胞胚胎的发育，培养基中添加合适浓度的茉莉酸可以促使球形胚产生许多次级体细胞胚胎，从而增加体细胞胚胎的数量。棉花体细胞胚胎在不含茉莉酸的培养基上生长时，有5%的体细胞胚胎会产生次级体细胞胚胎，但产生的次级体细胞胚胎数量较少（图4-11A）；使用低浓度的茉莉酸0.1μmol/L、0.5μmol/L和1μmol/L处理棉花体细胞球形胚，促进次级体细胞胚胎的产生，分别有18%、22%和34%的体细胞胚胎产生次级体细胞胚胎，大大提高了次级体细胞胚胎的数量（图4-11B、C和D）；而高浓度的茉莉酸（2μmol/L和10μmol/L）严重抑制体细胞胚胎发育，使体细胞胚胎褐化死亡，不利于次级体细胞胚胎产生（图4-11E、F）。通过对棉花体细胞胚胎进行石蜡切片，发现棉花次级体细胞胚胎是从体细胞胚胎的表皮细胞分化形成的（图4-11G），而且这些次级体细胞胚胎在细胞形态上与母体细胞胚胎没有差异，都能发育成完整的植株（图4-11H、I）。因此，合适浓度的茉莉酸可以诱导体细胞胚胎的表皮细胞产生次级体细胞胚胎，次级体细胞胚胎数量的增加可以提高体细胞胚胎的成熟率。

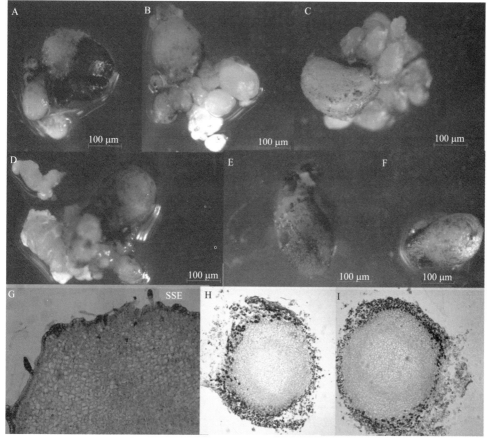

图 4-11　棉花次级体细胞胚胎的表型和细胞形态

A.正常生长条件下产生的次级体细胞胚胎；B、C、D.0.1μmol/L、0.5μmol/L、1μmol/L 茉莉酸单独处理下产生的次级体细胞胚胎；
E、F.2μmol/L、10μmol/L 茉莉酸单独处理下抑制了次级体细胞胚胎的产生；G.次级体细胞胚胎的起始状态（SSE.次级体细胞胚胎
的起始）；H.石蜡切片展示的体细胞胚胎的形态；I.石蜡切片展示的次级体细胞胚胎的形态

4. 外源赤霉素对植物体细胞胚胎分化的影响　　赤霉素（GA）在一些植物愈伤组织培养中对诱导根的形成有促进作用，对芽的发生常有抑制作用。GA在许多植物的胚状体诱导中没有效果，但对胚状体的进一步发育成熟及胚的萌发效果较好。许多实验表明内源GA_3可能对体细胞胚胎发生具有负调控，将GA_3生物合成的抑制剂如氯化氯胆碱（2-氯-乙基-三甲铵氯化物，俗称矮壮素）和丁二酸（2，2-二甲酰肼）单一地加入可以提高组织和细胞培养中体细胞胚胎发生的频率。Spiegel（1986）等向培养基中加入GA_3合成抑制剂，在一定程度上提高了柑橘组织培养体细胞胚胎形成的百分数。

许多报道已经指出ABA和GA在合子胚发育过程中的拮抗作用可调控合子胚的发育和成熟，而体细胞胚胎和合子胚发育高度相似，因此我们研究了GA对棉花体细胞胚胎发育的影响。研究选择了5个GA浓度梯度（0.28μmol/L、1.4μmol/L、2.8μmol/L、14μmol/L、28μmol/L）处理棉花球形胚。在GA处理10d后，和对照（0μmol/L）相比，不同浓度的GA都抑制了棉花体细胞胚胎的发育，造成90%以上的体细胞胚胎无规则生长和膨大，呈现出体积大、浅绿色的畸形态，畸形胚的数量显著增加（图4-12B）。然后选择4个浓度梯度（0.01μmol/L、0.03μmol/L、0.1μmol/L、0.33μmol/L）赤霉素抑制剂多效唑处理体细胞胚胎，结果发现不同浓度的多效唑处理后都不同程度地促进了体细胞胚胎和胚性愈伤的产生（图4-12C、D）。通过石蜡切片分析，发现GA处理后造成了体细胞胚胎表皮细胞的迅速生长和增大，造成了体细胞胚胎的膨大和畸形（图4-12E、F），而未处理的体细胞胚胎表皮细胞大小差异不大（图4-12G、H）。总的来讲，外施GA处理体细胞胚胎，增加了体细胞胚胎的畸形率，不利于体细胞胚胎发育。而GA抑制剂多效唑有利于体细胞胚胎发育，与对照相比，产生了更多的胚性愈伤组织和体细胞胚胎。这些结果表明赤霉素对棉花体细胞胚胎的发育起负调控作用，这与已有的蛋白质数据结果相吻合（赤霉素受体GID随着体细胞胚胎的发育表达丰度降低）。

5. 外源乙烯和多胺在植物体细胞胚胎发生中的作用　　低水平乙烯有利于胚性能力的启动或表达，高水平乙烯抑制体胚发生。高水平多胺促进体胚发生，与乙烯相互制约。乙烯在胚性细胞和非胚性细胞中的含量和合成速率有明显差异，体胚发生的胚性细胞中乙烯的合成速率比非胚性细胞中低，高度分化胚性细胞和组织中的乙烯含量比非胚性细胞和组织及低再生能力的组织中的低。多胺类（PAs）包括精胺、亚精胺、腐胺、尸胺和二氨基丙烷等，是普遍存在于植物界的一类小分子脂肪族化合物，可与带负电荷的核酸、酶、蛋白质及细胞功能团结合，参与 DNA、RNA和蛋白质代谢的调节，经证实，PAs 在植物的体细胞胚胎发育过程中起重要的调控功能。在植物体细胞胚胎发生初期（多细胞原胚时期）及成熟阶段（球形胚、心形胚、鱼雷形胚及子叶形胚时期），各种内源 PAs 含量均发生不同程度的变化。

（三）体细胞胚胎发生过程中各种物质的生理变化

高等植物体细胞胚胎发生过程中，包括愈伤和胚性愈伤、球形胚、鱼雷形胚和子叶形胚的各个阶段，不仅在组织细胞结构上存在巨大改变，而且在生理生化方面也发生了显著的变化，主要包括蛋白质、糖类、淀粉、核酸、游离氨基酸、多胺及脂肪酸等物质含量的变化。胚性细胞中的核酸代谢旺盛；酶的种类和活性都与非胚性细胞有差异，体细胞胚胎发生过程中同工酶的酶谱是动态变化的，因此同工酶可作为体细胞胚胎发生的标志；在体细胞胚胎发生过程中，蛋白质的含量及组分存在着动态变化；脂肪在体细胞胚胎与非胚性愈伤组织中具有不同的代谢途径，发挥不同的功能；糖类是体细胞胚胎发生不可缺少的物质，不仅为体细

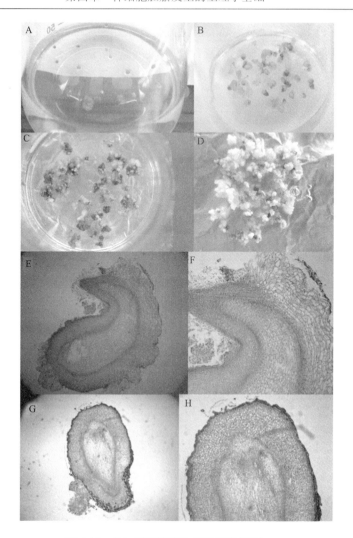

图 4-12 GA 抑制棉花体细胞胚胎发育

A.处理前的棉花体细胞胚胎；B.GA 处理后的体细胞胚胎；C、D.多效唑处理后的体细胞胚胎和胚性愈伤组织；E、F.GA 处理后的体细胞胚胎的石蜡切片；G、H.正常的鱼雷形胚的石蜡切片

胞胚胎发生提供能量，同时也与渗透压密切相关；体细胞胚胎发生过程中多胺代谢活跃，多胺的代谢是动态变化的。

在植物体细胞胚胎发生过程中，在体细胞胚胎发生和成熟阶段，培养基中的ABA能促进体细胞胚胎中营养物质含量的增加，满足其发育和成熟的需要。据报道，ABA可能参与了碳水化合物的代谢，在体细胞胚胎发育过程中促进蛋白质、淀粉及脂肪等物质的合成（Vasil，1982）。Beardmore与Charest（1995）在研究黑云杉体细胞胚胎蛋白质的合成情况时也发现，ABA的加入可导致其成熟胚内胚性蛋白的增加，并分离出7个储藏蛋白。Cailloux等（1996）在三叶胶（*Hevia brasiliensis*）体细胞胚胎发生过程中发现其鱼雷形胚中三酸甘油酯的含量明显提高。也有研究表明，在针叶树体细胞胚胎分化过程中，储藏蛋白和晚期胚胎中后期的丰富蛋白（late embryogenesis abundant protein，LEA）大量合成，胚胎发生的特异性蛋白、脂类和碳水化合物也大量积累（Dong，1997）。

　　齐力旺等（2001）对落叶松不同类型的胚性愈伤组织和非胚性愈伤组织的生理生化差异进行了研究，发现质地硬的非胚性愈伤组织中游离氨基酸含量为胚性愈伤组织的2倍以上。经ABA处理后，胚性愈伤组织中多糖及邻苯二酚的含量急剧升高；胚性愈伤组织中精胺的含量要低于非胚性愈伤组织，精氨酸为多胺合成的前体，而多胺能够促进体细胞胚胎的发生，落叶松非胚性愈伤组织中精氨酸含量高，可能与多胺的合成及体细胞胚胎发生关系密切。落叶松胚性愈伤组织经ABA及PEG诱导后，表面形成球状的原胚，这一时期淀粉含量也急剧上升。淀粉、脂类和蛋白质等营养物质的积累为体细胞胚胎的形成和发育提供了必要条件。

　　1. DNA和RNA代谢的动态变化　　体细胞胚胎的发生发育与RNA、DNA的合成动态密切相关。胚性愈伤组织的RNA合成速率明显高于非胚性愈伤组织。虽然植物中DNA的代谢相对较稳定，但在胚性细胞中DNA合成量高于非胚性细胞系。利用放射性同位素技术检测，结果表明，胚性愈伤组织的RNA合成速度迅速增加，而且在体细胞胚胎发育过程中一直保持较高的水平。可见胚性愈伤组织的RNA合成速度明显高于非胚性愈伤组织。

　　1）DNA代谢动态　　细胞分化与发育的本质是基因表达调控的结果，作为遗传信息传递者的DNA，在体细胞胚胎发生的过程中也会存在某些动态变化。王亚馥等（1991）对红豆草体细胞胚胎发生过程中的DNA代谢动态研究表明，当从愈伤组织转入胚发生培养基后，最初只有少量的薄壁细胞显示出标记信号，接着标记的细胞数和标记信号量增加，表明DNA的合成速率在升高，胚性细胞处于活跃的DNA复制中，到球形胚时DNA的合成速率达到最大值。对细胞检测发现，具有标记信号的细胞都是核大圆形的胚性细胞和胚性细胞团，而位于其周围的细胞则无标记信号。崔凯荣等（1997）对小麦体细胞胚胎发生过程中DNA代谢动态的研究结果与红豆草的研究结果完全一致。此外，研究中还发现，若加入核酸合成抑制剂，不但能够抑制DNA的合成速率，还能够抑制胚性愈伤组织的增殖，且加入时间越早，抑制效果越明显。表明细胞分化与发育时需要一定的物质储备，而DNA的合成为细胞分裂奠定了物质基础，同时也为细胞分化、增殖、发育提供了物质基础，还决定了体细胞胚胎的形态学极性。

　　2）RNA代谢动态　　在小麦体细胞胚胎发生过程中，体细胞一旦转化为胚性细胞后，原体细胞中的大液泡消失，取而代之的是大量小液泡，同时核大，核仁明显，且具多核仁，还具有核仁液泡，有的核仁液泡边移与核质相通，变化十分活跃（王亚馥，1994）。由此推测，胚性细胞中必然有大量核糖体RNA的合成，并进一步形成核糖体。而核糖体又为胚性细胞中基因转录产物mRNA进行翻译提供场所，从而为胚性细胞的发生与发育奠定了分子基础（崔凯荣，2000）。崔凯荣等对小麦体细胞胚胎发生过程中RNA合成速率的研究结果表明，当愈伤组织转入胚性培养的0~4d，RNA含量逐渐升高，在第4天时RNA含量达到峰值。若加入RNA合成抑制剂放线菌素D（AMD），RNA的合成受到抑制，但加入时间不同，抑制作用表现不一样，在小麦愈伤组织转入胚性培养的第2天加入AMD，培养基上则看不到体细胞胚胎的发生；若在第8天加入AMD，则体细胞胚胎的发生频率很低，并且能看见少量的畸形胚。由此可知，RNA的合成不仅是胚性细胞发生的分子基础，也是体细胞胚胎正常发育的重要条件。白云杉体细胞胚胎发生过程中有丰富的mRNA表达，并分离出了28个cDNA克隆，它们分别编码不同的蛋白质（Dong，1996）。张雷等从胡萝卜体细胞胚胎cDNA文库中分离到了7个与体细胞胚根发育相关的基因。这些研究都表明，在体细胞胚胎发生过程中，具有RNA合成速率很高的特点，且种类繁多的mRNA翻译为不同蛋白质，在胚性细胞的分裂、胚体的发育中发挥作用。

　　Sengupta等（1980）用胡萝卜体细胞悬浮培养体系研究发现与体细胞胚胎发生有关的蛋白质，用双标记法测量胡萝卜悬浮液细胞中蛋白质和RNA合成情况，所得到的体细胞胚胎形成的细胞中蛋白质和RNA合成速率均高于无体细胞胚胎发生的细胞。RNA合成开始于移去2，4-D后2~4h，2d后细胞分裂加快，总RNA和蛋白质含量增加，而RNA更新速度加快。他们进一步研究证明在不含2，4-D的培养基中，Poly（A）$^+$mRNA的合成速度增加，明显高于非胚性细胞团。刘良式等（1987）应用cDNA分子克隆技术通过筛选得到了"特异"的胡萝卜体细胞胚胎Poly（A）$^+$mRNA的cDNA克隆，并用它做探针研究胡萝卜体细胞胚胎发生过程的基因表达。他们发现培养物细胞转移到胚性培养基上4h后，胚"特异性"的Poly（A）$^+$mRNA就开始表达，24~72h一直保持高水平，然后降低。而在非胚性愈伤组织中则显示极低水平的表达。说明这种Poly（A）$^+$mRNA的表达具有组织"特异性"和时间"特异性"。

　　2. 蛋白质代谢的动态变化　　在植物体胚发生过程中有特异蛋白质的形成，这些胚性蛋白既可作为调控因子，又可作为结构蛋白、储藏蛋白和酶蛋白而起作用。蛋白质是细胞中的重要组成物质，而可溶性蛋白又是蛋白质的重要组分，其含量的变化能够反映细胞的生理生化活动，在细胞生命活动中起着重要的作用。Sung等（1983）发现在胡萝卜非胚性愈伤组织中有两种愈伤组织特异蛋白质，在体细胞胚胎中有两种胚胎特异蛋白质。胚胎特异蛋白质可能与胚性细胞的分裂有关。体细胞胚胎发生的实质是受基因调控的，是基因按顺序表达的结果。因此，在胚性细胞分化和发育过程中必然有蛋白质含量的变化和特异蛋白质的出现和消失。Kamada等（1981）在胡萝卜的研究中发现，氨基酸总量的增加和丙氨酸含量的升高是体胚发生的标志，因为氨基酸是活跃蛋白质合成的氮源，氮代谢变化的结果是诱导愈伤组织生长状态变化的生化基础。在水稻胚性愈伤组织中，水溶性和盐溶性蛋白质含量远远高于非胚性愈伤组织，即使胚性愈伤组织继代10次后，这2种蛋白质的含量会有所下降，但是仍然高于非胚性愈伤组织（崔凯荣，2000）。若以鲜重为基础，石刁柏胚性愈伤组织中的可溶性蛋白质含量低于体细胞胚胎（王晓哲，1995）。挪威云杉的成熟体胚中，除根冠以外均分布有大小不等的蛋白储存泡，并且蛋白储存泡边缘具有强电子密度蛋白质的积累（Gorbatenko，2001）。小麦的胚性愈伤组织形成后到球形胚一直保持较高的蛋白质水平，而且蛋白质的合成速率明显高于非胚性愈伤组织（崔凯荣，1997）。对其超微结构的观察发现，胚性细胞核大，核仁明显且具有2个以上，细胞中核糖体丰富，以多聚核糖体的形式存在（王亚馥，1994）。以上研究结果表明，在体细胞胚胎发生过程中，蛋白质的合成非常活跃，并且在胚性细胞的早期就有大量RNA和蛋白质的合成，它们为体胚发生提供了物质基础。同时，在体胚发生过程中，不仅有蛋白质含量的变化，而且有特异的胚性蛋白质形成，这些胚性蛋白质可作为调控因子，还能够起到结构蛋白、储藏蛋白和酶蛋白的作用（崔凯荣，2000）。

　　蛋白质是细胞的重要组成物质，在细胞生命活动中发挥重要作用。在植物体细胞胚胎分化过程中，蛋白质和核酸代谢均处于十分活跃的状态，并呈现规律性变化，首先是RNA合成速率增加，继而是蛋白质的迅速合成，并在胚性细胞分化和发育过程中始终保持相对较高的水平。Blanco等（1999）发现胚性愈伤组织中的可溶性蛋白质含量大大高于非胚性愈伤组织，表明可溶性蛋白质在胚性细胞的起始分化和发育中可能起到重要作用。Lippert等（2005）发现白云杉体细胞胚胎成熟后期蛋白质含量急剧增加，大约是前3个时期的5倍，其中可溶性蛋白质豌豆球蛋白在成熟胚中的含量是早期胚中的94.4倍。结果表明，落叶松体细胞胚胎发生需要大量可溶性蛋白质的合成，Y35胚性愈伤组织接种至体细胞胚胎诱导培养基上后，可溶性蛋白质含量明显增加，在诱导1~7d时即PEMⅢ开始向早期单胚发育至中期单胚形成的早期，可溶性蛋白质含量增加迅速，当中期单胚向子叶形胚发育时，可溶性蛋白质含量增加幅度趋于平缓，但始终保持在较高的水平，随着子叶形胚发育完全及不断成熟，可溶性蛋白质含量又开始迅速升高，这种变化趋势与胚状体细胞的发育、分化和分裂增殖有关。在PEMⅢ向早期单胚过渡时期，胚头部分开始发育，而早期单胚形成后即开始向中期单胚发育，此时发育中的胚头细胞数量和体积均开始迅速增大，体细胞胚胎主要进行细胞的增殖和纵向延伸，因此该过程中可溶性蛋白质的含量较原胚团阶段迅速增加，进入第一次合成高峰期，可溶性蛋白质含量的快速增加可能与胚头细胞的发育和分裂增殖有关；当进入中期单胚向子叶形胚发育的时期，体细胞胚胎的体积及细胞数量增幅减小，而且以胚头部分细胞分化为主，此阶段是胚根、胚芽分生组织区形成及子叶分化的关键时期，细胞代谢活跃，因此，可溶性蛋白质含量的增幅不大，净含量增加速度趋于平缓，但仍然维持在较高水平；当子叶形胚成熟，并进入成熟后期，可溶性蛋白质的含量又开始迅速增加，进入第二次合成高峰期，为以后的萌发储备充足的能量。可溶性蛋白质的活跃合成为胚性细胞的分裂分化和体细胞胚胎成熟后的萌发奠定了物质基础。

　　Fujimura和Maouda（1984）以此体系研究得到了类似的结果，即在两种愈伤组织中蛋白质和RNA含量几乎一直上升。在胚性培养基中，开始时蛋白质/DNA和RNA/DNA上升。但后来由于DNA的快速合成使得比例下降，然而胚性培养中RNA/DNA仍高于非胚性培养。而rDNA在两种培养基中含量稳定，无多大差别。在胚性培养中蛋白质、RNA和DNA合成均比非胚性培养合成活跃。Fujimura等（1984）在另一个实验中观察到胡萝卜单细胞向胚性细胞团转变过程中DNA和RNA合成的极性化集中区域。原位分子杂交证明，在单细胞第二次分裂后，Poly（A）$^+$mRNA合成就在细胞团一定区域进行。在单细胞培养期间，在细胞团和细胞团向胚胎的转变过程中，Poly（A）$^+$mRNA合成的极性化区域的出现是相互关联的。当胚性细胞团在胚胎形成受阻时，这种极性化就出现了，说明极性化可能在体细胞胚胎发生早期起关键作用。

　　然而，这并不等于说极性化在胚胎形成的其他各阶段是无关紧要的。Cyr等发现胡萝卜体细胞胚胎发生过程中细胞外围微管数目增多，尤其是球形胚阶段向后发育，微管蛋白含量上升5倍，说明在体细胞胚胎发生发育过程中极性化一直保持。根据以上实验可以看出，在胡萝卜体细胞胚胎发生早期，蛋白质、RNA、DNA及Poly（A）$^+$mRNA等大分子有极性的区域化快速合成是必需的。胚胎发生的生化变化程序：首先是RNA合成被激活，至少其中有部分是在染色质控制下合成的，RNA转换活跃。此后，蛋白质合成和更新加快，DNA合成加速而导致了活跃的细胞分裂和球形胚的形成。

　　对胚性细胞系Y35体细胞胚胎发生过程中不同阶段培养物中的可溶性蛋白质含量进行测定，结果可以看出，随着胚性细胞的生长、分裂、分化和发育，可溶性蛋白质含量也发生了一定的变化。在继代培养阶段，胚性愈伤组织中可溶性蛋白质含量为1.675mg/g FW，当胚性愈伤组织接种到体细胞胚胎诱导培养基中后，随着 PEMⅢ的发育可溶性蛋白质含量呈现出上升的趋势。接种1d时，可溶性蛋白质的含量为2.503mg/g FW，接种5d时为4.020mg/g FW，接种7d时升至5.227mg/g FW，接种14d、21d和28d时的可溶性蛋白质含量与接种7d时相差不多，基本呈现与之持平的趋势，分别为5.234mg/g FW、5.328mg/g FW、5.475mg/g FW，随后又开始迅速上升，接种35d时升至7.692mg/g FW，至接种42d时高达10.782mg/g FW。Y35体细胞胚胎发生过程中可溶性蛋白质含量的变化反映了体细胞胚胎发生不同发育时期的生理生化和代谢特异性，因此，可以推测这种差异与体细胞胚胎发生不同时期的生理状态具有密切关系。

对棉花体细胞胚胎进行了蛋白质组分析，发现体细胞胚胎发育过程中蛋白质的合成和代谢也存在动态的变化。除了核糖体蛋白S1，剩余的其他10个差异表达的核糖体蛋白在子叶胚中表达显著下调，暗示子叶形胚中蛋白质的合成降低。的确，同等重量的子叶形胚中的蛋白质含量显著低于球形胚中的含量，也证实了子叶形胚中蛋白质合成在降低。子叶形胚中翻译起始因子TIF3和TIF2α亚基表达量下调，暗示核糖体组装过程中蛋白质翻译起始速率降低（Sonenberg，2003）。蛋白质合成速率降低暗示消耗的能量减少，有利于能量的储存；两个蛋白质降解相关的蛋白质（26S蛋白酶体的组成蛋白和泛素融合降解蛋白2）的表达水平随着体细胞胚胎的发育逐渐降低，暗示子叶形胚中蛋白质降解速率降低，有利于储存营养物质，有利于体细胞胚胎的萌发和再生苗的产生。除此之外，3个种子储藏蛋白豌豆球蛋白A和B、2S球蛋白在子叶形胚中的表达水平上调，这与上面的假设相吻合。两个有利于蛋白质折叠和组装的蛋白质表达水平在子叶形胚中上调，暗示这些蛋白质可能通过促进器官的形成促进体细胞胚胎的生长。

3. 特异性蛋白的动态变化 Sung等研究发现在胡萝卜体细胞胚胎发生的前期就有"特异性"的愈伤组织蛋白C1、C2的消失和"特异性"的胚性蛋白E1、E2的出现，E1、E2的分子质量分别是77kDa和13kDa，并认为这两种蛋白质参与胚的发育过程（可能与胚性细胞的分裂有关），而且发现胡萝卜的种子中也有E1和E2。进而Choi等以λgt1做载体，应用抗体吸附和抗原决定部位筛选技术得到了与胡萝卜体细胞胚胎发生有关的Poly（A）$^+$mRNA的cDNA克隆和胚性蛋白的单一专一性抗体，并用于检测体细胞胚胎发生过程中胚性Poly（A）$^+$mRNA和胚性蛋白的水平。他们发现胡萝卜、木薯、桃树和玉米的体细胞胚胎及禾本科植物的合子胚，都含有50kDa的蛋白质与该单一专一性抗体反应。甚至在由木薯体细胞胚胎"萌发"的未成熟叶中也有这种50kDa的蛋白质，说明这种组织的外植体具有较强的胚性发生能力，它在培养的几天之内即有体细胞胚胎的形成，然而在木薯的成熟叶中不含这种50kDa的蛋白质，在培养过程中也不易形成体细胞胚胎。他们认为这种50kDa蛋白质的表达无论是在单子叶植物还是在双子叶植物中都与胚性发生能力有关。

类似的结果在豌豆体细胞胚胎发生过程中得到证明。Stim等分析了在相同培养基上生长的两种愈伤组织，在胚性愈伤组织中发现了两种标志蛋白，即Mr_1=70kDa，pI_1=4.5；Mr_2=45kDa，pI_2=7.0~7.1，其分子质量与等电点与在胡萝卜中发现的特异性胚性蛋白极为相似，而非胚性愈伤组织中没有这两种蛋白质。这间接说明了这两种蛋白质在胚胎形成之前就产生了，并与胚性结构的形成有关。

Allen等在罂粟的体细胞胚胎发生过程中也曾发现特异基因产物合成的增加。Biesboer等在块茎马力筋体细胞胚胎发生过程中发现一种分子质量为61kDa的主要蛋白质和几种较少量的蛋白质特异地合成，一直保持到胚的成熟。Shoemaker在棉花体细胞胚胎发生过程中发现了合子胚中特有的储存蛋白，它的合成起始于早球形胚，球形胚期合成最活跃，这说明体细胞胚胎和合子胚发生发育的一致性。

另外，Slay在比较胡萝卜非分化的细胞和体细胞胚胎形成细胞膜系统的蛋白质时，发现两者细胞的内质网、高尔基体和质膜的蛋白质组成有很特异的区别。非分化细胞的质膜富含一种分子质量为45kDa的糖蛋白，另一种分子质量则为72kDa，而体细胞胚胎形成细胞的质膜则专一性显示含有54kDa、41kDa、16kDa和15kDa的几种蛋白质。

4. 多糖类含量的变化　　多糖类物质在体细胞胚胎发生过程中的作用主要是提供能量和参与形态建成。处于不同发育阶段的体细胞胚胎中淀粉粒和糊粉粒的含量及分布随形态结构不同而变化。胡萝卜在球形胚形成过程中，胚体顶部内层细胞含有大量的淀粉粒和糊粉粒，胚柄细胞内含有大量多糖，胚柄附近细胞内含有大量的淀粉粒，表明胚柄在胚胎营养中起一定作用。至球形胚形成时，近顶部内层细胞逐渐累积大量的糊粉粒，而淀粉粒很少，在胚体表皮细胞及基部细胞内则富含淀粉粒，无糊粉粒；至球形胚后期，近顶部内层细胞富含糊粉粒，无淀粉粒，而表皮细胞和基部细胞内富含淀粉粒，也含有少量糊粉粒，此期为糊粉粒累积高峰期；在胡萝卜体胚发生过程中，有两次多糖累积高峰，表现为淀粉粒增加。第一次是在胚性愈伤组织形成初期，一方面为胚胎发育提供能量，另一方面转化为糊粉粒。第二次是在球形胚后期，为胚体的进一步发育和成熟胚萌发、植株再生准备能量。这两个过程均属于高能耗过程。糊粉粒的累积也有两次高峰，第一次在胚性愈伤组织形成后期，第二次在球形胚期（周燕，2004）。

可溶性糖是重要的能源物质，为植物的生长发育提供能量。对杂种落叶松胚性细胞系Y35体细胞胚胎发生过程中各个时期样品的可溶性糖含量进行测定可以看出：在Y35体细胞胚胎发生过程中，可溶性糖呈现出升—降—升的变化趋势。胚性愈伤组织中可溶性糖含量为6.662mg/g FW，将其接种至体细胞胚胎诱导培养基中后，可溶性糖含量开始上升，接种1d时为6.860mg/g FW，5d时为7.568mg/g FW，7d时为8.999mg/g FW，至接种14d中期单胚发育形成后达9.869mg/g FW，然后开始下降，21d时为8.842mg/g FW，至接种28d早期子叶形胚形成时降至7.640mg/g FW，随着子叶形胚的成熟，可溶性糖的含量又开始持续上升，35d时升至8.888mg/g FW，至接种42d时最高，达到10.543mg/g FW。在Y35体细胞胚胎发育的几个关键时期，可溶性糖的含量呈现出了规律性的变化，由此可以推测可溶性糖的变化可能与胚胎发生能力密切相关，而且这种变化也是落叶松体细胞胚胎不同发育时期的生理活动的反映。

在棉花体细胞胚胎发育过程中有许多差异表达的蛋白质与糖代谢密切相关，如蔗糖合酶、β-葡聚糖酶、β-葡聚糖合成酶、乙醛酸循环过程中的异柠檬酸裂解酶和苹果酸合酶。上述这些蛋白质参与了糖的储藏，有利于为子叶形胚的发育提供能量。总的来讲，棉花体细胞胚胎发育过程中降低的能量消耗和增加的光合作用潜力有利于体细胞胚胎的生长和发育。

5. 淀粉含量的变化　　淀粉含量的变化对于落叶松体细胞胚胎的发生和发育也很关键，对体胚发生各时期样品淀粉含量进行测定，可以看出：在落叶松体细胞胚胎发生过程中，淀粉含量与可溶性糖含量的变化趋势基本相同，呈现出升—降—升的趋势。在胚性愈伤组织中，淀粉含量为5.566mg/g FW，将其接种至体细胞胚胎诱导培养基中淀粉含量开始上升，接种1d时为5.846mg/g FW，之后上升速度开始加快，接种5d时为6.769mg/g FW，7d时为7.985mg/g FW，接种14d时升至9.679mg/g FW，然后开始下降，接种21d和28d时分别为8.762mg/g FW和7.653mg/g FW，随后又开始快速上升，35d时为12.860mg/g FW，42d时升至14.970mg/g FW。淀粉含量在 PEMⅢ向中期单胚发育过程中及子叶形胚成熟期上升，而在中期单胚向早期子叶形胚发育过程中降低，反映了落叶松体细胞胚胎发生不同发育时期的细胞分化和物质代谢活动。在PEMⅢ向中期单胚发育过程中，淀粉含量升高可能与胚头部分胚性细胞活跃的分化有关，而在中期单胚向子叶形胚发育过程中降低可能是因为子叶形胚的发育需要消耗大量的能量，到了子叶形胚成熟期淀粉再一次大量积累则是为体细胞胚胎萌发作准备。

6. 多胺代谢的变化　　　多胺是生物体在代谢过程中产生的具有生物活性的低分子质量脂肪族含氮碱，它对植物生长与分化的作用最近才引起人们的重视。有研究表明它与细胞的分裂有关，细胞分裂最旺盛的地方，多胺的生物合成也最活跃。关于其作用机制，早先曾有人认为它是一种新的植物激素，现在越来越多的人认为它可能是作为植物激素的媒介而起作用。多胺可以降低cAMP水平和激发核蛋白激酶的活性，使非组蛋白的核蛋白磷酸化，因此多胺有些类似于Ca^{2+}-CaM（钙-钙调素），通过cAMP而作为第二信使调节植物的生长和发育。

Montague等（1978）研究胡萝卜体细胞胚胎发生过程时，发现胚性发生和非胚性发生过程多胺代谢有很大不同。胚性愈伤组织中丁二胺、亚精胺含量比非胚性中含量高，丁二胺的合成速度也比非胚性中高2倍左右。进一步研究发现，悬浮细胞转移到胚性培养基上24h之后，存在于细胞溶质中多胺合成的关键酶——精氨酸脱羧酶（ADC）活性升高。应用RNA合成抑制剂6-甲基嘌呤也使得ADC活性大大降低，因此认为在胚性细胞中RNA合成对ADC活性提高是必需的，在这个系统中至少ADC活性的部分调节是停止在转录水平的。Feirer等（1984）则认为细胞内较高的多胺水平和ADC活性与组织培养中胚胎发生密切相关。有人认为凡是降低和影响多胺合成的处理都可降低或阻止胚胎发生。宋仁美证明外源多胺的加入可以提高体细胞胚胎发生的频率，合适浓度的多胺对胚胎发生很重要，多胺水平的下降抑制了胚胎的发生，并指出多胺浓度可能是联系激素与胚胎发生的中间桥梁，但多胺只在那些其代谢发生改变了的细胞中表现出对胚胎发生的促进，而具有正常多胺水平，但其代谢并不改变的胚胎发生突变体，并不能为多胺所"拯救"。在体细胞胚胎发生开始时，腐胺（Put）水平比对照组高2倍，亚精胺（Spd）也有升高，但精胺（Spm）水平降低，腐胺合成的重要酶精氨酸脱羧酶活性也提高2倍，精氨酸脱羧酶和S-腺苷甲硫酸脱羧酶的活性升高，可被生长素抑制，这说明多胺增加是体细胞胚胎发生不可缺少的分子基础，其作用是参与转录和翻译调节。

棉花体细胞胚胎发生过程中，多胺及其代谢产物H_2O_2也发挥着重要的作用（Cheng et al., 2015）。和非胚性愈伤相比，胚性愈伤中腐胺含量显著降低，亚精胺含量显著增加，精胺含量没有变化（图4-13A~C）。而从胚性愈伤到早期体细胞胚胎形成过程中，腐胺、亚精胺和精胺的含量分别增加了4.2倍、3.1倍和8.1倍，多胺总量增加了3.6倍（图4-13A~D）。在体细胞胚胎发育过程中，腐胺、亚精胺和精胺的含量也很高，但再生苗中的腐胺和亚精胺含量显著降低，精胺的含量显著增加（图4-13A~C）。与腐胺和亚精胺相比，精胺只在再生苗中的含量较高，而在愈伤组织、胚性愈伤组织和体细胞胚胎等阶段的含量都较低。外源施加腐胺、亚精胺和精胺后显著增加了内源腐胺、亚精胺和精胺的水平，外源施加多胺合成抑制剂D-Arg显著降低了胚性愈伤组织中内源腐胺、亚精胺和精胺的水平。

精氨酸脱羧酶GhADC催化腐胺合成的第一步反应，S-腺苷甲硫氨酸脱羧酶（SAMDC）将dcSAM逆转换成亚精胺。*SPDS*和*SPMS*基因控制腐胺转换成亚精胺和精胺，分析*GhADCs*、*SAMDCs*、*SPDS*和*SPMS*基因在体细胞胚胎发生各个阶段的表达水平。用*GhUBI*作为内参基因，计算*GhSAMDC1/2/3/4*、*GhADC1/2/3*、*GhSPDS*和*GhSPMS*的相对表达水平。发现*GhADC1*和*GhADC2*是棉花愈伤中合成多胺的主效基因，在胚性愈伤组织和早期体细胞胚胎形成阶段表达水平最高，单个*GhADC*基因的表达水平与腐胺的含量没有密切的相关性，而是多个*GhADC*基因共

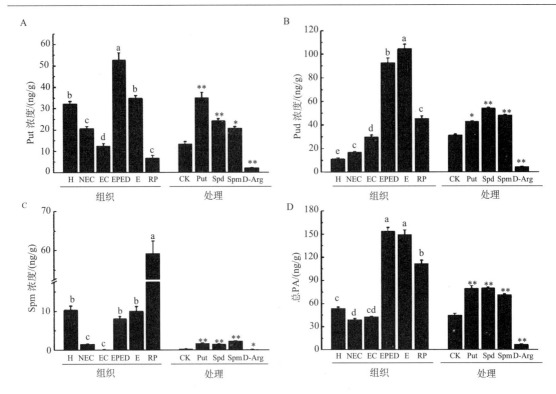

图 4-13　'新陆早 33'体胚发生过程中不同阶段的多胺浓度及不同处理对多胺浓度的影响（Cheng et al.,
2015）

A.腐胺浓度；B.亚精胺浓度；C.精胺浓度；D.多胺总量。X 轴组织：H.下胚轴；NEC.非胚性愈伤；EC.胚性愈伤；EPED.胚分化早期阶段；E.体细胞胚胎；RP.再生苗。后同。统计分析以 a 为对照，b 相对 a 差异显著；c 相对 b 差异显著；d 相对 c 差异显著；e 相对 d 差异显著。X 轴处理：CK.对照；D-Arg.D-精氨酸盐处理；Put.腐胺处理；Spd.亚精胺处理；Spm.精胺处理。相对于对照，
*示差异显著；**示差异极显著

同调控腐胺的含量（图4-14A~C）。*GhSAMDC1*在胚性愈伤中的表达水平最高，而*GhSAMDC2*、*GhSAMDC3*和*GhSAMDC4*在再生苗中的表达水平最高（图4-14D~G）。*SPDS*和*SPMS*分别在体细胞胚胎和胚性愈伤中的表达水平最高（图4-14H、I）。虽然亚精胺在体细胞形成的早期阶段和体细胞胚胎阶段的含量较高，但是*GhSAMDC*基因在这两个阶段的表达水平相对较低，暗示亚精胺的含量主要由亚精胺合酶决定，而不是S-腺苷甲硫氨酸脱羧酶。

外源多胺促进胚性愈伤转变成体细胞胚胎。在诱导体细胞胚胎产生的培养基上添加多胺合成抑制剂D-精胺氨酸（D-Arg）、腐胺、亚精胺或精胺，培养4周后，分析它们对体细胞胚胎产生的影响。没有被多胺或其抑制剂处理的胚性愈伤组织产生的体细胞胚胎较少，分化成胚的能力较弱（图4-15A、B），D-Arg显著抑制胚性愈伤的生长（图4-15C），而外源多胺促进愈伤生长（图4-15D~F）。与对照相比，D-Arg显著抑制鲜重、总体细胞胚胎数量和子叶形胚数量，但增加了单位鲜重里子叶形胚的数量和比例（图4-15K、L），其可能的原因是D-Arg处理后增加了胚的成活率。和对照相比，3种不同的多胺处理都显著增加了体细胞胚胎的总数、子叶形胚的数量、单位鲜重里子叶形胚的数量和子叶形胚的比例（图4-15H~L）。另外，腐胺处理也显著增加了鲜重、单位鲜重里体细胞胚胎的总数（图4-15G、J）。

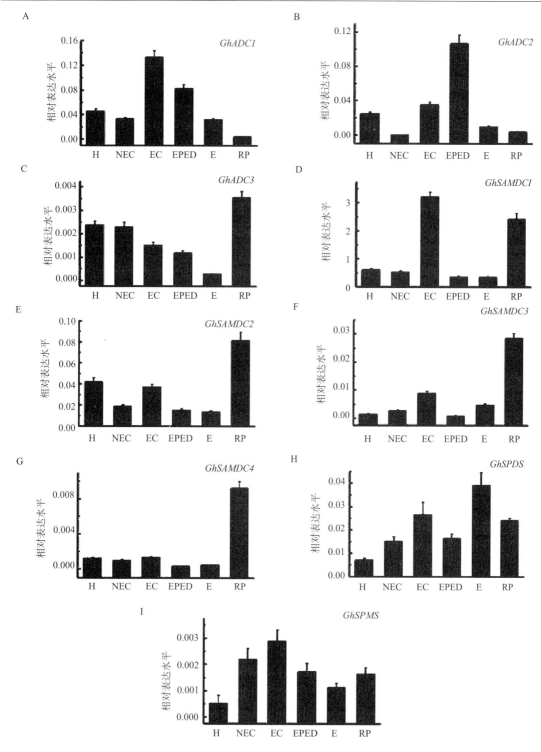

图 4-14　'新陆早 33' 体胚发生过程中编码 *SAMDC*、*ADC*、*SPDS* 和 *SPMS* 基因表达水平分析（Cheng et al.，2015）

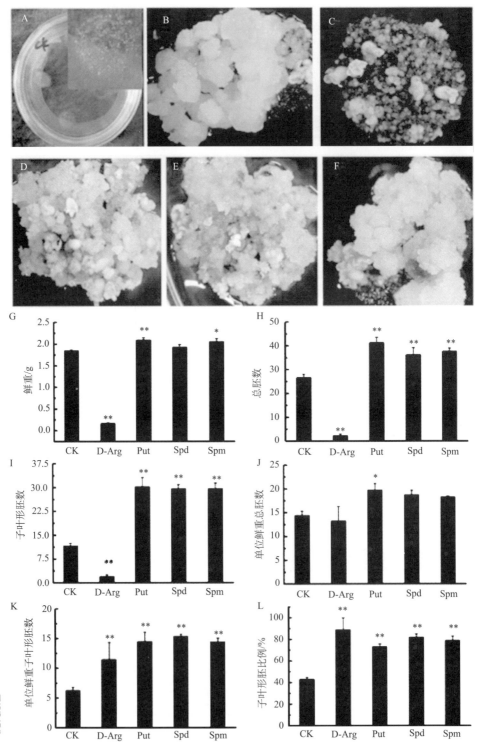

图4-15　外源多胺和D-精氨酸盐处理影响'新陆早33'胚性愈伤转变成体细胞胚胎（Cheng et al.，2015）

A.50目的筛子筛选过的胚性愈伤的起始状态；B~F.在体细胞胚胎诱导培养基培养30d后的胚性愈伤的状态；B.未处理的对照；C、D.精氨酸盐处理；D.腐胺处理；E.亚精胺处理；F.精胺处理；G~L.不同处理的统计分析；G.鲜重；H.体胚总数；I.子叶形胚数目；J.单位鲜重里体胚总数；K.单位鲜重里子叶形胚数目；L.子叶形胚比例多胺的代谢产物H_2O_2和NO在调控胚性愈伤转变成体细胞胚胎的过程中发挥着重要的作用。从胚性愈伤发育成体细胞胚胎的过程中，H_2O_2的含量增加了2.7倍。在体细胞胚胎形成和发育过程中H_2O_2维持较高的浓度，在再生苗中其含量显著降低。整个体细胞胚胎发生过程中，内源H_2O_2的浓度在体细胞胚胎阶段含量最高，这与多胺的变化趋势相似，多胺和H_2O_2浓度有显著的正相关性（图4-16A）。二氨基联苯胺（DAB）染色可以分析H_2O_2在下胚轴、非胚性愈伤、愈伤和体细胞胚胎中的活性。结果显示，胚性愈伤和体细胞胚胎中染色最深，呈深棕色（图4-16E、F），而下胚轴和非胚性愈伤的染色较浅（图4-16C、D）。下胚轴和非胚性愈伤的DAB染色深度与浓度没有很好的对应上，可能的原因是胚性愈伤的采样不均匀导致的。相比之下，内源NO的浓度在体胚发生的各个阶段变化不大（图4-16A），这与$GhNOS$稳定的表达水平相一致（图4-16 B）。因此，推测NO和多胺没有显著的相关性。

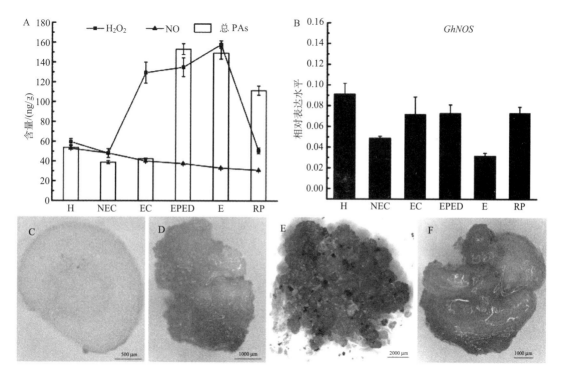

图4-16　'新陆早33'体胚发生过程中 H_2O_2 和 NO 含量的变化（Cheng et al.，2015）

A.体胚发生不同阶段 H_2O_2 和 NO 及多胺含量的变化；B. $GhNOS$ 在体胚发生过程中表达水平的变化；C~F.利用 DAB 检测体胚发生过程中过氧化氢含量的变化；C.下胚轴的横切片；D.非胚性愈伤；E.胚性愈伤；F.体细胞胚胎

体细胞胚胎发育过程中，腐胺含量降低，而亚精胺和精胺的水平没有变化。棉花体细胞胚胎发生过程中，精氨酸脱羧酶$GhADCs$的表达水平随腐胺含量的变化而变化。胚性愈伤阶段，随着多胺氧化酶活性和多胺氧化酶基因$GhPAO1$和$GhPAO4$的表达水平也显著增加，H_2O_2的含量显著增加。外源腐胺、亚精胺、精胺和H_2O_2处理不仅促进胚性愈伤生长，还有利于体细胞胚胎形成。

7. 游离氨基酸及还原性小分子的代谢变化　许多报道阐明了外源氨基酸的加入与体细胞胚胎发生有关。例如，加入脯氨酸可以提高玉米幼胚培养中体细胞胚胎发生的频率，丝氨酸与脯氨酸可以促进胡萝卜体细胞胚胎发生，而谷氨酰胺可将小麦幼胚培养中体细胞胚胎发生频率提高30%以上。但是，有关体细胞胚胎发生培养物的内源游离氨基酸代谢变化的报道并不是很多。

韦一能（1986）分析了培养的甘蔗愈伤组织和胚性细胞团中游离氨基酸的变化，发现胚性细胞团中多数氨基酸有含量下降的趋势，尤以丙氨酸、脯氨酸、甘氨酸和天冬氨酸等最为明显。Skokut等（1985）发现苜蓿的体细胞胚胎发生体系中发育正常并可再生的培养系，其游离氨基酸含量较低，一旦其正常的发育、再生的途径被抑制，则其游离氨基酸水平升高，在另一个根本不能再生的培养系中，游离氨基酸的水平也较高，这些都表明高浓度的游离氨基酸不利于体细胞胚胎发育。

在胡萝卜和挪威云杉的体细胞胚胎发生中，细胞内还原型谷胱甘肽的浓度与胚胎发生呈负相关。在挪威云杉的胚性愈伤组织中，还原型谷胱甘肽的含量仅为非胚性愈伤组织中的1/7~1/5，而且其总还原能力也仅为非胚性愈伤组织的1/20~1/17（Earnshaw，1985；Wann，1987）。

比较胚性发生和非胚性发生培养物细胞中生物合成前体物分子含量和还原型物质的含量差异，暗示下降了的小分子物质可能参与胚胎发生过程，下降最多的前体物也可能对胚性发生贡献最大，对诱导体细胞胚胎有利。脯氨酸和丝氨酸除参与细胞质中的蛋白质合成外，它们还是细胞壁糖蛋白的重要组分。有研究认为细胞壁上的这些糖蛋白对体细胞胚胎发生是必需的（Loschiavo，1986）。

高述民等（2001）在大蒜体细胞胚胎发生中发现，游离氨基酸和可溶性蛋白质含量从外植体到愈伤组织阶段均逐渐下降；游离氨基酸含量在子叶形胚阶段回升，而可溶性蛋白质含量在胚性愈伤至球形胚阶段增加，进入子叶形胚阶段下降；胚性愈伤组织形成期和子叶形胚期出现2个多糖积累高峰，为胚胎发育提供能量和转化为可溶性蛋白质及为胚体的进一步发育准备能量，由此认为淀粉等糖类的累积与大蒜胚胎发生潜能的实现是密切相关的。与蛋白质含量相反，球形胚游离氨基酸含量最低，种类最少，在梨形胚时增加，随后又下降，到成熟胚时又有上升，这说明体细胞胚胎发生过程中，随着可溶性蛋白质含量的变化，游离氨基酸的含量也在不断变化。

8. 脂代谢 胡萝卜体细胞胚胎发生时，脂肪酸成分在质上没有什么变化，只是在量上有所不同，即随着胚的发育，长链脂肪酸占优势，不饱和程度逐渐增加，同时脂类合成也逐渐增加（Warren，1979）。根据脂肪酸变化情况，可以把油菜的花粉胚发育过程分为3个时期：发育前期（0~2d），C18:1减少，C18:2和C18:3增加，油酸去饱和作用占优势，而长链脂肪酸合成次之，C22:1和C20:1出现并相应增长；发育中期（2~12d），C22:1和C18:1增加，C18:2和C18:3下降，脂肪酸去饱和作用降低，而长链脂肪酸合成增加；发育后期（12~20d），C22:1明显增加，而C20:1下降，其他脂肪酸显著下降，长链脂肪酸合成占优势，而饱和脂肪酸去饱和作用可能与发育前期一样比较活跃地进行。与种胚脂肪酸的变化相比，C20:1和C22:1的情况基本一致，但其他脂肪酸组成有明显差异，有的甚至相反。

棉花体细胞胚胎发育过程中脂类代谢是动态的。体细胞胚胎发育中有一些蛋白质与脂类代谢相关，表达水平随着体细胞胚胎的发育也呈现出表达差异。脂质转移蛋白LTP可以在不同细胞器膜之间转运脂类复合物，子叶形胚中LTP表达丰度上调暗示脂类转运加快。两个GDSL酯酶蛋白（具有多能性的水解酶）在子叶形胚中呈现出相反的表达趋势，一个显著上调，一个显著下调，暗示这两个酯酶可能在体细胞胚胎发育过程中平衡脂类代谢（Akoh，2004）。另外，下调表达的磷脂酶Dδ异构体1b和酰基辅酶A硫酯酶可能通过降低磷脂酰胆碱的产量和抑制脂肪酰基辅酶A的水解来促进脂类复合物的储存（Hunt，2002）。总的来讲，上述这些蛋白质对脂类的动态代谢有重要的影响，对维持棉花体细胞胚胎的发育过程中的能量平衡是必需的。

（四）体细胞胚胎发生中酶类代谢动态

细胞正常的生理代谢过程会产生活性氧，为了维持细胞正常的生命活动，活性氧必需处于一个适当的水平。由于细胞内存在自由基清除系统，在正常情况下细胞内自由基的产生和清除通常处于一种动态平衡状态，一旦这种平衡遭到破坏，细胞结构就会受到严重伤害。SOD能够催化超氧化物阴离子自由基的歧化反应，是需氧生物中普遍存在的一种含金属的细胞保护酶。SOD催化 O^{2-} 转变为细胞毒性相对较低的H_2O_2，在细胞的抗氧化保护机制中可能起中心作用。而体细胞胚胎发生过程中活性氧的变化又与体细胞胚胎的发生发育密切相关，因此，SOD的酶活性也会发生相应的变化。酶活力的提高或其同工酶谱的变化，可能是组织块进入分化期的前奏。球形胚形成时伴有一个过氧化物酶活性高峰，出现新的过氧化物酶、酯酶和淀粉酶同工酶带。石刁柏和欧洲当归体细胞胚胎发生时，酯酶活性升高，同工酶数增加，但细胞色素氧化酶的情况相反，而过氧化物酶较稳定；玉米体细胞胚胎发生时，酯酶活性下降，种类减少，细胞色素氧化酶变化不明显，而过氧化物酶活性高，同工酶变化大（余沛涛，1987）。Chibbar等（1988）也指出酯酶同工酶与体细胞胚胎发生能力有关。因此，同工酶有可能作为体细胞胚胎发生的分子标记。

1. 枸杞、大蒜、白皮松、小麦和亚麻体细胞胚胎发生过程中抗氧化酶活性的动态变化 所有需氧生物都必须依赖氧才能获得能量和维持生命，而氧对所有生物又具有毒害作用，氧化胁迫与细胞分化的关系比较密切。崔凯荣等（1998）测定了枸杞体细胞胚胎发生过程中过氧化物酶（POD）、超氧化物歧化酶（SOD）和过氧化氢酶（CAT）活性的变化，发现这3种抗氧化酶的活性在体胚发生过程中有着明显的变化，它们互相配合，共同调节体胚发生的分化和发育，其中SOD活性变化趋势与POD和CAT正好相反。进一步在分化培养基中加入一定浓度的H_2O_2后，有效地提高了愈伤组织中体细胞胚胎的发生频率。分别采用DDC作为SOD的抑制剂和氨基三唑（ATZ）作为CAT的抑制剂，在二乙基二硫代氨基甲酸钠（DDC）强烈地抑制SOD活性后，体胚发生频率也出现下降，胚性细胞形成受阻；AT抑制CAT活性后，随着CAT活性的下降，体胚发生频率升高，胚性细胞形成加快。表明H_2O_2能够诱导胚性细胞的形成，并促进胚性细胞的早期发育。在大蒜体细胞胚胎发生这一特定细胞分化过程中，存在氧化胁迫的影响和活性氧代谢规律。以大蒜的发芽叶基（鳞茎）为外植体诱导体细胞胚胎发生，研究大蒜体胚发生过程中SOD、POD和CAT 3种抗氧化酶的活性及可溶性糖和可溶性蛋白质含量变化，结果表明：在大蒜体胚发生过程中，SOD、POD和CAT活性变化与胚性愈伤组织的诱导及体胚的发育密切相关，POD对体胚的诱导起主导作用，而SOD和CAT在体胚的发育和成熟中起主导作用，可溶性糖和可溶性蛋白质累积与大蒜体细胞胚胎发生密切相关（詹园凤，2006）。同时，H_2O_2还可以诱导多种多肽的合成和引起细胞内Ca^{2+}的释放，或改变细胞内Ca^{2+}的分布使其发挥下游信号分子作用，从而调控基因的表达，促进胚性细胞的分化（刘福平，2005）。在多数植物体细胞胚胎发生过程的研究中发现，POD活性较高，且同工酶种类较多。例如，在白皮松的胚性愈伤中抗氧化物酶活性明显高于非胚性愈伤，SOD活性在培养15d时达到峰值，表明SOD在体细胞胚胎诱导初期起主导作用；胚性愈伤的CAT和POD活性均在培养25d时达到峰值，说明CAT和POD在体细胞胚胎发生过程中对胚性细胞的进一步分化和发育起主导作用，总的来讲，白皮松体细胞胚胎发生诱导阶段胚性愈伤的生理生化代谢活性高于非胚性愈伤（李茜，2008）。对小麦的愈伤组织进行继代培养分析其过氧化物同工酶酶谱的变化，发现不同愈伤组织继代过程中过氧化物酶的酶谱表现出明显的差异。与幼胚相比，第一代中幼穗来源的愈伤组织过氧化物酶带颜色较深，且多出了几条酶带。第四代中过氧化物酶带颜色较浅，少几条酶带，说明过氧化物酶酶谱随继代次数的增加酶带减少（王志强，2004）。在亚麻体细胞胚胎形成过程也发现类似的现象，同时还发现酯酶和酸性磷酸酶的同工酶谱也都有特异表现。引起这种现象的原因可能是在体细胞胚胎发生过程中，需要较多的能量和较大的呼吸强度，而POD在细胞中能够提供能量，并且与呼吸作用有关（张志扬，2006）。

2. 杂种落叶松胚性细胞系Y35体细胞胚胎发生过程中SOD、POD和CAT活性的变化

对Y35体细胞胚胎发生过程中不同时期SOD活性进行测定，结果可以看出：胚性愈伤组织中的SOD活性为56.31U/（g·h），将其接种至体细胞胚胎诱导培养基上后，SOD 的活性首先呈现出缓慢小幅的下降，接种1d时为54.24U/（g·h），5d时最低，为52.98U/（g·h）；随着胚性细胞的发育，SOD的活性又开始上升，7d时达到55.95U/（g·h），然后迅速升高，14d时升至98.01U/（g·h），之后上升速度相对减缓，21d、28d、35d和42d时分别为100.50U/（g·h）、111.21U/（g·h）、127.65U/（g·h）和133.20U/（g·h）。接种1d、5d时处于多细胞原胚向早期单胚发育时期，由于ABA的作用，原胚团的无序分裂受到抑制，胚胎开始单个化，同时由于PEMⅠ和PEMⅡ不能够进一步发育而发生程序性细胞死亡，此时SOD活性表现为下降趋势，随着PEMⅢ向中期单胚发育，胚头部分细胞的数量和体积迅速增大，细胞生长分化活跃，SOD的活性开始迅速增加，推测SOD可能与细胞的分裂和分化有关，此后，直至子叶形胚成熟的后期SOD的活性一直呈现上升的趋势，表明其可能与体细胞胚胎的发生密切相关，SOD活性的变化可能有助于胚性细胞的分裂和胚性的维持。SOD活性呈现出的这种规律性变化，也表明胚性细胞的发生与SOD清除自由基有关，而高活性的SOD必然产生高水平的H_2O_2，从而也可以进一步推断H_2O_2可能对胚性愈伤组织向成熟子叶形胚的发育具有促进作用。

对Y35体细胞胚胎发生过程中不同时期POD活性进行测定，结果表明：在Y35体细胞胚胎发生过程中，POD活性表现出先下降后上升的趋势。胚性愈伤组织中POD的活性高达0.50U/（mg·min），当将其接种至体细胞胚胎诱导培养基上后，POD的活性开始迅速下降，接种1d 时为0.39U/（mg·min），然后下降速度减缓，5d时为0.35U/（mg·min），之后又开始迅速下降，7d时为0.19U/（mg·min），14d时为0.12U/（mg·min），至21d时降至最低，POD的活性仅为0.05U/（mg·min），随后又开始缓慢升高，28d时升至0.07U/（mg·min），35d时至0.12U/（mg·min），42d时达到0.2U/（mg·min）。在整个发育过程中，体细胞胚胎成熟阶段，POD的活性均低于胚性愈伤组织，表明高的POD活性可能更有利于原胚团的分裂和分化。在体细胞胚胎成熟阶段，由PEMⅢ向成熟子叶形胚发育的过程中POD的活性持续下降，并在子叶原基发育时期降至最低，可以推测低的POD活性可能更有利于子叶形胚的形成，随着子叶原基的发育完成，子叶形胚成熟并进入成熟后期，POD的活性又开始上升，推测POD活性的升高可能与子叶形胚的进一步成熟有关。

CAT是一种氧化还原酶，参与活性氧代谢过程，在清除超氧自由基、H_2O_2和过氧化物及阻止或减少羟基自由基形成等方面发挥重要作用。CAT还常常作为植物生理代谢活动的指标酶，其活性的变化能够在一定程度上反映出外植体生理代谢水平的变化。对Y35体细胞胚胎发生过程中不同时期CAT的活性进行测定，结果可以看出：在Y35体细胞胚胎发生过程中，CAT的活性呈现起伏性变化，表现为升—降—升的变化趋势。胚性愈伤组织中CAT的活性为1.54U/（mg·min），将其接种至含有ABA的体细胞胚胎诱导培养基上后，CAT活性先升高，1d时达2.00U/（mg·min），5d时升至最高，为2.81U/（mg·min），然后开始下降，7d、14d时分别为2.49U/（mg·min）和2.11U/（mg·min），但仍高于胚性愈伤组织，到第21天时下降至1.01U/（mg·min），28d时降至最低，仅为0.86U/（mg·min），之后活性又开始缓慢上升，35d时升至1.22U/（mg·min），到42d时达到1.46U/（mg·min），但仍然低于胚性愈伤组织中的水平。在落叶松体细胞胚胎发生的整个过程中，CAT活性在由PEMIII向早期单胚发育的时期升高，表明CAT可能与胚性细胞的分裂、分化及早期单胚的发育有关，而由早期单胚向子叶形胚发育的过程中CAT的活性下降，表明低活性的CAT更有利于子叶形胚的发育，随着子叶形胚的不断成熟，CAT的活性又开始缓慢上升，推测其可能在成熟后期对子叶形胚起到保护作用（张蕾，2008）。这些研究结果表明，在体细胞胚胎发生过程中，随着细胞的旺盛增殖和分化，抗氧化酶的活性也在不断地发生变化，对植物体细胞胚胎的发生有重要的调控作用。

3. 棉花体细胞胚胎发育过程中维持活性氧动态平衡的酶活性的变化　　　压力在植物发育过程中发挥着重要的作用，在棉花体细胞胚胎发育中也不例外。在棉花体细胞胚胎发生过程中，压力可以促使细胞命运发生转换，促进体细胞胚胎的发育。近来，蛋白质组技术已经被用来研究体细胞胚胎生长和成熟过程中压力响应蛋白的调控作用（Morel，2014；Teyssier，2014）。根据现有的研究和组学数据，体细胞胚胎发育相关的压力响应蛋白主要有以下几类：活性氧清除蛋白、晚期胚胎丰富蛋白、热激蛋白和活性氧清除恢复蛋白。

根据蛋白质表达谱，发现活性氧（ROS）相关的蛋白质在子叶形胚中上调表达，抗氧化系统被激活，过氧化物酶POD、POD12，质外体阴离子过氧化物酶GPX，classIII过氧化物酶，L抗坏血酸氧化酶，谷胱甘肽转移酶，铜/锌超氧化物歧化酶，NADPH：醌还原酶和锌依赖型氧化还原酶，甜菜碱脱氢酶，乳酸酰谷胱苷肽裂解酶活性上升。但是，3个活性氧清除酶锰超氧化物歧化酶、叶绿体基质抗坏血酸过氧化物酶、纤维醌氧化还原酶的活性是下降的，这些参与抗氧化系统的酶的动态变化共同维持了体细胞胚胎发育过程中的ROS动态平衡。相似的研究结果也被其他研究者报道过，在大豆、拟南芥和葡萄的种子发育过程中，过氧化氢酶、抗坏血酸过氧化物酶、氧化还原酶的活性上升，而2-Cys过氧化物酶、超氧化物歧化酶活性下降（Meyer，2012）。在活性氧清除过程中，清除蛋白恢复蛋白对清除蛋白的恢复有重要作用。在棉花体细胞胚胎发育过程中，3个清除蛋白恢复蛋白包括谷氧还蛋白及其相关蛋白，巯基-二硫键异构酶/硫氧还蛋白呈现不同的表达丰度，暗示这些蛋白质在调控清除蛋白再生方面发挥作用。

根据蛋白质组学分析，发现晚期胚胎丰富蛋白LEA D-34在子叶形胚中的表达丰度显著上调，热激蛋白sHSP 3B和伴侣蛋白GroEL的表达水平也上调，而辅伴侣蛋白GroES的活性下调。因此推测这些LEAs和HSPs蛋白的动态变化有利于棉花体细胞胚胎的生长和成熟。

（五）三磷酸腺苷（ATP）酶活性的变化

ATP酶是一种膜束缚的跨膜蛋白，它与细胞各种膜体系和细胞器有着广泛的联系，对维持细胞内外各种离子正常浓度起着重要的作用。此外，ATP酶能够将ATP分解为ADP和1个磷酸，并伴随着能量的释放，在生物体能量代谢和物质吸收与运输等生理功能上具有重要作用。在小麦和枸杞体细胞胚胎发生过程中ATP酶代谢的研究发现，在早期胚性细胞中，ATP酶反应产物主要积聚于质膜和液泡膜上，特别是在质膜上的ATP酶活性较高，且呈现连续分布的特点，而其他部位未能发现活性ATP酶；在胚性细胞后期，ATP酶活性从细胞质膜逐渐转入细胞内，细胞质、液泡甚至细胞核中均有ATP酶活性反应，并且随着胚性细胞壁的加厚和胚性细胞的分裂，在细胞壁加厚处出现ATP酶活性反应沉淀物；晚期的胚性细胞或胚性细胞团与周围的细胞形成了生理隔离，它们处于一个厚壁中，并且与周围细胞之间的胞间连丝也消失，当多细胞原胚形成后，ATP酶活性反应主要定位于液泡膜上，这时的胚性细胞或胚性细胞团的一系列代谢活动所需要的能量均由激活了的ATP酶提供，并由它传递物质和信息（崔凯荣，1997；李杉，2001）。由此可见，在胚性细胞发生过程中需要激活ATP酶，ATP酶活性的存在可能为胚性细胞的分裂和发育提供能量，以及与物质和信息传递密切相关，ATP酶活性的存在和定位变化从一个侧面反映了胚性细胞在分化和发育过程中的生理和代谢状态。

同工酶电泳技术常用于研究植物生长、分化和发育，但同工酶酶谱是否可以作为一个检测植物生长和分化的可靠指标，尚存在着争议。大多数的学者认为，同工酶的多种分子形式的时间特异性和组织特异性在植物中普遍存在，同工酶酶谱的改变在一定程度上反映了植物在生长、分化和发育过程中基因表达的时空顺序性。例如，Everett等（1986）报道玉米组织培养中胚性发生、器官发生和无分化能力的3个细胞系中的几种同工酶酶谱有变化，并认为酯酶同工酶和谷氨酸脱氢酶同工酶酶谱改变可以作为玉米体细胞胚胎发生的生化标志。而Coppens等（1987）分析体细胞胚胎发生过程和器官发生过程，发现酯酶、过氧化物酶和酸性磷酸酶这3种酶的所有同工酶随着体细胞胚胎发生或器官发生的变化而呈现出动态的变化，因此认为这3种酶的活性可以作为组织培养胚性和器官发生的快速、灵敏的检测指标。其中，酸性磷酸酶同工酶具有组织特异性并可表明体细胞胚胎的成熟程度。甚至在形态发生变化之前，同工酶酶谱就已发生变化了。

第三节　氮源和无机盐对棉花体细胞胚胎发生的影响

一、氮源对棉花体细胞胚胎发生的影响

Price（1979）曾指出，棉花体细胞胚胎发生的关键是在培养基上加入谷氨酰胺，这可能是由于在棉花体细胞胚胎发育和萌发过程中，氮的变化途径是从谷氨酰胺经天冬酰胺、精氨酸转为储藏蛋白，这些储藏蛋白的分解为体细胞胚胎发生和发育创造了类似于正常胚发生的环境。Davidonis（1983）和Trolinder（1987）发现，不加NH_4NO_3，但是增加KNO_3和赤霉素GA_3两倍标准浓度更有利于棉花体细胞胚胎发生。Trolinder（1988）还指出，含氮化合物对于体细胞胚胎的发育和成熟都是很重要的，增加KNO_3浓度可以促进胚的发生。这均表明硝态氮具有诱导体细胞胚胎的效果。

吴家和（2004）发现在愈伤组织诱导时，培养基中NH_4NO_3的有无及浓度大小对以后愈伤组织是否能分化成胚和分化成胚的能力是至关重要的，如图4-17所示，'珂字棉201'、'鄂抗9号'、'Yz625'和'B1'4个品种在没有添加NH_4NO_3的培养基中都没有发生胚分化，当NH_4NO_3浓度增加到1.65g/L时，胚分化率最大，但NH_4NO_3加倍时，胚分化受到抑制。在分化培养基中撤去NH_4NO_3并增加KNO_3，可以明显提高愈伤组织胚分化率（图4-18）。在KNO_3加倍时，'珂字棉201'的愈伤组织胚分化率达到80%以上。

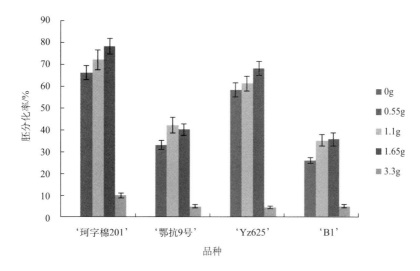

图4-17 NH_4NO_3对不同品种胚分化的影响（吴家和，2004）

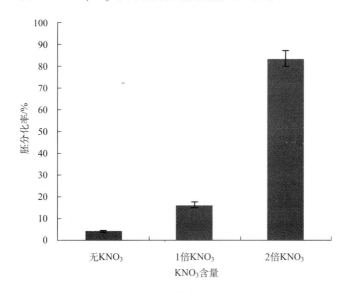

图4-18 KNO_3对胚分化的影响（吴家和，2004）

在体细胞胚胎成熟和萌发培养基中增加一定量谷氨酰胺和天冬酰胺两种氨基酸，有益于'珂字棉201'体细胞胚胎的生长和成苗；如果加入过量的谷氨酰胺和天冬酰胺会产生大量的畸形胚和畸形小苗，同时，使再生苗叶片畸形、颜色深绿；在分化培养基中同时增加氨基酸时，才会促进胚分化和生长，只加一种氨基酸，没有明显的效果。

二、无机盐对棉花体细胞胚胎发生的影响

（一）无机盐对棉花愈伤组织诱导和增殖的影响

在培养基中补加适量硫酸镁对诱导愈伤组织发生和增殖有一定的效应，如图4-19所示，当硫酸镁补加到120mg/L时，愈伤组织的诱导量和增殖量都相应增加到最大值，因此MS培养基中原有的硫酸镁含量不能满足棉花愈伤组织的生长。同时，在增殖培养基中增加硫酸亚铁的含量，会使愈伤组织的生长受到抑制，如图4-20所示。但是硫酸亚铁的含量增加到42mg/L时会使愈伤组织的重量提高，加速向胚性愈伤组织转化（吴家和，2004）。

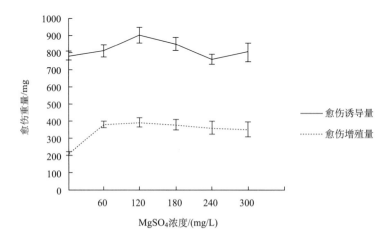

图 4-19 硫酸镁对'珂字棉201'愈伤组织诱导的影响（吴家和，2004）

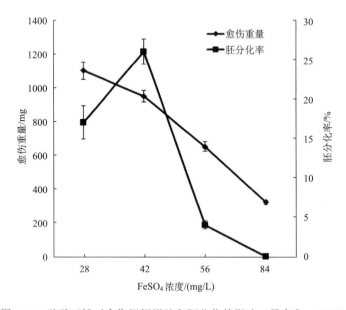

图 4-20 硫酸亚铁对愈伤组织增殖和胚分化的影响（吴家和，2004）

（二）无机盐对棉花胚性愈伤组织和胚分化的影响

在增殖培养基中每25~35d继代一次，继代2~3次愈伤组织应变为黄色或淡黄色，疏松颗粒状（如没有到这个发育阶段，可继续继代1~2次），接着转入分化培养基中（MS3）。愈伤组织发生胚分化的时间是不同的，分化比较快的，在培养基中2周即可见到胚，慢的需要培养8周左右，同时有些愈伤组织可能失去胚分化能力而无限增长。胚性愈伤组织的发育是非同步的，可以观察到棉花胚胎发育的各个阶段，同时畸形胚较多，但并不影响再生苗的产生。

在分化培养基中补加一定量的氯化钾可以促进愈伤组织分化成体细胞胚胎，提高愈伤组织胚分化率（表4-3），在培养基中补加1.0g/L氯化钾可以明显提高愈伤组织的质量，同时大幅度提高胚的分化率。适量的氯化钙也可以促使愈伤组织向胚分化，但是会抑制愈伤组织的生长（图4-21），在抑制愈伤组织过度生长和加速体细胞胚胎分化方面，补加200mg/L比较适宜，在这个浓度下，愈伤组织胚分化率有个高峰（吴家和，2004）。

表 4-3　氯化钾对愈伤组织质地和胚分化的影响（吴家和，2004）

氯化钾浓度/（mg/L）	愈伤组织质地	愈伤组织颜色	胚分化率/%
0	疏松颗粒状	淡黄色	14.5±3.6
500	疏松颗粒状	淡黄色	28.5±4.5
1000	疏松颗粒状	黄色	35.0±5.9
1500	块状	黄褐色	6.5±2.5

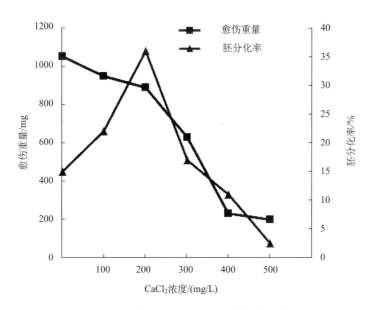

图 4-21　氯化钙对愈伤组织增殖和体细胞胚胎分化的影响（吴家和，2004）

第四节　棉花组织培养中的细胞程序性死亡

在植物体细胞培养过程中伴随着细胞程序性死亡（programmed cell death，PCD），死亡的细胞胞质浓缩。大量的证据表明，各种环境胁迫因子可以诱导植物细胞PCD，主要有活性氧、乙烯、钙离子、水杨酸、一氧化氮等。

一、棉花愈伤组织细胞的 DNA ladder 电泳检测

选取每次继代后生长8~10d的愈伤组织，抽提其总DNA，经琼脂糖凝胶电泳，发现总DNA中有一些小片段DNA，尤其是第一次继代到MSB1（modified scholtens'broth）后和第四次继代到MSB2后的愈伤的DNA，可明显观察到DNA ladder（图4-22）。第二次、第三次和第五次继代的愈伤没有观察到DNA ladder，这说明棉花组织培养和体细胞胚胎发生过程中发生了PCD，而且有两次发生高峰，在PCD发生1周后观察到明显的愈伤褐化死亡，而且棉花细胞培养过程褐化死亡的高峰与PCD发生期一致。这个结果表明棉花组织培养过程中愈伤褐化与PCD的发生高峰是同步存在的（吴家和，2004）。

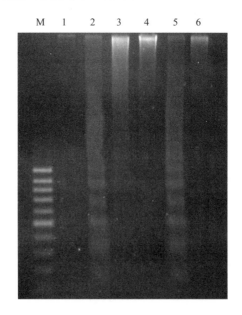

图 4-22　棉花愈伤总 DNA 琼脂糖凝胶 DNA 梯度电泳（吴家和，2004）

M. DNA marker；1.初级愈伤的 DNA；2~6.5 次继代培养后的愈伤 DNA。泳道 2 和泳道 5 显示出明显的 DNA ladder，泳道 1、3、4 和 6 没有明显的 DNA ladder

二、棉花组织培养中 PCD 发生的两个高峰和愈伤褐化死亡

（一）愈伤组织第一次 PCD 发生和愈伤褐化高峰

当下胚轴诱导的愈伤生长到一定时间（4~5周），愈伤块直径大小为12~15mm时，因培养基的营养成分下降和次生代谢物的水平升高而不适合愈伤组织的继续生长，因此把紧连在下

胚轴一端的愈伤剥离，转入新鲜的MSB1培养基中。在新鲜培养基中生长8d后，挑取愈伤边缘细胞，抽提其DNA，电泳可观察到明显的DNA ladder（图4-22）。愈伤在继代的培养基中再生长1周左右就会出现褐化，褐化先从愈伤块的边缘开始，逐渐向中央扩展（图4-23A）；同时在死亡的愈伤组织表面生长出结构较好的淡黄色或黄色愈伤，这些愈伤组织生长旺盛（图4-23B）。对下胚轴诱导的原始愈伤组织进行镜检发现有许多细胞发育成管状（图4-23C），其功能可能是输导作用，这些细胞主要分布在愈伤块的边缘和内部（吴家和，2004）。

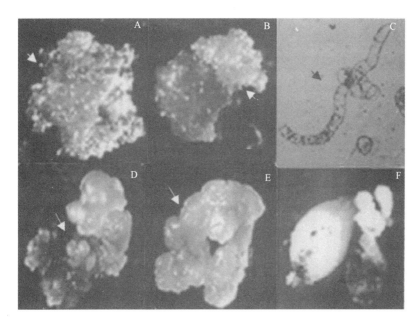

图4-23 棉花组培再生过程中的愈伤褐化和细胞死亡显微镜观察（吴家和，2004）

A.箭头示褐化先从愈伤块边缘开始；B.箭头示死亡的愈伤表面长出淡黄色/黄色愈伤；C.箭头示细胞呈管状；D.箭头示褐化的愈伤；
E.箭头示木栓组织；F.死亡的细胞为无色或水渍状

（二）愈伤组织第二次PCD发生和愈伤褐化高峰

当愈伤在MSB1中继代2~3次后，愈伤的质地较为疏松，愈伤成为小细胞团状，颜色多为淡黄色或黄色；把这样的愈伤转入分化培养基MSB2中，团粒愈伤在新鲜培养基中生长8d左右，挑取边缘和顶部的细胞抽提其DNA，也会发现明显的DNA ladder；继续在分化培养基中培养1周后，有些愈伤在不定部位出现褐色的斑点（图4-23D），这些斑点是死亡的细胞聚集在一起形成一种木栓结构（图4-23E）。但同时这些有褐色斑点的愈伤会出现体细胞胚胎（图4-23D、E），即发生胚分化；没有出现褐色斑点的愈伤，其愈伤细胞团一直在增殖，一般不会出现胚分化。上述的情况是棉花体细胞胚胎发生的一般现象，但也存在着少数愈伤分化胚时死亡的细胞不形成木栓结构，也就是没有褐色斑点产生，这些死亡的细胞为无色或水渍状（图4-23F）。这些结果可以说明体细胞胚胎的发生与PCD可能存在一定的联系（吴家和，2004）。

三、棉花体细胞胚胎发生时 PCD 细胞的形态学观察和鉴定

（一）DAPI 染色观察程序性死亡的细胞核的形态

为了进一步研究证实在棉花体细胞胚胎发生时愈伤组织细胞是否发生了PCD，并观察棉花细胞培养中发生PCD的细胞核的特征，对该时期的愈伤细胞进行DAPI（4′，6-二脒基-2-苯基吲哚）染色，用荧光显微镜观察程序性细胞死亡的细胞核形态。挑取继代到分化培养基（MSB2）中培养10d左右的愈伤组织，分离成原生质体，可以发现该时期的愈伤组织含有大量不同程度（不同时期）凋亡的细胞。正常细胞的细胞核染色后呈弥散均匀荧光（图4-24A），而发生程序性细胞死亡的细胞核或细胞质内可见到浓染呈致密的颗粒或块状荧光。细胞凋亡前期细胞核内的染色质出现不规则的点块状凝集（图4-24B）；程序性细胞死亡的中期染色质凝集加剧，染色质固缩结块（图4-24C），并出现边缘化（图4-24D）；在后期，这些高度凝集的染色质团块被分割成膜包被的凋亡小体（图4-24E）；末期，凋亡小体被排出细胞核外，紧接着核膜解体，见不到完整的细胞核，细胞中充满了荧光较强的球状颗粒，即凋亡小体（图4-24F）（吴家和，2004）。

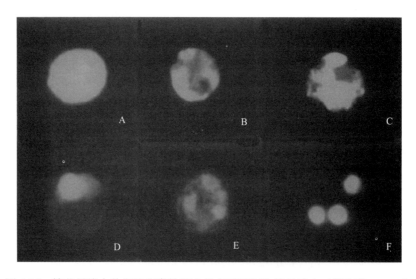

图 4-24　棉花组培中体细胞程序性死亡的各时期细胞核的形态（吴家和，2004）

（二）发生程序性死亡的愈伤组织块不同部位的细胞形态观察

从愈伤组织块的边缘到其中心部位，沿切面取少量细胞，直接在显微镜下观察，发现细胞形态的变化呈现一定规律：管状细胞和球形细胞混生—球形细胞和短柱形细胞混生—柱形细胞—无内含物的条形细胞（图4-25）。如果从顶部到底部取少量白细胞观察，细胞的形态变化呈现另一种变化规律：球形细胞—球形和短柱形细胞混生—柱形细胞—无内含物的条形细胞—柱形细胞和条形细胞混生—球形细胞和管状细胞混生。对取自不同部位的细胞进行FDA染色，呈现不同的细胞活力；一般靠近愈伤组织块外围的细胞活力要高于内部的细胞；但外围发生PCD的细胞的活性也下降（图4-25）（吴家和，2004）。

（三）卡宝品红染色观察程序性死亡的细胞的形态

卡宝品红对细胞核的着色较好，对细胞质也有较浅的着色，但对液泡的不着色。正常的活细胞在卡宝品红染色后显微镜下的图像细胞核清晰，细胞轮廓明显，有不着色的液泡（图4-26A）。发生程序性死亡的细胞，其细胞质（包括核）被液泡挤压，呈半月形收缩（图4-26B），而已经完全死亡的细胞，内含物已经不存在，只有少量着色很深的物质，基本上只剩下细胞轮廓（图4-26C）。郝玉金（2000）发现苹果和柑橘的细胞程序性死亡发生时，往往也伴随着巨型细胞生出"芽泡"的现象，在棉花组织培养中愈伤组织细胞的程序性死亡也存在类似的现象（图4-26D）（吴家和，2004）。

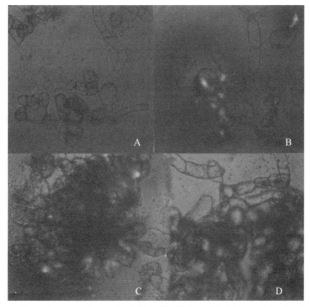

图 4-25　棉花愈伤组织不同部位的细胞形态观察（吴家和，2004）
A.管状细胞和球形细胞；B.球形细胞和短柱形细胞；C.柱形细胞；D.条形细胞

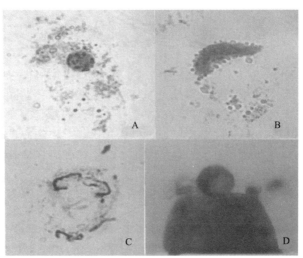

图 4-26　发生 PCD 细胞的卡宝品红染色（400×）（吴家和，2004）
A.正常的细胞；B.细胞质呈新月形；C.PCD 后期的细胞；D.出芽的巨细胞

第五节　讨　　论

植物体细胞胚胎发生的本质是相应基因按顺序表达的结果，体细胞胚胎发生过程中的生理生化变化是细胞内基因活动的直接反映，而蛋白质、糖类物质和酶与各种生理生化反应密切相关，同时也是相应基因特异表达的产物。因此，它们的变化对体细胞胚胎的发生具有重大的影响。体细胞胚胎发生过程中的PCD与细胞内活性氧的水平有密切的关系，合适的时间点体细胞胚胎发生PCD有利于细胞命运的转变和体细胞胚胎发生的继续。激素在调控体细胞胚胎发生方面有重要的作用，合适的生长素促进愈伤分化，改变胚性细胞和非胚性细胞的生理条件，合适的脱落酸可以改变胚性细胞的生理条件促进体细胞胚胎的分化。无机盐和氮源对细胞生理状态的改变有重要影响，合适浓度的无机盐和氮源对体细胞胚胎发生是必需的。

一、可溶性糖和淀粉为体细胞胚胎发生提供能量

可溶性糖和淀粉是植物生长发育的主要能源物质。组织培养中糖类物质的代谢状态既能反映培养物的活力，同时也能表现培养物对糖类的合成和利用。糖类既是诱导植物体细胞胚胎发生不可缺少的重要成分，同时还作为渗透调节物质在体细胞胚胎的发育和成熟过程中发挥作用。淀粉是植物细胞中主要的贮能多糖，参与细胞内各种生理生化反应，在胚胎发育过程中积极参与物质代谢，直接或间接地影响体细胞胚胎的发生。许多研究表明，在胚胎分化发育过程中常常伴随淀粉的积累和消失，并在胚胎发育的不同时期出现淀粉积累的高峰。Alemanno等的研究也表明，在可可（*Theobroma cacao* L.）体细胞胚胎发生过程中，子叶形胚成熟后淀粉的储量增加，可溶性糖的含量也发生改变，单糖和蔗糖的含量下降，但寡聚糖和水苏糖的含量升高。尽管不同植物体细胞胚胎发生的过程和发育时期存在差别，其可溶性糖和淀粉含量的变化趋势也有所不同，但研究结果均表明糖类和淀粉的大量积累常常与新的发育状态开始密切相关。范昌发等认为植物细胞中淀粉代谢与离体形态发生途径具有相关性，淀粉体的组织化学定位和多糖含量测定结果具有明确的相关性，胚性细胞从周围环境中获得原料以合成和积累多糖，并首先储藏在淀粉体中，在进一步分裂和分化活动中活跃的糖类代谢首先直接保证了体细胞胚胎分化和发育的能源供应，而其水解产物又可为其他有机物代谢尤其是蛋白质和核酸的代谢提供原料。在杂种落叶松的Y35体细胞胚胎发育过程中可溶性糖和蛋白质含量均出现两次上升过程。第一次是在PEMIII向中期单胚发育的时期即子叶形胚形成前，第二次是在子叶形胚的成熟期，即体细胞胚胎萌发前。胚性细胞分化早期可溶性糖和淀粉的积累可能是为子叶形胚的发育储备能量，而当子叶形胚发育完成进入成熟期时，可溶性糖和淀粉含量增加则是为体细胞胚胎的萌发做准备。可溶性糖和淀粉含量的变化是体细胞胚胎发育过程中生理生化活动的反映，这种变化表明落叶松体细胞胚胎胚性细胞分化早期和子叶形胚成熟期均是储能阶段，而子叶形胚形成及体细胞胚胎萌发时期均是高耗能阶段。

二、抗氧化酶维持体细胞胚胎发生过程中活性氧的动态平衡

与合子胚发育类似，植物体细胞胚胎发生过程中环境条件是在不断变化的，要及时对环境变化做出自身的调整。当外界环境变化时，体细胞发育面对的最大问题是压力胁迫，进而

造成活性氧水平显著上升，如果抗氧化酶活性及时上调，及时调整细胞的生理状态，维持细胞活性氧的动态平衡，体细胞胚胎发生则可以顺利进行。反之，细胞内自由基产生和清除的动态平衡状态会遭到破坏，细胞结构就会受到严重伤害，体细胞胚胎发生被抑制。

细胞产生的活性氧包括：超氧根阴离子、氢氧根离子、羟自由基、过氧化氢、单线态氧和过氧化物自由基。它们都能通过氧化应激损伤细胞大分子，引起一系列有害的生化反应，造成蛋白质损伤、脂质过氧化、DNA 突变和酶失活等。为了防止氧自由基对细胞体的破坏，几乎所有细胞都有一套完整的保护体系，来清除细胞新陈代谢产生的各种活性氧。

植物体细胞胚胎发生过程中最主要的抗氧化酶是过氧化物酶（POD）、超氧化物歧化酶（SOD）和过氧化氢酶（CAT），它们活性的变化决定体细胞胚胎发生的命运。盐胁迫后，体细胞胚胎发生过程中POD同工酶表达量发生显著变化，同工酶活性发生显著变化应对胁迫响应。SOD 几乎存在于所有生物细胞中，通过把 O^{2-} 转化为 H_2O_2，H_2O_2 再被过氧化氢酶和氧化物酶转化为无害的水（H_2O），从而达到清除细胞内氧自由基、保护细胞的目的。CAT是生物体内主要的抗氧化酶之一，它催化 H_2O_2 生成水和氧气，CAT与SOD、POD一起能有效清除植物组织中的活性氧，防止细胞的损伤。

三、PCD 调控体细胞胚胎发生

植物PCD与动物PCD的特征基本相似，然而，发生凋亡的细胞其最后命运在动植物中却有所不同。对于动物来说，细胞凋亡后很快被临近细胞或巨噬细胞吞噬降解，以防有害的细胞内含物泄漏引起周围细胞受损（Roberts，2000）；而对植物来说，死亡细胞并不被邻近细胞吞噬，在有些情况下（如木质部导管）反而成为植物体细胞的重要组成部分。棉花愈伤组织发生PCD后，死亡的细胞既不能被其他细胞吞噬，又不能成为自身的组成部分，而是把自身的营养物质运出胞外，留下细胞壁，从而发生木质化或木栓化，形成褐色斑点。棉花组培中存在着愈伤褐化现象，过去一直认为是棉花棉酚含量高造成的，实际上与棉花的愈伤组织发生PCD有关（Groover，1999）。棉酚含量的高低只决定褐化程度，褐化的根本原因还是棉花愈伤组织的生长环境和内在的活性氧水平，大量实验证明，活性氧在植物体内既可诱导PCD，又是PCD的重要信号（Bethke，2001）。

以DNA的降解在琼脂糖电泳中体现出来的DNA ladder作为凋亡的典型生化特征在植物中广泛存在。在胡萝卜细胞悬浮培养的PCD、玉米胚乳发育的PCD和根皮层的PCD等过程中均观察到了DNA ladder。但Boubriak等（2000）认为植物程序性死亡不一定出现以180bp为单位的DNA梯度。我们在棉花愈伤组织DNA中也观察到DNA ladder，但并不都是以180bp为单位的DNA梯度，和上述报道一致。

一般认为，通过下胚轴诱导出的原始愈伤依赖下胚轴提供营养，其细胞之间的联系是紧密的，相互依赖，为一个细胞群体，细胞群中的细胞存在着分工。当愈伤脱离下胚轴继代在新鲜培养基上，破坏了原来的愈伤结构，使细胞之间的联系中断，从而使一些内含物少的管状细胞开始发生PCD。这些管状细胞主要分布在愈伤块的边缘，形成褐化。同时一些内含物丰富的细胞或细胞小团利用其周围细胞的营养开始建立新的结构，继续增殖和生长，这些小细胞团分布在愈伤块的表面。因此，棉花愈伤的初次增殖发生了大规模的细胞凋亡，同时也说明了PCD是愈伤褐化的部分原因。第二次发生PCD高峰的时期伴随体细胞胚胎分化，说明棉花愈伤的体细胞胚胎分化与细胞凋亡可能存在着一定的关系。MeCabe等（1997）和Schindler等（1995）认为体胚发生中细胞的死亡是一种类似PCD的过程，但其意义还不清楚。体细胞胚胎发育中现在已知有两个环节涉及PCD。①在体胚发生过程中，全能性细胞第一次分裂有时为不对称分裂，会产生两个命运完全不同的细胞：一个能继续分裂产生体细胞胚胎，而另一个停止分裂并走向死亡（PCD）（Greenberg，1996）。②在胚形成的过程中，胚柄细胞的凋亡众所周知（Havel，1996）。在棉花体细胞胚胎形成过程中也应该存在这两个环节的细胞凋亡。这都是棉花体细胞分化时发生PCD高峰的原因。另外，第二次凋亡高峰的发生，可能与培养基中不含生长素和细胞分裂素有关，一些报道说明IAA、ABA、GA$_3$和乙烯等激素与细胞凋亡有直接的关系（Bush，1989）。对棉花体细胞胚胎分化时期的愈伤原生质体进行荧光染色观察，发现这个时期的愈伤存在着大量的细胞凋亡，进一步证实棉花体细胞胚胎发生时存在着PCD。为了方便对细胞凋亡过程的细胞核形态变化（细胞核浓缩、染色质凝聚结块边缘化和形成核小体）进行描述，把PCD的整个过程分成4个时期（前期、中期、后期和末期），但同时应认识到这4个时期是个连续的过程，不能相互割裂开来研究PCD。

四、激素调控体细胞胚胎发生

激素是影响体细胞胚胎发生的关键因素。在不少植物中，2，4-D是一种很重要的激素。在所有的生长素或生长素类似物中，2，4-D对体细胞胚胎发生的调节最有效。在体细胞胚胎发生成功的例子中一半以上使用2，4-D。棉花胚性愈伤组织诱导中大多数也是使用2，4-D，Price和Smith发现在诱导棉花愈伤组织形成体细胞胚胎时，在悬浮培养基中加入2，4-D能促进悬浮培养物的生长，然后形成许多体细胞胚胎。不少研究者发现2，4-D和KT配合使用，更能促进体细胞胚胎发生。BR单独使用可使'珂字棉201'顺利形成愈伤组织并发生体细胞胚胎，BR与2，4-D配合时效果更佳（王武，1992）。在棉花体细胞胚胎发育过程中，脱落酸有利于体细胞胚胎发育，产生更多的次级子叶形胚；茉莉酸有利于棉花体细胞胚胎产生更多的次级体细胞胚胎，增加体细胞胚胎的数量；赤霉素处理造成体细胞胚胎发育畸形，体积增大，抑制体细胞胚胎发育成熟，增加体细胞胚胎畸形率（Ge，2014）。外源脱落酸处理拟南芥初级体细胞胚胎，抑制体细胞胚胎产生次级体细胞胚胎，同样使用脱落酸合成抑制剂处理初级体细胞胚胎也抑制次级体细胞胚胎产生，其可能的原因是内源脱落酸代谢平衡被破坏，影响生长素在体细胞胚胎上的分布，抑制次级体细胞胚胎产生。双子叶植物棉花体细胞胚胎发育过程中内源脱落酸水平是逐渐上升的，而单子叶植物拟南芥体细胞胚胎发育过程中内源脱落酸水平是下调的，所以导致了外源添加脱落酸处理体细胞胚胎后会出现相反的结果。

五、体细胞胚胎发生的生理生化研究中存在的一些问题

很难获得一个良好的实验体系。要适应研究的需要，要求这个体细胞胚胎发生体系必须满足下列两个条件：①很容易诱导和控制，通过调节外部条件很容易地改变其胚胎发生方向和愈伤组织器官发生方向；②体细胞胚胎能够很好地维持下来或快速繁殖而不改变其胚胎性质。现在较好的研究体系有胡萝卜、落叶松、拟南芥和苜蓿，而在其他植物则显得不太容易。

缺乏一个有效的同步化的方法。要得到准确可靠的有关体细胞胚胎发生发育的信息，需使胚性细胞或胚胎发生早期处于同一发育状态。目前大部分同步化的方法是物理方法，因细胞或体细胞胚胎的大小不同而通过不同孔径的筛子得以分离。这种方法在体细胞胚胎的早期

可以使用，而后期由于发育进程往往并不与时间相一致，也不与其大小呈正比，因而使用时有一定困难。

由于大多数研究是在胡萝卜体细胞胚胎发生体系进行的，所以得到的信息不能代表全部植物，只能给我们一些启发。

参 考 文 献

崔凯荣, 戴若兰. 2000. 植物体细胞胚胎发生的分子生物学. 北京: 科学出版社

崔凯荣, 邢更生. 2002. 细胞信号转导与植物体细胞胚胎发生. 生命科学, 14(3): 171-175

崔凯荣, 等. 1993. 植物体细胞胚胎发生研究的某些现状. 植物学通报, 10(3): 14-20

崔凯荣, 等. 1997. 枸杞胚性细胞分化的超微结构和ATP酶的细胞化学定位研究. 西北植物学报, (6): 106-110

崔凯荣, 等. 1998. ABA对枸杞体细胞胚胎发生的调节作用. 实验生物学报, (2): 195-201

崔凯荣, 等. 2000. 植物激素对体细胞胚胎发生的诱导与调节. 遗传, (5): 349-354

崔凯荣, 等. 2002. 细胞信号转导与植物体细胞胚胎发生. 生命科学, (3): 170-175

崔凯荣, 任红旭. 1998. 枸杞组织培养中抗氧化酶活性与体细胞胚胎发生相关性的研究. 兰州大学学报: 自然科学版, 34(3): 93-99

崔凯荣, 王晓哲, 陈雄. 1997. 小麦体细胞胚胎发生中DNA, RNA 和蛋白质的合成动态. 核农学报, 11(4): 209-214

范国强, 等. 2004. 悬铃木体细胞胚胎发生及植株再生. 林业科学, (3): 71-74

高述民, 陆帼一. 2001. 大蒜体细胞胚胎发育分化中特异蛋白和某些生理生化变化(简报). 植物生理学通讯, 37(3): 207-210

郭子彪, 盖钧镒. 1997. 内源激素IAA、ABA对大豆萌发子叶胚性愈伤组织诱导及其分化的调控. 大豆科学, (3): 9-13

韩碧文, 李颖章. 1993. 植物组织培养中器官建成的生理生化基础. 植物学通报, (2): 1-6

郝玉金. 2000. 柑橘和苹果等果树种质资源的离体保存及其遗传变异. 武汉: 华中农业大学博士学位论文

黄大年, 等. 1987. 在继代培养中玉米花粉愈伤组织无性系的核酸和蛋白质变化. 遗传学报, (2): 114-120

贾彩凤, 李悦, 瞿超. 2004. 木本植物体细胞胚胎发生技术. 中国生物工程杂志, 24(3): 26-29

李茜, 张存旭, 秦萍. 2008. 白皮松胚性和非胚性愈伤组织生理生化特性研究. 西北农林科技大学学报: 自然科学版, 36(8): 151-155

李杉, 邢更妹. 2001. 植物体细胞胚胎发生中 ATP 酶活性时空分布动态与内源激素的变化. 植物学通报, 18(3): 308-317

梁厚果, 等. 1985. 柳叶烟草愈伤组织分化期间抗氰呼吸的改变. Journal of Integrative Plant Biology, (3): 271-276

梁厚果, 等. 1987. 烟草愈伤组织中不被KCN加氧肟酸抑制的剩余呼吸研究. Journal of Integrative Plant Biology, (1): 41-47

刘福平. 2005. 植物体细胞胚胎发生的信号传导. 生命科学研究, 9(4): 60-65

刘华英, 萧浪涛, 何长征. 2002. 植物体细胞胚胎发生与内源激素的关系研究进展. 湖南农业大学学报(自然科学版), (4): 349-354

刘良式, 等. 1987. 胡萝卜体细胞胚胎发生培养物cDNA的分子克隆和选择. 生物工程学报, (2): 108-114

刘良式. 1987. 胡萝卜体细胞胚胎发生培养物 cDNA 的分子克隆和选择. 生物工程学报, 2: 5

刘亚杰. 2014. 香雪兰切花瓶插期间的生理生化特性研究. 上海: 上海交通大学硕士学位论文

齐力旺. 2000. 华北落叶松体细胞胚胎发生及遗传转化实验系统的建立(简报). 实验生物学报, 33(4): 354-365

齐力旺, 韩素英. 2001. 落叶松不同类型胚性和非胚性愈伤组织的生理生化差异. 林业科学, 37(3): 20-29

沈宗英, 等. 1985. 花椰菜(*Brassica oleracea* var *botrytis*)下胚轴培养过程中过氧化物酶活性及同工酶谱的变

化. 植物生理学报, (1): 17-24

苏玉晓. 2011. ABA 在拟南芥体细胞胚胎发生过程中的功能研究. 泰安: 山东农业大学硕士学位论文

佟曦然, 等. 1991. 影响人参种胚体细胞胚胎发生的几个因素. 植物学通报, 8: 43-47

王武, 张献龙, 刘金兰. 1992. 油菜素内酯对陆地棉体细胞胚胎发生的影响. 植物生理学通讯, 28(1): 15-18

王晓哲, 陈雄, 王亚馥. 1995. 植物体细胞胚胎发生中基因表达调控研究的某些现状. 遗传, 17: 34-48

王亚馥, 崔凯荣. 1994. 小麦体细胞胚胎发生的超微结构研究. 植物学报: 英文版, 36(6): 418-422

王亚馥, 徐庆, 刘志学. 1991. 红豆草胚性细胞系和非胚性细胞系 DNA 代谢动态的研究. 核农学报, 1: 9

王颖, 刘春朝. 2002. ABA 促进针叶树体细胞胚分化. 植物生理学通讯, 38(3): 273-278

王志强. 2004. 小麦愈伤组织继代过程中的同工酶谱研究. 郑州: 河南农业大学硕士学位论文

韦一能. 1986. 甘蔗叶培养愈伤组织和胚性细胞团中游离氨基酸的初步分析. 植物生理学通讯, 1: 7

吴家和. 2004. 棉花体细胞胚胎发生的调控及其抗病虫基因的遗传转化. 武汉: 华中农业大学博士学位论文

徐桂芳, 等. 1983. 哈密瓜子叶脱分化和再分化过程中几种脱氢酶同工酶的研究. Journal of Integrative Plant Biology, (2): 131-135

徐桂芳, 等. 1983. 四种愈伤组织中吲(口朵)乙酸氧化酶和过氧化物酶的活性与同工酶的关系. Journal of Integrative Plant Biology, (6): 551-555

徐竹筠. 1989. 胡萝卜体细胞的胚胎发生与游离氨基酸含量的关系. 植物生理学通讯, (1): 30-32

许萍, 张丕方, 1996. 关于植物细胞脱分化的研究概况. 植物学通报, (1): 21-25

杨和平, 程井辰. 1991. 植物体细胞胚胎发生的生理生化研究进展. 植物学通报, (2): 1-8

杨金玲, 桂耀林. 1997. 白杆体细胞胚胎发生及其植株再生. 植物学报: 英文版, 39(4): 315-321

杨映根, 桂耀林. 1994. 青杆愈伤组织在继代培养中的分化能力及染色体稳定性研究. 植物学报: 英文版, 36(12): 934-939

余沛涛, 薛应龙. 1987. 植物苯丙氨酸解氨酶(PAL)在细胞分化中的作用. 植物生理学报, 13(1): 14-19

詹园凤, 等. 2006. 大蒜体细胞胚胎发生过程中抗氧化酶活性变化及某些生理特征. 西北植物学报, 26(9): 1799-1802

张静兰, 等. 1982. 放线菌素D和环己亚胺对激素诱导绿豆子叶脱分化及其核酸、蛋白质代谢的作用. Journal of Integrative Plant Biology, (5): 433-439

张蕾. 2008. 日本落叶松×华北落叶松体细胞胚胎发生的生化机制和分子机理研究. 北京: 中国林业科学研究院博士学位论文

张志扬, 陈信波. 2006. 亚麻生物技术研究进展. 生物技术通讯, 17(5): 834-836

周俊彦. 1982. 植物体细胞在组织培养中产生的胚状体——Ⅱ. 影响植物胚状体发生和发育的因素. 植物生理与分子生物学学报, 8: 1-9

周燕, 高述民, 李凤兰. 2004. 胡萝卜体细胞胚胎发生中的细胞组织化学和蛋白质组成变化. 植物生理学通讯, 40(2): 181-183

Abdullah R, Cocking E C, et al. 1986. Thompson, efficient plant regeneration from rice protoplasts through somatic embryogenesis. Nature Biotechnology, 4(12): 1087-1090

Abou-Mandour A, Hartung W. 1986. The effect of abscisic acid and increased osmotic potential of the media on growth and root regeneration of *Zea mays* callus. Journal of Plant Physiology, 122(2): 139-145

Akoh C C, et al. 2004. GDSL family of serine esterases/lipases. Progress in Lipid Research, 43(6): 534-552

Attree S, Fowke L. 1993. Embryogeny of gymnosperms: advances in synthetic seed technology of conifers. Plant Cell, Tissue and Organ Culture, 35(1): 1-35

Beardmore T, Charest P J. 1995. Black spruce somatic embryo germination and desiccation tolerance. Ⅱ. Effect of an abscisic acid treatment on protein synthesis. Canadian Journal of Forest Research, 25(11): 1773-1782

Bethke P C, Jones R L. 2001. Cell death of barley aleurone protoplasts is mediated by reactive oxygen species. The

Plant Journal, 25(1): 19-29

Blanco M, et al. 1999. Proteins and polyamines in somatic embryogenesis of sugarcane(*Saccharum officinarum* sp)from CP-5243 hybrid calli. Cultivos Tropicales(Cuba)

Boubriak I, et al. 2000. Loss of viability in rye embryos at different levels of hydration: senescence with apoptotic nucleosome cleavage or death with random DNA fragmentation. Black M, Bradford K J, and Vázquez-Ramos J(eds.)Seed Biology: Advances and Applications. CABI Int., Wallingford, UK

Bush D S, Biswas A K, Jones R L. 1989. Gibberellic-acid-stimulated Ca^{2+} accumulation in endoplasmic reticulum of barley aleurone: Ca^{2+} transport and steady-state levels. Planta, 178(3): 411-420

Cailloux F, et al. 1996. Long-term somatic embryogenesis and maturation of somatic embryos in *Hevea brasiliensis*. Plant Science, 120(2): 185-196

Charrière F, et al. 1999. Induction of adventitious shoots or somatic embryos on *in vitro* cultured zygotic embryos of *Helianthus annuus*: variation of endogenous hormone levels. Plant Physiology and Biochemistry, 37(10): 751-757

Cheng W H, Wang F L, Cheng X Q, et al. 2015. Polyamine and its metabolite H_2O_2 play a key role in the conversion of embryogenic callus into somatic embryos in upland cotton (*Gossypium hirsutum* L.) . Front Plant Sci, 6: 1063

Chibbar R, et al. 1988. Esterase isozymes as markers of somatic embryogenesis in cultured carrot cells. Journal of Plant Physiology, 133(3): 367-370

Choi Y, et al. 1997. Developmental and structural aspects of somatic embryos formed on medium containing 2, 3, 5-triiodobenzoic acid. Plant Cell Reports, 16(11): 738-744

Conger B, et al. 1987. Somatic embryogenesis from cultured leaf segments of *Zea mays*. Plant Cell Reports, 6(5): 345-347

Coppens L, Gillis E. 1987. Isoenzyme electrofocusing as a biochemical marker system of embryogenesis and organogenesis in callus tissues of *Hordeum vulgare* L. Journal of Plant Physiology, 127(1): 153-158

Davidonis G H, Hamilton R H. 1983. Plant regeneration from callus tissue of *Gossypium hirsutum* L. Plant Science Letters, 32(1): 89-93

De Smet I, et al. 2010. Embryogenesis–the humble beginnings of plant life. The Plant Journal, 61(6): 959-970

Dong J Z, Dunstan D I. 1996. Expression of abundant mRNAs during somatic embryogenesis of white spruce [*Picea glauca*(Moench)Voss]. Planta, 199(3): 459-466

Dong J Z, Dunstan D I. 1997. Characterization of cDNAs representing five abscisic acid-responsive genes associated with somatic embryogenesis in *Picea glauca*, and their responses to abscisic acid stereostructure. Planta, 203(4): 448-453

Dudits D, Bogre L, Gyorgyey J. 1991. Molecular and cellular approaches to the analysis of plant embryo development from somatic cells *in vitro*. Journal of Cell Science(United Kingdom), 99: 473-482

Dunstan D I, Bock C A. 1997. Abscisic acid [(+)-ABA] content in white spruce somatic embryo tissues related to concentration of fed ABA. Journal of Plant Physiology, 150(6): 691-696

Earnshaw B A, Johnson M A. 1985. The effect of glutathione on development in wild carrot suspension cultures. Biochemical and Biophysical Research Communications, 133(3): 988-993

Ernst D, Oesterhelt D. 1985. Changes of cytokinin nucleotides in an anise cell culture(*Pimpinella anisum* L.)during growth and embryogenesis. Plant Cell Reports, 4(3): 140-143

Feher A, Pasternak T P, Dudits D. 2003. Transition of somatic plant cells to an embryogenic state. Plant Cell, Tissue and Organ Culture, 74(3): 201-228

Feirer R P, Mignon G, Litvay J D. 1984. Arginine decarboxylase and polyamines required for embryogenesis in the wild carrot. Science, 223(4643): 1433-1435

Filonova L H, Bozhkov P V, von Arnold S. 2000. Developmental pathway of somatic embryogenesis in *Picea abies* as revealed by time‐lapse tracking. Journal of Experimental Botany, 51(343): 249-264

Fujimura T, Komamine A. 1984. Fractionation of Cultured Cells. Academic Press

Ge X, et al. 2014. iTRAQ protein profile differential analysis between somatic globular and cotyledonary embryos reveals stress, hormone, and respiration involved in increasing plantlet regeneration of *Gossypium hirsutum* L. Journal of Proteome Research, 14(1): 268-278

Gorbatenko O, Hakman I. 2001. Desiccation tolerant somatic embryos of norway spruce(*Picea abies*)can be produced in liquid cultures and regenerated into plantlets1. International Journal of Plant Sciences, 162(6): 1211-1218

Greenberg J T. 1996. Programmed cell death: a way of life for plants. Proceedings of the National Academy of Sciences, 93(22): 12094-12097

Groover A, Jones A M. 1999. Tracheary element differentiation uses a novel mechanism coordinating programmed cell death and secondary cell wall synthesis. Plant Physiology, 119(2): 375-384

Havel L, Durzan D. 1996. Apoptosis during diploid parthenogenesis and early somatic embryogenesis of Norway spruce. International Journal of Plant Sciences,157: 8-16

Hunt M C, Alexson S E. 2002. The role Acyl-CoA thioesterases play in mediating intracellular lipid metabolism. Progress in Lipid Research, 41(2): 99-130

Jiménez V M. 2005. Involvement of plant hormones and plant growth regulators on *in vitro* somatic embryogenesis. Plant Growth Regulation, 47(2-3): 91-110

Kamada H, Harada H. 1981. Changes in the endogenous level and effects of abscisic acid during somatic embryogenesis of *Daucus carota* L. Plant and Cell Physiology, 22(8): 1423-1429

Kamo K K, Hodges T K. 1986. Establishment and characterization of long-term embryogenic maize callus and cell suspension cultures. Plant Science, 45(2): 111-117

Kawashima T, Goldberg R B. 2010. The suspensor: not just suspending the embryo. Trends in Plant Science, 15(1): 23-30

Komatsuda T, Kaneko K, Oka S. 1991. Genotype×sucrose interactions for somatic embryogenesis in soybean. Crop Science, 31(2): 333-337

Linossier L, et al. 1997. Effects of abscisic acid and high concentrations of PEG on *Hevea brasiliensis* somatic embryos development. Plant Science, 124(2): 183-191

Lippert D, et al. 2005. Proteome analysis of early somatic embryogenesis in *Picea glauca*. Proteomics, 5(2): 461-473

Loschiavo F, Quesada-Allue L A, Sung Z R. 1986. Tunicamycin affects somatic embryogenesis but not cell proliferation of carrot. Plant Science, 44(1): 65-71

Maheswaran G, Williams E. 1985. Origin and development of somatic embryoids formed directly on immature embryos of *Trifolium* repens *in vitro*. Annals of Botany, 56(5): 619-630

Meyer L J, et al. 2012. Phosphoproteomic analysis of seed maturation in *Arabidopsis*, rapeseed, and soybean. Plant Physiology, 159(1): 517-528

Misra S, et al. 1993. Effect of abscisic acid, osmoticum, and desiccation on synthesis of storage proteins during the development of white spruce somatic embryos. Annals of Botany, 71(1): 11-22

Montague M J, Armstrong T A, Jaworski E G. 1979. Polyamine metabolism in embryogenic cells of *Daucus carota*. II. Changes in arginine decarboxylase activity. Plant Physiology, 63(2): 341-345

Montague M J, Koppenbrink J W, Jaworski E G. 1978. Polyamine metabolism in embryogenic cells of *Daucus carota*. Ⅰ. Changes in intracellular content and rates of synthesis. Plant Physiology, 62(3): 430-433

Morel A, et al. 2014. Early molecular events involved in *Pinus pinaster* Ait. somatic embryo development under reduced water availability: transcriptomic and proteomic analyses. Physiologia Plantarum, 152(1): 184-201

Mundy J, Yamaguchi-Shinozaki K, Chua N H. 1990. Nuclear proteins bind conserved elements in the abscisic acid-responsive promoter of a rice *rab* gene. Proceedings of the National Academy of Sciences, 87(4): 1406-1410

Nishiwaki M, et al. 2000. Somatic embryogenesis induced by the simple application of abscisic acid to carrot(*Daucus carota* L.)seedlings in culture. Planta, 211(5): 756-759

Nomura K, Komamine A. 1985. Identification and isolation of single cells that produce somatic embryos at a high frequency in a carrot suspension culture. Plant Physiology, 79(4): 988-991

Ozias-Akins P, Vasil I K. 1982. Plant regeneration from cultured immature embryos and inflorescences of *Triticum aestivum* L. (wheat): evidence for somatic embryogenesis. Protoplasma, 110(2): 95-105

Price H J, Smith R H. 1979. Somatic embryogenesis in suspension cultures of *Gossypium klotzschianum* Anderss. Planta, 145(3): 305-307

Quiroz-Figueroa F R, et al. 2006. Embryo production through somatic embryogenesis can be used to study cell differentiation in plants. Plant Cell, Tissue and Organ Culture, 86(3): 285-301

Rajasekaran K, Hein M B, Vasil I K. 1987. Endogenous abscisic acid and indole-3-acetic acid and somatic embryogenesis in cultured leaf explants of *Pennisetum purpureum* Schum. Effects *in vivo* and *in vitro* of glyphosate, fluridone, and paclobutrazol. Plant Physiology, 84(1): 47-51

Reinert J. 1958. Untersuchungen uber die morphogenese an gewebekulturen. Ber Dtsch Bot Ges, 71: 15

Roberts D R, et al. 1990. Abscisic acid and indole-3-butyric acid regulation of maturation and accumulation of storage proteins in somatic embryos of interior spruce. Physiologia Plantarum, 78(3): 355-360

Roberts K, McCann M C. 2000. Xylogenesis: the birth of a corpse. Current Opinion in Plant Biology, 3(6): 517-522

Sagare A, et al. 2000. Cytokin-induced somatic embryogenesis and plant regeneration in *Corydalis yanhusuo*(Fumariaceae)-a medicinal plant. Plant Science, 160(1): 139-147

Salopek-Sondi B, et al. 1997. Storage product accumulation during the maturation of *Picea omorika*(Panč.)Purk. somatic embryos. Periodicum Biologorum, 99(1): 117-124

Schindler T, Bergfeld R, Schopfer P. 1995. Arabinogalactan proteins in maize coleoptiles: developmental relationship to cell death during xylem differentiation but not to extension growth. The Plant Journal, 7(1): 25-36

Sengupta C, Raghavan V. 1980. Somatic embryogenesis in carrot cell suspension Ⅱ. Synthesis of ribosomal rna and poly(A) RNA. Journal of Experimental Botany, 31(1): 259-268

Slay R M, Grimes H D, Hodges T K.1989.Plasma membrane proteins associated with undifferentiated and embryonic Daucus carota tissue. Protoplasma, 150(2-3):139-149

Skokut T A, Manchester J, Schaefer J. 1985. Regeneration in alfalfa tissue culture stimulation of somatic embryo production by amino acids and N-15 NMR determination of nitrogen utilization. Plant Physiology, 79(3): 579-583

Somleva M, Schmidt E, De Vries S. 2000. Embryogenic cells in *Dactylis glomerata* L. (Poaceae)explants identified by cell tracking and by SERK expression. Plant Cell Reports, 19(7): 718-726

Sonenberg N, Dever T E. 2003. Eukaryotic translation initiation factors and regulators. Current Opinion in Structural Biology, 13(1): 56-63

Spiegel-Roy P, Saad S. 1986. Effect of carbohydrates and inhibitors of GA_3 biosynthesis on embryogenenic potential of salt tolerant and non-tolerant callus lines of orange(*Citrus sinensis osbeck*). Plant Science, 47(3):

215-220

Stuart D A, Strickland S G. 1984. Somatic embryogenesis from cell cultures of *Medicago sativa* L. Ⅰ. The role of amino acid additions to the regeneration medium. Plant Science Letters, 34(1): 165-174

Sung Z, Okimoto R. 1983. Coordinate gene expression during somatic embryogenesis in carrots. Proceedings of the National Academy of Sciences, 80(9): 2661-2665

Taylor M G, Vasil I K. 1996. The ultrastructure of zygotic somatic embryo development in pearl millet(*Pennisetum glaucum*; Poaceae). AmericanJournal of Botany,82(2): 28-44

Teyssier C, et al. 2014. In search of markers for somatic embryo maturation in hybrid larch(Larix×eurolepis): global DNA methylation and proteomic analyses. Physiologia Plantarum, 150(2): 271-291

Tisserat B, Murashige T. 1977. Effects of ethephon, ethylene, and 2, 4-dichlorophenoxyacetic acid on asexual embryogenesis *in vitro*. Plant Physiology, 60(3): 437-439

Toonen M A, et al. 1994. Description of somatic-embryo-forming single cells in carrot suspension cultures employing video cell tracking. Planta, 194(4): 565-572

Trigiano R, et al. 1989. Origin of direct somatic embryos from cultured leaf segments of *Dactylis glomerata*. Botanical Gazette,150: 72-77

Trigiano R, May R, Conger B. 1992. Reduced nitrogen influences somatic embryo quality and plant regeneration from suspension cultures of orchard grass. *In Vitro*-Plant, 28(4): 187-191

Trolinder N L, Goodin J. 1987. Somatic embryogenesis and plant regeneration in cotton(*Gossypium hirsutum* L.). Plant Cell Reports, 6(3): 231-234

Trolinder N L, Goodin J. 1988. Somatic embryogenesis in cotton(*Gossypium*) Ⅰ. Effects of source of explant and hormone regime. Plant Cell, Tissue and Organ Culture, 12(1): 31-42

Vasil V, Vasil I K. 1982. Characterization of an embryogenic cell suspension culture derived from cultured inflorescences of *Pennisetum americanum*(pearl millet, Gramineae). American Journal of Botany, 1441-1449

von Arnold S, et al. 2002. Developmental pathways of somatic embryogenesis. Plant Cell, Tissue and Organ Culture, 69(3): 233-249

von Arnold S. Hakman I. 1988. Regulation of somatic embryo development in *Picea abies* by abscisic acid(ABA). Journal of Plant Physiology, 132(2): 164-169

Wann S, et al. 1987. Biochemical differences between embryogenic and non-embryogenic callus of *Picea abies*(L.)Karst. Plant Cell Reports, 6(1): 39-42

Warren G, Fowler M. 1979. Changing fatty acid composition during somatic embryogenesis in cultures of *Daucus carota*. Planta, 144(5): 451-454

Williams E, Maheswaran G. 1986. Somatic embryogenesis: factors influencing coordinated behaviour of cells as an embryogenic group. Annals of Botany, 57(4): 443-462

Wurtele E S, et al. 1988. Quantitation of starch and ADP-glucose pyrophosphorylase in non-embryogenic cells and embryogenic cell clusters from carrot suspension cultures. Journal of Plant Physiology, 132(6): 683-689

Zimmerman J L. 1993. Somatic embryogenesis: a model for early development in higher plants. The Plant Cell, 5(10): 1411

第五章 体细胞胚胎发生相关基因的表达与调控

第一节 激素类基因

一、生长素类基因

植物生长素能够影响细胞分裂、伸长和分化，介导植物的向地性和向光性，调节植物主根、侧根的发生和伸长，促进维管束的分化及根毛、花器官的形成等（Bandurski et al.，1995）。自20世纪30年代吲哚乙酸（indole-3-acetic acid，IAA）被发现后，越来越多的研究证明生长素在植物体细胞胚发生、发育和形态建成过程中起了重要的调节作用（Su et al.，2009）。IAA是生长素的主要活性成分，几乎就成了生长素的代名词，是最早发现的调节植物生长发育的植物激素。此外，植物体中还存在其他类型的生长素物质。例如，在拟南芥、烟草及玉米中以吲哚丁酸（indole-3-butyric acid，IBA）、苯乙酸（NAA）和4-氯吲哚-3-乙酸（4-chloroindole-3-acetie acid，4-CI-IAA）等形式存在。研究生长素的合成、运输及响应的分子生化机制，对深入认知生长素调节植物生长发育的分子机制有着重要的意义。

（一）生长素的合成

生长素的合成是一个非常复杂的过程，IAA的从头合成存在多条途径，但是各条途径的生化机制还不是十分清楚。尽管各种植物中存在着保守的生长素合成途径，但是在长期的进化过程中，不同植物的生长素合成方式发生了较大的变异，甚至有些植物演化出自己所特有的生长素合成途径，从而使生长素合成适应其自身的生长发育（Zhao et al.，2010）。酶学分析、功能基因组学研究、代谢特征观察及同位素标记稀释实验表明，IAA的生物合成途径主要分为依赖色氨酸（Trp-dependent pathway）和非依赖色氨酸（Trp-independent pathway）两条途径（Cohen et al.，2003）。近些年来发现的生长素合成相关基因主要是参与色氨酸依赖的IAA合成途径，依据IAA合成过程中的主要中间产物，色氨酸依赖的生物合成过程通常又划分为4条支路：吲哚乙醛肟（indole-3-acetaldoxime，IAOx）途径、吲哚乙酰胺（indole-3-acetamide，IAM）途径、色胺（tryptamine）途径和最新报道的将黄素类似单加氧酶（flavin mono-oxygenase enzyme，YUCCA）途径合并到吲哚丙酮酸形成的新的吲哚丙酮酸（indole-3-pyruvic acid，IPA）途径（Woodward and Bartel，2005；Lehmann et al.，2010；Zhao，2010），这条途径是一条研究比较透彻的生长素合成途径（Mashiguchi et al.，2011）（图5-1）。

吲哚乙醛肟（IAOx）途径又称为CYP79B途径，这是因为细胞色素P_{450}单加氧酶（cytochrome P_{450} mono-oxygenase）CYP79B2及CYP79B3是该条途径中重要的催化酶。模式生物拟南芥（*Arabidopsis thaliana*）中，过表达*CYP79B2*基因会导致植株中生长素的含量显著提高，而*cyp79b2cyp79b3*双突变体（*CYP79b2*和*CYP79B3*基因均被沉默）的幼苗下胚轴变短，植株矮小，体内生长素的含量明显降低（Zhao et al.，2002）。体外实验证明，这两个P_{450}单加氧酶能够将色氨酸氧化为吲哚-3-乙醛肟（Hull et al.，2000）（图5-2），但是吲哚-3-乙醛肟

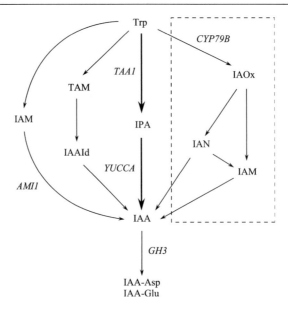

图 5-1　植物中的生长素合成途径（Mashiguchi et al.，2011）

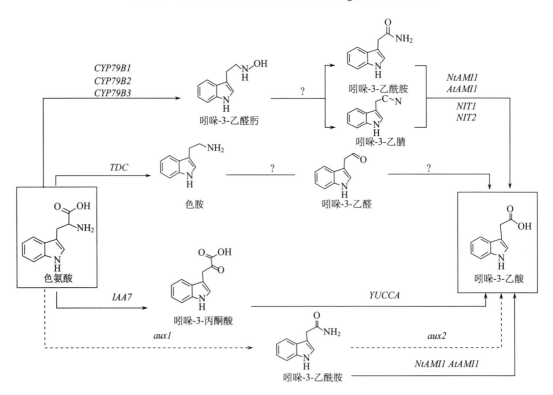

图 5-2　植物体内依赖色氨酸的生长素合成途径（王家利等，2012）

实线.已克隆到基因；虚线.未克隆到相关基因

如何转化到 IAA，目前尚不清楚。但是，在拟南芥中，该途径的化学合成过程已经非常明确，即 CYP79B2/CYP79B3 将色氨酸转化为吲哚-3-乙醛肟，吲哚-3-乙醛肟可以经过吲哚-3-乙腈或吲哚-3-乙酰胺转变为吲哚乙酸（Sugawara et al.，2009）。拟南芥中，该条途径可能还受到温度的调控（Zhao et al.，2002；Sugawara et al.，2009）。值得注意的是，该条途径并不是植物合成IAA的主要途径（Zhao et al.，2010；Lehmann et al.，2010），如在水稻（*Oryza sativa* L.）和玉米（*Zea mays* L.）等植物中并不存在该条途径（Sugawara et al.，2009），而且*cyp79b2 cyp79b3*双突变体的生长素缺陷表型并不是十分明显。

　　吲哚乙酰胺途径是迄今为止在微生物中研究最为透彻的一条IAA合成途径，该条途径是在假单胞杆菌（*Pseudomonas savastanoi*）和根瘤农杆菌（*Agrobacterium tumefaciens*）中发现的。在该条途径中，IAA合成前体色氨酸首先被色氨酸单加氧酶（tryptophan monooxygenase，iaaM）催化转变为吲哚-3-乙酰胺，随后被吲哚乙酰胺水解酶（indole-3-acetamide hydrolase，iaaH）水解成为吲哚乙酸（图5-2）。虽然在柑橘（*Citrus reticulata*）、笋瓜（*Cucurbita maxima*）和日本山樱（*Prunus jamasakura*）等植物体内也检测到了内源的吲哚-3-乙酰胺，但是很长一段时间以来，研究人员普遍认为该途径在植物中并不存在。随着检测仪器的不断改进和分析水平的提高，内源吲哚-3-乙酰胺在拟南芥、水稻、烟草（*Nicotiana tabacum*）和玉米中均被检测到（Sugawara et al.，2009），人们开始相信在植物体内同样也存在以吲哚-3-乙酰胺为中间产物的生长素合成途径。遗憾的是，目前尚未发现催化色氨酸直接转化成吲哚-3-乙酰胺的调控基因。

　　根据色胺在燕麦属生长素类物质中的活性和对胚轴的促进作用，色胺途径很早就被认为是植物中IAA的合成途径。后来，在烟草愈伤组织、烟草顶端分生组织、大麦（*Hordeum vulgare*）和马铃薯（*Solanum tuberosum*）的地上部分，都观察到被同位素标记的色胺转变成了IAA。因此，早在1967年，Sequenia和Phelps就发现在烟草中存在色胺生长素合成途径。色胺途径的第一步是在TDC（TRP decarboxylase）的作用下，色氨酸被催化形成色胺（图5-2），该催化基因目前在水稻、喜树（*Camptotheca acuminate*）、长春花（*Catharanthus roseus*）和短小蛇根草（*Ophiorrhiza pumila*）中被克隆到（Zhao，2010）。在拟南芥中，该酶基因尚未被克隆到，仅仅通过生物信息学方法分析得到2个具有芳香左旋氨基酸脱羧酶活性的蛋白质，但实验证明，这两个蛋白质作用的底物并不是色氨酸。在拟南芥中，究竟是哪种蛋白质在色氨酸转变为色胺的过程中起重要作用，目前尚不清楚。色胺又是如何进一步被催化形成IAA的呢？早期的研究认为，色胺途径中各中间产物出现的先后顺序是色氨酸、色胺、N-羟基色氨、吲哚-3-乙醛肟和吲哚乙醛（Zhao et al.，2002）。*YUCCA*基因家族能催化色胺转化为N-羟基色胺，因此，在最初的研究中YUCCA被认为是色胺途径中的限速酶（Woodward and Bartel，2005；Lehmann et al.，2010；Zhao，2010；Quittenden et al.，2009）。但最近的研究发现，*YUCCA*基因家族催化吲哚丙酮酸生成IAA，而非参与色胺途径的IAA合成（Mashiguchi et al.，2011）。功能基因组学的分析也表明，吲哚-3-乙醛肟来自吲哚乙醛肟途径（Sugawara et al.，2009）。因此，需要重新审视植物中存在的以色胺为中间产物的IAA合成过程。豌豆（*Pisum sativum*）是目前少数能明确色胺途径各阶段产物的植物之一。利用气相色谱质谱联用（GC-MS）技术分析发现，在豌豆中该条途径各中间产物依次是色氨酸、色胺、吲哚乙醛和吲哚乙酸，但是催化各步反应的生化机制还不清楚（Quittenden et al.，2009）。目前，科学家对植物中色胺途径的了解还非常有限，甚至一些植物体内是否存在色胺途径尚存争议（Mashiguchi et al.，2011），因此对于植物中该途径还需要更加深入的研究。

　　吲哚丙酮酸途径是迄今为止在植物中研究最为透彻的生长素合成途径，也是植物中比较重要的IAA合成途径。在此途径中，通过两步反应，植物就可以迅速以色氨酸为底物从头合成生长素。在植物中，以吲哚丙酮酸为中间产物合成吲哚乙酸的过程如下：色氨酸在色氨酸氨基转移酶TAA蛋白家族的催化下生成吲哚丙酮酸，这个家族在模式生物拟南芥中包括3个主要成员，TAA1、TAR1和TAR2（Stepanova et al.，2008）；然后，再经黄素单加氧酶家族YUCCA蛋白（flavin monooxygenase-like enzyme，FMO）催化生成IAA（Zhao et al.，2001；Mashiguchi et al.，2011）（图5-2）。在该条途径中，*TAA*和*YUCCA*基因协同作用，共同调节IAA的合成。此外，*YUCCA*基因家族与*TAA*基因家族的突变体在表型上十分相似，由*YUCCA*基因引起的生长素过量表型在*taa*多突变体中消失，说明YUCCA蛋白介导的生长素合成依赖于TAA蛋白的活性（Won et al.，2011），这也进一步在遗传学上证明了TAA和YUCCA蛋白存在于同一条生长素合成通路中。截止到现在，很多植物中都已经克隆到*YUCCA*基因的同源基因，如水稻、矮牵牛（*Petunia hybrida*）和番茄（*Solanum lycopersicum*）等，这说明*YUCCA*基因在不同植物的生长发育过程中发挥普遍的作用（Lehmann et al.，2010；Zhao et al.，2011）。

吲哚丙酮酸途径介导的生长素合成途径是植物中最主要也是最基础的生长素合成途径，参与调控了植物生长发育过程，如花器官、维管组织和叶的形成，根的发生，特别是胚的发生。在拟南芥胚胎发育的整个过程中，*TAA1*基因在胚胎顶端分生组织和根端分生组织的几个细胞中都表达。与此一致的是，拟南芥*ei8tar1tar2* 三突变体的胚胎发育表现出生长素相关的发育缺陷，包括生长素调节的根端分生组织原细胞的分裂，子叶原基和下胚轴的产生，在突变体中均表现异常。此外，生长素响应报告因子的表达在突变体中也降低了（Stepanova et al.，2008）。*YUCCA*基因在植物合子胚的发育过程中，也表现出了一定的分布模式。在拟南芥球形胚时期，*YUC1*、*YUC4*、*YUC10*和*YUC11*基因在胚的上半部分表达，且随着胚的发育，逐渐在子叶和顶端分生组织中表达，而胚发育成熟以后，*YUCCA*基因主要在顶端分生组织中表达（Cheng et al.，2007）。值得注意的是，随着植物胚的生长发育，*YUCCA*基因的表达范围逐渐变得特异。生长素的局部合成在拟南芥合子胚发育过程中起到了重要的调控作用，生长素的合成是否在拟南芥的体细胞胚胎发生过程中也起到重要的调节作用呢，这是我们提出的一个科学问题。

（二）生长素的运输和信号转导

生长素主要在植物茎端分生组织、根端分生组织、幼叶及发育中的胚中合成，然后再被运输到其他部位发挥作用（常莉等，2008）。在植物体中生长素主要有3种运输方式。①消耗能量的主动运输。这种运输方式依赖运输载体的介导并且具有极性（polar auxin transport，PAT），速度较慢，但对于植物的生长发育至关重要。②不需要消耗能量的被动运输。这种运输方式主要通过韧皮部的维管组织进行，是一种扩散性质的非极性运输，速度较快。③横向运输。当植物受到光照、重力及体内电荷分布等刺激时，在根尖、茎尖等尖端部位发生的一种运输方式。目前，生长素是植物界发现的唯一具有极性运输特性的一种植物激素。通过极性运输方式，生长素在植物体内形成特定的分布模式，从而调节植物的生长发育和形态发生（Friml et al.，2003）。生长素的这种极性运输能被*N*-萘基邻氨甲酰苯甲酸（naphthylphthalamic acid，NPA）抑制。研究发现，施加生长素极性运输抑制剂能够导致植物胚发育异常（Friml et al.，2003）。这种异常在PIN家族突变体中也能发现，如*pin1*和*pin4pin7*双突变体中（Friml et al.，2003，2004），这在一定程度上说明了生长素的极性运输对于植物胚的发生发育是必需的。

生长素信号转导通路是目前研究最为透彻的激素信号转导通路。经典的激素信号转导通路主要包括信号识别、信号转导和信号响应，生长素的信号转导途径也不例外。目前的研究重点主要集中在生长素受体、响应基因及信号转导过程中的一些调节蛋白和调控元件等。生长素受体主要包括，生长素结合蛋白1（ABP1）和生长素运输抑制剂响应蛋白1（TIR1）；生长素响应类基因主要包括3个家族，*Aux/IAAs*（auxin/indoleacetic acids）、*SAURs*（small auxin-Up RNAs）和*GH3s*（gretchen hagen 3）；另外，还有一些关键的蛋白质组分，生长素/吲哚乙酸蛋白（AUX/IAA蛋白）、生长素响应因子（ARFs）和SCF（SKP1-CDC53/CUL1-F-box）复合体等，在生长素信号转导过程中起着重要的调控作用（蒋素梅等，2005；张娟，2009）。

　　ABP1是在玉米胚芽鞘中分离出的一种糖蛋白，它能够与生长素高度结合，是研究最早的一种生长素受体（Chen et al.，2001）。拟南芥中*ABP1*基因的纯合突变体abp1的细胞生长及胚的发生都受到了明显的抑制；通过进一步的研究发现，*ABP1*介导低浓度的生长素反应，调节细胞的伸长（Chen et al.，2001）。虽然至今仍然没有明确的证据证明*ABP1*与生长素诱导基因的转录相关，但其作为一种生长素结合蛋白所具有的关键作用是毋庸置疑的，它的作用机制有待于进一步的研究。TIR1蛋白是研究较为透彻的一种生长素受体，它是通过生长素反应突变体tir1克隆获得的（李亚男等，2008）。TIR1属于富含亮氨酸重复序列（LRRs）的F-box蛋白，它可以和RBX1、AtCUL1及拟南芥中类似SKP的ASK1/ASK2一起形成一个有活性的SCFTIR1复合体。作为一个生长素受体，生长素的结合能够促进其与Aux/IAAs的结合，Aux/IAAs蛋白作为TIR1蛋白识别的底物分子进行泛素化修饰后，进入26S蛋白酶体降解（Dharmasiri et al.，2005；Kepinski et al.，2005；Tan et al.，2007）。此外，*TIR1*还有3个同源基因：*AFB1*（auxin signaling f-box proteins）、*AFB2*和*AFB3*。研究表明，tir1afb1afb2afb3四突变体缺失了根和胚轴，经常只有一个子叶（Dharmasiri et al.，2005）。

　　*Aux/IAAs*是目前研究较多的、植物中特有的一类受生长素诱导表达的组织和发育阶段特异性的基因家族（冯霞等，2008）。目前，从拟南芥中分离到的29个*Aux/IAAs*基因中，除IAA28基因外，大多数都能被生长素诱导。iaa3突变体改变了对生长素信号的响应，导致子叶伸长、胚轴缩短和根发育异常等。iaa6、iaa7、iaa12、iaa14、iaa17、iaa18和iaa19突变体对生长素的响应均发生改变，最终导致不定根增加、促进了侧枝的发生和抑制了根的伸长等多种异常表型（任怡怡等，2012）。*SAURs*最早是从大豆胚轴中分离得到的一类生长素响应基因。目前，在拟南芥中已发现70多种*SAURs*基因，除了AtSAUR11外，其他都没有内含子，且该基因大多是成簇存在的，编码极不稳定的mRNA，是一种特异的生长素响应基因。原位杂交结果显示，*SAURs*基因在茎的伸长区表达较强，而在根或其他器官表达极低甚至不表达，暗示了该类基因在调节细胞伸长这一功能中具有较为特殊的意义。在外源生长素作用下，2~5min便可观察到*SAURs*基因的mRNA浓度增加（吕剑等，2004）。*GH3s*也是从大豆中分离出来的一类生长素响应基因。研究发现，*GH3s*的表达与生长素浓度成正比，说明是该类基因的表达是由高浓度生长素诱导引起的（吕剑等，2004）。在拟南芥中，已发现了20个*GH3s*基因，其中包括19个含有完整的开放阅读框的基因和一个基因N末端的片段（任怡怡等，2012）。

　　ARFs是一种DNA连接蛋白。至今，已经分离到约23个*ARF*基因，除了ARF3、ARF5、ARF6、ARF7和ARF8作为转录抑制因子外，多数*ARFs*基因可以通过激活基因转录而发挥作用。对*ARFs*生物学功能的研究，主要是通过拟南芥ARFs功能缺失突变体来进行的。arf3突变体表现为，雄蕊形态改变和雌蕊顶端发育不良，说明了ARF可能参与了调节花器官的发育；arf5突变体中，维管组织大量减少，并且胚轴的形成异常，表明了ARF5基因可能在维管组织的形成和发育中发挥着重要作用；*arf7*突变体中，上胚轴的向光性和下胚轴的向地性消失，推测该基因可能通过调控生长素的浓度来调节细胞的生长；*ARF8*基因在拟南芥中超表达以后，侧根的形成受到了抑制，基因缺失突变体则表现出侧根增加，表明了*ARF8*基因与侧根的发育相关（张娟，2009）。SCF复合体，是指F-box 蛋白与拟南芥Skpl蛋白类似物ASKI和AtCul1（Cullin 1）形成的蛋白质复合体。它属于泛素化蛋白质降解途径中的锌指类E3连接酶家族，通过与TIR1蛋白形成SCFTIR1复合体而发挥作用，生长素通过调控SCFTIR1复合体与其底物Aux/IAA蛋白的结合或快速泛素化使底物蛋白降解，启动下游基因的转录（Gray et al., 2001）。此外，生长素信号转导过程中还涉及其他多种不同调控元件，如NAC类转录因子等（冶晓芳，2009）。

（三）生长素在植物体细胞胚胎发生中的作用及相关基因的功能研究

生长素对植物胚胎的发生具有极其重要的作用，这一点在合子胚和体细胞胚胎中都有所体现。前人研究表明，生长素在胡萝卜（*Daucus carota*）胚胎发育的诱导和随后的胚胎发育的形成中扮演着重要的角色，但在生长素继续存在的情况下，却不能继续发育（Borklrd et al., 1986；Halperln and Wetherell，1964）。也就是说，胚胎由球形胚向心形胚的发育过程中需要去除生长素。现在研究者逐渐认为，胚胎诱导过程中，如果生长素继续出现，原初胚胎细胞团（pre-embryo-mass，PEMs）虽然仍然能合成球形胚时期发育所需的所有基因，但是，同时也出现了许多其他的mRNAs和蛋白质，从而抑制了胚胎的发生。一旦去掉生长素，这些出现的mRNAs和蛋白质失活，胚胎发生程序又可以重新启动（Zimmerman，1993）。一旦胚胎发生被重新诱导，胚胎就开始自主地合成生长素，而且这个过程是可以逆转的（Michalczuk et al., 1992；Michalczuk et al., 1992）。另外，有报道指出，存在2，4-D时，胚性细胞的形成可能与DNA的甲基化相关。在葫芦科植物中，当培养基中存在较高浓度的2，4-D时，DNA甲基化频率升高。相反，培养基中不含2，4-D时，DNA甲基化频率又下降。在胡萝卜体细胞胚胎发生的过程中也出现了相似的现象。那么，当2，4-D存在时，DNA甲基化与胚胎的形成有什么关系呢？有证据指出，2，4-D之所以在体细胞胚胎发生中起着重要作用，可能是因为2，4-D在体细胞胚胎发生过程中不仅仅是作为一种激素，而是作为一种压力信号起作用。在马铃薯（*Solanum tuberosum*）和大豆（*Glycine max*）中，2，4-D诱导体细胞胚胎发生过程中，一些压力响应的基因表达上调。另外，当施加IAA的浓度是内源IAA浓度的103倍的时候，才能诱导体细胞胚胎的再生，说明了2，4-D可能是作为一种压力信号在体细胞胚胎发生中发挥作用。

生长素的梯度分布对于植物体细胞胚胎发生过程至关重要。在体细胞胚胎的诱导过程中，去除培养基中的外源生长素以后，在胚性愈伤组织内部形成了生长素的梯度分布，*WUS*基因的表达与生长素梯度的形成是关联在一起的。通过使用*DR5rev::GFP pWUS::DsRED-N7*双标株系，Su 等（2009）发现体细胞再生诱导之前，生长素的响应信号主要分布在胚性愈伤组织的中间部位，仅有极少数的信号出现在胚性愈伤组织的边缘，随着诱导再生时间的增长，生长素的响应信号逐渐向胚性愈伤组织的表面集中，这反映了生长素的梯度分布正在形成，诱导体细胞再生24h以后，生长素的响应信号主要分布在胚性愈伤组织表面，此时，WUS信号位于生长素响应较低区域的表层细胞下方的几层细胞中，围绕*WUS*表达区域的是生长素响应较强的区域，随着体细胞诱导时间的增长，*WUS*基因的表达区域逐渐增大，而DR5信号也逐渐向原胚顶端及新形成的子叶原基区域中集中。

已经有研究表明，生长素梯度分布的形成依赖于PIN1蛋白介导的生长素的极性运输，这种极性运输是正常体细胞胚胎形态发生的首要条件（Schiavone and Cooke，1987；Liu et al.，1993；Wisniewska et al.，2006）。研究发现，在体细胞胚胎发生过程中，生长素的极性运输及分布通过影响干细胞调控基因*WUS*的表达，进而调节体细胞胚胎发生。如果在体细胞诱导过程中，施加生长素极性运输抑制剂NPA，破坏生长素的极性分布，最终导致无法产生体细胞胚胎。同时，在生长素极性运输抑制剂NPA的作用下，*WUS*基因也不能在体细胞胚胎发生早期被诱导表达。在体细胞胚胎发生过程中，可能存在着生长素的外运蛋白PIN1与组织中心的特征基因*WUS*之间的相互作用（Su and Zhang，2009）。Su和Zhang（2009）通过使用*pPIN1::PIN1-GFP*和*pPIN1::PIN1-GFP pWUS::DsRED-N7*双标转基因株系，观察了诱导体细胞胚胎发生过程中，生长素的极性运输和*WUS*基因表达模式的关系。尽管PIN1信号在体细胞未诱导再生之前就能被观察到，但是PIN1蛋白的极性定位，在体细胞诱导再生16h和24h才能被清楚地观察到，这在一定程度上说明了PIN1的极性定位与生长素的梯度分布形成是关联在一起的（图5-3A~C），体细胞诱导再生36h，PIN蛋白定位于*WUS*基因表达位置上方的一团细胞中（图5-3D、G）。诱导再生2d后，PIN1蛋白的极性定位显示，生长素被运输到体细胞胚胎原胚的顶部细胞（图5-3E、H），随后，PIN1蛋白定位在了子叶原基上（图5-3F、I），此时体细胞胚胎正处于心形胚时期，PIN1蛋白与*WUS*基因的空间表达位置是严格分开的（图5-3I）。上述结果说明，PIN1蛋白在体细胞胚胎发生生长素的极性运输过程中起着重要的作用。

TIR1蛋白是拟南芥生长素信号转导的受体（Dharmasiri et al.，2005；Kepinski el al.，2005；Tan et al.，2007）。尽管在*tir1*突变体中能够产生正常的合子胚，但是利用其作为外植体诱导体细胞胚胎发生时，只能诱导产生少数异常的体细胞胚胎，无法产生正常的体细胞胚胎（Su et al.，2009）。利用*tir1afb1afb2afb3*四突变体的外植体诱导再生体细胞胚胎时，体细胞胚胎无法产生（Dharmasiri et al.，2005）。利用 RT-PCR 检测诱导再生过程中胚胎发生相关基因*WUS*、*LEC1*、*LEC2*和*FUS3*等的表达发现，这些基因的表达被严重抑制（白波，2013）。利用*mp*、*arf6-2*和*arf8-3*突变体的弯子叶形胚，作为外植体诱导再生体细胞胚胎时，其体细胞胚胎发生都受到了不同程度的抑制（白波，2013）。上述结果说明，拟南芥的体细胞胚胎发生需要一个有效的生长素信号转导通路，任何一步信号转导通路发生异常都将会影响其体细胞胚胎发生过程。

二、细胞分裂素类基因

（一）细胞分裂素的合成

细胞分裂素的合成分为tRNA途径和从头合成途径。①tRNA途径：由tRNA分解产生细胞分裂素这条途径是次要的。tRNA分解释放出顺式玉米素，然后在顺反异构酶的催化下转化成为高活性的反式玉米素（Mok et al.，2001）。然而，tRNA的代谢速率较低，对于形成植物体内大量的细胞分裂素是远远不够的。②从头合成途径：从头合成是细胞分裂素生物合成的主要途径，主要分为有AMP途径、ATP/ADP途径和旁路途径。

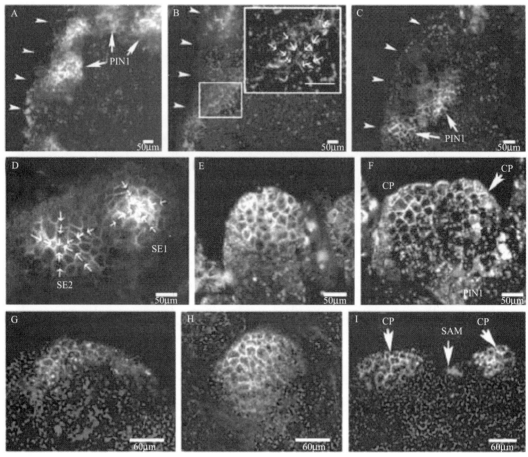

图 5-3　体细胞胚胎发生过程中利用 *pPIN1::PIN1-GFP* 标记展示的
生长素极性运输（Su and Zhang，2009）

A.在 ECIM 上诱导 14d 的胚性愈伤组织中，PIN1 并不表现出极性定位；B.在 SEIM 上诱导 16h，PIN1 的极性定位在胚性愈伤组织的边缘部位，小框中展示的是放大图，箭头指示的是 PIN1 在细胞中的极性定位；C.在 SEIM 上诱导 24h 后胚性愈伤组织中增强了的 PIN1 的极性定位信号；D、E.在体细胞原胚的早期球形胚和晚期球形胚时期 PIN1 的极性定位信号（绿色），箭头指示的是 PIN1 极性定位的方向；F.在将要产生子叶原基的部分细胞中的 PIN1 信号；G.在 SEIM 上诱导 36h 后，*WUS* 基因的转录信号和 PIN1 的信号共定位在愈伤组织的同一区域；H.在体细胞原胚时期 *WUS* 基因的转录信号和 PIN1 的共定位；I. *WUS* 转录信号定位在茎端分生组织中，而 PIN1 信号定位在子叶原基中。SE1 和 SE2 代表的是将要产生体细胞胚胎的部位； CP.子叶原基；SAM.茎端分生组织。箭头在 A~C 指示的是胚性愈伤组织边缘，绿色信号是 PIN1；在 A~F 中的红色信号和 G~I 中的蓝色信号代表的是叶绿素自发
荧光；G~I 中的红色信号代表 *WUS* 信号

　　在 AMP 途径中，二甲基丙烯基二磷酸（DMAPP）上的异戊烯基基团转移到 AMP 的 N6 位上，形成异戊烯基腺苷-5′-磷酸（iPMP）和异戊烯腺苷（iPA）。此反应的酶是 DMAPP：AMP 异戊烯基转移酶。磷酸腺苷异戊烯基转移酶（adenosine phosphate-isopentenyltransferase，IPT）是细胞分裂素生物合成第一步的催化酶，也是限速酶。限速酶是整条代谢通路中催化反应速度最慢的酶，它不仅影响整条代谢途径的总速度，还可以改变代谢方向。Takei（2001）和 Kakimoto（2001）研究小组从拟南芥基因组数据库中鉴定出 9 个 ipt 同系物（ipt-homologs），命名为 *AtIPT1~AtIPT9*。系统进化分析表明，*AtIPT2* 和 *AtIPT9* 编码推定的 tRNA-异戊烯基转移酶

（putative tRNA-ipt），而其他7个*AtIPTs*（*AtIPT1*、*AtIPT3*、*AtIPT4*、*AtIPT5*、*AtIPT6*、*AtIPT7* 和*AtIPT8*）形成了更接近细菌*ipt*基因的不同进化枝。除了*AtIPT2*外，其他7个基因在大肠杆菌中的表达均可导致细胞分裂素异戊烯基腺嘌呤（ip）和玉米素的分泌，表明了这7个基因可以编码细胞分裂素的生物合成酶（Takei et al.，2001）。在植物体中，利用二甲烯丙基二磷酸作为侧链供体，AtIPT4使ATP和ADP异戊烯基化，形成异戊烯基ATP和异戊烯基ADP7（Kakimoto，2001）。*AtIPT4*基因过表达时，即使没有外源细胞分裂素存在，茎仍然能够再生（Kakimoto，2001）。*AtIPT3*、*AtIPT5*和*AtIPT7*在营养器官中表达。*AtIPT1*在胚珠和营养器官中表达。*AtIPT4*主要在再生的未成熟种子中表达。*AtIPT8*能专一地在再生器官中表达。细胞分裂素负调节*AtIPT1*、*AtIPT3*、*AtIPT5*和*AtIPT7*在植物体中的表达（Miyawaki et al.，2006）。

ATP/ADP 途径。研究表明，拟南芥中纯化得到的AtIPT4酶与细菌中的ipt酶有所不同，AtIPT4酶在ATP、ADP和AMP同时存在时，能够优先利用ATP和ADP作为底物。推测该酶的产物可能是异戊烯基腺苷-5'-三磷酸（iPTP）和异戊烯基腺苷-5'-二磷酸（iPDP），然后iPTP和iPDP羟基化形成玉米素。

旁路途径。近年来的研究表明，拟南芥中存在着另外一个从头途径（不依赖于iPMP途径）。在整个反应中，不依赖于iPMP合成反式玉米素核苷磷酸（ZMP）（Astot et al.，2000）。iPMP由二甲基丙烯基二磷酸（DMAPP）和AMP直接合成，iPMP在内源羟化酶的作用下，可转化成为ZMP。

（二）细胞分裂素的信号转导

在细胞分裂素信号转导的研究中，细胞分裂素受体是生物学家比较关注的热点。拟南芥有3个细胞分裂素受体：CRE1/WOL/AHK4、AHK2和AHK3。细胞分裂素受体编码组氨酸激酶参与信号传递（Heyl et al.，2003；Ferreira et al.，2005；Hwang et al.，2006）。CRE1/AHK4细胞分裂素受体主要存在于根的发育过程中（Inoue et al.，2001）。*AHK4* 编码二元组分体系的组氨酸激酶，作为一个直接的受体分子，能积极地调节细胞分裂素信号传导途径（Inoue et al.，2001）。在单细胞体系（如大肠杆菌和酵母菌）中，CRE1/WOL具有信号转导的作用；拟南芥细胞分裂素受体包括信号接受区、输入区和组氨酸激酶区（Inoue et al.，2001）。位于质膜上的受体AHK2和AHK3在结合细胞分裂素后，其激酶区保守的组氨酸发生自磷酸化。然后，通过形成组氨酸磷酸转移蛋白中间体，将磷酸基团传递至拟南芥应答调节子中，最后调节下游信号活动（Suzuki et al.，1998，2001）。*AHK2*和*AHK3*编码与CRE1同源的组氨酸激酶蛋白（Inoue et al.，2001）。AHK3在芽发育的各个方面发挥重要的作用，包括叶的调节和芽的生长、叶绿体发育、叶绿素的保留、芽的脱黄化、叶的衰老和抵抗远红外线。此外，细胞分裂素受体还有AHK1、AHK4和AHK5。其中，AHK1是干旱盐胁迫应答和ABA信号途径的正调控因子。AHK5是乙烯和ABA信号途径的负调控因子，抑制根的伸长。

细胞分裂素信号转导。二元组分体系是由组氨酸激酶和应答调节子（RR）两种蛋白质组成。大多数的组氨酸激酶位于细胞外间隙带有信号传感区的横跨膜受体（输入区）和位于细胞质的信号转导区（转运区），而应答调节子则具有接受区的特性。在保守的组氨酸中，组氨酸激酶自身发生磷酸化，然后将磷酸基团直接或者间接地传递给保守的天冬氨酸，从而调节连接信号转导区的活动。多步磷酸传递体系存在于一些真核生物体系和大多数原核生物中，含有传感物激酶、组氨酸磷酸转移蛋白和应答调节子。在多步磷酸传递中，磷酸盐是按照His→Asp→His→Asp的传递顺序。拟南芥中有5个组氨酸磷酸转移蛋白（histidine phsphotransfer proteins，HPt）区域蛋白，分别命名为AHP1~AHP5。它们编码150个氨基酸，含有高度保守的组氨酸磷酸转移域。拟南芥的组氨酸-磷酸蛋白（*Arabidopsis* histidine phosphotransfer proteins，AHPs）传递的信号来自于受体，其可能位于质膜上。对于拟南芥应答调节子（*Arabidopsis* response regulators，ARRs）来说，多数位于细胞核上。拟南芥原生质体系中，*AHP1*、*AHP2*和*AHP5*过表达不会影响细胞分裂素主要应答基因的表达（Yamada et al.，2001）。AHP2和AHP4干扰大肠杆菌中人工合成的CRE1/WOL/AHK4→YojN→RcsB磷酸传递体系。拟南芥中有22个应答调节子基因、type-A应答调节子和type-B应答调节子。type-A和type-B ARRs都参与细胞分裂素信号传递。11个type-A ARRs接受域主要是N端和C端的短序列构成，11个type-B ARRs含有C端输出域和接受域（Alexander et al.，2003）。除了接受域之外，11个type-A ARR中的6个蛋白质（ARR3、ARR4、ARR7、ARR8、ARR9和ARR15）有酸性短的C端延伸特征（D'Agostino et al.，2000）。9个type-A ARR基因具有细胞分裂素诱导性。Type-B ARRs位于细胞核内，含有接受域和较大的C末端延伸特征。拟南芥中有11个type-B ARRs，type-B ARRs的半数C末端含有保守的GARP域，是植物特异转录因子的共有域（Mason et al.，2004；Sakai et al.，2001）。拟南芥的type-B ARRs作为转录因子，在二元组分细胞分裂素信号转导中发挥正调节作用，其磷酸化作用调节输出域，控制细胞分裂素应答的活性。

　　细胞分裂素的信号转导模型是通过组氨酸到天冬氨酸的磷酸传递（Alexander et al.，2003）。以CRE1/AHK4 结构为例，配体结合诱导受体二聚作用和磷酸化作用。磷酸基团转移通过有活性的受体激活AHPs，AHPs能够转运从细胞质到细胞核内的type-B ARRs信号。Type-B应答调节子可以激活type-A ARR的基因转录，从而使type-A ARR基因表达。通过负反馈环，type-A应答调节子可能向下调节原初细胞分裂素信号应答。以正或者负的形式，调节下游细胞分裂素的活性或通过蛋白质与蛋白质之间相互作用调节其他信号的途径（图5-4）。

（三）细胞分裂素在植物体细胞胚胎发生中的作用及相关基因的功能研究

　　很多研究表明，细胞分裂素在诱导体细胞胚胎发生中发挥重要作用。6-BA是比较常见且使用频率较高的细胞分裂素，可以促进体细胞胚胎发生。但是，外植体在6-BA浓度较高的培养基中易出现玻璃化现象，胚性愈伤组织的形成也会受到过度生长的愈伤组织的抑制，因此，当胚性愈伤组织形成后应及时将6-BA转移（魏晓明等，2012）。噻苯隆（thidiazuron，TDZ）在体细胞胚胎诱导中的作用也受到越来越多的研究，许多难再生的植物在添加TDZ的培养基中成功诱导出了体细胞胚胎，并获得了再生植株。添加TDZ，不仅可以较好地诱导愈伤组织，在体细胞胚胎的诱导、发育和萌发阶段也起着重要作用。但这种作用也会因植物种类不同而有所差异，甚至同一种植物不同栽培种也有差异，同时也会受处理时间和处理浓度的影响（Chengalrayan et al.，1997）。在含有2，4-D和TDZ的培养基中，培养西瓜不成熟子叶，从子叶表面诱导出体细胞胚胎进而发育成苗（Compton and Gray，1993）。用TDZ处理非洲紫罗兰（*Saintpaulia ionantha*）雄蕊，当TDZ质量浓度低于0.55mg/L时有利于芽器官的诱导，当质量浓度较高时（1~2mg/L）则有利于体细胞胚胎的诱导（Mithila et al.，2003）。一定浓度范围的TDZ能明显促进香蕉体细胞胚胎的萌发，当浓度较高时会加剧玻璃化现象（魏岳荣，2005）。研究表明，当TDZ与其他植物生长调节剂配合使用时，因激素种类和浓度不同，体细胞胚胎

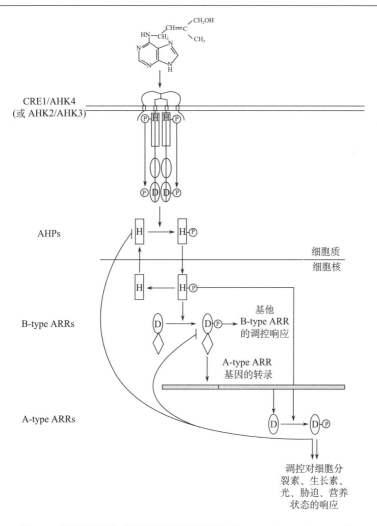

图 5-4 拟南芥细胞分裂素信号转导模型（Alexander et al.，2003）

的诱导率差异很大。南瓜体细胞胚胎的成熟受NAA和KT的影响，其叶外植体用86mg/L的KT初步预处理48h后，体细胞胚胎进一步发育成为鱼雷形并最后萌发，并提高了再生率（Kintzios et al.，2002）。棉花体细胞胚胎发生和植株再生能力的难易取决于其基因型，造成这种现象可能是由于不同基因型具有不同水平的内源激素造成的。因此，棉花组织培养中，外源激素调控对其体细胞胚胎发生和植株的再生具有十分重要的作用。用于棉花组织培养中的细胞分裂素主要有KT、2iP和BA等。用不同细胞分裂素诱导棉花幼苗外植体，结果表明相对于BA，KT和2iP的诱导效果较好（谢德意，2006）。

B-ARRs是一类细胞分裂素诱导的调控因子，它既是WUS的直接作用位点，又是细胞分裂素信号通路的关键基因，还是生长素信号通路的重要调控位点。免疫共沉淀（CHIP）实验证明，在拟南芥分生组织中，WUS基因是通过直接结合B-ARR7调控干细胞的（Leibfried et al.，2005）。在植物胚胎发生过程中，一旦球形胚内的细胞开始不对称分裂，胚的基部细胞内的生长素通过调节ARR7/ARR1来抑制细胞分裂素信号；在芽顶端分生组织的干细胞形成期，ARR7和ARR15是这两种激素互作的调节枢纽，一旦细胞分裂素促进ARR7和ARR15的表达，生长素就会立即响应并抑制*ARR7*和*ARR15*的转录水平（Su et al., 2011）。然而，在离体培养条件下，只有少数研究指出，*WUS*影响生长素的运输和信号传导，没有关于*WUS*、生长素和细胞分裂素三者之间联系的研究。

三、脱落酸基因

（一）脱落酸的生物合成

曾认为，高等植物可能存在两条脱落酸（abscisic acid，ABA）的生物合成途径：①直接途径。3个异戊烯单位聚合成C15前体法呢基焦磷酸（farnesyl pyrophosphate，FPP），再由FPP经环化和直接形成的15碳ABA。②间接途径。先由甲羟戊酸（MVA）聚合成C40前体——类胡萝卜素，再由类胡萝卜素裂解成15碳的化合物，如黄质醛（XAN），最后由XAN转变成为ABA。目前，越来越多的证据表明，高等植物主要以间接途径生成ABA。

在ABA合成途径中，玉米黄质被催化成全反式紫黄质，需两步环氧化作用，催化这一反应的酶为玉米黄质酶（ZEP/ABA1）。拟南芥中的ABA缺失突变体*aba1*和烟草中的ABA缺失突变体*aba2*，其ZEP/ABA1的催化作用被削弱（Duckham et al., 1991）；在渗透压存在条件下，绿色组织中的*ZEP/ABA1*表达量并没有升高，这一现象在野生型马铃薯（*Solanum tuberosum*）、豇豆（*Vignasesquipedalis*）和番茄（*Lycopersicon esculentum*）中都得到了证明（Audran et al., 1996；Iuchi et al., 2000；Thompson et al., 2000）。有报道指出，在渗透压或外源ABA处理的情况下，根茎中ABA合成酶基因*ZEP/ABA1*的mRNA提高，且受渗透压诱导的*ZEP/ABA1*转录水平，在ABA缺失突变体或ABA不敏感型突变体中降低（Xiong et al., 2001）。

ABA生物合成的关键步骤是9′顺式紫黄质或9′顺式新黄质的氧化裂解（图5-5）（Schwartz et al., 2003）。*Viviparous 14*（*Vp14*）编码双加氧酶，在ABA合成反应中催化双链的断裂。Schwartz等（1987）在玉米中，发现了一种新的ABA缺失突变体*Vp14*，其胚中C40前体物的断裂产物（XAN）较少，而环氧类胡萝卜素并不缺乏。克隆*Vp14*等位基因得到的重组体VP14蛋白可以催化9′-顺-环氧类胡萝卜素的裂解（Schwartz and Cooke, 1987）。在之后的研究中，陆续发现了*VP14*的同源序列，人们把*VP14*命名为*NCED*。在马铃薯失水的叶和根中检测到了*NCED*基因的表达（Burbidge et al., 1999），随后在豇豆叶中也检测到了*NCED*的表达（Qin and Zeevaart, 1999）。过表达*NCED1*导致叶中的ABA水平升高，说明了在叶中，NCED是ABA合成过程中的关键酶（Thompson et al., 2000）。

叶绿体和细胞质中都能形成ABA，但利用的最早前体并不是一样的（图5-5）（Schwartz et al., 2003）。叶绿体ABA合成的丙糖-丙酮酸途径。以MVA为最早前体的ABA合成则主要在细胞质进行。在细胞质中，黄氧素被催化成为ABA，需要3步催化反应。在*aba2*突变体中，黄氧素不能被有效催化成ABA醛。目前克隆*ABA2*基因发现，ABA2编码一种短链的脱氢酶，利用NAD因子催化黄氧素转化为ABA醛。目前还没有发现ABA2的过表达能够引起ABA水平的提高。ABA生物合成的最后一步需要AAO3蛋白的催化作用。

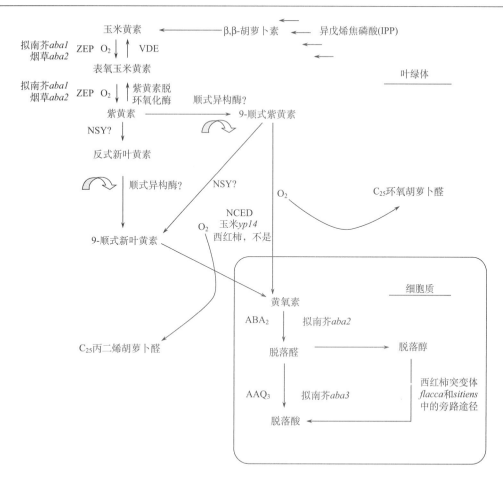

图 5-5 ABA 的合成途径（Schwartz et al.，2003）

（二）脱落酸的信号转导

在ABA信号转导的研究中，ABA受体一直以来都是生物学家最关注的热点（图5-6）。目前，公认的ABA受体有3种，其中两种受体基因涉及植物开花的时间和叶绿体的合成，第3种受体属于G蛋白偶联家族的一员。①开花时间控制蛋白（FCA）是第一个报道的ABA受体基因，它编码一种RNA结合蛋白，在控制拟南芥的成花转变中起着作用。FCA蛋白与RNA结合蛋白（FY）结合形成FCA-FY复合物，这种复合体负调控flowering locus C（FLC）的表达，并且诱导成花转变过程（Simpson et al.，2003）。ABA可以与FCA蛋白结合，破坏FCA-FY复合物对FLC的负调控作用，从而抑制植物的开花。②CHLH是一种参与叶绿素生物合成的镁螯合酶H亚单元Mg螯合酶，被认为是ABA的受体。CHLH基因过表达的拟南芥，在种子萌发和幼苗生长生理过程中对ABA反应敏感性大大增强。相反，使用RNA干扰技术降低CHLH基因的蛋白质含量，拟南芥种子或植株对ABA的反应能力降低，这说明了ABA是通过CHLH来传递调节信号（Shen et al.，2006）。③最新研究证实，G蛋白偶联受体G-proteincoupled receptor 2（GCR2）作为一种跨膜蛋白，也是ABA的受体，且认为GCR2是ABA的主要受体。研究表明，在拟南芥中过表达GCR2基因，可以引起ABA不敏感的明显表型。反之，降低*GCR2*的表达则表现出ABA超敏感性（Liu et al.，2007）。

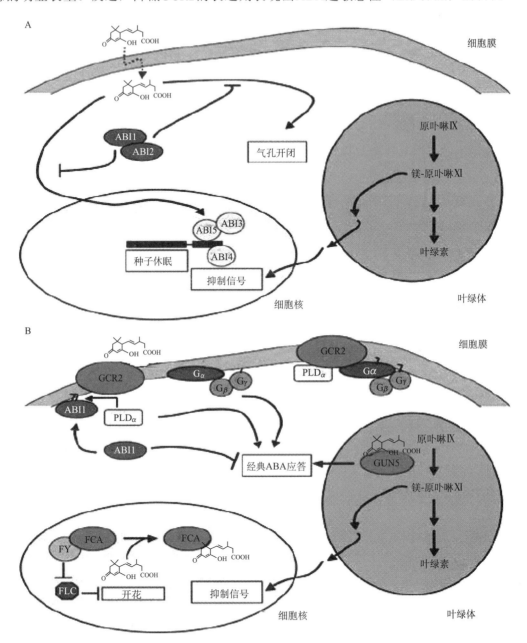

图 5-6　ABA 信号转导途径（McCourt and Creelman，2008）

A. ABA 信号转导中的 5 个基因：*ABI1*、*ABI2*、*ABI3*、*ABI4* 和 *ABI5*。ABI1-5 在外源 ABA 存在时降低了 ABA 的敏感性。*ABI1*、*ABI2* 编码磷酸酯酶 2C（PP2C），研究表明 *ABI1* 和 *ABI2* 在 ABA 信号转导中起负调控作用。*ABI3*、*ABI4* 和 *ABI5* 编码 ABRE 转录因子，在种子中功能冗余的起正调控作用。B. ABA 的 3 种受体。ABA 与 FCA 结合，抑制了 FCA-FY 复合物的形成，破坏了 FCA-FY 复合物对 FLC 的负调控作用，从而抑制植物开花。GUN5 与叶绿素生物合成有关，CHLH 作为 ABA 的受体参与叶绿素生物合成。GCR2 编码一种 G 蛋白偶联受体，ABA 与 GCR2 相结合释放出三聚体（Gα、Gβ、Gγ，在调节气孔开闭和种子休眠中起作用）

目前，一些与ABA响应有关的基因已被克隆。这些ABA响应有关基因编码了4类转录因子。例如，拟南芥中的ABA INSENSITIVE 3（ABI3）和玉米中的VP1；高度同源的磷酸激酶2C家族的两个成员，如拟南芥的ABA INSENSITIVE 1（ABI1）和ABA INSENSITIVE 2（ABI2），编码APETALA 2（AP2）结构域的ABA INSENSITIVE 4（ABI4）和编码ABA合成酶的法尼基转移酶ABA1。FUS3和LEC1基因编码一种转录因子，与ABI3共同在种子的发育中发挥作用（Hoecker et al.，1995）。由于ABA信号转导途径的复杂性和大量ABA信号转导突变体没有被发现，因此，尽管存在ABA响应有关的突变体，但目前还没有形成一条完整的ABA信号通路。拟南芥ABA缺失突变体abi3不能合成ABA，但其胚在整体水平上表现正常，因此认为ABA不直接调控ABI3基因。推测ABI3在胚胎成熟的过程中，可能通过建立脱水和休眠状态的非依赖于ABA途径而发挥作用。推测胚胎不能进入脱水和休眠状态导致了其对ABA的不敏感性。与abi3相比，abi1和abi2突变体能够进行正常的胚胎成熟过程，包括储藏蛋白的积累和LEA基因的活动，因而ABI1和ABI2基因可能仅与诱导休眠有关。ABI1基因编码一种与信号传递有关的丝-苏氨酸磷酸酶同源的Ca^{2+}依赖的磷酸酶，ABI1磷酸酶可能与根的分生组织原基细胞的分裂周期中的磷酸化过程受抑制有关，使成熟胚进入休眠状态（Merlot and Giraudat，1997）。

（三）ABA在植物体细胞胚胎发生中的作用及相关基因的功能研究

ABA对植物体细胞胚胎发生的影响既表现在愈伤组织诱导阶段，也表现在体细胞胚胎的诱导、发育及萌发阶段。研究表明，ABA可以促进禾谷类植物，如小麦（*Triticum aestivum*）、大麦（*Hordeum vulgare* L.）和水稻等愈伤组织的诱导，提高其愈伤组织分化率（祁永等，2005；任江萍等，2005；陈军营等，2006；高三基等，2004；李霞等，2005）；在培养基中加入ABA有助于小麦和大麦胚性愈伤组织的形成，并且能够有效抑制体细胞胚胎的过早萌发；培养基中ABA浓度为0.1mg/L时，小麦幼胚愈伤组织的诱导效果最佳；在水稻愈伤组织诱导的过程中在分化培养基中添加适量的ABA能够提高籼稻愈伤组织的分化率；提高培养基中ABA的浓度可以提早籼稻'扬稻6号'愈伤组织的出现。还有研究表明，ABA对改善禾本科植物愈伤组织的状态具有较好的作用（任江萍等，2003；张栋等，1996；李双成等，2004；贺杰等，2005；姜华等，2006）；在小麦愈伤组织的诱导及继代过程中添加适当浓度的ABA，可以使松散的愈伤组织变得致密。在水稻和结缕草（*Zoysia japonica*）的研究中也观察到类似的现象；用不同浓度的ABA处理长期培养的水稻愈伤组织，然后观测愈伤组织的结构变化、植株的再分化率、不定胚及器官分化的形成，结果表明，经10mg/L ABA处理的愈伤组织外缘部分表现出禾本科类不定胚形成前期的形态结构，不仅分化时间缩短1周，并且植株的再生率明显提高，说明了ABA对其细胞的再分化进程有明显的促进作用。

在体细胞胚胎的诱导和体细胞胚胎发育过程中，ABA可以促进植物体细胞胚胎的发生和成熟，抑制体细胞胚胎的过早萌发，并可抑制畸形胚的产生。崔凯荣等（1998）以枸杞（*Lycium barbarum* L）无菌苗的叶片作为外植体，在含有2，4-D的培养基中诱导脱分化形成愈伤组织，此种愈伤组织不经继代直接转入不含激素的MS培养基中不能形成体细胞胚胎，但添加一定浓度的ABA后，可以通过正常体细胞胚胎的发生途径形成再生植株；ABA对提高优质山茶（*Camellia japonica* L.）体细胞胚胎的形成非常有效，也能明显促进甘薯（*Ipomoea batatas* L）和棉花体细胞胚胎的发生（Du et al.，1997；Zheng et al.，1996；王清连等，2004）。在体胚发育过程中，ABA能显著抑制内地云杉（*Interior spruce*）体细胞胚胎的提前萌发，促进子叶期胚中佇藏蛋白的积累（Robert et al.，1991）。研究表明，ABA抑制畸形胚的形成与处理浓度及胚的发育时期等有关，0.2mg/L的ABA处理土当归（*Aralia cordata* Thunb）鱼雷形胚和子叶形胚，分别出现65.9%和73% 的次生胚。而ABA的浓度提高后，次生胚的形成急剧减少（Lee et al.，1998）。

　　棉花组织培养过程中，外源ABA处理球形胚后，随着时间推进，体细胞胚胎发育过程有了明显的变化（葛晓阳，2016）。低浓度的ABA（小于0.04μmol/L）可以促进球形胚产生较多的次级体细胞胚胎，而且次级体细胞胚胎可以发育成正常子叶形胚。而正常的培养条件下，4%左右的体细胞胚胎会发育成正常的子叶形胚（图5-7A）。0.01μmol/L的ABA处理棉花体细胞球形胚，可以增加次级体细胞胚胎的数量，约有13%的次级体细胞胚胎发育成正常子叶形胚（图5-7B、C）。0.04μmol/L的ABA处理棉花体细胞球形胚后，可以使37%左右的次级体细胞胚胎发育成为正常子叶形胚（图5-7D、E）。但当培养基中添加ABA的浓度大于0.2μmol/L时，球形胚的发育被阻止，次级体细胞胚胎的产生也受到了抑制（图5-7F）。当培养基中添加0.4μmol/L的ABA时，棉花次级体细胞胚胎的产生明显降低，正常子叶形胚的数量也显著减少（图5-7G）；当培养基中添加2μmol/L的ABA时，体细胞胚胎的发育已经停滞，大多数体细胞胚胎已经褐化死亡（图5-7H、U）。合适浓度的外源ABA处理棉花体细胞球形胚，不仅有利于体细胞胚胎的SAM正常发育，显著增加正常子叶形胚的数量，还可以缩短体细胞胚胎的成熟周期，增加转基因苗的再生率，显著提高了棉花转基因效率。因此，我们相信合适的ABA浓度对棉花体细胞胚胎的发育是必需的。

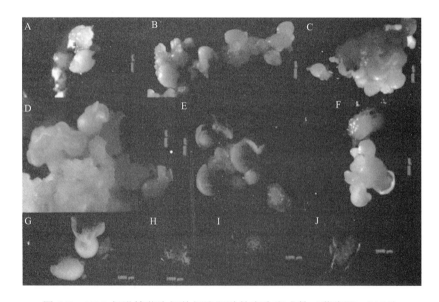

图 5-7　ABA 促进棉花次级体细胞胚胎的产生和成熟（葛晓阳，2016）

A. 低浓度 ABA 处理的次级体细胞胚胎；B、C. 0.01μmol/L 的 ABA 处理的次级体细胞胚胎的表型；D、E. 0.04μmol/L 的 ABA 处理的次级体细胞胚胎的表型；F. 0.2μmol/L 的 ABA 处理的次级体细胞胚胎的表型；G. 0.4μmol/L 的 ABA 处理的次级体细胞胚胎的表型；H~J. 2μmol/L 的 ABA 处理的次级体细胞胚胎的产生

　　也有研究表明，ABA对植物体细胞胚胎发生有一定的抑制作用。ABA对愈伤组织诱导和体细胞胚胎发生的抑制作用可能与作物种类、基因型、处理时体细胞胚胎的发育时期及作用

浓度和时间等因素有关。Lee等（1997）和Dong等（1997）曾经报道，在开始诱导体细胞胚胎时，加入一定量的ABA能分别抑制火炬松（*Pinus taeda*）和白云杉（*P. glauca*）体细胞胚胎的发生。

在体细胞发生过程中，伴随着植物内源ABA含量的动态变化。在胡萝卜细胞组织培养过程中，内源的ABA含量一直保持比较低的水平，但是从非胚性细胞分化为胚性细胞和从胚性细胞团发育成有形态结构的球形胚这两个阶段过程中，伴随着内源ABA含量的增加（韩碧文等，1993）。以不同浓度蔗糖处理胡萝卜体细胞胚胎和胚性器官，结果表明，内源的ABA含量随着胚的生长呈上升趋势，在子叶形胚时达到最大值（程玉兰等，1999）。在枸杞体细胞胚胎发生过程中观察到，当愈伤组织转入分化培养基后第1天，内源ABA含量显著升高，并迅速达到峰值。第15天，内源ABA含量达到第2个峰值，这两个峰值出现的时间正好是胚性细胞启动分化期和球形胚形成期（崔凯荣等，1998）。其作用机制可能是ABA直接或者间接激活相关基因表达形成特异性的胚性蛋白组分，从而为胚性细胞的发生和发育奠定了分子基础。

体细胞胚胎发生相关基因的表达调控是一个相当复杂的过程，它不仅涉及胚胎发育本身相关基因的有序表达，还涉及对培养条件作出相应反应的相关基因的表达。大量实验表明，ABA能激活某些植物体细胞胚胎发生的特异基因的表达，进而合成与体细胞胚胎分化相关的蛋白质，如佇藏蛋白、胚胎特异性蛋白及与胚胎成熟有关的晚期胚胎丰富蛋白（LEA）。目前，已经从研究胚胎发生的模式植物胡萝卜中分离出一些与体细胞胚胎发生相关的基因，如*DC8*、*DC59*、*ECP*和*ECP40*。*DC8*和*DC59*的表达在心形胚时期，而*ECP*和*ECP40*的表达则在原胚时期（Franz et al.，1989; Hatzopou et al.，1990; Kiyosue et al.，1993）。ABA在植物体细胞胚胎的发生发育中发挥重要作用，关键在于其对这些相关基因表达的调控。在体细胞胚胎发生发育的不同时期，用ABA处理后，这些基因表达水平不相同，说明不同基因在体细胞胚胎发生中所起的作用不同。在鹰嘴豆（*Cicer arietinum*）的体细胞胚胎发生中，ABA处理后可产生3种特异的cDNA克隆，*GABO8*、*GABO9*和*GABO11*。这3种克隆的表达产物LEA与胚的成熟有关（Colorado et al.，1995）。从胡萝卜体细胞胚胎的cDNA文库中分离到与拟南芥*ABI3*基因同源的基因*COABI*，它在胚性细胞和发育的种子中特异表达，并且其表达与内源ABA有关（Shiota et al.，1998）。从白云杉子叶形胚中分离得到28个cDNA，这些cDNA的表达对ABA有不同程度的反应。随后，又从白云杉子叶形胚cDNA文库中分离和鉴定了5个ABA应答cDNA：*PgEMB5*、*PgEMB12*、*PgEMB14*、*PgEMB15*和*PgEMB23*，其中*PgEMB12*、*PgEMB14*和*PgEMB15*编码同源但不相同的LEA，而*PgEMB5*和*PgEMB23*与已知的DNA序列几乎无同源性（Dong et al.，1997）。用ABA处理甘蔗两个品种的胚性和非胚性愈伤组织发现，经ABA处理的胚性愈伤组织中所有的*Lea* cDNAs都显著提高，但在非胚性愈伤组织中则观察到其mRNA有不同程度的积累（Linacero et al.，2001）。在水稻的愈伤组织中分离出了两个ABA特异诱导蛋白A1和A2，推测这两个蛋白质在胚（不定胚）的形成过程中发挥重要作用（姜华等，2006）。从大麦中克隆出3个cDNAs，*HvNCED1*、*HvNCED2*和*HvCYP707A1*。通过基因表达和ABA定量分析发现，在大麦胚发育的前期和中期阶段，*HvNCED2*在增加ABA含量方面发挥重要作用，而在后期阶段，*HvCYP707A1*对ABA含量的降低发挥作用（Chono et al.，2006）。综上所述，在不同植物的胚发育阶段，由于ABA的作用不同会产生不同基因的表达。

ABA是如何调控体细胞胚胎发生的呢？有报道指出，ABA与体细胞胚胎发生的Marker

基因LEC1、LEC2和FUS3之间相互调控。LEC1、LEC2和FUS3基因能够调节ABA的合成，而ABA又可以反馈调节FUS3基因的表达。在FUS3功能缺失的突变体中，ABA的水平下降，而异位表达FUS3后ABA水平升高，因此认为FUS3通过影响ABA的水平进而影响体细胞发育命运（图5-8）。葛晓阳（2016）发现，在棉花体细胞胚胎发生中，ABA受体PYL/PYR在其体细胞胚胎发育过程中蛋白质水平逐渐增加，赤霉素（GA）受体GID1在棉花体细胞胚胎发育过程中蛋白质水平逐渐降低，暗示随着体细胞发育对ABA需求的不断增加和对GA需求的不断降低，ABA和GA之间可能通过拮抗作用调控棉花体细胞胚胎发生。

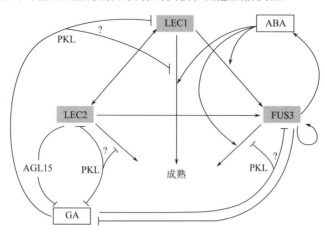

图5-8　LEC1、LEC2和FUS通过调控GA和ABA的动态平衡调控胚发育（Gazzarrini et al.，2004）

四、其他激素类

其他激素，如乙烯（ethylene）、赤霉素（gibberellin，GA）、油菜素内酯（brassinolide，BR）、多胺（polyamine）和茉莉酸（jasmine acid，JA）等对植物体细胞胚胎发生也有重要的影响。拟南芥erf022突变体体内乙烯的含量增高，其体细胞胚胎发生能力变弱，可能是通过乙烯与生长素的相互作用来影响体细胞的胚性转变（Nowak et al.，2015）。通过乙烯合成抑制剂处理苜蓿（Medicago sativa），其体细胞胚胎发生受到抑制。使用乙烯合成前体ACC或者甲基乙二醛促进乙烯合成后，加速了苜蓿体细胞胚胎发生（Mantiri et al.，2008）。与之相反，乙烯对胡萝卜的体细胞胚胎发生则具有抑制作用（Tisserat and Murashige，1977）。研究发现，过量乙烯通过抑制YUC基因介导的生长素合成负调控体细胞胚胎发生（白波，2013）。多胺类物质对体细胞胚胎发生具有促进作用，并且与乙烯相互制约（Nabha et al.，1999）。油菜素内酯能使难以进行胚胎发生的棉花品种进行体细胞胚胎发生，并且IBA和KT的激素组合容易诱导大量的胚性愈伤组织，在胚性愈伤组织的驯化和繁殖方面具有良好的效果。关于赤霉素对体细胞胚胎发生的调控作用报道较少，多数植物能够在不添加GA的培养基中产生体细胞胚胎。有研究发现，在小麦的胚性愈伤诱导体系中，非胚性愈伤组织的内源GA₃含量高于胚性愈伤组织，与IAA含量正好相反，推测GA₃对体细胞胚胎发生具有负调控作用（郭凤丹，2012）。葛晓阳（2016）通过在培养基中添加不同浓度的赤霉素、赤霉素抑制剂多效唑及茉莉酸，处理球形胚，结果发现赤霉素促进体细胞胚胎无规则的生长和膨大，抑制体细胞胚胎正常发育。和对照组相比，畸形胚的数量显著增加。在赤霉素处理10d后，95%的体细胞胚胎体检大，

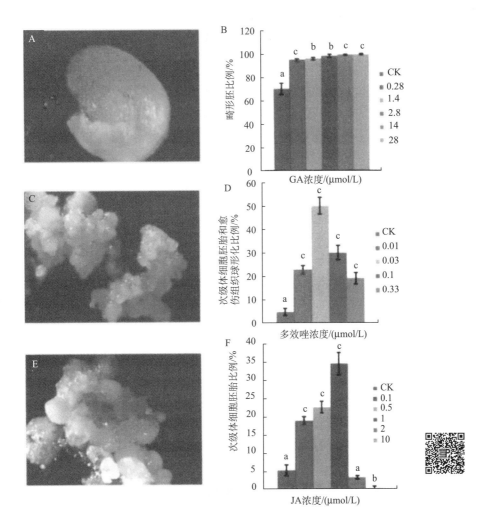

图 5-9　外激素对棉花体细胞胚胎发育的影响（葛晓阳，2016）

A. GA 处理后的体细胞胚胎；B. 不同浓度的 GA 处理后畸形胚的比例；C. 多效唑处理后的体细胞胚胎；D. 不同浓度多效唑处理后产生的次级体细胞胚胎和愈伤组织球形化的比例；E. JA 处理后的体细胞化；F. 不同浓度的 JA 处理后产化次级体细胞胚胎的比例。

a、b、c 示差异水平

呈现浅绿色的畸形状态（图5-9A、B）。赤霉素抑制剂多效唑处理以后，可以促进正常体细胞胚胎的产生（图5-9C、D），表明了赤霉素对棉花体细胞胚胎的发育起负调控作用。茉莉酸对棉花体细胞胚胎的发育也有重要的影响。低浓度的茉莉酸（小于1μmol/L）可以促进次级体细胞胚胎的产生，而高浓度的茉莉酸（2~10μmol/L）就会抑制体细胞胚胎的正常发育（图5-9E、F）。在培养基中添加合适浓度的茉莉酸可以促使球形胚产生许多次级体细胞胚胎。因此，合适浓度的茉莉酸可以诱导次级体细胞胚胎的繁殖，增加体细胞胚胎的成熟率。同时，还发现在体细胞胚胎发育过程中，JA合成基因*AOS*和ABA受体PYL/PYR显著上调，GA受体GID1显著下调，推测这两种激素在控制棉花体细胞胚胎发生方面有重要的作用。

第二节　转录因子类基因

转录因子（transcription factor，TF）也称为反式作用因子，是一种能够与真核基因启动子区域中的顺式作用元件发生特异相互作用的DNA结合蛋白，其功能域包括：DNA结合域、寡聚化位点、核定位信号和转录调控域（激活区或抑制区）。转录因子通过与其他蛋白质之间的相互作用，激活或者抑制转录的起始，从而决定基因在哪种组织、哪个发育阶段进行转录，或参与基因响应的外界环境因子所诱导的转录。目前，已有很多研究表明，一些转录因子类基因在植物体细胞胚胎发生过程中发挥了重要的作用，如*LEC*、*AP2/ERF*、*WUS*和*AGL15*等（郑武，2014）。

一、*LEC*基因

Leafy cotyledon（*LEC*）基因最先在拟南芥中发现，包括*LEC1*和*LEC2*。拟南芥*lec*突变体胚胎发育不正常，子叶表面生有毛状体，缺少胚胎特异性蛋白，胚胎提早萌发，表明*LEC*基因对于维持植物胚胎特性发挥重要的作用（Meinke et al.，1994）。与其他调控因子不同，*LEC*基因不是在胚胎发育的特定阶段起作用，而是在胚胎形态发生阶段和成熟阶段都起重要作用，在胚胎发育早期，*LEC*基因决定胚柄细胞命运和规范子叶特性，而在胚胎发育后期，*LEC*基因的表达与储藏物质的积累和胚抗脱水性的获得等种子成熟过程相关（Stone et al.，2001）。

（一）*LEC1*基因

*LEC1*编码CCAAT-box结合因子（CCAAT binding factor，CBF）的HAP3亚基。CBFs包含3个亚基，HAP2（CBF-B/NF-YA）、 HAP3（CBF-A/NF-YB）和HAP5（CBF-C/NF-YC）。其中HAP3包括3个结构域，A区（A domain）、B区（B domain）和C区（C domain），A区和C区分别位于N端和C端，序列不保守，B区位于中间，不同植物间序列相对保守。研究表明，B区是决定LEC1功能的关键区域（Lee et al.，2003）。在拟南芥中，异位表达*LEC1*会导致幼苗畸形，子叶不能张开，根不能伸长，顶端分生组织处长出类似胚胎的结构等，这一结果表明*LEC1*能够诱导体细胞向胚性细胞的转变（Lotan et al.，1998）。拟南芥*tnp*突变体是*LEC1*基因的功能获得性突变体， 其 LEC途径的活化会导致下胚轴表皮细胞标记及内皮细胞SCARECROW表达的缺失，脂肪和淀粉异常积累，早期和晚期的胚胎特异基因上调表达。当添加外源生长素和糖时，突变体的表型被明显加强，但是赤霉素和脱落酸对此却没有影响，细胞分裂素的作用刚好相反，因此，推断*LEC1*基因调控胚胎细胞命运是通过生长素和糖促进细胞分裂和胚胎分化发挥作用（Casson et al.，2006）。在拟南芥中克隆到编码CCAAT-box结合因子HAP3亚基的一个基因，其与*LEC1*具有很高的同源性，同属于HAP3家族的*LEC1*类型，命名为*L1L*（*LEC1-LIKE*）。*L1L*基因是正常胚胎发育所必需的，组成型表达*L1L*基因能够恢复*lec1*突变体的表型（Kwong et al.，2003）。有人从可可树（*Theobroma cacao* L.）中克隆得到*TcL1L*基因，对其表达分析发现，*TcL1L*基因在幼嫩的体细胞胚胎中高水平表达，且只限于幼嫩和不成熟的胚胎（Alemanno et al.，2008）。为进一步研究*L1L*基因调控体细胞胚胎发生的分子机制，以向日葵（*Helianthus annuus*×*H. tuberosus*）EMB-2繁殖系为材料，对*Ha-LIL*基因的表达和生长素积累进行了研究，发现在叶表皮体细胞胚胎发生部位*Ha-LIL*的表达量上调，

并且IAA的含量提高，推测*Ha-LIL*基因对体细胞胚胎发生的影响可能与生长素有关，但是两者之间的关系仍需进一步的研究（Chiappetta et al.，2009）。

（二）*LEC2* 基因

*LEC2*是*LEC*基因家族的另一重要成员，首先是从拟南芥T-DNA插入突变体中发现并分离得到的。将LEC2的氨基酸序列与其他转录因子进行比较分析发现，LEC2的中央区域与其他转录因子的B3 DNA结合区域具有很高的同源性，其中与ABI3和FUS3的同源性分别是50%和43%，推测LEC2是含有B3结构域的转录调控因子（Meinke et al.，1994）。过量表达*LEC2*基因可以促进了体细胞胚胎的形成，使转基因植物具有胚胎的特性（Stone et al.，2001）。*LEC2*基因的表达，会影响大量下游基因的表达，包括2S和12S种子储藏蛋白基因、油体蛋白基因、2S类似蛋白基因、*EEL*（enhanced EM level）、半胱氨酸蛋白酶基因和*LOB40*（lateral organ boundary 40）等种子储存蛋白基因，而这些基因的表达恰恰与胚诱导密切相关（Braybrook et al.，2006）。35S::LEC2:GR转基因的异位表达活化了*IAA30*和*AGL15*基因的表达，表明了*LEC2*诱导的体细胞胚胎发生与生长素信号途径之间有一定的联系（Braybrook et al.，2006）。研究表明，生长素合成相关基因在*LEC2*被活化后1h内被活化，且*LEC2*基因可以直接调控生长素合成基因*YUC4*的活性，同时激活生长素响应基因的表达，表明了*LEC2*可能通过增强生长素的活性来诱导体细胞胚胎发生（Stone et al.，2008）。拟南芥*lec1*、*lec2*和*fus3*突变体胚胎发生被强烈抑制，体细胞胚胎发生频率只有0~3.9%，而双突变体*lec1lec2*、*lec1fus3*和*lec2fus3*和三突变体*fus3lec1lec2*的胚胎发生被完全抑制了，说明了生长素诱导的体细胞胚胎发生需要*LEC1*和*LEC2*的表达（Gaj et al.，2005）。由此我们可以推测，*LEC*可能通过促进植物激素的生成或者增加植物细胞对激素的敏感性来完成植物体细胞向胚性细胞的转变。

（三）*LEC1* 和 *LEC2* 与其他转录因子的作用

*LEC2*与*ABI3*、*FUS3*基因同属于含有B3 DNA结合域的转录因子，是调控胚胎发育和种子成熟的关键因子。早期的实验证明，*ABI3*、*FUS3*和*LEC1*协同作用调控种子发育的多个过程，并且*ABI3*受到*FUS3*和*LEC1*的正向调控（To et al.，2006）。 在拟南芥中，异位表达*LEC1*基因能够诱导*ABI3*、*FUS3*和*LEC2*的表达，并且在转基因植物中其表达量增加，推测*LEC1*基因也受到自身的调控（Parcy et al.，1994）。此外，利用突变体背景实验证明，*LEC1*对种子储存蛋白*SSP*基因的诱导表达是通过对*ABI3*和 *FUS3*基因的调控起作用的。突变体的胚胎中，*FUS3*和*ABI3* 的mRNA在子叶中的表达缺失，表明了*FUS3*和*ABI3*基因都受到*LEC2*的调控，推测*lec2*突变体的很多表型缺陷都是由*FUS3*和*ABI3*的表达缺失间接引起的（Kroj et al.，2003）。此外，*FUS3*和*ABI3*除了受到*LEC1*和*LEC2*基因的影响之外，*FUS3*和*ABI3*之间也可以相互调控，同时还可以自我调控（Kagaya et al.，2005）。在胚胎发育过程中，*LEC1*和*LEC2*与*FUS3*和*ABI3*之间相互作用，共同调控植物胚胎发育和种子成熟过程。为了确定*LEC1*、*LEC2*、*FUS3*和*ABI3*这些合子胚胎重要基因在体细胞胚胎发生过程中的表达模式，Su等（2009）对由2，4-D诱导的体细胞胚胎进行了研究，结果发现，将胚性愈伤转移到体细胞胚胎诱导培养基上2d时，这4种基因的表达水平升高，8d时*FUS3*和*ABI3*基因表达水平仍然很高，但是*LEC1*和*LEC2*基因表达量降低。 在拟南芥异位表达*ABI3*，在ABA的作用下，转基因植株能够积累许多种子特异基因的mRNA。但是*ABI3*的异位表达并没有引起转基因植株营养生长和生殖生长缺陷，说

明了*ABI3*基因不足以诱导胚的成熟过程（Parcy et al.，1994）。但是目前还没有直接的证据可以证明*FUS3*和*ABI3*与体细胞胚胎发生之间的关系。

（四）ABA 诱导体细胞胚胎发生的标记基因 *LEC1*、*LEC2*、*FUS3* 和 *WUS* 的表达

　　葛晓阳（2016）用ABA处理棉花球形胚，分别在0h、0.5h、1h、2h、3h和4h取样提取其RNA，将体细胞胚胎发生的标记（Marke）基因*LEC1*、*LEC2*、*FUS3*和*WUS*进行了表达分析。结果发现，ABA处理棉花球形胚后，两个*FUS*基因的表达水平从0~2h的时候逐渐增加，2h时其表达水平都达到了最大值，说明ABA调控了*FUS*基因的表达。对于*LEC1-32194*和*LEC2-22231*两个基因而言，ABA处理后它们的表达水平都是先降低，然后在2h处达到最大值，而*LEC2-31983*基因的表达水平在处理0.5h后显著增加，之后又显著降低，说明这些基因对ABA的响应快慢是不同的，不同的表达动态暗示了它们在棉花体细胞胚胎发生过程中的不同时间点发挥作用。同样，对于*WUS-27072*和*WUS-21207*而言，它们在ABA诱导后的表达水平动态趋势也不同，*WUS-27072*在ABA处理后的0.5h时，表达水平显著增加，说明其对ABA做出了相对快速的响应。*WUS-21207*在ABA处理的2h内表达水平逐渐增加，并且在2h处达到最大值，说明其对ABA的响应是一个逐渐递增的过程。总体来说，所有的Marker基因的表达趋势可以分为两大类：①ABA处理2h后表达水平达到最大值；②在ABA处理0.5h后表达水平达到最大值，暗示了它们之间可能以协同互作的方式调控棉花体细胞胚胎发生。对于*WUS*而言，ABA可能通过调控其表达影响SAM的正常发育，进而促进子叶形胚的正常发育。

二、*AP2/ERF*家族基因

　　Jofuku等（1994）从拟南芥（*Arabidopsis thaliana*）中分离到了第一个*AP2* 基因，该基因含有两个AP2/ERF（APETALA2/ethylene-responsive factor）结构域。OmeTakagi和Shinshi（1995）从烟草（*Nicotiana tabacum* L.）中分离得到乙烯响应元件结合蛋白（ERF1、ERF2、ERF3和ERF4），这类蛋白质含有保守的ERF结构域。Kagaya等（1999）分离了*RAV1*和*RAV2*基因的全长cDNA 序列，这两个基因都含有1个AP2/ERF结构域和1个B3结构域。AP2/ERF作为一种重要的转录因子，是一个超大的基因家族，几乎存在于所有的植物中，不同植物含有的AP2/ERF类转录因子的基因家族成员数量不同。根据其序列相似性和AP2/ERF结构域的数量，此大家族分为3个亚家族，分别为AP2、ERF和RAV亚家族（Nakano et al.，2006）。其中AP2蛋白含有2个AP2/ERF结构域，主要在调节植物生长发育过程中发挥重要的作用（Boutilier et al.，2002）。RAV蛋白含有1个AP2/ERF结构域和1个B3结构域，在乙烯响应及生物和非生物胁迫响应的过程中发挥重要的作用（Sohn et al.，2006）。ERF蛋白家族包含1个AP2/ERF 结构域，又可以分为2个大的亚家族，包括CBF/DREB亚家族和ERF亚家族（Sakuma et al.，2002），CBF/DREB和ERF亚家族的主要区别在AP2/ERF结构域第14位和第19位的氨基酸残基，CBF/DREB第14位和第19位的氨基酸分别是缬氨酸和谷氨酸，而ERF则是丙氨酸和天冬氨酸（Sakuma et al.，2002）。CBF/DREB亚家族的员可以识别干旱和冷诱导响应元件，在植物抵抗非生物胁迫的过程中发挥重要的作用，而ERF亚家族成员可以识别GCC盒（AGCCGCC），在植物抵抗生物胁迫的过程中发挥重要作用（Hao et al.，1998）。目前，在很多物种中都鉴定到了*AP2/ERF*基因家族成员。卢合均（2014）在雷蒙德氏棉和亚洲棉中分别鉴定出271个和74

个*AP2/EREBP*家族成员，均可分为*AP2*、*EREBP*和*RAV*亚家族及其他类基因，并且各亚组成员的个数在两个棉种中具有极高的一致性。

（一）植物 AP2/ERF 类转录因子与信号转导通路

植物在自然生长环境中常常会面临各种不利的环境胁迫，包括生物胁迫（细菌、真菌、病毒侵染及虫害等）和非生物胁迫（高盐、涝害、干旱、冷和热等）。为了克服这些环境胁迫，植物在长期的进化过程中已经形成了系统的防御机制，涉及了多种信号途径，而这些信号途径有的是独立的，有的则是相互交叉的。ERF亚家族成员参与了胁迫信号交叉途径，并且是逆境信号交叉途径中的连接因子。Zhang 等（2008）对大豆中9个来自不同的ERF亚家族成员的表达特性进行了分析，结果发现SA、ET、JA和ABA 均可诱导9个基因的表达，其中干旱、低温和高盐分别可以诱导其中9个、5个和9个基因的表达，说明了这9个ERF类家族成员参与了SA、ET、JA和ABA信号转导通路，并且在生物和非生物胁迫的响应中存在着交叉。大豆*GmERF057*基因属于B-2亚类，受高盐、干旱、SA、JA、ET和ABA及烟草花叶病毒（Tobacco mosaic virus，TMV）的诱导表达，该基因在烟草中的过量表达可以增强植物对高盐和病原菌的抗性（Zhang et al.，2008）。*GmERF089*基因属于B-5亚类，受高盐、干旱、SA、JA、ET和ABA的诱导表达（Zhang et al.，2008）。大豆*GmERF3*基因受生物胁迫（TMV的侵染）、非生物胁迫（高盐和干旱）或植物激素（JA、SA、ET和ABA）的诱导表达，说明了其可能是不同信号途径之间的连接因子，在调节生物和非生物胁迫反应中发挥了重要作用（Zhang et al.，2009）。卢合均（2014）将棉花中鉴定的9个*RAV*基因进行了表达分析，结果发现*GhRAV2D*和*GhRAV2A*基因均在黄萎病菌胁迫12h时表达量达到较高值，说明了这两个基因响应了大丽轮枝菌的胁迫；在黄萎病菌胁迫24h和48h时，这两个基因的表达量普遍降低；*GhRAV3D*基因虽然检测到表达，但处理组与对照样组相比，表达差异不显著（图5-10）。综上所述，AP2/ERF类转录因子可以受生物胁迫、非生物胁迫及植物激素的诱导表达，它们可能在响应生物胁迫和非生物胁迫的信号通路中交叉互作。

（二）植物 AP2/ERF 类转录因子的生物学功能

AP2类转录因子主要参与植物的生长发育调节。在番茄（*Lycopersicum esculentum* Mill.）中，AP2类转录因子在成熟的绿色果实、转色期及红色果实中均有表达，其中在转色期表达量最高，说明了AP2 转录因子可能参与了果实的发育过程（Bartley et al.，2002）。Niu等（2002）研究结果表明，大豆AP2类转录因子*GmSGR*基因在根、茎、叶、花和子房中均没有表达，而在开花后14~22d表达，说明了该基因可能参与种子的发育过程。研究表明，AP2类转录因子在花器官和分生组织的识别、胚珠和种皮的发育过程中是必需的。*ap2*突变体种子的重量增加，而且种子重量的增加与花器官变异的程度具有相关性，表明AP2转录因子的活动直接影响了种子的重量（Jofuku et al.，2005；Ohto et al.，2005）。在种子的发育过程中，*ap2*突变体还引起了己糖相对于蔗糖比例的变化，暗示AP2转录因子通过影响糖代谢而影响种子的重量（Jofuku et al.，2005；Ohto et al.，2005）。

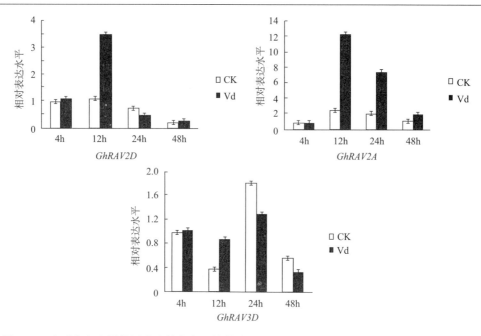

图 5-10　实时荧光定量检测陆地棉在大丽轮枝菌侵染后 *RAV* 基因的表达差异（卢合均，2014）

ERF类转录因子主要参与植物的生物和非生物胁迫应答反应。过量表达*DREB1A/CBF3*基因可以增强植物对高盐、干旱和低温的抗性（Gilmour et al.，2000）。拟南芥中过量表达*DREB2A*基因可以显著提高其对干旱的抗性，同时也在一定程度上提高了对冷害的抗性（Sakuma et al.，2006）。其他的DREB类蛋白，如TINY2（A-4）、GhDBP1（A-5）、GmDREB2（A-5）和ZmDBF1（A-6）也是胁迫诱导类蛋白（Kizis et al.，2002；Wei et al.，2005；Huang et al.，2006；Chen et al.，2007）。大豆*GmERF057*基因受高盐、干旱和TMV 的诱导表达，该基因在烟草中的过量表达可以增强植物对高盐和病原菌的抗性（Zhang et al.，2008）。*GmERF089*基因受高盐、干旱、SA、JA、ET和ABA的诱导表达，其过量表达可以增强植物对高盐和干旱的抗性（Zhang et al.，2008）。Zhang等（2009）研究表明，转基因烟草中过量表达*GmERF3*基因可以提高植物对高盐和干旱的抗性，并且在干旱条件下，转基因植株中游离的脯氨酸和可溶性碳水化合物的含量显著高于非转基因株系。在水稻、烟草、番茄和苜蓿（*Medicago sativa* Linn.）中过量表达*ERF*基因可以提高植物对干旱和高盐的抗性（Gao et al.，2008；Zhang et al.，2010a，2010b；Zhang and Huang，2010；Chen et al.，2010）。

RAV类转录因子首先在拟南芥中被克隆出来，已有的研究表明，RAV类转录因子不仅广泛参与植物的一系列发育过程，而且还参与植物抗逆反应的调控。拟南芥中的*AtRAV1*基因可以负调控植物的发育和生长，*AtRAV1*基因的过量表达会导致侧根和叶发育受阻，而其表达量的降低会使花期提前（Yu et al.，2004）。大豆中的*GmRAV* 基因与光合作用相关，并且调控植株的衰老过程（Zhao et al.，2008）。烟草中，*GmRAV*基因的表达过量能够抑制植株的生长，使根的伸长受阻，同时延迟了开花时间，导致了叶片失绿（Srinivasan et al.，2007）。在黄瓜中，*CsRAV*基因在根、茎、叶、花和果实中均有表达（蒋伦伟等，2012）。在抗逆调控方面：辣椒中*CaRAV1*基因响应病原菌侵染（Sohn et al.，2006）；番茄*SlRAV2*基因的过量表达能够显著提高植株对病原菌的抗性（Li et al.，2011）；油菜中*BnaRAV-1*基因的表达均受到PEG和低温的诱导（Zhuang et al.，2011）。

（三）植物 AP2/ERF 类转录因子在胚胎发育中的功能研究

Baby boom（BBM）类转录因子属于AP2/ERF家族。为了研究*BBM*基因对烟草发育和再生能力的影响，研究人员将拟南芥和甘蓝型油菜的*BBM*基因在烟草中进行诱导性过表达，结果发现，过表达的烟草可自发进行根和芽的形态建成，而且下胚轴外植体在添加细胞分裂素后可诱导体细胞胚胎发生（Srinivasan et al. 2007）。在与体细胞胚胎发生有关的转录因子中，被BBM编码的一些*AP2/ERR*（APETALA2/Ethylene-responsive factor）基因家族成员，如aintegumenta-like（*AIL*）（Boutilier et al.，2002）和enhancer of shoot regeneration（*ESR1*）基因（Banno et al.，2001），在拟南芥中过表达，能够促进胚胎发生或者体外再生。*AP2* 基因亚家族成员在多种组织中表达并且参与一系列的发育过程，如体细胞胚胎发生和根发育等。异源表达一个*AIL* 基因*EgAP2-1*，在转基因拟南芥中，能够改变其叶片形态和增强其再生能力。在油棕的合子胚中，EgAP2-1蛋白大量积聚。原位杂交揭示，在合子胚和体细胞胚胎中，*EgAP2-1*基因的表达主要集中在增殖组织中，与早期叶原基发育、根起始及原形成层组织相关联（Morcillo et al.，2007）。依据在双子叶植物中遗传学研究和组织表达模式的分析结果，AP2亚家族至少4个成员可能参与了胚胎发育：*APETALA2* 基因在种子发育期，通过负调控细胞的增殖调节胚胎的大小（Ohto et al.，2005）；*aintegumenta*（*ANT*）在子叶原基中表达（Elliott et al.，1996）；*BBM* 可能在胚胎发生时，促进细胞增殖和形态发生（Boutilier et al.，2002）；*wrinkled1*（*WRl1*）在拟南芥中正向调控种子的储存新陈代谢（Cernac and Benning，2004）。

三、WUS 同源域蛋白

（一）WUS 同源域蛋白对干细胞和器官分化的影响

Wuschel（*WUS*）基因是一种重要的转录因子，一直以来，对*WUS*基因的研究集中在其对干细胞和器官分化上。WUS和CLV（CLAVATA）或者AGMOUS（AG）可以形成一个精细的反馈调控环，控制干细胞的自我更新来维持茎尖的顶端优势（Hamada et al.，2000；Yadav and Reddy，2012）。WUS对干细胞和器官分化的作用机制方面研究工作较多，研究发现其对干细胞的调控是通过直接作用于细胞分裂素的响应调节因子B-ARR7 来实现的（Leibfried et al.，2005）。随后发现，在花的发育过程中，WUS受细胞分裂素诱导，这些结果都表明，WUS 与细胞分裂素信号通路之间互作来行使功能。更多的研究报道认为，WUS对细胞分化的影响可能是通过与生长素和细胞分裂素信号通路三者互作来调控下游基因进行的。但是，这三者之间具体的作用机制鲜有报道。

WUS在芽和花分生组织中决定干细胞的命运，但是当异位表达时，能促进体细胞胚胎和种子胚的发育（Zuo et al.，2002）。WUS的功能不是直接和胚胎命运相关，而是维持一个未分化的细胞状态，未分化的细胞能响应不同的刺激并且可以改变组织的发育命运。遗传学研究表明，WUS和CLAVATA（CLV）互作，并且CLV可能在WUS上游起作用（Clark，2001），并且WUS/CLV的自调控环对维持干细胞的特性似乎是十分关键的（Waites and Simon，2000）。另外，异源表达WUS会导致分生组织的增大（Schoof et al.，2000）。*WUS*基因不在干细胞或分生组织细胞中表达，而是在胚胎形成和胚胎形成后的时期或在干细胞下一组较小的细胞中特异表达，WUS表达的细胞群被称为组织中心（Schoof et al.，2000）。WUS这种不同寻常的表达模式被假定为WUS通过一个扩散的机制，促进或维持干细胞的命运，或是通过非细胞自主性方式起作用（Waites and Simon，2000）。在欧洲冷杉中，PaWOX2在体细胞胚胎发育早期高调表达，但是在非胚胎形成细胞中不能检测到其表达，表明了PaWOX2的高水平表达和胚胎发生细胞培养的增殖命运相关联，同时也可以作为胚胎发生潜能的标志（Palovaara and Hakman，2008）。近期，对火炬松胚胎的转录组数据研究发现，STIMPY/WOX9被认为在茎尖分生组织中心区域起作用，其主要是通过正调控WUS活性来维持干细胞群的（Cairney et al.，2006）。WUS对胚胎和胚柄中维持细胞分化也是需要的，同时，在胚胎发生期维持组织生长也是必要的（Wu et al.，2007）。

在一些情况下，WUS 异源表达的作用依赖于其他蛋白质或者激素。在拟南芥（Gonzali et al.，2005）和蒺藜苜蓿中（Imin et al.，2007）中，WOX5的表达受生长素的诱导。在生长素存在的情况下，过表达WUS引起胚性愈伤组织的形成，然而，在任何外源生长素存在的条件下，WUS都可以从不同的植物器官直接诱导体细胞胚胎形成。因此，WUS显示出通过避开生长素的需要或者简单地利用内源生长素在编程细胞命运。此外，非愈伤组织时期或至少一些细胞分裂周期中，过表达WUS能在植物组织中诱导细胞重启一个完全新的胚胎发生途径。然而，在植物中利用一些茎尖分生组织特异基因的启动子来驱动WUS是不能促进胚胎发生的。利用如CLV1、ANT、LFY、AP3和AG等分生组织特异的启动子过表达WUS，均未产生体细胞胚胎发生的表型（Schoof et al.，2000）。随着WUS在分生组织发育和维持胚性中功能的证明，将来的一项主要任务是研究WUS整合其他参与者到复杂的WUS-CLV网络的作用，这些参与者包括LEC1、LEC2、PT1/AMP和SERKs等。

（二）WUS 同源域蛋白在体细胞胚胎发生过程中的功能研究

2002 年，左建儒等从拟南芥pga6突变体中发现，WUS基因的过表达会造成拟南芥愈伤组织向胚性愈伤组织的转变，首次发现WUS基因可以促进植物体细胞胚胎发生的功能（Zuo et al.，2002）。WUS基因促进体细胞分化的原因可能是其在体细胞中的表达使得一部分细胞在增殖过程中形成了新的干细胞团，而这些干细胞具有进行再分化的潜能（Arroyo-Herrera et al.，2008）。研究表明，在咖啡的组织培养过程中，过表达拟南芥的WUS（AtWus）基因使其成胚率提高了4倍（Arroyo-Herrera et al.，2008）。在黄灯笼辣椒的组织培养中，将AtWus基因转入茎切段中，在培养基中诱导15d后，会有胚状体的结构迅速从外植体上产生（Solis-Ramos et al.，2009）。对于WUS基因促进体细胞胚胎发生的分子机制的相关报道还相对较少。2009年，研究发现，WUS基因促进拟南芥合子胚的体细胞胚胎发生的原因可能是影响了生长素外运载体PIN1蛋白及拟南芥中体细胞胚胎发生的潜能基因LEC1、LEC2 和 FUS3（Su et al.，2009）。

郑武（2014）利用农杆菌介导的方法将AtWuschel基因在棉花进行了过表达，结果发现，与对照（图5-11C、D）相比，AtWuschel基因过表达以后愈伤组织变得较为疏松、浅绿色，很容易分化（图5-11A、B）。'中棉所12'是目前公认的难分化材料，其分化率＜1%，甚至可以被认为是不分化的材料。通过过表达AtWuschel基因以后，使得受体的分化率从0.61%提高到了47.75%，极大地促进了难分化材料愈伤组织的分化率。AtWuschel基因被认为是一个可以用来打破棉花体细胞胚胎发生基因型限制的候选基因。因此，从这个基因出发，以转基因材料为基础，进一步来研究*WUS*基因促进愈伤组织分化的分子机制，对于我们了解植物体细胞胚胎发生的过程并为以后解决基因型限制具有一定的指导意义。

图 5-11 对照和转 *AtWuschel* 基因的愈伤组织形态观察（郑武，2014）

转录组数据分析表明，生长素、细胞分裂素及其信号转导途径在棉花胚性愈伤组织诱导过程中可能扮演着重要的角色（Xu et al.，2013）。为了进一步研究*AtWuschel*基因调控体细胞胚胎发生的分子机制，郑武（2014）寻找了*WUS*基因或与愈伤组织再分化有关的基因，主要包括生长素和细胞分裂素运输、信号转导及体细胞胚胎发生有关的潜能基因。最终确认了3种类型的基因，生长素信号通路的*PIN*、*SHY/IAA*和*ARF*基因，细胞分裂素信号通路中的*AHP*、*AHK*和 *B-ARR*基因及植物体细胞胚胎发生有关的潜能基因*LEC1*、*LEC2*和 *FUS3*。生长素相关基因：非转基因试验中，在高分化率材料‘中24’的愈伤组织中，生长素外运载体蛋白类基因*PIN7*的活性很高，而在愈伤组织不能分化的材料（‘中棉所12’、‘鲁棉28’和‘中棉所41’）中，该基因的表达并不明显。生长素信号通路内的开关SHY2-ARF中，*SHY2*基因的表达量与*PIN7*的表达模式相同，而与*ARF3*基因的表达情况相反。在转基因试验中，AtWuschel在‘中棉所12’中的过表达引起了*PIN7*和*SHY2*基因表达量的迅速上升，而*ARF3*基因相应地表达量降低。PIN类基因家族的主要功能是参与生长素的外运，形成一定梯度的生长素浓度，在拟南芥体细胞胚胎发生过程中，*AtPIN1*基因对生长素浓度梯度的重新分布发挥关键作用。愈伤组织一旦再分化为胚性愈伤组织，生长素浓度就会有大幅度的变化（Yang et al.，2012）。当生长素浓度较低时，*SHY*基因被诱导起来，进一步抑制生长素响应因子ARF的活性。当生长素的浓度在一个较高水平时，SHY蛋白被 SCFTIR1/AFBs介导泛素化并降解，这时，ARF又被重新激活，这种ARF的激活或者失活会引起生长素信号下游一系列基因的改变（Goh et al.，2012）。陆地棉种过表达AtWuschel以后，会导致PIN7和SHY2表达量的显著提高，而 ARF3的表达则受到抑制，说明在棉花中，其生长素信号通路可能与拟南芥是相似的，也存在着SHY-ARF的调控模式。也许正是 *AtWuschel*基因进一步激活了*PIN7*基因的表达，使得细胞内外其至整个组织的生长素重新分配形成一个新的浓度梯度,而这个梯度正好激活了SHY2并进而改变了生长素的信号转导途径。细胞分裂素相关基因:在非转基因的情况下,分化率为100%的'中24'的愈伤组织相对于难分化材料'中棉所12'、不分化材料'中棉所41'和'Lu28'中的不能分化的愈伤组织来说,愈伤组织内部的细胞分裂素信号通路相关基因*AHK*、*AHP*和*A-RR*的表达量相对较低。但是在'中棉所12'中过表达AtWuschel后,与对照组相比较,这些细胞分裂素信号通路上相关的基因,其表达量基本上都呈一个降低的趋势。AtWuschel的过表达使得棉花愈伤组织中的细胞分裂素信号转导相关基因都受到了一定程度的抑制,这暗示着该信号通路信号被减弱。在愈伤组织形成胚性组织的过程中需要合适的IAA和CK比例,不同植物间愈伤组织分化所需IAA/CK值是不同的,这表明了生长素信号和细胞分裂素信号的强弱以及两者之间的强弱关系都对愈伤组织的分化起着关键作用(曾范昌,2007)。AtWuschel促进棉花体细胞胚胎发生过程的分子机制可能是通过同时改变这两种信号通路的强弱,这种信号改变又激活了下游的促进体细胞胚胎发生的关键基因。

　　郑武(2014)在非转基因的组织培养实验中,*LEC1*、*LEC2*和 *FUS3*三个基因在难分化或者不分化材料的愈伤组织中表达量都非常低,而在高分化株系'中24'愈伤组织中表达活性非常显著,尤其是*GhFUS3*基因。'中棉所12'过表达AtWuschel基因后,相对于空载体的对照材料,这3个基因的表达量得到了显著提高,其中*GhFUS3*基因的变化最显著。*LEC1*、*LEC2*和*FUS3*基因是目前公认的体细胞胚胎发生有关的潜能基因,这3个基因的单个缺失突变就会导致拟南芥体细胞胚胎发生能力降低,而双重或者三重缺失则会使体细胞胚胎发生能力完全丧失(Gaj et al.,2005)。棉花*GhLEC1*、*GhLEC2*和*GhFUS3*基因在不能分化的愈伤组织中表达量极低,而在能分化的愈伤组织中表达量较高,表明了这3个基因可能是棉花体细胞胚胎发生的潜能基因。在拟南芥体细胞胚胎发生的研究中发现,无论是*Wuschel*还是*PGA37/MYB118*基因,它们在促进愈伤组织再分化的过程中均激活了*AtLEC1*、*AtLEC2*和*AtFUS3*基因。还有研究指出,*LEC1*、*LEC2*和*FUS3*基因有可能是生长素信号通路的下游基因(Gaj et al.,2005)。在陆地棉中过表达AtWuschel以后,在能够分化的愈伤组织中,*GhLEC1*、*GhLEC2*和*GhFUS3*基因的表达量得到大幅度的提高,说明了在棉花中的这3个基因可能的潜能基因也得到了激活,推测AtWuschel促进'中棉所12'愈伤组织分化的分子机制可能是:改变生长素和细胞分裂素信号转导,这种激素信号强弱的改变使得*LEC1*、*LEC2*和*FUS3*等潜能基因激活,从而唤醒了'中棉所12'愈伤组织的再分化能力。

　　为了研究*AtWuschel*基因对胚状体的影响,郑武(2014)将转基因材料获得的胚性愈伤组织转移到了胚状体诱导培养基上,经过50d的组织培养后,空载体对照的胚性愈伤组织形成了表型正常的胚状体,有球形胚、心形胚和子叶形胚等。而AtWuschel过表达的胚性愈伤组织则形成各种各样膨大、透明或者失绿的畸形胚(图5-12A~D)。为了更清楚地了解胚状体的形态变化,使用了扫描电镜进行了观察,结果发现,对照材料各个时期的胚状体也可以清晰地看到(图5-12E~J)。*AtWuschel*基因过表达的胚状体相对于对照材料,其胚状体数目更多,体积更大,而且形成的胚状体基本上都丢掉了子叶,只有少量的胚状体可以形成类似于子叶形胚的结构或者多子叶的畸形胚(图5-12K~P)。同时,对转基因胚状体的顶端分生组织处进行了放大观察,结果发现,空载体材料的胚状体的顶端分生组织结构排列错落有致,而转基因材料的顶端分生组织处结构相对比较粗糙,没有规律的排列顺序(图5-13)。尽管*AtWuschel*基因可以明显提高'中棉所12'愈伤组织的再分化率，但是该基因的过表达却造成了胚状体发育的畸形，并且这些畸形的胚无法形成正常子叶并成苗。在拟南芥的体细胞胚胎发生过程中，*Wuschel*基因只在胚顶端分生组织处

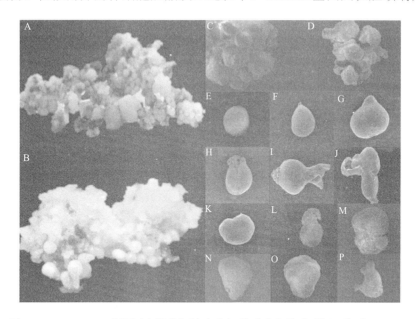

图 5-12 *AtWuschel* 基因过表达的胚性愈伤组织形成大量畸形胚（郑武，2014）

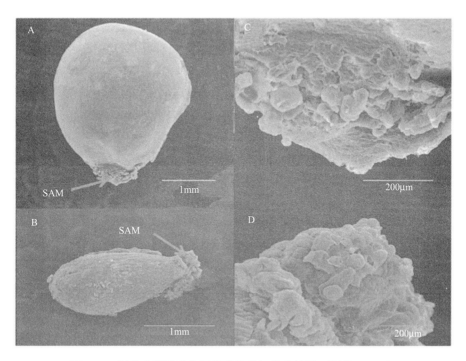

图 5-13 胚状体顶端分生组织结构的扫描电镜图（郑武，2014）

A.转基因材料胚状体（35S 启动子）；B.转空载体胚状体；C.转基因材料胚状体顶端分生组织放大图；D.转空载体胚状体顶端分生组织放大图

特异表达（Su et al.，2009）。因此，组成型过表达该基因在胚发育时期的表达特异性就失去了，这种特异性的丧失导致体细胞胚胎顶端分生组织和整个胚的发育都出现了畸形。此外，LEC和FUS 在种子的胚发育各个方面起着重要作用，组成型过表达LEC1导致合子胚发育成胚状体结构并最终致死（Parcy et al.，1997）。这就说明了，LEC类基因在后期胚发育过程中既是必不可少又具有一定特异性。

四、MADS 结构域蛋白 AGAMOUS-LIKE15（AGL15）

（一）植物 MADS-box 基因概述

MADS-box基因家族编码一类特异性转录因子，它们在植物发育的诸多过程中均发挥着非常重要的作用。该家族基因编码的蛋白质N末端均具备一个高度保守的DNA结合结构域，约60个氨基酸大小。MADS的名称来自4种蛋白质的首字母缩写，分别是酵母的转录调节因子MCM1（mini chromosome maintenance 1）、拟南芥的花器官发育调节因子AG（agmous）、金鱼草的花器官发育调节因子DEF（deficiens）及人类的血清应答因子SRF（serum response factor）（Theissen et al.，2000）。系统进化分析表明，MADS-box基因可以分为Type I 和Type II 两大类型。植物类AGL34结构域和动物类SRP结构域构成Type I，动物类MEF2结构域和大多数植物MADS结构域构成Type II。Alvarez-Buylla等（2000）的研究分析结果证明，在绝大多数Type II 型MADS-box基因中，不仅具备一个高度保守的MADS结构域，还含有相对保守的K域，多变的I域及C末端，所以又称MIKC型；Type I 型MADS-box基因不含K域，所以又称M型，目前为止对该类基因的研究甚少（Nam et al.，2004）。MADS-box基因广泛存在于植物、动物和真菌中。在植物中，MADS-box家族基因普遍存在于整个植物界，表现为两个方面：①它们遍布在拟南芥、金鱼草、烟草、矮牵牛、番茄及油菜等双子叶植物；②还广泛存在于小麦、玉米、高粱和水稻等单子叶植物中（Messenguy and Dubois，2003）。研究统计，拟南芥基因组中包含107个MADS-box基因，水稻中存在71个MADS-box基因（Nam et al.，2004）。研究发现，MADS-box家族基因在植物的诸多发育阶段都扮演了非常重要的角色。功能研究最多的是与花发育相关，主要包括参与花器官形态建成、开花时间控制及果实的成熟等（Michaels et al.，2003）。此外，还与营养器官（根和叶）的发育、胚珠发育、种子及体细胞胚胎发育有关。

（二）AGL15 亚家族基因研究进展

AGL15亚家族基因隶属于MADS-box基因家族，属于MIKC型。拟南芥AtAGL15和AtAGL18是该亚家族中的两个冗余基因，而且该基因家族中的成员尚未在单子叶植物和裸子植物中发现。AGL2和AGL3是拟南芥中仅知的在胚中表达的MADS-box基因家族成员（Flanagan and Ma，1994）。Heck等（1995）率先从油菜分离获得基因，研究发现该基因优先在胚性组织中表达，并且在所有被检测的胚性组织中均存在。同时还发现XGZ2基因优先在花器官中表达。1996年，Perry等通过免疫组织化学实验发现，在受精之前，积累在卵细胞的细胞质中，受精之后则转移到发育早期的胚柄、幼胚及胚乳等的细胞核中。Harding等（2003）研究发现其在胚性组织中的表达量远远高于在非胚性组织中的表达量，而且能够较长时间维持成胚能力；同时还发现，AGL15的表达明显增强了拟南芥合子胚向次级胚转化的能力；此外，该基因在35S启动子控制下异位超量表达显著促进了莲顶端分生组织（SAM）上体细胞胚胎的形成。Thakare

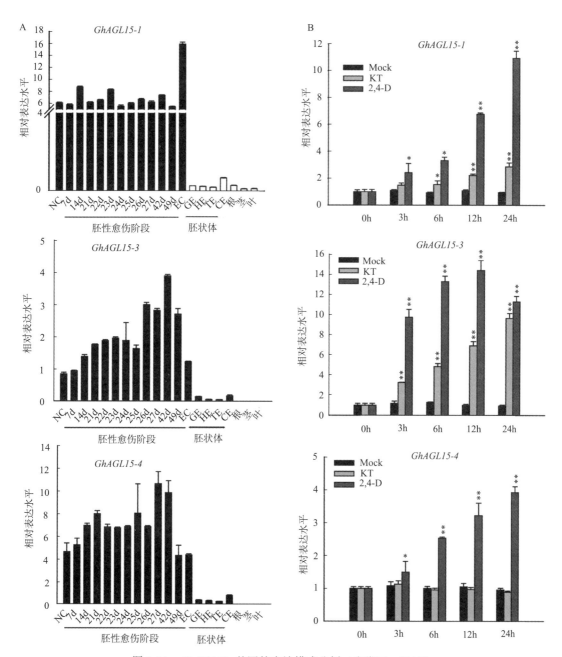

图 5-14 GhAGL15s 基因的表达模式分析（李常凤，2013）

A.对培养 40d 的愈伤组织，继代到分化培养基上 7d、14d、21d、22d、23d、24d、25d、26d、27d、42d 和 49d 的胚性愈伤组织（EC）、及胚状体（球形胚 GE、心形胚 HE、鱼雷形胚 TE 及子叶形胚 CE），以及根、茎、叶；B. GhAGL15s 在 10μmol/L 2，4-D 或者 10μmol/L KT 处理下的表达模式。**表示差异极显著；*表示差异显著。后同

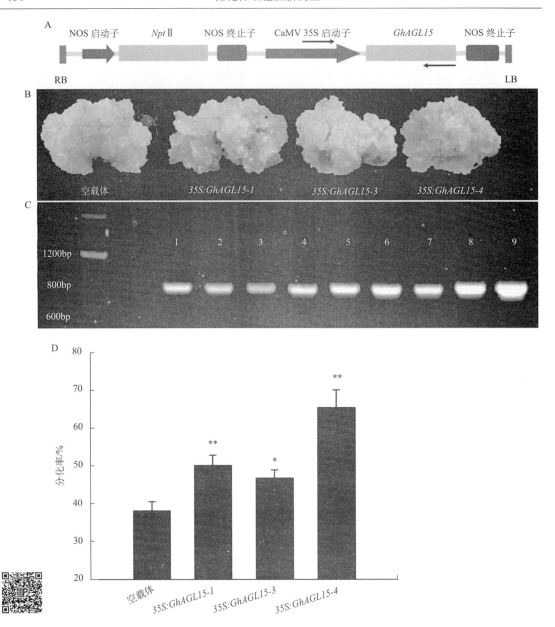

图 5-15　基因材料愈伤组织的产生和鉴定（李常凤，2013）

A.在双元载体的 T-DNA 区示意图，黑色箭头指示用于转基因的引物的位置；B.培养 100d 的单块愈伤组织生长状态；C.转基因材料愈伤组织的 PCR 验证结果；1~3. 35S:*GhAGL15-1*；4~6. 35S:*GhAGL15-3*；7~9. 35S:*GhAGL15-4*；D. *GhAGL15s* 过表达提高了胚性愈伤组织的形成率（计算转基因材料中胚性愈伤组织的形成率，当愈伤组织继代到分化培养基上 30d 后开始计算）

等（2008）研究发现转大豆的体细胞胚胎发生率明显提高，而功能缺失则会导致体细胞胚胎发生率降低。汪潇琳等（2008）研究发现幼胚中表达量最高，表明该基因在幼胚形成时期可能发挥重要作用。Wang等（2004）利用免疫共沉淀（CHIP）的技术方法证实了*AGL15*通过直接调控*AtGA2ox6*的表达，作用于赤霉素（GA）代谢途径来调控体细胞胚胎的形成。*AGX20X6*编码的酶能够将有生物活性的GA转化成无生物活性的GA。而在*atgci2ox6*突变体背景下，

*AGLI5*异位表达没有体细胞胚胎的诱导活性。

（三）*AGL15*基因家族在棉花体细胞胚胎发生中的功能研究

李常凤（2013）将'CCRI24'具有较高愈伤组织分化能力的W10株系的无菌苗下胚轴进行了组织培养，对培养40d的愈伤组织，继代到分化培养基上7d、14d、21d、22d、23d、24d、25d、26d、27d、42d和49d的胚性愈伤组织以及胚状体（球形胚、心形胚、鱼雷形胚及子叶形胚）分别提取RNA，同时，还选取了非胚性器官，包括根、茎和叶，利用荧光定量PCR对*GhAGL15-1*、*GhAGL15-3*和*GhAGL15-4*在上述组织的表达模式进行分析，得到如下结果（图5-14A）：*GhAGL15-1*、*GhAGL15-3*和*GhAGL15-4*在非胚性器官根、茎和叶中的表达量较低。进一步分析发现，随着胚性愈伤组织诱导时间的增长，*GhAGL15-1*、*GhAGL15-3*和*GhAGL15-4*的表达量逐渐增加，在胚状体阶段，其表达量又开始下降。说明*GhAGL15-1*、*GhAGL15-3*和*GhAGL15-4*基因在胚性愈伤组织发育中发挥主要作用。通过在培养基中增加一定浓度的KT和2，4-D发现，*GhAGL15-1*、*GhAGL15-3*和*GhAGL15-4*可以被2,4-D诱导表达，*GhAGL15-1*和*GhAGL15-3*被KT诱导表达（图5-14B）。AGL15调控乙烯合成途径，直接调节乙烯响应因子SERF1和赤霉素代谢基因*AtGA2ox6*。因此，*GhAGL15*基因通过影响信号通路，降低GA/ABA的比例来调节体细胞胚胎发生。总之，*GhAGL15*主要通过与激素的相互作用调节体细胞胚胎发生。为了进一步研究*GhAGLs*的功能，李常凤（2013）利用农杆菌介导的转基因技术，将*GhAGL15-1*、*GhAGL15-3*和*GhAGL15-4*基因转化棉花，对其在体细胞胚胎发生中的功能进行了初步研究。通过观察比较发现，转空白载体材料产生的愈伤组织颜色较深，黄褐色，质地湿润，较疏松；而转目的基因的转基因材料产生的愈伤组织颜色较浅，淡黄色，质地较湿润，非常疏松（图5-15）。同时还发现，与对照相比，转目的基因的转基因材料胚性愈伤组织的形成率比较高（图5-15）。

第三节 体细胞胚胎发生过程中的信号转导通路

体细胞胚胎发生受体激酶（SERKs）

富含亮氨酸重复序列的受体类蛋白激酶（leucine-rich repeat sequence receptor-like kinase，LRR-RLK）是植物中一个较大的蛋白质家族，包括多个成员。研究发现，该类蛋白质参与植物发育、激素感应及病理反应等，在植物的生命活动中承担多个角色。根据其胞外LRR结构和数量不同，LRR-RLKs可以划分成13个亚类，其中体细胞胚胎发生的受体激酶（somatic embryogenesis receptor-like kinase，SERK）属于该家族的第二亚类（Zhang et al.，2006）。1997年，Schmidt等首次从胡萝卜的胚性细胞中克隆得到*SERK*基因，命名为*DcSERK*。*DcSERK*的表达具有特异性，仅在胚性细胞中表达，而在非胚性细胞及球形期后期，就检测不到该基因的表达，它是胡萝卜体细胞胚胎发生过程中体细胞胚胎转变时特异表达的基因。凡是有*DcSERK*表达的细胞均具有发育成体细胞胚胎的潜在能力，因此，该基因一度被认为是体细胞胚胎发生的Marker基因。目前，研究发现很多植物中都检测到了*SERK*基因，如拟南芥（*Arabidopsis thaliana*）（Hecht et al.，2001）、水稻（*Oryza sativa* L.）（Hu et al.，2005）、玉米（*Zea mays* L.）（Baudino et al.，2001）、向日葵（*Helianthus annuus*）（Thomas et al.，2004）、苜蓿（*Medicago truncatula* L.）（Nolan et al.，2003）、可可（*Theobroma cacao*）（Santos et al.，2009）、蜜柑（*Citrus unshiu*）（Shimada et al.，2005）和棉花（*Gossypium hirsutum* L.）（郑武，2014）等。*SERK*基因主要由4~5个LRR结构域、1个SPP基序、LZ结构域（leucine zipper）、11个较保守的Ser/Thr激酶结构域、N端信号肽和C端区组成。在这些组成元件中，SPP区域是高度保守的，它是*SERK*基因独有的结构。相似的LRR区域是由多个独立的外显子区编码的，这暗示着*SERK*基因可能只有一个LRR结构单元的基因是通过外显子的复制产生的。*SERK*基因C端结构域是一种类似于LRR的结构，它可能介导蛋白质与蛋白质之间的相互作用，是细胞磷酸化级联反应信号传递中所必需的。

（一）*SERK* 基因的表达与调控

2001年，Hecht等利用*DcSERK*基因探针先后从拟南芥中分离到4个 *SERK*基因，包括*AtSERK1*、*AtSERK2*、*AtSERK3*和*AtSERK4*。*AtSERK1*主要在胚囊细胞和所有胚胎细胞中表达，一旦完成受精后，*AtSERK1*在发育的胚中表达，一直持续到形成心形胚时期（Hecht et al.，2001）。对*AtSERK1*基因组成型过表达后，拟南芥植株表型没有任何改变，而合子胚体细胞胚胎发生能力提高了3~4倍（Hecht et al.，2001）。同年，Baudino等（2001）从玉米中克隆到2个*SERK*基因，*ZmSERK1*和*ZmSERK2*，其中*ZmSERK1*主要在生殖器官和小孢子中具有极高的表达，而*ZmSERK2*则在几乎所有器官和组织中的表达都较为相近，同时2个*ZmSERK*的转录物在所有胚性和非胚性组织中均能检测到。2005年，Ito等从水稻中也分离到了2个*SERK*基因，*OsSERK1*和*OsSERK2*，其中*OsSERK1*在所有的组织中表达模式相同，没有明显的差异。通过对*OsSERK2*启动子元件分析认为，*OsSERK2*可能在愈伤组织中的表达活性较高，推测其可能对愈伤组织的发育有着重要作用。2009年，Santos等从咖啡（*Coffea canephora* Pierre ex Froehn）中扩增了CcSERK的保守区片段，同时构建了干涉载体转入莴苣进行了组织培养，结果发现，莴苣的体细胞胚胎发生能力受到严重抑制，证明了*SERK*基因对体细胞胚胎发生能力的重要性。另外，他们还发现干涉以后，莴苣对一种致病真菌（*Sclerotinia sclerotiorum*）抗性明显降低，揭示了*SERK*在生物胁迫和非生物胁迫反应中的功能。2012年，Savona等从仙客来中分离到了*CpSERK1*和*CpSERK2*基因，半定量实验证明，2个基因在胚性细胞中表达量最高，在不能形成胚性愈伤的愈伤组织中检测不到，在合子胚、根原基和芽原基中表达较高，说明了这2个基因可能与体细胞胚胎发生的潜能相关。总体来看，在体细胞胚胎发生过程中，*SERK*基因的表达量高峰基本都集中在胚性愈伤组织和胚性愈伤组织形成的前期，没有形成胚性愈伤组织潜能的愈伤组织中没有检测到*SERK*的表达，其表达可能赋予了植物体细胞胚胎发生的能力。

基因的时空表达是受到严格调控的，*SERK*基因也是如此。Kim等发现，生长素类似物（1-naphthaleneacetic acid，NAA）和细胞分裂素类似物（6-benzylaminopurine，BAP）可以显著提高苜蓿*MtSERK1*基因的表达量与表达持续时间。只加入BAP时，不会改变*MtSERK1*的表达，而只加入NAA则可以提高*MtSERK1*的表达，说明了生长素类似物和细胞分裂素类似物可以调控该基因的表达，而且生长素类似物可能在*MtSERK*上游，并且对其进行正向调控，而细胞分裂素类似物可能增强生长素类似物诱导*MtSERK1*基因表达的作用（Nolan et al.，

2003）。还有研究发现，水稻*OsSERK1*基因的表达可以由水杨酸（salicylic acid，SA）、茉莉酸（jasmonic acid，JA）、脱落酸（abscisic acid，ABA）和苯并噻二唑（benzothiadiazole，BTH）诱导（Hu et al.，2005）。

（二）*SERK*在植物体细胞胚胎发生中的功能研究

在植物体细胞胚胎发生过程中，其生化和形态变化贯穿在被诱导组织发育的整个过程中，这与基因表达的改变密切相关。植物体细胞胚胎发生过程要经历不同的阶段，每一阶段都伴随着特定基因的表达，每一阶段都是不同基因时空表达的结果。目前，发现了许多胚发生以后表达的基因，如 *AGL15*（AGAMOUS-Like 15）、*LEC2*（LEAFY COTY- LEDON2）、*BBM*（BABY BOOM）和*WUS*（Wuschel）等。但是，*SERK*基因在体细胞发生过程中的表达时期有所不同，如胡萝卜中的*DcSERK*基因只在具有胚性的细胞中特异表达，而且只表达到球形期时期，在其他的组织和时期均不表达。在*DcSERK*基因启动子的驱动荧光素酶（luciferase，LUC）基因表达的试验中发现，在体细胞向胚性细胞转变的过渡状态，胚中可检测到LUC信号，但在非胚性细胞的增殖阶段检测不到（Schmidt et al.，1997）。*AtSERK1*的过表达可以提高外植体的成胚率3~4倍（Hecht et al.，2001）。植物体细胞胚胎发生是自然胚胎发生的人工模拟，可以通过不同的信号诱导，如渗透压、ABA诱导及水杨酸途径等，一般通过生长素，主要是2, 4-D或类似物。*SERK*基因在体细胞胚胎发生中的表达模式表明，它们是信号通路的一部分，介导细胞响应培养条件而产生相应的发育变化，这些发育变化主要涉及细胞分裂和重新程序化的开始。体细胞胚胎发生有关的细胞命运可能由SERK的表达状态来决定，它可能是细胞分化中的关键因素。SERK的表达与生长素的诱导密切相关，如生长素（萘乙酸）能够上调紫花苜蓿中*SERK*的表达（Nolan et al.，2003）。总之，*SERK*基因在一些植物中是开启体细胞胚胎发生的Marker基因。

郑武（2014）利用同源搜索的办法，从陆地棉中克隆了*GhSERK1*基因，并初步研究了*GhSERK1*与棉花愈伤组织分化能力的相关性，结果表明，*GhSERK1*基因在愈伤组织的起始发育阶段和愈伤组织诱导分化成胚性愈伤组织阶段也都有一定的表达，但是在胚性愈伤组织中达到一个高峰值（图5-16）。另外，*GhSERK1*基因在下胚轴中的表达量较低，在子叶、根、花和叶等器官组织中表达量没有显著差异，这就间接证明了*GhSERK1*基因与棉花体细胞胚胎发生的相关性，其可能和其他植物的*SERK1*一样，对体细胞胚胎发生的某个阶段发挥主要的调控作用。另外，郑武（2014）将*GhSREK1*在陆地棉种进行了过表达，结果发现，*GhSERK1*基因通过加快愈伤组织向胚性愈伤组织的转变来促进其体细胞胚胎发生，在诱导胚性愈伤组织一个月后，*GhSERK1*基因过表达的愈伤组织的分化率达到了41.63%，而对照组仅有11.51%。同时，从形态上观察，与对照组相比，*GhSERK1*基因过表达的转基因材料，其愈伤组织比较松散，呈淡黄色，且能产生大量的愈伤组织（图5-17）。但是，继续培养到4个月的时候，过表达*GhSERK1*基因的转基因材料和对照组相比，愈伤组织的分化率已经基本趋于接近。因此，可以通过构建一个双价载体，其中一个表达盒过表达*GhSERK1*，另一个来过表达靶基因，这样就可以更快速地实现愈伤组织分化，从而缩短了转基因的组织培养和育种的周期。

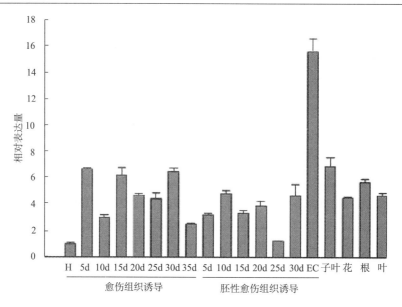

图 5-16 *GhSERK1* 基因的 qRT-PCR 检测（郑武，2014）

对照   *35S:GhSERK1*

图 5-17 对照和转 *35S:GhSERK1* 基因的愈伤组织形态观察（郑武，2014）

第四节　棉花体细胞胚胎发生相关性状的遗传研究

一、分子标记的类型与特点

遗传标记（genetic markers）是一种可以遗传的表现形式，它可以明确反映遗传多态性的生物特征，在遗传学的建立和发展过程中起着举足轻重的作用，也是作物遗传育种的重要工具。目前应用的遗传标记主要有4种类型，即形态标记（morphological markers）、生化标记（biochemical markers）、细胞学标记（cytological markers）和分子标记（molecular markers）（方宣钧，2001）。形态标记是指能够明确显示遗传多样性的外部特征，如株高、纤维颜色等，而细胞学标记主要是指能明确显示遗传多态性的细胞学特征，如染色体的核型，包括染色体的数目、大小和着丝点位置等。这两种遗传标记方法在20世纪七八十年代曾被大量采用。生化标记则主要是指同工酶，不同的同工酶系统一般要求特定的检测程序，甚至有些同工酶具有组织和发育的特异性。以上3种遗传标记方法，标记数量较少，多态性较低，对环境的影响较为敏感，从而在一定程度上限制了它们在植物遗传研究中的应用和发展。

始于19世纪80年代的DNA分子标记技术是DNA水平遗传变异的直接反映，与其他3种标记相比具有独特的优势，因此越来越广泛地被认可和应用于遗传研究中。DNA分子标记主要有以下优点：①具有较强的多态性；②数量较多，遍布整个基因组中，且分布均匀；③直接以DNA为表现形式，能对各发育时期的个体、组织、器官甚至细胞做检测，不受环境、季节的限制和影响；④大多数分子标记为共显性，能够区别纯合基因型和杂合基因型，提供较为完整的遗传信息；⑤大多数分子标记操作简单，使用成本较低，易于观察记录，并且稳定性重复性较好。北京农业科学院王军等（2005）根据DNA多态性的检测手段及相关技术将分子标记划分为4类：以Southern杂交为基础的分子标记技术，如限制性内切核酸酶切片段长度多态性（restriction fragment length polymorphisms，RFLP）标记；基于PCR技术的分子标记，如随机扩增多态性DNA（random amplification of polymorphic DNA，RAPD）；基于PCR与限制性内切核酸酶切技术结合的DNA标记，如扩增片段长度多态性（amplified fragment length polymorphism，AFLP）标记；基于单个碱基差异的多态性标记单核苷酸多态性（single nucleotide polymorphism，SNP）标记等。

（一）RFLP标记

限制性片段长度多态性（RFLP）标记是较早应用于基因标记的一种分子标记技术。RFLP标记是将特定生物的基因组DNA用限制性内切核酸酶消化后，通过琼脂糖凝胶电泳将DNA片段按大小顺序分离开，然后将它们转移到尼龙膜或者硝酸纤维素膜上，用放射性同位素或者非放射性物质标记的DNA作为探针，并且与膜上的DNA进行杂交，从而检测不同样品在DNA水平上酶切位点的碱基突变及由于序列重复、缺失、易位及倒位等变异引起的变化。

RFLP标记具有共显性的特点，遵循孟德尔遗传定律，结果稳定可靠，重复性较好，无表型效应，标记范围很大，遍布整个基因组。人类遗传学家Botstein等（1980）首先提出了应用RFLP标记构建人类遗传图谱，此后，Donis-Keller等（1987）利用RFLP标记技术成功绘制了第一张人类遗传图谱。同时，RFLP标记也存在很多不足之处，限制了它的发展。RFLP标记技术所需DNA的量比较大，且质量要求较高；操作繁琐，需要的仪器和设备较多，周期长，成本较高；它只代表了基因组中的单拷贝或寡拷贝序列，揭示的等位基因数量是有限的；利用放射性同位素易造成污染。而利用非同位素标记检测时，其杂交信号就相对较弱，灵敏度也较低（王晓梅等，2000；马克世等，2006）。

（二）RAPD标记

随机扩增多态性DNA（RAPD）标记是一种基于PCR技术基础上的分子标记。RAPD是以基因组DNA为模板，用随机排列的寡聚脱氧核苷酸单链为引物（长度10个核苷酸左右），通过PCR非定点扩增DNA片段，然后通过琼脂糖凝胶电泳检测出扩增产物的多态性。

RAPD标记的DNA样品需要量少，质量要求也不高，可用于小样品检测；引物没有序列特异性，一套引物可用于不同生物的基因组分析，可检测整个基因组，具有普遍适应性；检测迅速，应用PCR检测的效率很高；操作技术简便易行，成本低；覆盖整个基因组。RAPD标记已经被广泛地应用于遗传图谱的构建、重要性状的QTL定位及遗传多样性的分析

（Multtani et al., 1995；Zhang et al., 1997；吴茂清等, 2003；刘文欣等, 2003；朱四元等, 2007）。但是RAPD标记技术中，由于PCR中使用很低的退火温度（一般为36℃）进行随机扩增，因此重复性不高，稳定性较差。不过，如果扩增到的RAPD片段不是重复序列，就可以将其从凝胶中回收并进行克隆，转化为RFLP和SCAR标记，以进一步验证RAPD分析的结果。

（三）SSR 标记

简单重复序列（SSR）也称为微卫星序列（microsatellite），是目前应用比较广泛的另一种基于PCR技术的分子标记。SSR标记首先获得包含SSR位点的碱基序列，利用SSR座位两侧的相对保守的侧翼序列设计特异性引物（引物长度一般为18~20碱基）。多态性检测时，利用设计好的SSR引物对基因组DNA进行PCR扩增，最后通过聚丙烯酰胺凝胶电泳分离PCR扩增产物，从而检测不同个体在某个SSR位点上的多态性。目前，SSR标记已广泛应用于遗传作图和种质鉴定等研究中，已在逐渐取代RFLP。

SSR标记随机、广泛地分布于植物的整个基因组中，多态性非常丰富；所需DNA样品量较少，质量要求不高；多数为共显性，可以区分纯合基因型和杂合基因型；技术稳定性好，结果可重复性高；检测技术简单，实验成本较低；引物序列是公开发表的，很容易在各个实验室传播使用（胡学军等, 2005；王庆浩等, 2009）。目前，SSR标记技术已经被广泛应用于遗传作图重要性状的QTL定位中（Yu et al., 1997；Wu et al., 2003；Guo et al., 2008；李成奇等, 2008），而且已在逐渐取代RFLP标记。但是SSR标记也存在一些缺陷，如SSR引物的开发需要根据序列信息，再以两端相对保守的单拷贝序列设计引物，这给引物的开发带来了一定的困难，另外SSR引物开发成本是比较高的；现有的SSR标记数量是有限的，很难构建饱和SSR遗传图谱（胡学军等, 2005；王庆浩等, 2009）。目前，棉花中已经开发了很多SSR引物，在CMD（cotton microsatellite database）数据库中公布了近两万对，主要包括3类：EST-SSR、genomic SSR和BAC-derived SSR。

（四）AFLP 标记

扩增片段长度多态性（AFLP）融合了RFLP和RAPD两种标记技术的优点，既具有RFLP标记技术的可靠性，又具有PCR技术的灵敏性，它的出现是DNA分子标记技术的又一重大突破。AFLP分子标记技术是通过对基因组DNA酶切片段进行选择性扩增来检测其多态性。首先利用限制性内切核酸酶将基因组DNA切成分子质量不等的限制性片段，然后将这些片段与特定的接头连接，作为随后PCR反应的模板，再根据接头核苷酸序列和酶切位点特征设计特异引物，根据接头序列和PCR引物3'端的识别，仅有一定比例的限制性片段经变性、退火和延伸周期性循环而被选择性扩增。最后，通过电泳将这些特异的限制性片段进行分离，通过银染或者放射自显影技术显示DNA指纹。

AFLP标记用的限制性内切核酸酶与选择性碱基组合的数目和种类比较多，因此，理论上，产生的标记也无限多；多态性高，用少量的选择性引物就可以获得大量的多态性片段；多数为共显性，遵循孟德尔遗传规律；对DNA用量要求较低，对DNA模板浓度的变化也不是很敏感；AFLP标记是利用特定引物进行PCR扩增，退火温度较高，可靠性比较高，假阳性低；AFLP分析的扩增片段比较短，分辨率较高（王林等, 2007；张征锋等, 2009）。AFLP分子标记技术由于以上优点，在棉花遗传多样性分析、重要性状的QTL定位及遗传作图中得到了广泛的应用（Altaf et al.，1998；Mei et al.，2004；Rana et al.，2005；Zhang et al.，2005；Wang et al.，2007）。AFLP技术也有一些缺点：对DNA的纯度及内切酶的质量要求较高，操作技术复杂；该技术受专利保护，用于分析的试剂较昂贵，成本高（王林等，2007；张征锋等，2009）。

（五）SNP标记

单核苷酸多态性（SNP）是继RFLP和SSR的一种新型分子遗传标记技术。它是指基因组水平上某个位点单碱基的置换、插入或者缺失引起的DNA序列多态性，为了区别于突变，必须要求等位基因频率不小于1%。目前鉴定SNP标记有两条主要途径：DNA测序和通过已有的DNA序列进行比对分析鉴定。小规模的SNP直接通过设计特异的引物，然后扩增特定区域的DNA片段，经过测序及遗传特征比较分析，最终鉴定该DNA片段是否为SNP标记。但是，大规模SNP的分析需要借助于DNA微阵列及DNA芯片技术等。

SNP标记的数量极多，位点丰富，几乎遍布于整个基因组中；具有很高的遗传稳定性；具有代表性。有些位于基因内部的SNPs可能会直接影响基因表达水平或者蛋白质的结构，因此它们可能代表特定性状遗传机制中的某些作用因素；由于检测方法方便快捷，可以进行快速、规模化筛查，易于实现自动化分析（李艳杰，2003；周涛等，2010）。现在，SNP已经成为很多学科的研究热点和重要工具（An et al.，2007，2008）。但是，SNP存在专利问题；大量SNP标记的开发费时，且成本较高。

（六）其他分子标记技术

除了以上介绍的分子标记技术外，还有很多其他类型的分子标记技术，特征序列扩增区（sequence characterized amplified region，SCAR）标记、序列标签位点（sequence-tagged site，STS）标记、割裂扩增多态性序列（cleaved amplified polymorphic sequence，CAPS）标记、DNA扩增指纹（DNA amplification fingerprinting，DAF）标记、相关序列扩增多态性（sequence-related amplified polymorphism，SRAP）标记、抗病基因类似物（resistance gene analogs，RGAs）标记、随机微卫星扩增多态性DNA（random microsatellite amplify polymorphic DNA，RMAPD）标记、染色体原位杂交（in situ hybridization，ISH）标记和靶位区域扩增多态性（target region amplified polymorphism，TRAP）标记等，它们在不同的研究方向发挥着重要的作用。

二、数量性状基因座定位研究

作物的很多性状属于数量性状，由多基因控制，在分离后代表现为广泛的表型变异。20世纪80年代以来，迅速发展起来的数量性状基因座（quantitative trait locus，QTL）定位分析，将控制某一性状的多个基因一个个剖析为若干离散的孟德尔因子，并确定其位置、效应及与其他基因之间的关系。目前，正对棉花许多重要性状进行了QTL定位研究，其中纤维和产量性状是研究最多的两个重要性状，如表5-1和表5-2所示。

在棉花叶柄愈伤组织分化率的QTL研究方面，也取得了一定的进展。张朝军等首次在国际上建立了棉花以田间活体棉株叶柄为外植体的组织培养高效再生体系，并且获得了发明专利，授权专利号为ZL200610089439.1。在此组织培养体系基础上，张朝军等（2008）以高分化单株'W10'（'CCRI24'）和不分化单株'TM-1'为作图亲本，构建了F$_2$群体，并利用SSR分子标记的方法，检测到3个与叶柄愈伤组织分化率有关的QTLs，它们分布在 2 个连锁群上，分别可以解释 8.4%~58.1%的表型变异。其中，1个贡献率达到了58.1%，另外2个QTLs的贡献率分别为14.4%和8.4%（图5-18）。

表 5-1 棉花纤维品质 QTL 定位的研究进展

研究者	年份	群体类型	世代	分子标记标记类型	QTL个数
Reinisch等	1994	海陆	F_2	RFLP	无
Jiang等	1998	陆海	F_2	RFLP	14
Yu等	1998	海陆	F_2	RFLP，RAPD，SSR	11
Shappley等	1998	陆陆	F_5	RFLP	81
Ulloa和Meredith	2000	陆陆	$F_{2:3}$	RFLP	13
Kohel等	2001	海陆	F_2	RFLP，RAPD	13
Wu 等	2003	海陆	F_2	SSR，RAPD	13
Zhang等	2003	陆陆	F_2，$F_{2:3}$	SSR，RAPD	2
Lin等	2005	陆海	F_2	SSR，RAPD，SRAP	13
Shen等	2005	陆陆	F_2，$F_{2:3}$	SSR	39
Lacape等	2005	陆海	BC_1，BC_2	RFLP，RAPD，SSR	80
Wan等	2007	陆陆	RIL	SSR	8
He等	2007	陆海	$F_{2:3}$	SSR，SRAP，RAPD等	16
Shen等	2007	陆陆	RIL	RFLP，AFLP，SSR	27
Qin等	2008	陆陆	F_2	SSR	20
Zhang等	2009	陆陆	RIL	RFLP，RAPD，SSR	13
Wu等	2009	陆陆	RIL	SSR	34
Liu等	2012	陆陆	RIL，F_2	SSR	23
Yu等	2013	海陆	F_2，$F_{2:3}$	SSR，SRAP，TRAP和AFLP	71
Ning等	2014	陆陆	RIL	SSR	13
王寒涛等	2015	陆陆	RIL	SSR，Indel，SNP	64

表 5-2 棉花中产量品质 QTL 定位的研究进展

作者	年份	群体类型	世代	标记类型	QTL个数
Shappley等	1998	陆陆	F_2	RFLP	9
Jiang等	1998	陆海	F_2	RFLP	2
Ulloa等	2000	陆陆	F_2	RFLP	7
方卫国等	2000	陆陆	NIL	AFLP	5
易成新等	2001	陆陆	F_2	RAPD	4
殷剑美等	2003	陆陆	F_2，$F_{2:3}$	SSR，RAPD	4
吴茂清等	2003	海陆	F_2，$F_{2:3}$	SSR，RAPD	16

续表

作者	年份	群体类型	世代	标记类型	QTL个数
Zhang等	2005	陆陆	F_2，$F_{2:3}$	SSR	4
Shen等	2007	陆陆	RIL	RFLP，AFLP，SSR	26
Wan等	2007	陆陆	RIL	SSR	3
He等	2007	陆海	$F_{2:3}$	SSR，SRAP，RAPD等	36
Wu等	2009	陆陆	RIL	SSR	23
Sun等	2012	陆陆	F_2，$F_{2:3}$，RIL	SSR	50
Liang等	2013	陆陆	F_2	SSR	39
Ning等	2014	陆陆	RIL	SSR	42
Tang等	2015	陆陆	RIL	SSR	62

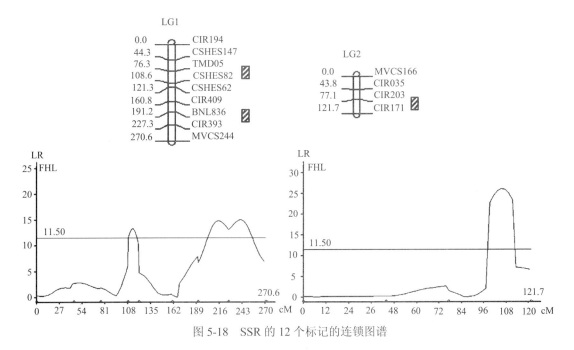

图 5-18　SSR 的 12 个标记的连锁图谱

徐珍珍（2013）和王妮（2014）以棉花愈伤组织分化率极端差异材料'TM-1'和'W10'构建的F_2群体作为遗传作图群体，对CMD公布的SSR引物和利用转录组开发的共19 210对SSR引物在两亲本间进行多态性的筛选，共筛选到441对在两亲本间有多态性的引物，占筛选引物总数的2.30%。将441对多态性SSR引物在F_2群体中的140个单株进行PCR扩增，记录带型。采用JoinMap3.0软件（Kosambi函数，LOD=6.0）构建遗传连锁图谱（图5-19），有411个标记进入连锁群上，分布在42个连锁群中，总长度为2300.41cM，约占棉花总基因组的45.72%。在42个连锁群中，最大的连锁群有39个标记，最少的只有2个标记，每个连锁群平均7.90个标记，标记间的平均距离是5.13cM，最短的遗传距离是0.067cM。通过查询CMD数据库和已经发表的棉花分子标记连锁图，将建立的42个连锁群中的38条连锁群与24条染色体建立了联系，初步定为Chr1、Chr2、Chr4、Chr5、Chr7、Chr8、Chr9、Chr10、Chr11、Chr12、Chr13、Chr14、Chr15、Chr16、Chr17、Chr18、Chr19、Chr20、Chr21、Chr22、Chr23、Chr24、Chr25

和Chr26；其余的4个连锁群没有找到相应的染色体，即未与任何染色体或者亚组建立联系，暂定为LG1.U1、LG2.U2、LG3.U3和LG4.U4，如图5-19所示。

采用WinQTLcart软件的复合区间作图法（CIM）及Icimapping 3.0软件的单标记分析法（SMA）在F$_2$和F$_{2:3}$两个分离世代中检测到7个与棉花叶柄分化性状有关的QTLs（图5-19，表5-3和表5-4）。其中，利用单标记分析法在F$_2$和F$_{2:3}$两个分离世代中共检测到3个与棉花叶柄分化性状有关的QTLs，2个QTLs 在5号染色体上，分别解释9.70%和8.79%的表型变异率，一个在11号染色体上，可以解释8.68%的表型变异率。利用复合区间作图法共检测到6个与棉花叶柄分化性状有关的QTLs，分别定位在1号、5号、9号、11号、12号和18号染色体上，2个来自F$_2$分离世代，4个来自F$_{2:3}$分离世代，可以解释6.88%~37.07%的表型变异率。qEC-C5-1和qEC-C11-1可以用单标记分析法和复合区间作图法同时检测到，是比较可靠的QTL 位点。

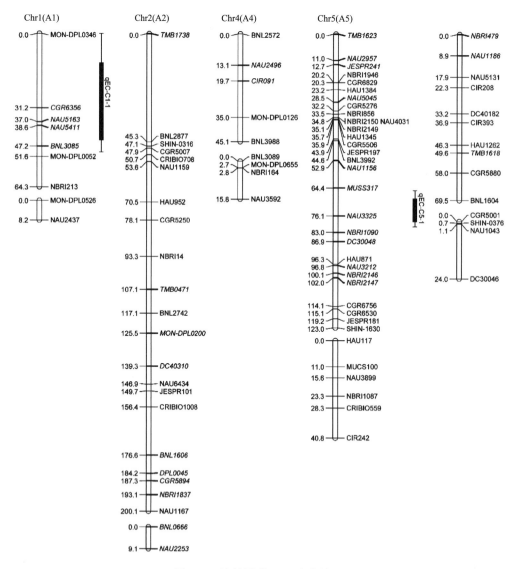

图 5-19　连锁图谱 QTL 定位结果

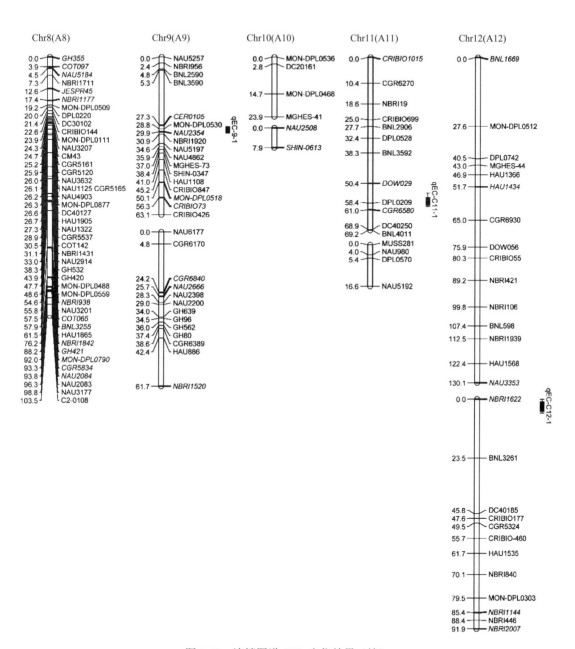

图 5-19 连锁图谱 QTL 定位结果（续）

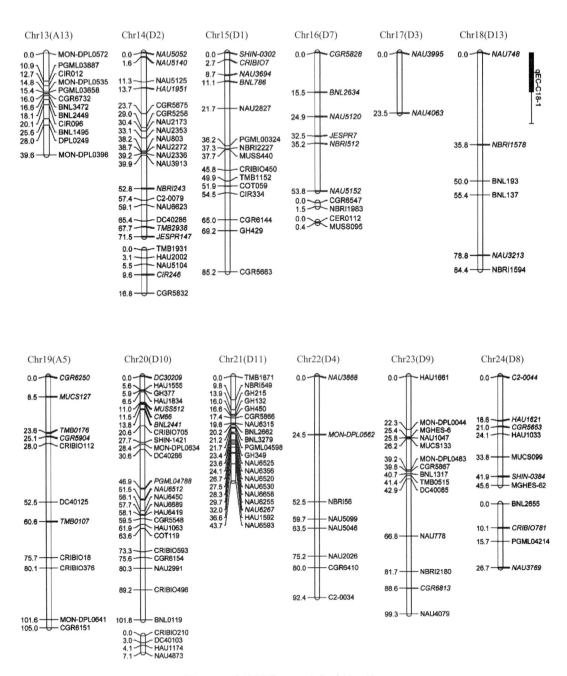

图 5-19　连锁图谱 QTL 定位结果（续）

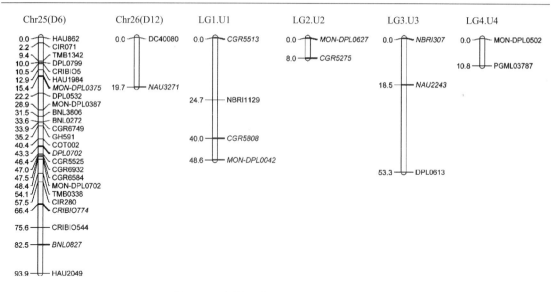

图 5-19 连锁图谱 QTL 定位结果（续）

表 5-3 利用复合区间作图法在 F_2 和 $F_{2:3}$ 分离世代中检测到的与 EC 有关的 QTLs

QTL	世代	染色体	邻近标记	LOD	加性效应	显性效应	贡献率R^2/%	贡献亲本
qEC-C1-1	F_2	1	NAU5163	2.84	0.056	-0.105	8.00	'W10'
qEC-C5-1	$F_{2:3}$	5	NAU3325	4.39	−0.111	0.016	12.31	'TM-1'
qEC-C9-1	$F_{2:3}$	9	MON_DPL0530	2.72	−0.087	0.049	7.32	'TM-1'
qEC-C11-1	F_2	11	DPL0209	2.86	0.001	0.117	7.98	'W10'
qEC-C12-1	$F_{2:3}$	12	NBRI1622	2.75	−0.073	0.465	37.07	'TM-1'
qEC-C18-1	$F_{2:3}$	18	NAU748	2.53	0.075	0.062	6.88	'W10'

表 5-4 利用单标记分析法在 F_2 和 $F_{2:3}$ 分离世代中检测到的与 EC 有关的标记

标记名称	世代	染色体	LOD	加性效应	显性效应	贡献率R^2/%	贡献亲本
NAU3325	$F_{2:3}$	5	3.06	−0.097	0.011	9.70	'TM-1'
CGR6829	$F_{2:3}$	5	2.76	0.048	0.746	8.79	'W10'
DPL0209	F_2	11	2.76	0.002	0.120	8.68	'W10'

三、体细胞胚胎发生的差异基因表达研究进展

随着分子生物学和生物信息学的迅速发展，体细胞胚胎发生（somatic embryogenesis，SE）过程中的差异基因表达研究在很多物种中都取得了一定的进展，其中包括模式生物和非模式生物。比较体细胞胚胎发生过程中差异基因的表达情况和差异基因参与的代谢通路，为进一步研究在体细胞胚胎发生过程中的生理、生化变化提供一定的线索。

近年来，随着分离差异表达基因技术的发展与完善，出现了mRNA差异显示技术（DDRT-PCR）、cDNA扩增片段长度多态性技术（cDNA-AFLP）、抑制性消减杂交法（suppression subtractive hybridization，SSH）、cDNA微阵列（cDNA microarray）和RNA-Seq

（RNA sequencing）等技术，这些方法在棉花体细胞胚胎发生过程中已得到广泛应用，如表5-5所示。

表 5-5　棉花体细胞胚胎发生过程中差异基因的研究进展

研究者	年份	品种	技术	研究结果
李惠英等	2003	'珂字棉201'	差异显示反转录-PCR（DDRT-PCR）	分离到了一个可能与'珂字棉201'体细胞胚胎发生相关的cDNA片段
冷春旭等	2007	'TM-1'	cDNA-AFLP	证明了12个差异片段EST在植物胚胎发育阶段就已经发生特定器官的基因表达
曾范昌等	2006	'珂字棉201'	抑制性消减杂交法（SSH）	分离获得了671个差异表达cDNA片段，囊括了以往植物界分离的体细胞胚胎发生相关的大部分基因
曾范昌等	2007	'珂字棉201'	cDNA 微阵列	分析了体细胞胚胎发生差异表达基因的表达谱，全面阐明了体细胞胚胎发生发育过程中的基因特异和有序表达的特点
武秀明等	2008	'CCRI24'（'W10'）	抑制性消减杂交法（SSH）	比较了'W10'胚性愈伤组织和非胚性愈伤组织的基因表达差异，并从中找到大量差异表达基因

（一）棉花体细胞胚胎发生有关性状的转录组测序

张献龙等（2012）通过RNA-Seq技术，在体细胞胚胎发生过程中鉴定了5076个差异基因，很多基因与生长素的合成、信号转导有关，还有一些转录因子类基因。徐珍珍（2013）选用W10-1（不分化单株）和W10-2（高分化单株）两个株系的两个阶段（stage I 和stage II）进行转录组分析，两个株系两个阶段的生长状态如图5-20所示。从下胚轴开始培养，40d的愈伤组织阶段定义为stage I，此时为成熟的愈伤组织，可以开始转移到愈伤组织分化培养基上。在此阶段，两个材料的愈伤组织在外部形态上差别不大，W10-2的愈伤组织从外部形态上更有活力。将此阶段的愈伤组织接到分化培养基中，继代一次后，高分化单株W10-2就会出现少量的胚性愈伤组织，此时的W10-1未出现胚性愈伤组织。继代3次以后，W10-2所有块的愈伤组织几乎全部分化成为疏松、湿润、淡黄色的胚性愈伤组织，而W10-1没有出现胚性愈伤组织，呈现出绿白相间、致密、干燥，如图5-20所示，此阶段定义为stage II。

为了整体分析在棉花体细胞胚胎发生过程中的基因表达动态及评估、预测这些基因的功能，徐珍珍（2013）将转录组测序得到的所有unigenes进行基因分类（gene ontology，GO）分类，如图5-21所示。GO分类可以用来对基因进行功能分类（Ashburner et al.，2000）。根据序列相似性，利用Gene Ontology数据库（http://www.geneontology.org/）进行GO分类，共有36 490条unigenes注释到了数据库，分布在分子功能（molecular function）、细胞组分（cellular component）和参与的生物过程（biological process）3个ontology中。参与到生物过程中的基因，metabolic占的比例最大，这就暗示了在棉花体细胞胚胎发生过程中伴随着很多代谢活动的参与。体细胞胚胎发生是一个复杂的过程，这一过程本身就需要能量储存和释放，必然会伴随着大量的代谢活动。此外，还有一部分基因聚集在信号途径中。很多文献报道，体细胞胚胎发生过程伴随着大量激素信号通路基因的参与（Choi et al.，1998；Sagare et al.，2000；Feher et al.，2003；Jimenez，2005）；51 644 个基因参与了细胞组分，大部分分布在细胞

图 5-20　W10-1 和 W10-2 在体细胞胚胎发生过程中的形态变化（徐珍珍，2013）

不分化单株 W10-1 和高分化单株 W10-2 的 40d 愈伤组织定义为 stage Ⅰ，大多数高分化单株 W10-2 的愈伤组织分化为胚性愈伤组织时定义为 stage Ⅱ，此时不分化单株 W10-1 不分化

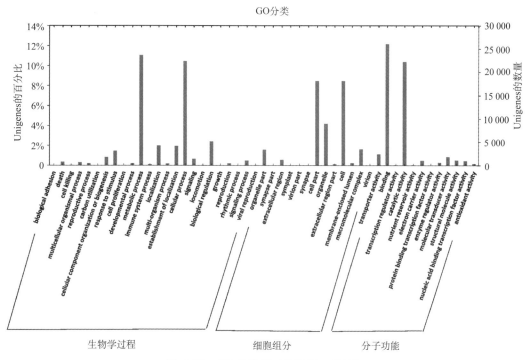

图 5-21　GO 分类图（徐珍珍，2013）

纵坐标的柱子代表了不同分类在总的 GO categories 中所占的比例

（cell）、细胞部分（cell part）和细胞器（organelle）。棉花体细胞胚胎发生过程大致分为3个阶段：脱分化阶段（dedifferentiation of cotton somatic cells）、愈伤组织到胚性愈伤组织的过渡阶段（transition from NECs to ECs）及体细胞胚胎的发育过程（development of somatic embryos）（Yang et al.，2012）。在棉花组织培养的过程中，尤其是细胞脱分化阶段，很多研究表明外植体在培养72h以内就开始了细胞的扩张和分裂（Zhao et al.，2001），因此必然有大量的基因聚集于细胞，细胞部分和细胞器；在分子功能分类，大部分基因分布在结合和催化活性，结合（45.9%）和与核酸结合的转录因子活性（1.8%）在结合功能分类。

很多文献报道，体细胞胚胎发生过程中伴随着一些转录因子的参与（Riechmann and Meyerowitz，1998；Nole-Wilson et al.，2005；Morcillo et al.，2007；Jenik et al.，2007；Park and Harada，2008；Wang et al.，2004；Braybrook et al.，2006；Thakare et al.，2008）。转录因子是指能够结合在某基因上游特异核苷酸序列上的蛋白质，这些蛋白质能够调控其基因的转录。徐珍珍（2013）通过比对Arabidopsis Transcription Factors（DATF）、Plant Transcription Factor Database（PlnTFDB）和Cotton Transcription Factor几个数据库，得到了12 722个转录因子，并且分为25类，如图5-22所示。锌指结构（Zinc finger）占总转录因子的11.26%，是最

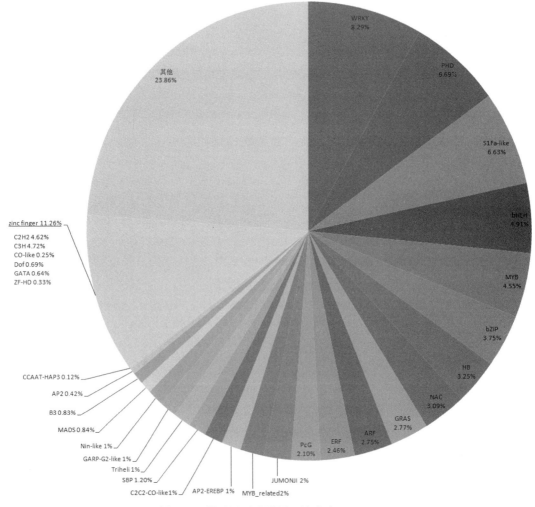

图5-22　转录因子分类图（徐珍珍，2013）

丰富的一类转录因子；WRKY family 和其他转录因子如PHD、S1Fa-like、bHLH、MYB、bZIP及HB等也表现出不同程度的表达（3%~8%）；其他的转录因子占了很少比例。Zinc finger、bZIP、bHLH、B3和MYB在细胞脱分化、体细胞胚胎的形成及成熟过程中发挥着非常重要的作用。另外，还发现一些参与植物激素信号通路如生长素信号通路（ARF）、乙烯信号通路（AP2/ERF）中的转录因子；NAC、GRAS转录因子在分生组织的形成和发育中起着非常重要的作用。

很多报道指出植物激素可以调控体细胞胚胎发生，包括生长素（auxin）、细胞分裂素（cytokinin，CK）、赤霉素（gibberellins，GA）、脱落酸（abscisic acid，ABA）、乙烯（ethylene）、茉莉酸（jasmonic acid，JA）、水杨酸（salicylic acid，SA）和油菜素内酯（brassinosteroids，BR）。徐珍珍（2013）在不同株系（W10-1和W10-2）不同阶段（stageⅠ和stageⅡ），得到了大量跟这几种激素有关的基因。在这所有的植物激素中，生长素和细胞分裂素是报道最多的能够促进体细胞胚胎发生的两种植物激素（Sagare et al.，2000；Feher et al.，2003；Yang and Zhang，2010）。表5-10总结了在不同株系不同阶段与生长素合成、转运、应答和平衡有关的基因表达变化。共检测到269个基因，17个基因家族和5个单基因（ECHS1、EHHADH、WARS、AOX1和SUR1 RTY），其中EHHADH有关的基因仅在W10-1株系的stageⅡ检测到。检测到62个unigenes与生长素合成相关，包括3个基因成员（ECHS1、EHAADH和WARS）和6个基因家族（CYP79B2、YUCCA、CYP83B1、CYP71A13、ST5A_B_C和AUX/IAA）；29个基因与生长素运输有关，包括3个基因家族（ALDH7A1、AUX1 LAX和TIRI）；172个基因与生长素响应有关，包括1个基因（AOX1）和8个基因家族（atoB、katE、E.1.2.1.3、SAUR、SUR1 RTY、ARF、GH3和OGDH）；UGT74B1基因家族跟生长素动态平衡有关。参与生长素、细胞分裂素合成和信号通路的大部分基因是与基因家族有关的，基因家族里面不同成员的表达量具有显著的差异，而且基因家族每个成员在不同株系不同发育阶段的表达呈现复杂变化，有的在特定组织上调表达，有的下调表达，如SAUR基因家族，在高分化单株W10-2株系共检测到48个SAUR相关基因，26个基因在stageⅠ上调，22个基因在stageⅡ上调。基因家族成员之间具有不同的功能，但是它们也具有特异的功能重叠（Ambro et al.，2000；Michael et al.，2005）。在棉花体细胞胚胎发生过程中，生长素和细胞分裂素相关基因家族成员的功能不详，因为很难解释不同成员之间的表达丰度变化。同时，还比较了两个株系W10-1和W10-2的两个阶段stageⅠ和stageⅡ生长素和细胞分裂素相关基因的表达差异，获得了大量的差异基因，有的基因在W10-2株系的stageⅡ高调表达或者不表达，有的基因在两个株系及两个阶段显著上调或者下调。进一步检测了仅在高分化单株W10-2表达的基因，共检测到17个与生长素有关的基因和15个与细胞分裂素有关的基因，在这些基因中，有的仅能在W10-2株系的stageⅠ检测到，有的仅能在W10-2株系的stageⅡ检测到。总之，生长素和细胞分裂素在棉花体细胞胚胎发生过程中起着非常重要的作用，但是它们之间的作用机制以及与其他影响因子的关系目前尚不清楚。

在体细胞胚胎发生过程中会伴随大量的糖类、脂肪酸、蛋白质和核酸物质的合成并消耗大量能量（崔凯荣等，2001）。徐珍珍（2013）在转录组的通路富集分析中，发现了大量跟糖类、脂肪酸及蛋白质等物质合成有关的基因，如精氨酸和脯氨酸代谢、花生四烯酸代谢、脂肪酸生物合成和淀粉和蔗糖代谢等相关的基因。另外，还发现了很多参与糖代谢和能量代谢的基因，如戊糖和葡萄糖醛酸转化及糖酵解/糖异生等相关的基因。这些物质合成代谢和能量代谢为体细胞胚胎发生提供了物质和能量保障，这些与前人的报道相符。

　　为了全面了解棉花体细胞胚胎发育过程中，顶端分生组织和根端分生组织如何发育，葛晓阳（2016）将球形胚、鱼雷形胚及子叶形胚单独取样，利用IlluminaHiseq 2000测序技术，对棉花体细胞胚胎进行了转录组测序。结果发现，在合子胚的发育过程中发挥作用的顶端分生组织和根端分生组织的关键基因在体细胞胚胎的发育过程中也发挥着重要的作用。PIN1调控的生长素转运，对体细胞的发育有重要的作用，不仅可以控制顶端分生组织和根端分生组织的干细胞的维持和分化，还有利于基顶轴的建立。MOMOPTEROS（MP）和它的靶标TMO5参与了体细胞胚胎胚根的起始和发育，其表达水平的持续降低可能阻止了胚根的发育。除此之外，还发现了一些新的基因，调控顶端分生组织和根端分生组织的发育，这些基因可被开发成标记，用来判断体细胞胚胎的发育是否正常。

　　为了分析棉花体细胞胚胎的发育过程中不同阶段之间的差异，葛晓阳（2016）将不同阶段的差异表达基因进行了GO功能注释、生物过程分析及转录因子的聚类分析。通过对3个阶段的差异进行GO注释，比较GO terms发现，球形胚到鱼雷形胚过程的GO terms与球形胚到子叶形胚和鱼雷形胚到子叶形胚之间的GO terms差异很大。球形胚到鱼雷形胚过程中的差异表达基因比较少，涉及极少的GO terms，主要包括信号转导、增殖、细胞形态建成和细胞壁合成。鱼雷形胚到子叶形胚过程中的差异表达基因较多，涉及较多的GO terms，主要包括渗透胁迫应答、细胞大小调控、激素水平调控、细胞分化、细胞周期、细胞通信、增殖、发育过程和细胞程序性死亡等。球形胚到子叶形胚过程的差异基因很多，涉及较多的GO terms，主要包括增殖、发育过程、细胞周期、通信、细胞平衡和光合作用等。这些GO terms可能在棉花体细胞胚胎的成熟过程中发挥至关重要的作用。对球形胚到鱼雷形胚差异基因所涉及的生物过程进行分析发现，球形胚到鱼雷形胚差异基因参与的生物过程较少，主要是压力响应和激素响应相关的。对球形胚到子叶形胚差异基因涉及的生物过程分析发现，涉及的生物过程很多，主要包括根的发育、器官发育、胚后期发育、各种激素响应和压力响应等。对鱼雷形胚到子叶形胚的差异基因所涉及的生物过程分析发现，涉及生物过程较多，许多生物过程与球形胚到子叶形胚涉及的生物过程是相似的，包括激素水平调节、生长素转运、各种激素响应、胚后期发育和器官发育等。另外，发现在球形胚到鱼形雷胚阶段，鱼雷形胚到子叶形胚阶段及球形胚到子叶形胚阶段分别有9个、105个和45个差异表达的转录因子。转录因子的显著差异表明了鱼雷形胚到子叶形胚阶段的生物学过程比球形胚到鱼雷形胚阶段更加复杂。棉花体细胞胚胎发育的后期阶段是一个较为复杂的过程，众多特异表达的转录因子通过调控不同的信号通路来调控其发育过程，促进体细胞胚胎发生。

（二）棉花体细胞胚胎发生有关性状的蛋白质组测序

　　iTRAQ（isobaric tag for relative and absolute quantitation）又称同位素标记的相对和绝对定量技术，是目前研究蛋白质组学比较有效的工具，可以检测大量表达的蛋白质（Ross et al., 2004）。葛晓阳（2016）利用iTRAQ技术分析了棉花体细胞胚胎发育过程中的蛋白质的动态变化，获得大量与体细胞胚胎发育有关的蛋白质。利用GO和同源蛋白组聚类（clnsters of orthologous groups of protems，COG）对差异蛋白进行了功能分类，结果发现7类差异蛋白，分别参与糖和能量代谢、激素合成和信号转导、压力相关蛋白、蛋白质代谢、细胞转运、细胞壁代谢和脂类代谢。

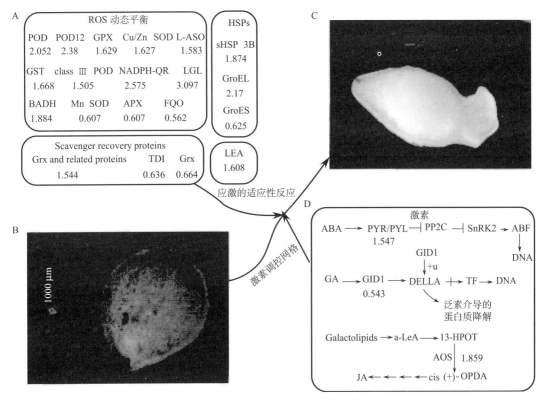

图 5-23　压力和激素调节棉花体细胞胚胎发育（葛晓阳，2016）

A. 参与 ROS 动态平衡的蛋白质包括 ROS 清除恢复蛋白、热激蛋白和晚期胚胎丰富蛋白；B.正常的球形胚；C.正常的子叶形胚；D.参与激素互作的蛋白质，包括脱落酸和赤霉素信号转导蛋白和茉莉酸蛋白。在体细胞胚胎的生长过程中，压力响应和激素互作对维持合适的生理条件是必需的。数字代表相应蛋白质的表达丰度

　　压力在植物的发育过程中发挥重要的作用，棉花体细胞胚胎的发育也不例外。在棉花体细胞胚胎发生过程中，压力可以使细胞命运发生转换，促进体细胞胚胎发育。研究表明，体细胞胚胎发育相关的压力响应蛋白主要分为以下几类：活性氧清除蛋白、晚期胚胎丰富蛋白、热激蛋白和活性氧清除恢复蛋白。葛晓阳（2016）根据蛋白质表达谱发现，ROS相关蛋白在子叶形胚中上调表达，抗氧化系统被激活，过氧化物酶POD和POD12、质外体阴离子过氧化物酶GPX、classIII过氧化物酶、L抗坏血酸氧化酶、谷胱甘肽转移酶、铜/锌超氧化物歧化酶、NADPH:醌还原酶和锌依赖型氧化还原酶、甜菜碱脱氧酶、乳酸酰谷胱甘肽裂解酶活性上升。但是，3个活性氧清除酶锰超氧化物歧化酶、叶绿体基质抗坏血酸过氧化物酶、纤维醌氧化还原酶的活性下降，这些参与抗氧化系统的酶动态变化维持了体细胞胚胎发育过程中的ROS动态平衡（图5-24）。在大豆和拟南芥的种子发育过程中，抗坏血酸过氧化氢酶、过氧化氢酶和氧化还原酶的活性上升，而超氧化物歧化酶和2-Cys过氧化物酶的活性下降（Meyer et al.，2012）。在活性氧的消除过程中，清除蛋白恢复蛋白对清除蛋白的恢复发挥着重要作用。在棉花体细胞胚胎的发育过程中，3个清除蛋白恢复蛋白，包括谷氧还蛋白及相关蛋白和巯基-二硫键异构酶/硫氧还蛋白质呈现了不同的表达丰度，一定程度暗示了这些蛋白质在调控清除蛋白的再生方面起着重要作用。葛晓阳（2016）根据蛋白质组学的分析，发现晚期胚胎丰富

蛋白LEA D-34在子叶形胚中的表达丰度显著上调,热激蛋白sHSP30和伴侣蛋白GroEL表达水平也上调,而辅伴侣蛋白GroES活性下调,推测这些LEAs和HSPs蛋白的动态变化有利于棉花体细胞胚胎的生长和成熟。

　　进一步分析发现,在棉花体细胞的发育过程中发现一些涉及激素代谢和信号通路的蛋白质存在着一定的动态的变化趋势(图5-24),两个吲哚乙酸合成酶GH3蛋白在子叶形胚中呈上调表达。GH3蛋白可以结合多余的IAA到氨基酸上,从而维持IAA的动态平衡,有利于体细胞胚胎的发育。另外,ABA合成酶ABA2和ABA受体PYR1在棉花体细胞胚胎中呈现相反的表达趋势,表明了它们可能通过影响ABA的合成和信号转导来维持ABA的动态平衡,从而影响棉花体细胞胚胎的发育。此外,GA受体GHM和GA合成相关蛋白delta杜松萜烯合成酶同工酶从球形胚到子叶形胚的过程中,呈下调表达,暗示了GA的含量在体细胞胚胎的发育过程是逐渐降低的,推测它们可能通过调控GA合成和信号转导来负调控棉花体细胞胚胎的发育。JA合成酶AOS,在棉花体细胞胚胎的发育过程中呈上调表达的趋势,暗示了JA可能正调控体细胞胚胎形成和生长。根据以上结果推测,ABA、GA和JA在调控体细胞胚胎的成熟和幼苗再生方面发挥重要作用。

参 考 文 献

白波. 2013. 乙烯调控的生长素合成控制体细胞胚胎发生的分子机理. 泰安: 山东农业大学博士学位论文

常莉, 薛建平. 2008. 生长素极性运输研究进展. 生物学杂志, 25(6): 9-13

陈军营, 文付喜, 何盛莲, 等. 2006. ABA 和AgNO₃对小麦幼胚愈伤组织诱导和分化的影响. 麦类作物学报, 26(2): 46 -48

程玉兰, 刁丰秋, 吴乃虎, 等. 1999. 蔗糖调控培养对胡萝卜体细胞胚胎内源ABA水平的效应. 植物学报, 41(7): 761-765

崔凯荣, 裴新梧, 秦琳, 等. 1998. ABA 对枸杞体细胞胚胎发生的调节作用. 实验生物学报, 31(2): 195-201

冯霞, 李亚楠, 陈大清. 2008. 生长素基因家族及其启动子、反应因子的研究进展. 长江大学学报: 自然科学版, 5(1): 64-69

高三基, 陈如凯, 马宏敏. 2004. 影响籼稻成熟胚愈伤组织植株再生频率的几个因素. 作物学报, 30(12): 1254-1258

葛晓阳 . 2016. 棉花体细胞胚胎发育组学分析及JA和ABA调控的研究. 北京: 中国农业大学博士学位论文

郭凤丹. 2012. *LEC*基因促进植物体细胞胚胎形成及机理的研究. 济南: 山东师范大学硕士学位论文

韩碧文, 李颖章. 1993. 植物组织培养中器官建成的生理生化基础. 植物学通报, 10(2): 195-201

贺杰, 校现周, 李瑞芬. 2005. 结缕草成熟胚愈伤组织的诱导及再生体系的研究. 山西农业大学学报, 25(3): 211-213

姜华, 陈静, 高晓玲, 等. 2006. ABA 对水稻愈伤组织、不定胚发育及其植株再生的影响. 作物学报, 32(9): 1379 -1383

姜华, 万佳, 高晓玲, 等. 2006. 水稻愈伤组织中脱落酸特异诱导蛋白的纯化及分析, 中国水稻科学, 20(6): 583-588

蒋伦伟, 胡丽芳, 袁永成, 等. 2012. 黄瓜*RAV*基因家族的全基因组分析. 中国蔬菜, 16: 15-21

蒋素梅, 陶均, 李玲. 2005. 早期生长素响应蛋白在生长素信号转导中的作用. 植物生理学通讯, 41(1): 125-130

李常凤. 2013. *AGL15*同源基因cDNAs的克隆功能验证. 武汉: 华中农业大学硕士学位论文

李双成, 王世全, 尹福强, 等. 2004. 籼稻成熟胚愈伤组织培养影响因素研究. 四川农业大学学报, 22(4):

296-331

李霞, 陈婷, 周月兰. 2005. 籼粳稻成熟胚愈伤组织培养力的比较. 南京师范大学报: 自然科学版, 28(4): 103-108

李亚男, 冯霞, 陈大清. 2008. ARF、Aux/IAA 和生长素受体对基因表达的调控. 安徽农学通报, 14(7): 36-39

林君. 2006. 陆地棉体细胞胚胎发生和植株再生体系的建立. 杭州: 浙江大学硕士学位论文

卢合均. 2014. 棉花 AP2/EREBP 基因家族的全基因组分析. 北京: 中国农业科学院硕士学位论文

吕剑, 喻景权. 2004. 植物生长素的作用机制. 植物生理学通讯, 40(5): 624-628

祁永斌, 李和平, 廖玉才. 2005. 不同小麦品种成熟胚愈伤组织诱导及分化的研究. 华中农业大学学报, 24(2): 117 -120

任江萍, 李磊, 王新国. 2005. 大麦幼胚离体培养条件的建立. 麦类作物学报, 25(6): 25-28

任江萍, 尹钧, 师学珍, 等. 2003. 小麦转基因再生植株培养体系的优化. 华北农学报, 18(1): 22-25

任怡怡, 戴绍军, 刘炜. 2012. 生长素的运输及其在信号转导及植物发育中的作用. 生物技术通报, 3: 9-16

汪潇琳, 陈艳萍, 喻德跃. 2008. MADS-box基因GxnAGL15在大豆种子发育过程中的表达. 作物学报, 34(2): 330-332

王家利, 刘冬成, 郭小丽, 等. 2012. 生长素合成途径的研究进展. 植物学报, 47(3): 292-301

王清连, 王敏, 师海荣. 2004. 植物激素对棉花体细胞胚胎发生的诱导及调节作用. 生物技术通讯, 15(6): 577-579

魏晓明, 高美玲, 李兵. 2012. 甜瓜胚性愈伤组织诱导研究. 商师理科学刊, 32(4): 60-62

魏岳荣. 2005. 香蕉(Musa spp.)胚性细胞悬浮培养及其超低温保存和植株再生的研究. 广州: 中山大学博士学位论文

谢德意. 2006. 棉花体细胞胚胎发生能力比较及Bt基因的遗传转化. 武汉: 华中农业大学博士学位论文

徐珍珍. 2013. 陆地棉(Gossypinm hirsutum L.)离体培养分化性状的遗传研究. 北京: 中国农业科学院博士学位论文

冶晓芳, 唐益苗, 高世庆, 等. 2009. 植物NAC转录因子的研究进展. 生物技术通报, 10: 20-25

曾范昌. 2007. 棉花体细胞胚胎发生与合子胚发育相关基因的鉴定, 克隆与功能分析. 武汉: 华中农业大学博士学位论文

张栋, 陈季楚. 1995. ABA、NAA 诱导水稻胚性愈伤组织的研究. 实验生物学报, 28(3): 32 -337

张娟. 2009. 生长素信号转导途径及参与的生物学功能研究进展. 生命科学研究, 13(3): 272-277

郑武. 2014. 陆地棉体细胞胚胎发生关键基因挖掘及机理研究. 北京: 中国农业科学院博士学位论文

Alemanno L, Devic M, Niemenak N. 2008. Characterization of leafy cotyledon 1-like during embryogenesis in Theobroma cacao L. Planta, 227: 853.

Alexander H T S. 2003. Cytokinin signal perception and transduction. Current Opinion in Plant Biology, 6: 480-488

Alvarez-Buylla E R, Pelaz S, Liljegren S J. 2000. An ancestral MADS-box gene duplication occurred before the divergence of plants and animals. PNAS, 97(10): 5328-5333

Arroyo-Herrera A, Gonzalez A K, et al. 2008. Expression of WUSCHEL in Coffea canephora causes ectopic morphogenesis and increases somatic embryogenesis. Plant Cell Tissue and Organ Culture, 94(2): 171-180

Astot C, Dolezal K, Nordstrom A, et al. 2000. An alternative cytokinin biosynthesis pathway. Proc Natl Acad Sci USA, 97: 14778-14783

Audran R, Lesimple T, Delamaire M, et al. 1996. Adhesion molecule expression and response to chemotactic agents of human monocyte-derived macrophages. Clin Exp Immunol, (103): 155-160

Bandurski R S, Cohen J D, Reineeke D M, et al. 1995. Auxin biosynthesis and metabolism. In: Davies P J, ed. Plant Hormones, Physiology, Biochemistry and Molecular Biology. Dordrecht Kluwer Academic Publishers

Banno H, Ikeda Y, et al. 2001. Overexpression of *Arabidopsis* ESR1 induces initiation of shoot regeneration. The Plant Cell Online, 13(12): 2609-2618

Bartley G E, Ishida B K. 2002. Digital fruit ripening: data mining in the TIGR tomato gene index. Plant Mol Biol Rep, 20(2): 115-130

Baudino S, Hansen S, Brettschneider R, et al. 2001. Molecular characterisation of two novel maize LRR receptor-like kinases, which belong to the *SERK* gene family. Planta, 213 : 1-10

Borklrd C, Choi J H, Sung Z R. 1986. Effect of 2, 4-dichlorophenoxyacetic acid on the expression of embryogenic program in carrot. Plant Physiol, (81): 1143-1146

Boutilier K, Offringa R, Sharma V K, et al. 2002. Ectopic expression of BABY BOOM triggers a conversion from vegetative to embryonic growth. Plant Cell, 14(8): 1737-1749

Braybrook S A, Stone S L, Park S, et al. 2006. Genes directly regulated by LEAFY COTYLEDON2 provide insight into the control of embryo maturation and somatic embryogenesis. PNAS, 103(9): 3468-3473

Burbidge A, Grieve T, Jackson A, et al. 1999. Characterization of the ABA deficient tomato mutant notabilis and its relationship with maize VP14. Plant J, (17): 427-431

Cairney J, Zheng L, et al. 2006. Expressed sequence tags from loblolly pine embryos reveal similarities with angiosperm embryogenesis. Plant Mol Biol, 62(4-5): 485-501

Casson S A, Lindsey K. 2006. The turnip mutant of *Arabidopsis* reveals that LEAFY COTYLEDON1 expression mediates the effects of auxin and sugars to promote embryonic cell identity. Plant Physiol, 142(2): 526-541

Cernac A, Benning C. 2004. WRINKLED1 encodes an AP2/EREB domain protein involved in the control of storage compound biosynthesis in *Arabidopsis*. The Plant Journal, 40(4): 575-585

Chen J G, Ullah H, Young J C, et al. 2001. ABP1 is required for organized cell elongation and division in *Arabidopsis* embryogenesis. Genes & Development, 15: 902-911

Chen J R, Lu J J, Liu R, et al. 2010. DREB1C from *Medicago truncatula* enhances freezing tolerance in transgenic *M. truncatula* and China rose(*Rosa chinensis* Jacq.). Plant Growth Regul, 60(3): 199-211

Chen M, Wang Q Y, Cheng X G, et al. 2007. GmDREB2, a soybean DRE-binding transcription factor, conferred drought and high-salt tolerance in transgenic plants. Biochem Biophys Res Commun, 353(2): 299-305

Cheng Y F, Dai X H, Zhao Y D. 2007. Auxin synthesized by the YUCCA flavin monooxygenases is essential for embryogenesis and leaf formation in *Arabidopsis*. Plant Cell, 19: 2430-2439

Chengalrayan K, Mhaske V B, Hazra S. 1997. High frequency conversion of abnormal peanut somatic embryos. Plant Cell Rep, 16: 783-786

Chiappetta A, Fambrini M, Petrarulo M, et al. 2009. Ectopic expression of LEAFY COTYLEDON1-like gene and localized auxin accumulation mark embryogenic competence in epiphyllous plants of *Helianthus annuus* x H. Tuberosus. Annals of Botany, 103: 735-747

Chono M, Honda I, Shinoda S, et al. 2006. Field studies on the regulation of abscisic acid content and germinability during grain development of barley: molecular and chemical analysis of preharvest sprouting. J Exp Bot, 57(10): 2421-2434

Clark S E. 2001. Cell signalling at the shoot meristem. Nature Reviews Molecular Cell Biology, 2(4): 276-284

Cohen J D, Slovin J P, Hendrickson A M. 2003. Two genetically discrete pathways convert tryptophan to auxin: more redundancy in auxin biosynthesis. Trends Plant Sci, 8: 197-199

Colorado P. 1995. Expression of three ABA regulated clones and their relationship to maturation processes during the embryogenesis of chickpea seeds. Physiol Plant, 94: 1-6

Compton M E, Gray D J. 1993. Somatic embryogenesis and plant regeneration from immature cotyledons of watermelon. Plant Cell Rep, 12: 61-65

D'Agostino I, Deruère J, Kieber J J. 2000. Characterization of the response of the *Arabidopsis ARR* gene family to cytokinin. Plant Physiol, 124: 1706-1717

Dharmasiri N, Dharmasiri S, Estelle M. 2005a. The F-box protein TIR1 is an auxin receptor. Nature, 435: 441-445

Dharmasiri N, Dharmasiri S, Weijers D, et al. 2005b. Plant development is regulated by a family of auxin receptor F box proteins. Developmental Cell, 9: 109-119

Dong J Z, Dunstan D I. 1997. Characterization of cDNAs representing five abscisic acid responsive genes associated with somatic embryogenesis in *Picea glauca*, and their responses to abscisic acid stereo structure. Planta Heidelberg, 203(4): 448 -453

Dong J Z, Dunstan D I. 1996. Expression of abundant mRNA s during somatic embryogenesis of white spruce *Picea glauca*(Moench)Voss. Planta, 199: 459-466

Dong J Z, Perras M R, Abrams S R. 1997. Gene expression patterns, and uptake and fate of fed ABA in white spruce somatic embryo tissues during maturation. J Exp Bot, 48(307): 277-287

Du K J, CaoH J, Zhang H, et al. 1997. Establishment of a system with high synchronous frequency of somatic embryogenesis and embryo seed ling formation in *Camellia sinensis* var. *assamica.* Acta Botanica Sinica, 39(12): 1126-1130

Duckham S, Linforth R, Taylor I. 1991. Abscisic-acid-deficient mutants at the *aba* gene locus of *Arabidopsis thaliana* are impaired in the epoxidation of zeaxanthin. Plant Cell Environ, (14): 601-606

Elliott R C, Betzner A S, et al. 1996. *AINTEGUMENTA*, an APETALA2-like gene of *Arabidopsis* with pleiotropic roles in ovule development and floral organ growth. The Plant Cell Online, 8(2): 155-168

Ferreira F J, Kieber J J. 2005. Cytokinin signaling. Current Opinion in Plant Biology, 8: 518-525

Flanagan C A, Ma H. 1994. Spatially and temporally regulated expression of the MADS-box gene *AGL2* in wild-type and mutant *Arabidopsis* flowers. Plant Mol Biol, 26: 581-595

Franz G, Hatzopoulos P, Jones T J, et al. 1989. Molecular and genetic analysis of an embryonic DC8, from *Daucus carota* L. Mol Gen Genet, 218: 143-151

Friml J, Vieten A, Sauer M, et al. 2003. Efflux-dependent auxin gradients establish the apical-basal axis of *Arabidopsis*. Nature, 426: 147-153

Friml J, Yang X, Michniewicz M, et al. 2004. A PINOID-dependent binary switch in apical-basal PIN polar targeting directs auxin efflux. Science Signaling, 306: 862

Gaj M D, Zhang S B, Harada J J. 2005. Leafy cotyledon genes are essential for induction of somatic embryogenesis of *Arabidopsis*. Planta, 222: 977-988

Gaj M D. 2004. Factors influencing somatic embryogenesis induction and plant regeneration with particular reference to *Arabidopsis thaliana*(L.)Heynh. Plant Growth Regulation, 43(1): 27-47

Gao S, Zhang H, Tian Y, et al. 2008. Expression of TERF1 in rice regulates expression of stress-responsive genes and enhances tolerance to drought and high-salinity. Plant Cell Rep, 27(11): 1787-1795

Gazzarrini S, Tsuchiya Y, et al. 2004. The transcription factor FUSCA3 controls developmental timing in *Arabidopsis* through the hormones gibberellin and abscisic acid. Developmental Cell, 7(3): 373-385

Gilmour S J, Sebolt A M, Salazar M P, et al. 2000. Overexpression of the *Arabidopsis* CBF3 transcriptional activator mimics multiple biochemical changes associated with cold acclimation. Plant Physiol, 124(4): 1854-1865

Goh T, Kasahara H, et al. 2012. Multiple AUX/IAA-ARF modules regulate lateral root formation: the role of *Arabidopsis* SHY2/IAA3-mediated auxin signalling. Philos Trans R SocLond B Biol Sci, 367(1595): 1461-1468

Gonzali S, Novi G, et al. 2005. A turanose-insensitive mutant suggests a role for WOX5 in auxin homeostasis in

Arabidopsis thaliana. The Plant Journal, 44(4): 633-645

Gray W M, Kepinski S, Rouse D, et al. 2001. Auxin regulates SCFTIRI dependent degradation of AUX/IAA proteins. Nature, 414: 271-276

Halperln W, Wetherell D F. 1964. Adventive embryony in tissue cultures of the wild carrot, *Daucus carota*. Am J Bot, (512): 274-283

Hamada S, Onouchi H, et al. 2000. Mutations in the *WUSCHEL* gene of *Arabidopsis thaliana* result in the development of shoots without juvenile leaves. Plant J, 24(1): 91-101

Hao D Y, Ohme-Takagi M, Sarai A. 1998. Unique mode of GCC box recognition by the DNA-binding domain of ethylene responsive element-binding factor(ERF domain)in plants. J Biol Chem, 273(41): 26857-26861

Harding E W, Tang W N, Nichols K W, 2003. Expression and maintenance of embiyogenic potential is enhanced through constitutive expression of AGAMOUS-Like 75. Plant Physiology, 133: 653-663

Hatzopoulos P, Franz G, Choy L, et al. 1990. Interaction of nuclear factors with upstream sequences of a lipid body membrane protein gene from carrot. Plant Cell, 2: 457-467

Hecht V, Calzada J P V, Hartog M V, et al. 2001. The *Arabidopsis* somatic embryogenesis receptor kinase1gene is expressed in developing ovules and embryos and enhances embryogenic competence in culture. Plant Physiol, 127(3): 803-816

Heck G R, Perry S E, Nichols K W, et al. 1995. AGL15, a MADS domain protein expressed in developing embryos? The Plant Cell, 7: 1271-1282

Heyl A, Schmülling T. 2003. Cytokinin signal perception and transduction. Current Opinion in Plant Biology, 6: 480-488

Hoecker U, Vasil I, McCarty D. 1995. Integrated control of seed maturation and germination programs by activator and repressor functions of viviparous-1 of maize. Genes Dev, (9): 2459-2469

Hu H, Xiong L, Yang Y. 2005. Rice SERK1 gene positively regulates somatic embryogenesis of cultured cell and host defense response against fungal infection. Planta, 222(1): 107-117

Hu X Y, Wang Y H, Liu X F, et al. 2004. *Arabidopsis* RAV1 is down-regulated by brassinosteroid and may act as a negative regulator during plant development. Cell Research, 14(1): 8-15

Huang B, Liu J Y. 2006. A cotton dehydration responsive element binding protein functions as a transcriptional repressor of DRE mediated gene expression. Biochem Biophys Res Commun, 343(4): 1023-1031

Hull A K, Vij R, Celenza J L. 2000. *Arabidopsis* cytochrome P450s that catalyze the first step of tryptophan-dependent that catalyze the first step of tryptophan-dependent indole-3-acetic acid biosynthesis. Proc Natl Acad Sci USA, 97(5): 2379-2384

Hwang I, Sakakibara H. 2006. Cytokinin biosynthesis and perception. Physiologia Plantarum, 126: 528-538

Imin N, Nizamidin M, et al. 2007. Factors involved in root formation in *Medicago truncatula*. J Exp Bot, 58(3): 439-451

Inoue T, Higuchi M, Hashimoto Y, et al. 2001. Identification of CRE1 as a cytokinin receptor from *Arabidopsis*. Nature, 409: 1060- 1063.

Iuchi S, Kobayashi M, Yamaguchi-Shinozaki K, et al. 2000. A stress-inducible gene for 9-*cis*-epoxycarotenoid dioxygenase involved in abscisic acid biosynthesis under water stress in drought-tolerant cowpea. Plant Physiol, (123): 553-562

Jofuku K D, den Boer B G, van Montagu M, et al. 1994. Control of *Arabidopsis* flower and seed development by the homeotic gene APETALA2. Plant Cell, 6(9): 1211-1225

Jofuku K D, Omidyar P K, Gee Z, et al. 2005. Control of seed mass and seed yield by the floral homeotic gene *APETALA2*. Proc Natl Acad Sci USA, 102(8): 3117-3122

Kagaya Y, Ohmiya K, Hattori T. 1999. RAV1, a novel DNA binding protein, binds to bipartite recognition sequence through two distinct DNA-binding domains uniquely found in higher plants. Nucleic Acids Res, 27(2): 470-478

Kagaya Y, Toyoshima R, Okuda R, et al. 2005. LEAFY COTYLEDON1 controls seed storage. Plant Cell Physiol, (46): 399-406

Kakimoto T. 2001. Identification of plant cytokinin biosynthetic enzymes as dimethylallyldiphosphate : ATP/ADP isopentenyltransferases. Plant Cell Physiol, 42: 677- 685

Kepinski S, Leyser O. 2005. The *Arabidopsis* F-box protein TIR1 is an auxin receptor. Nature, 435: 446-451

Kintzios S, Sereti E, Bluchos P, et al. 2002. Growth regulator pretreatment improves somatic embryogenesis from leaves of squash(*Cucurbita pepo* L.)and melon(*Cucumis melo* L.). Plant Cell Reports, 21: 1-8

Kiyosue T, Yamaguchi O, Shinozaki K, et al. 1992. Isolation and characterization of a cDNA that encodes ECP31, an embryogenic cell protein from carrot. Plant Mol Biol, 19: 239-249

Kiyosue T, Yamaguchi O, Shinozaki K, et al. 1993. cDNA cloning of ECP40, an embryogenic cell protein in carrot and its express ion during somatic and zygotic embryogenesis. Plant Mol Biol, 21(6): 1053-1068

Kizis D, Pages M. 2002. Maize DRE-binding proteins DBF1 and DBF2 are involved in rab17 regulation through the drought responsive element in an ABA-dependent pathway. Plant J, 30(6): 679-689

Kroj T, Savino G, Valon C, et al. 2003. Regulation of storage protein gene expression in *Arabidopsis*. Development, 130: 6065-6073

Kwong R W, Bui A Q, Lee H, et al. 2003. LEAFY COTYLEDON1-Like defines a class of regulators essential for embryo development. Plant Cell, 15: 5-18

Lee H S, Ahn B J. 1997. Rapid multiplication of carnation through somatic embryogenesis from flower bud induced callus. Journal of the Korean Society for Horticultural Science, 38(6): 771-775

Lee H, Fischer R L, Goldberg R B, et al. 2003. *Arabidopsis* LEAFY COTYLEDON 1 represents a functionally specialized subunit of the CCAAT binding transcription factor. Proc Natl Acad Sci USA, 100(4): 2152-2156

Lee K S, Lee J C, Soh W Y. 1998. Effects of ABA on secondary embryogenesis form somatic embryos induced from inflorescence culture of *Aralia cordata* Thunb. J Plant Biol, 41(3): 187-192

Lehmann T, Hoffmann M, Hentrich M, et al. 2010. Indole-3-acetamide-dependent auxin biosynthesis: a widely distributed way of indole-3-acetic acid production? Eur J Cell Biol, 89: 895-905

Leibfried A, To J P, et al. 2005. WUSCHEL controls meristem function by direct regulation of cytokinin-inducible response regulators. Nature, 438(7071): 1172-1175

Linacero R, Lopez O, BilbaoM G, et al. 2001. Expression of different abscisic acid responsive genes during somatic embryogenesis in sugarcane(*Saccharum officinarum*). Protoplasma, 217(4): 199-204

Liu C, Xu Z, Chua N H. 1993. Auxin polar transport is essential for the establishment of bilateral symmetry during early plant embryogenesis. Plant Cell, (5): 621-630

Liu X, Yue Y, Li B, et al. 2007. A G protein-coupled receptor is a plasma membrane receptor for the plant hormone abscisic acid. Science, (315): 1712-1716

Lotan T, Ohto M, Matsudaira Y K, et al. 1998. *Arabidopsis* LEAFY COTYLEDON 1 is sufficient to induce embryo development in vegetative cells. Cell, 93(6): 1195-1205

Mantiri F R, Kurdyukov S, Lohar D P, et al. 2008. The transcription factor MtSERF1 of the ERF subfamily identified by transcriptional profiling is required for somatic embryogenesis induced by auxin plus cytokinin in *Medicago truncatula*. Plant Physiology, 146: 1622-1636

Mashiguchi K, Tanaka K, Sakai T, et al. 2011. The main auxin biosynthesis pathway in *Arabidopsis*. Proc Natl Acad Sci USA, 108: 18512-18517

Mason M G, Li J, Mathews D E, et al. 2004. Type-B response regulators display overlapping but distinct expression patterns in *Arabidopsis*. Plant Physiol, 135: 927-937

McCourt P, Creelman R. 2008. The ABA receptors - we report you decide. Curr Opin Plant Biol, (11): 474-478

Meinke D W, Franzmann L H, Nickle T C, et al. 1994. Leafy cotyledon mutants of *Arabidopsis*. Plant Cell, 6(8): 1049-1064

Merlot S, Giraudat J. 1997. Genetic analysis of abscisic acid signal transduction. Plant Physiol, (114): 751-757

Messenguy F, Dubois E. 2003. Role of MADS box proteins and their cofactors in combinatorial control of gene expression and cell development. Gem, 316: 1-21

Michaels S D, He Y H, Scortecci K C, et al. 2003. Attenuation of flowering locus C activity as a mechanism for the evolution of summer-annual flowering behavior in *Arabidopsis*. ANS, 100(17): 10102-10107

Michalczuk L, Cooke T J, Cohen J D. 1992. Auxin levels at different stages of carrot somatic embryogenesis. Phytochem, (31): 1097-1103

Michalczuk L, Ribnicky D M, Cooke T J. 1992. Regulation of indole-3-acetic acid biosynthetic pathways in carrot cell cultures. Plant Physiol, (100): 1346-1353

Mithila J, Hall J C, Victor J M, et al. 2003. Thidiazuron induces shoot organogenesis at low concentrations and somatic embryogenesis at high concentrations on leaf and petiole explants of African violet(*Saintpaulia ionantha* Wendl.). Plant Cell Rep, 21(5): 408-414

Miyawaki K, Tarkowski P, Matsumoto-Kitano M, et al. 2006. Roles of *Arabidopsis* ATP/ADP isopentenyl-transferases and tRNA isopentenyltransferases in cytokinin biosynthesis. Proceedings of the National Academy of Sciences, USA, 103: 16598-16603

Mok D W, Mok M C. 2001. Cytokinin metabolism and action. Annu Rev Plant Physiol Plant Mol Biol, 89: 89-118

Morcillo F, Gallard A, et al. 2007. EgAP2-1, an AINTEGUMENTA-like(AIL) gene expressed in meristematic and proliferating tissues of embryos in oil palm. Planta, 226(6): 1353-1362

Murashige B T. 1977. Repression of asexual embryogenesis *in vitro* by some plant growth regulators. *In Vitro*, 13(11): 799-805

Nabha S, Lamblin F, Gillet F, et al. 1999. Polyamine content and somatic embryogenesis in *Papaver somniferum* cells transformed with *sam-1* gene. Journal of Plant Physiology, 154(s 5-6): 729-734

Nakano T, Suzuki K, Fujimura T, et al. 2006. Genome wide analysis of the *ERF* gene family *in Arabidopsis* and rice. Plant Physiol, 140(2): 411-432

Nam J, Kim J, Lee S, et al. 2004. Type I MADS-box genes have experienced faster birth-and-death evolution than type U MADS-box genes in angiosperms. PNAS, 101(7): 1910-1915

Niu X, Helentjaris T, Bate N J. 2002. Maize ABI4 binds coupling element1 in abscisic acid and sugar response genes. Plant Cell, 14(10): 2565-2575

Nolan K E, Irwanto R R, Rose R J. 2003. Auxin up-regulates MtSERK1 expression in both *Medicago trancatula* root-forming and embryogenic cultures. Plant Physiol, 133: 218-230

Nowak K, Wójcikowska B, Gaj M D. 2015. ERF022 impacts the induction of somatic embryogenesis in *Arabidopsis* through the ethylene-related pathway. Planta, 241(4): 967-985

Ohme-Takagi M, Shinshi H. 1995. Ethylene-inducible DNA binding proteins that interact with anethylene-responsive element. Plant Cell, 7(2): 173-182

Ohto M A, Fischer R L, Goldberg R B, et al. 2005. Control of seed mass by APETALA2. Proc Natl Acad Sci USA, 102(8): 3123-3128

Osakabe Y, Miyata S, et al. 2002. Overexpression of *Arabidopsis* response regulators, ARR4/ATRR1/IBC7 and ARR8/ATRR3, alters cytokinin responses differentially in the shoot and in callus formation. Biochem Biophys

Res Commun, 293(2): 806-815

Palovaara J, Hakman I. 2008. Conifer WOX-related homeodomain transcription factors, developmental consideration and expression dynamic of WOX2 during *Picea abies* somatic embryogenesis. Plant Mol Biol, 66(5): 533-549

Parcy F, Valon C, Raynal M, et al. 1994. Regulation of gene expression programs during *Arabidopsis* seed development: roles of the ABB locus and of endogenous abscisic acid. Plant Cell, 6: 1567-1582

Perry S E, Nichols K W, Fernandez D E. 1996. The MADS domain protein AGL15 localizes to the nucleus during early stages of seed development. The Plant Cell, 8: 1977-1989

Qin X, Zeevaart J A. 1999. The 9-*cis*-epoxycarotenoid cleavage reaction is the key regulatory step of abscisic acid biosynthesis in water-stressed bean. Proc Natl Acad Sci USA, (96): 15354-15361

Quittenden L J, Davies N W, Smith J A, et al. 2009. Auxin biosynthesis in pea: characterization of the tryptamine pathway. Plant Physiol, 151: 1130-1138

Robert D R. 1991. Abscisic acid and mannitol promote early development maturation and storage protein accumulation in somatic embryos of interior spruce. Physiol Plant, 83: 247-254

Sakai H, Honma T, Aoyama T, et al. 2001. *Arabidopsis* ARR1 is a transcription factor for genes immediately responsive to cytokinins. Science, 294: 1519-1521

Sakuma Y, Liu Q, Dubouzet J G, et al. 2002. DNA-binding specificity of the ERF/AP2 domain of *Arabidopsis* DREBs transcription factors involved in dehydration-and cold-inducible gene expression. Biochem Biophys Res Commun, 290(3): 998-1009

Sakuma Y, Maruyama K, Osakabe Y, et al. 2006. Functional analysis of an *Arabidopsis* transcription factor, DREB2A, involved in drought-responsive gene expression. Plant Cell, 18(5): 1292-1309

Santos M. O, Romano E, Vieira L S, et al. 2009. Suppression of *SERK* gene expression affects fungus tolerance and somatic embryogenesis in transgenic lettuce. Plant Biol, 11: 83-89

Schiavone F M, Cooke T J. 1987. Unusual patterns of somatic embryogenesis in the domesticated carrot: developmental effects of exogenous auxins and auxin transport inhibitors. Cell Differ, (21): 53-62

Schmidt E D, Guzzo F, Toonen M A, et al. 1997. A leucine-rich repeat containing receptor-like kinase marks somatic plant cells competent to form embryos. Development, 124: 2049-2062

Schoof H, Lenhard M, et al. 2000. The stem cell population of *Arabidopsis* shoot meristems is maintained by a regulatory loop between the *CLAVATA* and *WUSCHEL* genes. Cell, 100(6): 635-644

Schwartz S H, Qin X, Zeevaart J A D. 2003. Elucidation of the indirect pathway of abscisic acid biosynthesis by mutants, genes, and enzymes. Plant Physiol, (131): 1591-1601

Shen Y Y, Wang X I, Wu F Q, et al. 2006. The Mg-chelatase H subunit is an abscisic acid receptor. Nature, (443): 823-826

Shimada T, Hirabayashi T, Endo T, et al. 2005. Isolation and characterization of the somatic embryogenesis receptor-like kinase gene homologue(CitSERK1) from *Citrus unshiu* Marc. Sci Hortic, 103: 233-238

Shiota H, Satoh R, Watabe K, et al. 1998. COABI3, the carrot homologue of the *Arabidopsis* ABI3, is expressed du ring both zygotic and somatic embryogenesis and function s in the regulation of embryo specific ABA inducible genes. Plant Cell Physiol, 39(11): 1184-1193

Simpson G G, Dijkwel P P, Quesada V, et al. 2003. FY is an RNA 3′ end-processing factor that interacts with FCA to control the *Arabidopsis* floral transition. Cell, (113): 777-787

Sohn K H, Sung C, Lee S C, et al. 2006. Expression and functional roles of the pepper pathogen-induced transcription factor RAV1 in bacterial disease resistance, and drought and salt stress tolerance. Plant Mol Biol, 61(6): 897-915

Solís-Ramos L Y, González-Estrada T, et al. 2009. Overexpression of WUSCHEL in *C. chinense* causes ectopic morphogenesis. Plant Cell, Tissue and Organ Culture(PCTOC), 96(3): 279-287

Srinivasan C, Liu Z, Heidmann I, et al. 2007. Heterologous expression of the BABY BOOM AP2/ERF transcription factor enhances the regeneration capacity of tobacco(*Nicotiana tabacum* L.). Planta, 225: 341-351

Stepanova A N, Robertson-Hoyt J, Yun J, et al. 2008. TAA1-mediated auxin biosynthesis is essential for hormone crosstalk and plant development. Cell, 133, 177-191

Stone S L, Braybrook S A, Paula S, et al. 2008. *Arabidopsis* LEAFY COTYLEDON2 induces maturation traits and auxin activity: implications for somatic embryogenesis. Proc Natl Acad Sci USA, 105: 3151

Stone S L, Kwong L W, Yee K M, et al. 2001. LEAFY COTYLEDON2 encodes a B3 domain transcription factor that induces embryo development. Proc Natl Acad Sci USA, 98(20): 11806-11811

Su Y H, Liu Y B, et al. 2011. Auxin-cytokinin interaction regµlates meristem development. Mol Plant, 4(4): 616-625

Su Y H, Zhang X S. 2009. Auxin gradients trigger de novo formation of stem cells during somatic embryogenesis. Plant Signaling & Behavior, 4: 574-576

Su Y H, Zhao X Y, Liu Y B, et al. 2009. Auxin-induced WUS expression is essential for embryonic stem cell renewal during somatic embryogenesis in *Arabidopsis*. The Plant Journal, 59: 448-460

Sugawara S, Hishiyama S, Jikumaru Y, 2009. Biochemical analyses of indole-3-acetaldoximedependent auxin biosynthesis in *Arabidopsis*. Proc Natl Acad Sci USA, 106: 5430-5435

Suzuki T, Imamura A, Ueguchi C, et al. 1998. Histidine-containing phosphotransfer(HPt) signal transducers implicated in His-to-Asp phosphorelay in *Arabidopsis*. Plant Cell Physiol, 39: 1258-1268

Suzuki T, Miwa K, Ishikawa K, et al. 2001. The *Arabidopsis* sensor His-kinase, AHK4, can respond to cytokinins. Plant Cell Physiol, 42: 107-113

Takei K, Sakakibara H, Sugiyama T. 2001. Identification of genes encoding adenylate isopentenyltransferase, a cytokinin biosynthesis enzyme, in *Arabidopsis thaliana*. Biol Chem, 276: 26405-26410

Tan X, Calderon-Villalobos L I A, Sharon M, et al. 2007. Mechanism of auxin perception by the TIR1 ubiquitin ligase. Nature, 446: 640-645

Thakare D, Tang W N, Hill K, et al. 2008. The MADS-domain transcriptional regulator GAMOUS-LIKE15 promotes somatic embryo development in *Arabidopsis* and soybean. Plant Physiology, 146: 1663-1672

Theissen Q, Becker A, Rosa A D, et al. 2000. A short history of MADS-box genes in plants. Plant Mol Biol, 42: 115-149

Thompson A J, Jackson A C, Parker R A, et al. 2000. Abscisic acid biosynthesis in tomato: regulation of zeaxanthin epoxidase and 9-*cis*-epoxycarotenoid dioxygenase mRNAs by light/dark cycles, water stress and abscisic acid. Plant Mol Biol, (42): 833-845

To A, Valon C, Savino G, 2006. A network of local and redundant gene regulation governs *Arabidopsis* seed maturation. The Plant Cell, 18: 1642-1651

Waites R, Simon R. 2000. Signaling cell fate in plant meristems-three clubs on one tousle. Cell, 103(6): 835-838

Wang H, Caruso L V, Downie A B, et al. 2004. The embryo MADS domain protein AGAMOUS-Like 15 directly regulates expression of a gene encoding an enzyme involved in gibberellin metabolism. The Plant cell, 16(5): 1206-1219

Wei G, Pan Y, Lei J, et al. 2005. Molecular cloning, phylogenetic analysis, expressional profiling and *in vitro* studies of TINY2 from *Arabidopsis thaliana*. J Biochem Mol Biol, 38(4): 440-446

Wisniewska J, Xu J, Seifertová D, 2006. Polar PIN localization directs auxin flow in plants. Science Signaling, 312:

883

Won C, Shen X L, Mashiguchi K, et al. 2011. Conversion of tryptophan to indole-3-acetic acid by Tryptophan aminotransferases of *Arabidopsis* and YUCCAs in *Arabidopsis*. Proc Natl Acad Sci USA, 108: 18518-18523.

Woodward A W, Bartel B. 2005. Auxin: regulation, action, and interaction. Ann Bot, 95: 707-735

Wu X, Chory J, et al. 2007. Combinations of WOX activities regulate tissue proliferation during *Arabidopsis* embryonic development. Developmental Biology, 309(2): 306-316

Xiong L, Ishitani M, Lee H, et al. 2001. The *Arabidopsis* LOS5/ABA3 locus encodes a molybdenum cofactor sulfurase and modulates cold stress- and osmotic stress-responsive gene expression. Plant Cell, (13): 2063-2083

Xu Z, Zhang C, et al. 2013. Transcriptome profiling reveals auxin and cytokinin regulating somatic embryogenesis in different sister lines of cotton cultivar CCRI24. J Integr Plant Biol, 55(7): 631-642

Yadav R K, Reddy G V. 2012. WUSCHEL protein movement and stem cell homeostasis. Plant Signal Behav, 7(5): 592-594

Yamada H, Suzuki T, Terada K, et al. 2001. The *Arabidopsis* AHK4 histidine kinase is a cytokinin-binding receptor that transduces cytokinin signals across the membrane. Plant Cell Physiol, 2001, 42: 1017-1023

Yang X, Zhang X, et al. 2012. Transcript profiling reveals complex auxin signalling pathway and transcription regulation involved in dedifferentiation and redifferentiation during somatic embryogenesis in cotton. BMC Plant Biol, 12: 110

Zhang G, Chen M, Chen X, et al. 2008. Phylogeny, gene structures, and expression patterns of the *ERF* gene family in soybean(*Glycine max* L.). J Exp Bot, 59(15): 4095-4107

Zhang G, Chen M, Li LC, et al. 2009. Overexpression of the soybean *GmERF3* gene, an AP2/ERF type transcription factor for increased tolerances to salt, drought, and diseases in transgenic tobacco. J Exp Bot, 60(13): 3781-3796

Zhang H, Liu W, Wan L, et al. 2010a. Functional analyses of ethylene response factor JERF3 with the aim of improving tolerance to drought and osmotic stress in transgenic rice. Transgenic Res, 19(5): 809-818

Zhang X R, Choi J H, Heinz J, et al. 2006. Domain-specific positive selection contributes to the evolution of *Arabidopsis* leucine-rich repeat receptor-like kinase(LRR RLK) genes. J Mol Evol, 63: 612-621

Zhang Z, Huang R. 2010. Enhanced tolerance to freezing in tobacco and tomato overexpressing transcription factor TERF2/LeERF2 is modulated by ethylene biosynthesis. Plant Mol Biol, 73(3): 241-249

Zhang Z, Li F, Li D, et al. 2010b. Expression of ethylene response factor JERF1 in rice improves tolerance to drought. Planta, 232(3): 765-774.

Zhao L, Li W, Luo Q, et al. 2008. Isolation and characteristic of a RAV-like transcription factor ortholog associated with the control of photosynthesis and senescence in soybean. South Korean Crops Institute Paper Sets, 4: 200-201

Zhao Y D, Christensen S K, Fankhauser C, et al. 2001. A role for flavin monooxygenase-like enzymes in auxin biosynthesis. Science, 291: 306-309

Zhao Y D, Hull A K, Gupta N R, et al. 2002. Trp-dependent auxin biosynthesis in *Arabidopsis*: involvement of cytochrome P450s CYP79B2 and CYP79B3. Genes Dev, 16: 3100-3112

Zhao Y D. 2010. Auxin biosynthesis and its role in plant development. Annu Rev Plant Biol, 61: 49-64

Zhao Y D. 2011. Auxin biosynthesis: a simple two-step pathway converts tryptophan to indole-3-acetic acid in plants. Mol Plant, 5: 334-338

Zheng Q, Dessai A P, Prakash C S. 1996. Rapid and repetitive plant regeneration in sweet potato via somatic embryogenesis. Plant Cell Rep, 15(6): 381-385

Zimmerman J L. 1993. Somatic embryogenesis: a model for early development in higher plants. Plant Cell, (5): 1411-1423

Zuo J R, Niu Q W, et al. 2002. The *WUSCHEL* gene promotes vegetative-to-embryonic transition in *Arabidopsis*. Plant Journal, 30(3): 349-359

第六章 棉花体细胞胚胎发生的基因型限制及高分化率材料选育

第一节 棉花的组织培养的建立及其发展

一、棉花的组织培养的建立

植物组织培养中植株再生的途径有两条：①器官分化；②胚胎发生。器官分化就是由外植体或其形成的愈伤组织直接长出根、茎、叶等器官，并逐步形成完整植株的再生方式。器官分化途径对于种质资源的保存和交换、杂种优势的固定及稀有种质的保存等均具有极其重要的作用。在棉花组织培养中，根的分化极其常见，而芽的诱导则十分困难。目前在栽培棉种中，茎尖及茎尖分生组织通过其芽分化途径再生出植株，而其他外植体则还没有器官分化植株再生的报道。棉花组织培养植株再生主要是以胚胎发生途径进行的。

Beasley等（1971）报道了由陆地棉胚珠的珠孔区诱导形成愈伤组织以来，许多学者纷纷报道了从棉属不同种和不同外植体得到了愈伤组织，但在很长一段时间内未能得到胚胎发生和植株再生。1979年，Price和Smith等首次报道从克劳茨基棉细胞悬浮培养获得胚状体，但一直未培养成苗。Davidonis等（1983）报道了陆地棉子叶愈伤组织在改良Linsmaier & Skoog（LS）植物组织培养基上继代培养两年后得到了再生植株。Trolinder等（1987）通过技术改进，尤其是采用MS培养基KNO$_3$加倍技术、悬浮培养技术和'Coker棉'系统高频胚胎发生材料，使棉花体细胞再生植株技术向前推动了一步。我国学者陈志贤等（1987）将Trolinder的技术引入我国，经过多年改进，在山西省农业科学院棉花所建立了以'冀合713'为模式化品种的组织培养体系，该体系的外植采用无菌苗下胚轴，并进行了农杆菌介导遗传转化，同时中国农业科学院棉花研究所也成功地建立了以'CCRI24'为模式化品种的无菌苗下胚轴组织培养体系。

与其他作物相比，棉花组织培养体系很不完善，主要表现在胚性愈伤组织诱导困难、体胚发生率低、培养周期长、试验重复性差等方面，从而导致棉花农杆菌介导遗传转化效率低、周期长、可利用的转化体少等不利因素，限制了该技术在棉花上的应用。

二、棉花组织培养中基因型的拓宽

只有建立棉花高效、稳定的再生体系才能有效地服务于品种改良，也将为棉花细胞分化和胚胎发生的机制、纤维发育、基因表达和代谢调控等理论研究提供新的实验系统；更为棉花的细胞工程如抗性突变体筛选、人工种子的研制、种质资源的保存和交换、杂种优势的利用、试管棉纤维的生产以及基因工程的遗传操作等应用研究的开展，奠定了可靠的基础。

通过大量组织培养体系的改良与基因型的筛选研究，中棉所建立了27个棉花品种的组织培养体系（刘传亮等，2004），按照其在农杆菌介导遗传转化中的转化率及通过组织培养获得再生植株的难易程度，分为3类。

Ⅰ：总体转化率5%以上的4个品种：'CCRI24'、'冀合321'、'冀合713'、'泗棉3号'。其中，

'CCRI24'成为我国棉花转基因的模式品种。

Ⅱ：总体转化率0.5%~4.9%的9个品种：'CCRI27'、'CCRI13'、'CCRI19'、'CCRI17'、'CCRI35'、'中51504'、'中135'、'鲁棉6号'、'中394'。

Ⅲ：总体转化率0.5%以下的14个品种：'中8036'、'中2468'、'中8037'、'CCRI12'等14个品种（系）。

我国主要的遗传转化体系有：中国农业科学院棉花研究所的'CCRI24'组织培养体系，山西省农业科学院棉花所的'冀合713'、'泗棉3号'组织培养体系，华中农业大学的'泗棉3号'组织培养体系等。

三、棉花组织培养体系的研究进展

棉花组织培养中，从外植体诱导体细胞脱分化生长出愈伤组织比较容易，未见受基因型限制的报道。从愈伤组织诱导分化出胚性愈伤组织，是棉花组织培养的瓶颈，受基因型限制的报道集中在胚性愈伤组织的诱导阶段。棉花体细胞胚胎发生和植株再生可分为4步：胚性愈伤组织诱导、胚性愈伤组织增殖、体细胞胚胎发生和植株再生（张宝红等，1999）。培养方式可分为固体培养和液体悬浮培养两种。

棉花体细胞胚胎的发育途径类似于合子胚的发育，先后经历了原胚期、球形胚期、心形胚期、鱼雷形胚期和子叶形胚期5个阶段。只有通过鱼雷形胚期的胚（即成熟胚）才能形成植株。获得体细胞胚胎后，必须及时创造条件促进体细胞胚胎进一步发育，使其转变为成熟胚，这样才能发育成植株。在这一系列的培养过程中，体细胞胚胎发生主要受以下几个方面的影响。

（一）棉种及品种之间体细胞胚胎发生能力的基因型限制

基因型对棉花体细胞胚胎发生和植株再生能力具有决定性作用。首先表现在棉属中不同棉种之间体细胞胚胎发生和植株再生能力不同。有研究对多个棉种进行了比较，只有陆地棉、雷蒙德氏棉、夏威夷棉能形成体细胞胚胎（董合忠等，1990）。董合忠和陈志贤（1991）比较了4个棉花栽培种的体细胞胚胎发生能力，发现陆地棉较易诱导体细胞胚胎，亚洲棉次之，海岛棉和非洲棉较差。棉属共有50个种，其中45个野生种，4个栽培种，而到目前为止仅克劳茨基棉、戴维逊氏棉、陆地棉、海岛棉、亚洲棉、草棉、雷蒙德氏棉、夏威夷棉8个种获得了体细胞胚胎，其中陆地棉、海岛棉、草棉和戴维逊氏棉获得了再生植株（Ella and Mirandah，2000）；Hamidou等（2003）报道了亚洲棉的体细胞胚胎发生和植株再生。

在体细胞胚胎发生和植株再生能力上，棉花品种间也存在着差异。Trolinder（1988）对陆地棉28个品种进行了研究，结果表明只有'珂字棉312'和'T25'具有较高的体细胞胚胎发生能力，而其他品种较难或不能进行体细胞胚胎发生。董合忠等（1990）根据成胚数量和发育成植株的多少将陆地棉品种分为4类：①体细胞发生能力强，易成苗的品种，如'珂字棉312'、'珂字棉201'等；②具有一定的体细胞胚胎发生能力，成苗数量中等，经多次继代筛选后可得到较多的体细胞胚胎和部分再生植株的品种，如'岱字棉15'、'岱字棉16'等；③体细胞胚胎发生能力差，畸形胚多，经长时间继代筛选后方可得到个别植株，如'鲁棉1号'、'鲁棉7号'；④体细胞胚胎极难或不能发生，如'斯字棉215'、'斯字棉506'等。棉花种质资源丰富，目前仅珂字棉系列、中棉系列、鲁棉系列等少数品种获得了体细胞胚胎和再生植株。

（二）外植体间愈伤组织诱导的差异

愈伤组织的诱导是组织培养的起始阶段，能否获得活力旺盛和易于分化的愈伤组织是棉花组织培养成功的关键。现在虽已从多种外植体获得愈伤组织，但大量的试验结果表明棉花下胚轴是获得愈伤组织的较好的外植体，而且幼嫩组织比老化组织易诱导，一般以幼嫩下胚轴切段为外植体时，长度在0.5~0.8cm较佳。基因型在愈伤组织诱导中起着重要的作用（Finer等，1984）。一般来说，亚洲棉较易，陆地棉次之，海岛棉较难，野生棉难易不等（董合忠等，1989）。在培养基成分方面，同一棉种不同品种间也存在着差别，造成这种现象可能是不同基因型具有不同水平的内源激素造成的（Trolinder and Xhixian，1989），目前应用于棉花愈伤组织诱导的基本培养基很多，如MS、LS、White、BT、BS、Hitsch、CM-1、SM、KM和P等，但以MS和LS应用较多。

研究表明，不同外植体类型之间在愈伤组织诱导和分化方面存在着差异。因此棉花组织培养体系的改良与外植体的筛选历来是组织培养工作者的注重点之一。棉花下胚轴比子叶或叶作外植体优越（Troloinder et al.，1988）。子叶节附近是下胚轴最易形成愈伤组织的部分（Finer，1984；张献龙等，1990）。Finer等（1984）发现用成熟棉株的茎、叶、叶柄作外植体与用无菌苗相比，难以诱导愈伤组织。谭晓连等（1988）研究了盆栽拟似棉的叶、叶柄和茎在离体培养中的反应，发现采用茎最容易诱导体细胞胚胎发生和植株再生。未授粉胚珠产生的愈伤组织不如授粉胚珠。外植体的放置方向很重要，利用下胚轴作外植体时，必须使表皮与培养基接触，若使切口与培养基接触，会产生生长缓慢的红色愈伤组织。下胚轴最易，中胚轴和上胚轴次之，子叶较差，叶片和茎段最差，近年来研究表明毛根能够再生，但难易程度缺少比较（焦改丽等，2002）；张海等（2002）报道了棉花子叶离体培养与植株再生，但再生频率不高。不同研究者得出的结论有一定差异，可能与不同遗传型材料对诱导培养体系存在较大的差异有关。而总的来说，幼嫩组织比成熟组织易诱导棉花体细胞胚胎发生（迟吉娜等，2004）。

四、植物组织培养中基因型限制的遗传研究

Sharp等（1980）把体胚发生方式概括为两种：①从组织或细胞直接发生，不经过愈伤组织，如烟草的植株再生；②经过愈伤组织阶段再分化为体胚。通常EC（胚性愈伤）诱导也分两阶段，首先外植体在条件培养基上进行胚性细胞诱导或孕育与增殖或克隆；然后胚性细胞在诱导培养基上进行胚的发育。关于胚状体的起源有两种意见，宫相忠等（1997）认为胚状体起源于单个的胚性细胞；曹有龙等（1999）认为起源于胚性细胞团或胚性细胞复合体，这可能与植物的种类有关。一般研究认为细胞脱分化为愈伤组织不受基因型限制，而愈伤组织分化为胚性愈伤组织则受基因型限制。从胚性愈伤组织到再生植株是否受基因型限制，目前还没有报道。因此植物组织培养基因型限制的遗传研究集中在愈伤组织分化为胚性愈伤组织的能力上。

有关水稻组织培养特性的遗传研究，在再生力方面有较多的报道。不少双列杂交的研究表明，水稻体细胞培养愈伤组织的再生力表现较高的遗传力。张林等（1996）报道了一个控制高再生力的显性基因，1998年又找到了另一个控制高再生力的隐性基因；Takeuchi等（1997）也报道了一个控制高再生力的显性基因。Abe和Futsuhara（1991）报道了水稻愈伤组织增殖

力与两组基因有关，并且在高增殖力的'Kuju'与低增殖力的'Somewake'的F$_2$中，低增殖力和高增殖力类型的分离符合1对因子分离的3：1的理论比。有关研究还表明，水稻的愈伤组织增殖和再生力是由不同的基因控制的。

在玉米的组织培养特性的遗传研究方面，孙世孟和徐丽娟等（1995）对6个世代的胚性愈伤组织频率进行了分析。结果表明：玉米幼胚胚性愈伤组织发生频率不存在上位性；主要以加性效应为主，显性度为0.1，狭义遗传力为92%，广义遗传力为97%，控制该性状的基因至少有3对。Armostrong和Prioli（1985，1990）先后报道：玉米愈伤组织的发生频率和植株再生能力，主要受2对核基因控制，另外还有一对核基因位点可能只对其有修饰作用，基因间的作用方式主要以加性效应为主，不存在上位性效应。但是，许多研究者对于细胞质的作用提出了不同的看法，Close等（1987）和Kamo等（1986）认为母性效应会影响胚性愈伤组织的诱导，它的遗传方式较为复杂。

棉花再生能力的遗传问题一直很受关注，因为它能为解决该性状的染色体定位及基因克隆、解决再生能力的品种依赖性、培育适合组织培养的棉花特异材料等提供基础。由于现行棉花组织培养体系均采用无菌苗的器官组织作外植体，不能对杂交亲本直接进行组织培养筛选，组织培养的个体不能活体保存而缺乏分子标记研究，因此没有水稻、玉米研究得清楚。目前主要结果有：①Gawel和Robacker（1990）研究认为再生能力可以遗传，为数量性状。②张献龙等（1996）研究显示再生能力是质量性状，一对隐性主基因控制胚状体的发生能力，而胚状体诱导率受少数修饰基因存在。③张家明等（1997）提出品种的局限性具有一定规律，在美国爱字棉和斯字棉系统难再生，岱字棉极难或不能再生，珂字棉系统最易再生；在我国，黄河流域品种容易，长江流域品种困难。④一个封闭基因系统（blocker gene system）控制着再生性状。

五、改良新组织培养体系，利用分子技术提高棉花分化率

综上所述，棉花胚性愈伤组织的产生受基因型限制，基因型是可以遗传的，因此也是可以选择的。棉花组织培养应用的外植体主要来自无菌苗，而一粒种子用于组织培养后个体就不存在了，无法跟踪深入研究和进行后代材料的筛选。要克服这一矛盾，建立可保存研究个体的组织培养体系是关键。大田叶柄组织培养不仅可以大量获得培养切段，而且不影响个体生存。因此本研究的首要任务是建立大田叶柄组织培养体系，目的是利用叶柄组织培养体系，对单株棉花的组织培养特性进行筛选，以选育高分化率的棉花材料，进而提高转化效率、缩短转化周期、降低转化成本。

第二节　棉花叶柄组织培养体系

棉花组织培养大量应用的外植体是无菌苗的下胚轴和子叶。研究表明，不同外植体类型之间在愈伤组织诱导和分化方面存在着差异。因此棉花组织培养体系的改良与外植体的筛选历来是组织培养工作者的注重点之一。

诱导愈伤组织时，无菌苗下胚轴最易，中胚轴和上胚轴次之，子叶较差，叶片和茎段最差；棉花下胚轴比子叶或叶作外植体优越（Troloinder et al.，1988）；子叶节附近是下胚轴最易形成愈伤组织的部分（张献龙等，1990）；成熟植株的茎、叶、叶柄作外植体比用无菌苗

诱导愈伤组织困难（Finer et al.，1977）。未授粉胚珠产生的愈伤组织不如授粉胚珠（宋平，1987）。外植体的放置方向很重要，利用无菌苗下胚轴作外植体时，必须使表皮与培养基接触，若使切口与培养基接触，会产生生长缓慢的红色愈伤组织（Price et al.，1977）。近年来，研究表明无菌苗的毛根能够再生，但难易程度缺少比较（焦改丽等，2002）；张海等（2002年）报道了棉花无菌苗子叶叶柄离体培养与植株再生，但再生频率很低。Gawel（1990）利用棉花大田成熟叶叶柄进行组织培养获得了再生植株，并利用叶柄组织培养体系对棉花组织培养的基因型限制进行了遗传研究，但是Gaweld的培养体系中分化周期长（180d），分化率低，不能给出明确的基因型遗传规律。

中国农业科学院棉花研究所对 'CCRI24'（'中棉所24'）进行了多年的组织培养体系研究，于2001年建立了 'CCRI24' 的培养体系，同时建成了以 'CCRI24' 为模式化转化品种的中国农业科学院棉花研究所的农杆菌介导遗传转化体系（于娅等，2001）。张朝军依托已经建立的 'CCRI24' 的组织培养体系，对棉花叶柄的组织培养进行了系统研究。通过对叶柄灭菌消毒处理、培养基改良等方面的研究，建立了棉花叶柄组织培养体系。通过对胚性愈伤组织的继代培养基的优化，解决了叶柄组织培养中愈伤组织容易褐化的问题；通过对胚状体萌发培养基的研究，获得了较好的胚状体萌发培养基。建立了与 'CCRI24' 无菌苗下胚轴分化率差异不显著的叶柄高效组织培养体系。

一、棉花叶柄组织培养体系的建立

（一）材料准备及基本培养基的配制

用于该体系的棉花品种为 '中棉所24'，外植体为棉花主茎倒2、倒3、倒4叶叶柄。选取无病蕾期单株的主茎倒2、倒3、倒4叶叶柄，浸入0.1%$HgCl_2$溶液中灭菌，之后用灭菌蒸馏水冲洗3~4遍，以彻底清除残余的$HgCl_2$。清洗后切除两端的伤口部分，剩余部分横切成0.5~0.8cm长的切段，接入愈伤组织诱导培养基中。

1. 大量元素母液（MS I）的配制 称取表6-1中药品，除$CaCl_2 \cdot 2H_2O$单独溶解后再混入母液中外，其余药品一起溶解，最终定容至1L，常温保存备用，如配制1L MSB培养基，需取50ml该母液。

表6-1 大量元素母液 MS I 的成分

成分	称量/g	培养基中浓度/（g/L）
KNO_3	38.0	1.90
NH_4NO_3	33.0	1.65
$MgSO_4 \cdot 7H_2O$	7.4	0.37
KH_2PO_4	3.4	0.17
$CaCl_2 \cdot 2H_2O$	8.8	0.44

2. 微量元素母液（MS II）的配制 称取表6-2药品，一起溶解，若有少量沉淀，加少量1mol/L HCl溶解，定容至1L，4℃保存备用，如配制1L MSB培养基，需取5ml该母液。

表 6-2　微量元素母液 MS II 的成分

成分	称量/mg	培养基中浓度/（mg/L）
$MnSO_4 \cdot H_2O$	3380	16.900
$ZnSO_4 \cdot 7H_2O$	1720	8.600
H_3BO_3	1240	6.200
KI	166	0.830
$NaMnO_4 \cdot 2H_2O$	50	0.250
$CuSO_4 \cdot 5H_2O$	5	0.025
$CoCl \cdot 6H_2O$	5	0.025

3. 铁盐母液的配制　　称取表6-3药品，逐一溶解，混合后加热，避光放置冷却到室温，定容至0.5L，4℃保存备用，如配制1L MSB培养基，需吸取5ml该母液。

表 6-3　铁盐母液的成分

成分	称量/g	浓度/（mg/L）
$FeSO_4 \cdot 7H_2O$	3.73	746
Na_2EDTA	2.78	566

4. B5维生素母液的配制　　称取表6-4药品，并逐一溶解，烟酸先用少量1mol/L HCl溶解，然后再与其他药品混合，定容至0.5L，冷藏保存备用，如配制1L MSB培养基，需取10ml该母液。

表 6-4　B5 维生素母液的成分

成分	称量/g	浓度/（mg/L）
维生素B_1	0.50	10.0
维生素B_6	0.50	1.0
烟酸	0.05	1.0
肌醇	5.00	100.0

（二）灭菌处理与愈伤诱导率和污染率的关系

　　组织培养中经常使用的灭菌剂有次氯酸钠、过氧化氢、漂白粉、溴水和低浓度的氯化汞等。使用这些灭菌剂，都能起到表面杀菌的作用。对于茎叶，因为暴露在空气中，且生有毛或刺等附属物，所以灭菌前应该用自来水冲洗干净，用吸水纸将水吸干，再用70%乙醇漂洗一下。然后，根据材料的老、嫩和枝条的坚硬程度，用2%~10%次氯酸钠溶液浸泡6~15min，用无菌水冲洗3次，用无菌纸吸干后进行接种。灭菌方法比较繁琐，耗时较长，不适合对棉花叶柄的灭菌要求，因此对灭菌方法进行了改良。

　　本试验采用图6-1所示的方法，先将叶柄在1号培养皿中冲洗一遍，然后依次移到第2~5

号培养皿中灭菌处理，在每个培养皿中浸泡1~3min，之后在第6~8号培养皿中冲洗。

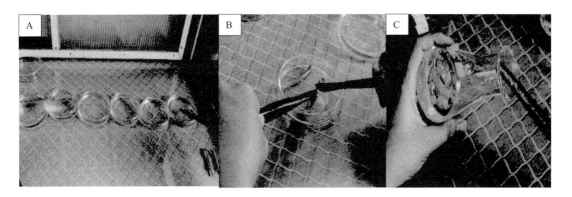

图 6-1　叶柄灭菌（A）、切割（B）、培养（C）

注：A中右数第1个培养皿中为灭菌水，第2、3、4个培养皿中为0.1%HgCl$_2$，第5、6、7个培养皿为灭菌水

选取蕾期无病单株的主茎倒2、倒3、倒4叶叶柄，运用该方法浸入0.1%HgCl$_2$溶液中灭菌，之后用灭菌蒸馏水冲洗3遍，以彻底清除残余的HgCl$_2$。清洗后切除两端的伤口部分，剩余部分切成0.5cm长的切段，接入愈伤诱导培养基中。灭菌时间处理为3min、4min、5min、6min、7min。培养15d统计污染率，40d统计出愈率。从图6-2可以看出，灭菌时间超过5min后，污染率降低速度明显减缓并趋于稳定；同时随灭菌时间的延长，HgCl$_2$对叶柄的危害加重，导致出愈率明显降低，从试验观察看，切段随灭菌时间的增加，两端在培养7d后就明显发黑坏死，有时整个切段死亡。因此灭菌时间选在4~5min比较合适。由于叶柄上叶毛较多，灭菌时要充分搅动，以免在叶柄表面形成小气泡，使灭菌不彻底。

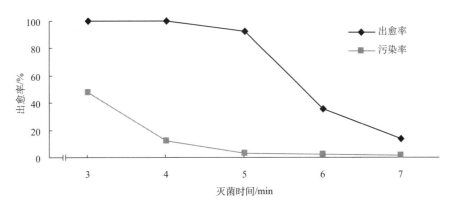

图 6-2　0.1%HgCl$_2$浸泡时间对叶柄培养的影响

（三）叶柄愈伤组织的诱导

棉花无菌苗下胚轴作外植体时，常用的愈伤组织诱导培养基是MSB+KT、2，4-D、IAA各0.1mg/L，葡萄糖25g/L，Gel 2g/L，pH 5.8~6.0。本研究依照无菌苗下胚轴诱导愈伤组织常用培养基与激素种类，对激素使用种类与用量进行试验。叶柄诱导出的愈伤组织及其分化的胚性愈伤组织见图6-3。

图 6-3 叶柄诱导出的愈伤组织（A）与分化的胚性愈伤组织（B）

1. 叶柄愈伤组织诱导中IAA的调控试验　　棉花主茎叶柄培养40d后统计出愈率（出愈率=愈伤组织块数/切段数×100%）。从表6-5看，棉花主茎叶柄出愈率间差异不显著，均在92%以上。当KT、2，4-D为0.1mg/L时，IAA各用量间出愈率差异不显著，当其用量为0.00mg/L时，依然有较高的出愈率。可以推断在愈伤组织的诱导中，外源IAA不是必须要添加的激素，在没有外源IAA参与的培养条件下，叶柄细胞仍能完成脱分化过程。

培养40d后，对愈伤组织进行称重，统计分析结果后发现，加入IAA能够显著提高愈伤组织生长速度（表6-5）。在0.00~0.15mg/L范围内提高IAA用量，愈伤重量差异达到显著水平，在0.15~0.20mg/L范围内增加IAA用量，对愈伤组织的增重有促进作用，但没有达到显著水平，可见外源IAA对愈伤组织生长速度的影响是随着用量的增加，作用逐渐减缓。

从愈伤组织状态看，当加入少量IAA时，愈伤组织就变得疏松，色泽好，生长旺盛。可见适量IAA对愈伤组织的生长有促进作用。当用量超过0.15mg/L后，则造成生长过旺、水化，依据对棉花下胚轴培养的经验，这种状态的愈伤组织在分化培养基上需要多次继代才可能诱导出胚性愈伤组织。

表 6-5　IAA 对叶柄愈伤组织诱导与生长的影响

IAA浓度/（mg/L）	出愈率/%	愈伤重/（g/块）	愈伤组织状态
0.20	95.4	1.295[aA]	生长旺、灰白、水化
0.15	95.0	1.208[aA]	生长旺、湿润、灰白
0.10	96.4	0.896[bB]	疏松、淡黄色、有光泽
0.05	92.6	0.734[cBC]	疏松、淡黄色、湿润、有光泽
0.00	97.5	0.576[dC]	湿润、有光泽

注：不同小写字母示差异显著；不同大写字母示差异极显著。后同

因此，在叶柄愈伤组织诱导培养中加入IAA可以促进愈伤组织的生长，用量以不超过0.1mg/L为宜。这一结果与常用的无菌苗下胚轴诱导愈伤组织时IAA用量相似。

2. 叶柄愈伤组织诱导中2，4-D的调控试验　　棉花主茎叶柄培养40d后统计出愈率。当KT、IAA用量控制在0.10mg/L，没有2，4-D的参与时，出愈率显著下降，只有不到50%的外植体能够长出愈伤组织（表6-6）。加入0.05mg/L 2，4-D就可以极显著提高叶柄出愈率，随着2，4-D用量的增加，出愈率稳定在90%以上，处理间差异不显著。可见，培养基中添加2，4-D

能够诱导叶柄细胞脱分化，有助于愈伤组织的形成。

从愈伤组织生长状态看，当培养基中不添加2，4-D时，表现为致密、绿白相间的干硬愈伤组织，依据对无菌苗下胚轴的培养经验，该类愈伤组织属于难以分化的致密愈伤组织（表6-6）；加入2，4-D后的培养基中均没有出现绿硬的愈伤组织，说明2，4-D可以改变愈伤组织的生长状况。

随着2，4-D浓度的增加，愈伤组织生长量差异达到极显著水平，处理间愈伤组织重量差异超过表6-5中的IAA处理间的差异，除0.05mg/L与0.10mg/L两处理间差异不显著外，其他处理均达到极显著水平。当2，4-D用量从0.00mg/L增加到0.05mg/L时，愈伤组织重量增加了2倍，其作用效果远大于IAA。

表 6-6 2，4-D 对叶柄愈伤组织诱导与生长的影响

2，4-D浓度/（mg/L）	出愈率/%	愈伤重/（g/块）	愈伤组织状态
0.20	94.3^{aA}	2.680^{aA}	生长过旺、灰白、水化
0.15	97.5^{aA}	1.664^{bB}	疏松、灰白、有光泽
0.10	95.6^{aA}	0.943^{cC}	淡黄色、湿润
0.05	97.5^{aA}	0.780^{cC}	疏松、淡黄色
0.00	48.0^{bB}	0.252^{dD}	致密、干燥、绿白相间

因此认为，2，4-D有利于叶柄细胞脱分化产生愈伤组织，并且在较低浓度下就可以改变愈伤组织的生长状态和生长速度。依据棉花组织培养经验，综合考虑从愈伤组织生长状态、出愈率和愈伤组织生长量，认为在组织培养中2，4-D的浓度应适当控制，浓度过高不利于愈伤组织的分化培养。棉花叶柄愈伤组织诱导时2，4-D用量在0.05~0.10mg/L范围内均比较合适。

3. KT对叶柄愈伤组织诱导的影响 棉花主茎叶柄培养40d后统计出愈率。从表6-7看，当IAA、2，4-D为0.10mg/L时，KT各用量间出愈率差异不显著，当KT用量为0.00mg/L时，出愈率仍然稳定在90%以上。可以推断在愈伤组织的诱导中，外源KT不是必须添加的激素，在没有外源KT参与的培养条件下，叶柄细胞仍能完成脱分化过程。

表 6-7 KT 对叶柄出愈率和愈伤组织生长的影响

KT浓度/（mg/L）	出愈率/%	愈伤重/（g/块）	愈伤组织状态
0.00	92.7	0.450^{aA}	疏松
0.05	90.5	0.558^{abA}	湿润、有光泽
0.10	95.0	0.968^{bAB}	疏松、淡黄色、湿润、有光泽
0.15	90.5	1.248^{cB}	生长旺、灰白、泥状
0.20	95.0	1.442^{cB}	生长旺、灰白、水化

培养30d后，对愈伤组织进行称重，统计分析结果后发现，随着KT用量的增加，愈伤组织重量也增加，但是各处理间的差异没有IAA、2，4-D处理显著。当KT用量为0.05mg/L时，对愈伤组织的生长量影响不大，当增加到0.10mg/L时可以显著增加愈伤组织的生长速度，但没达到极显著水平。当增加到0.15mg/L时，可以极显著提高愈伤组织的生长量。

从愈伤组织生长状态看，KT主要对愈伤组织的生长状态有改善的作用，适当增加用量可以获得疏松、淡黄色的易分化愈伤组织；当用量超过0.15mg/L时，易造成生长过旺。因此KT的用量以0.05~0.10mg/L较好，用量过大会造成愈伤组织生长过旺，从而影响后期的分化培养。

4. 叶柄愈伤组织诱导中的极性现象　　根据上面的试验结果，采用MSB+0.05mg/L IAA+0.05mg/L KT+0.05mg/L 2，4-D+25g/L葡萄糖+2g/L Gel，pH 5.8的诱导培养基对叶柄进行愈伤组织诱导。当外植体在培养基上培养5d左右，可以看到靠近主茎端已经开始出现愈伤组织，靠近叶片端在7d左右才出现愈伤组织。靠近主茎端的愈伤组织生长速度明显大于靠近叶片端，同时距叶片越远的切段，愈伤组织生长越快、极性越明显。随着培养时间的延长，极性现象逐渐减弱。在棉花下胚轴为外植体时，也有极性现象，表现为近子叶端先萌动，近根端萌动时间迟3~4d，但极性现象没有叶柄明显（图6-4）。随着组织培养时间的延长，极性现象逐渐减弱消失。

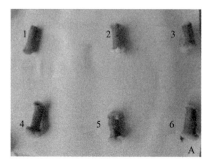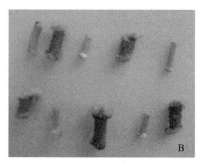

图6-4　叶柄组织培养中的极性现象

A. 培养10d的叶柄，1~6为从叶柄的叶片端到主茎端；B. 培养10d的叶柄与下胚轴

（四）叶柄愈伤组织的分化培养

从状态上观察，叶柄诱导出的愈伤组织与无菌苗下胚轴诱导来的愈伤组织一样，主要分为3种类型：第一种愈伤组织质地疏松、浅黄、湿润，生长缓慢，培养基消耗慢，从这种愈伤中容易诱导出胚性愈伤和胚状体（图6-5A）；第二种愈伤质地干燥、黄白色或浅白色，表被"白霜"，生长缓慢（图6-5B）；第三种愈伤组织质地疏松、浅黄色，但分裂增殖迅速，呈"疯长"趋势，培养基消耗快（图6-5C、D）。后两者一般很难或不能诱导分化出胚性愈伤组织和胚状体。研究表明，愈伤组织以疏松，有光泽，颜色呈灰黄或淡黄色，非"疯长"型为最佳。

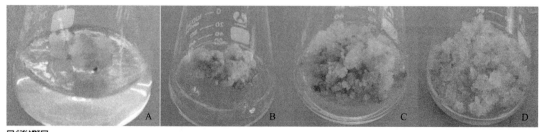

图6-5　3种愈伤组织的照片

A. 疏松、浅黄、易分化型；B. 绿硬难分化型；C、D. 旺长褐化型

利用MSB+0.05mg/L IAA+0.05mg/L KT+0.05mg/L 2，4-D+25g/L葡萄糖+2g/L Gel，pH5.8的诱导培养基诱导出的愈伤组织以第一种状态为主，因此在叶柄愈伤组织分化培养阶段试验用的愈伤组织均是利用MSB+0.05mg/L IAA+0.05mg/L KT+0.05mg/L 2，4-D+25g/L葡萄糖+2g/L Gel，pH5.8诱导培养基培养的。

利用棉花无菌苗下胚轴作外植体的组织培养体系中，愈伤组织的分化培养可采用KT-IAA、ZT-IBA两种激素体系，本试验也以这两种胚性愈伤组织诱导体系为基础进行改良。

每个处理用培养基2L，分装到250ml三角瓶中，每瓶50~60ml，每个处理34~40瓶。共继代培养3次，统计胚性愈伤组织分化率（分化率=诱导出胚性愈伤组织的愈伤组织块数/愈伤组织块数×100%）。试验采用随机区组设计，重复3次。统计分析软件用南京农业大学农学系王绍华设计的统计分析软件。

1. KT/IAA体系对叶柄愈伤组织的分化调控　　KT、IAA均设5个水平，共25个处理。从表6-8看，KT、IAA对胚性愈伤组织分化率影响均达到极显著水平。

当培养基中不添加IAA时，仍有18.8%的分化率，加入0.04mg/L IAA和0.16mg/L IAA虽然能提高分化率，但与不使用IAA处理时分化率差异不显著。0.08mg/L IAA处理的分化率显著高于加入0.04mg/L和0.16mg/L IAA的处理，其中，与0.16mg/L之间达到极显著差异。0.12mg/L与0.08mg/L之间差异不显著，与0.04mg/L之间差异显著。可见IAA用量应控制在0.08~0.12mg/L之间，过高或过低均会影响愈伤组织的分化。

当培养基中不添加KT时，有9.62%的分化率，是不加入IAA的培养基分化率的一半。说明在分化培养过程中KT对愈伤的分化促进作用比IAA大。加入0.04mg/L KT就可以极显著提高分化率；随着KT浓度的提高，分化率也逐渐提高，但0.04~0.12mg/L用量间分化率差异不显著，0.16mg/L用量的分化率显著高于0.04mg/L，0.08~0.16mg/L间差异不显著。因此KT用量在0.08~0.16mg/L之间效果较好。

表6-8　不同IAA、KT浓度对叶柄愈伤组织分化的影响

IAA浓度/（mg/L）	分化率/%	KT浓度/（mg/L）	分化率/%
0.08	36.96aA	0.16	38.46aA
0.12	35.06abAB	0.12	34.22abA
0.04	26.86bcABC	0.08	32.74abA
0.16	23.44cBC	0.04	26.12bA
0.00	18.84cC	0.00	9.62cB

2. ZT/IBA体系对叶柄愈伤组织的分化调控试验　　ZT、IBA均设5个水平，共25个处理。从表6-9看，ZT、IBA对胚性愈伤组织分化率影响均达到极显著水平。

当培养基中不添加IBA时，仍有8.64%的分化率，加入0.05mg/L IBA就可以极显著地提高分化率。IBA各用量间分化率差异不显著，IBA用量为0.05~0.10mg/L时，随着用量的增加，分化率逐渐增加，但是处理间差异不显著，当用量为0.10~0.20mg/L时，随着用量的增加，分化率逐渐下降，但是处理间差异仍然不显著。说明IBA的用量稳定在0.05~0.15mg/L比较合适。

表 6-9　不同 ZT、IBA 浓度对叶柄愈伤组织分化的影响

IBA浓度/（mg/L）	分化率/%	ZT浓度/（mg/L）	分化率/%
0.10	27.64ᵃᴬ	0.10	30.76ᵃᴬ
0.15	23.74ᵃᴬ	0.15	25.58ᵃᵇᴬᴮ
0.05	20.60ᵃᴬ	0.05	18.44ᵇᴮ
0.20	20.44ᵃᴬ	0.20	18.22ᵇᴮ
0.00	8.64ᵇᴮ	0.00	8.06ᶜᶜ

当培养基中不添加ZT时，有8.06%的分化率。当加入0.05mg/L ZT后分化率极显著高于不加ZT的处理；0.10mg/L处理分化率也极显著高于0.05mg/L处理，超过0.10mg/L后，随着ZT浓度的增加，分化率开始下降，0.10mg/L与0.15mg/L处理间差异不显著，但均显著高于0.20mg/L处理。因此ZT用量应控制在0.10~0.15mg/L之间效果较好。

（五）　胚性愈伤组织的增殖与胚状体分化培养

本试验采用的胚性愈伤组织来自IAA-KT体系分化培养基培养，具体培养基为MSB+0.08mg/L IAA+0.16mg/L KT+2g/L Gel+25g/L葡萄糖，pH6.8。

由叶柄愈伤组织诱导出的胚性愈伤组织，在转入胚性愈伤组织增殖与胚状体分化培养基后，与来自无菌苗下胚轴的胚性愈伤组织一样，表现出3种生长状态。第一种是重新愈伤化；第二种是褐化；第三种是诱导出黄绿色胚性愈伤组织（图6-6）。

图 6-6　胚性愈伤组织的常见状态

A. 褐化；B. 黄绿色；C. 重新愈伤化

在棉花无菌苗下胚轴的组织培养中，获得的胚性愈伤组织通过增殖培养，可以获得大量的胚状体，胚状体经萌发培养成长为再生植株。来自大田成熟叶片的叶柄，经愈伤组织诱导、分化培养后获得的胚性愈伤组织，在增殖培养过程中易出现褐化、重新愈伤化。胚性愈伤组织在初次继代培养中均呈红褐色，生长缓慢。需要继代2~3次，每次45d左右，才能获得淡绿色或米黄色米粒状胚性愈伤组织。黄绿色胚性愈伤组织很容易培养出胚状体，进而发育成再生植株。因此诱导、增殖黄绿色胚性愈伤组织是该阶段的主要任务，而该任务和防止胚性愈伤组织褐化紧密相连。

1. 激素对胚性愈伤组织继代增殖及防褐化的影响

1）KT/IAA的应用效果分析　　依据对棉花下胚轴的培养研究，IAA、KT是棉花胚性愈伤组织增殖培养过程中的常用激素，在胚性愈伤组织培养中有促进胚性愈伤组织增殖、胚状体发生的作用，是棉花胚性愈伤组织培养中常用的激素组合。

每个处理用培养基2L，分装到250ml三角瓶中，每瓶50~60ml，每个处理36~40瓶。继代2次后统计绿色胚性愈伤组织占10%以上的瓶数。

试验统计（图6-7）显示，在培养基中无添加激素的情况下，继代2次后可获得10%的绿色胚性愈伤组织瓶数可以达到30%~40%，但是愈伤组织生长缓慢，数量不多。在加入IAA后，虽然生长量增加了，但绿色胚性愈伤组织所占比例直线下降。单独增加KT的用量，绿色胚性愈伤组织的量在40%左右浮动，因此IAA与KT的用量比例是主要的影响因素。KT在0.8~1.2mg/L时，IAA用量在0.8~1.2mg/L正常胚状体的比例较高。试验观察发现，KT+IAA有利于愈伤组织的增殖，但是浓度过高使非胚性愈伤组织增殖快，胚性愈伤组织增殖慢，导致重新愈伤化。

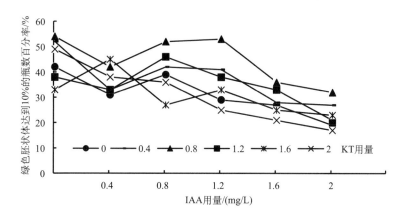

图6-7　继代3次后正常绿色胚状体的百分率与激素配比的关系

2）KT/6-BA的应用效果分析　　依据对棉花下胚轴的培养研究结果，6-BA是棉花胚状体萌发成苗培养过程中的常用激素，有利于胚状体的形成与萌发。在胚性愈伤组织培养中有促进胚状体发育成正常苗、降低畸形苗、减轻玻璃化的作用；KT有促进胚性愈伤组织增殖的作用。

每个处理用培养基2L，分装到250ml三角瓶中，每瓶50~60ml，每个处理36~40瓶。继代3次。依据黄绿色米粒状胚性愈伤组织生长状态、培养时间、胚性愈伤组织的生长状态进行综合记分，从差到优分为–、– –、– – –、+、++、+++ 6个等级，将继代2次后的统计结果列于表6-10。

从表6-10可以看出，6-BA对胚状体的发生有促进作用，并能有效防止重新愈伤化，但在组织培养过程中，通常伴有褐化发生，不能从根本上解决胚性愈伤组织褐化问题。从总的试验结果看，6-BA的用量应介于0.8~1.6mg/L之间较好，KT的用量在0.8~1.2mg/L之间效果较好。

表 6-10　不同 KT 和 6-BA 浓度对胚性愈伤组织培养的效果

激素		6-BA浓度/（mg/L）				
		0.0	0.4	0.8	1.2	1.6
KT浓度/（mg/L）	0.0	− − −	++	+++	++	++
	0.4	− − −	+	++	++	+++
	0.8	− − −	+++	+++	++	+++
	1.2	− −	++	+++	+++	+++
	1.6	− − −	++	+++	++	+++

3）KT、IAA、6-BA 三种激素的应用效果　　以上面的试验结果为依据，分别取三种激素的最优用量进行试验，即KT为0.8mg/L；IAA为0.0mg/L、0.8mg/L、1.2mg/L；6-BA为0.8mg/L、1.2mg/L、1.6mg/L。

从试验观察看，激素种类和用量的增加，导致玻璃化和重新愈伤化加重，胚性愈伤组织的褐化改善不明显，能观察到的绿色胚状体较使用KT和6-BA组合少。在IAA比例偏高的组合中重新愈伤化现象严重，在KT、IAA占比重较大的组合中，愈伤化和玻璃化加重。因此在新分化的叶柄胚性愈伤组织的防褐化培养中这两种激素最好不要同时使用（表6-11）。

表 6-11　KT、IAA 和 6-BA 三种激素对胚性愈伤组织生长状态的影响

培养基编号	激素用量/（mg/L）			生长状态
	IAA	KT	6-BA	
S1	0.00	0.08	0.08	玻璃化重、黄绿色多、褐化轻
S2	0.00	0.08	0.12	玻璃化轻、黄绿色多、褐化轻
S3	0.00	0.08	0.16	玻璃化稍重、黄绿色减少、褐化少
S4	0.08	0.08	0.08	玻璃化加重、生长快、黄绿色比例减少
S5	0.08	0.08	0.12	玻璃化加重、生长快、黄绿色比例减少
S6	0.08	0.08	0.16	玻璃化加重、生长快、黄绿色比例减少
S7	0.12	0.08	0.08	部分愈伤化、玻璃化、褐化加重
S8	0.12	0.08	0.12	愈伤化、玻璃化、褐化加重
S9	0.12	0.08	0.16	愈伤化、玻璃化、褐化加重

2. 氮源胚性愈伤组织继代增殖的调控

1）硝酸钾与硝酸铵对胚性愈伤组织增殖的影响　　硝酸钾与硝酸铵是MS组织培养基中用量最大的无机成分，根据文献报道，应用去除硝酸铵、加倍硝酸钾的MSB培养基有利于胚状体的萌发。本试验在胚性愈伤组织阶段改变硝酸钾与硝酸铵的用量，设置两种大量元素配方，一种是MS大量元素配方（MSⅠ），另一种是去除硝酸铵、加倍硝酸钾的MS大量元素配方（MSⅡ），各配成每升用量为50ml的母液。二者按不同的比例混合，看其应用效果。依据激素试验结果选用0.08mg/L KT+0.12mg/L 6-BA，每处理30瓶，继代2次后，统计正常绿色胚状体达到50%的瓶数。试验重复3次。

从表6-12可以看出，部分处理间差异达到极显著水平。MSⅠ：MSⅡ=20：30和10：40两个

处理极显著优于其他处理，但两者之间差异不大。MSⅠ：MSⅡ=0：50效果处于中间位置，与MSⅠ：MSⅡ=25：25和30：20间差异不显著。

可以初步认为从叶柄愈伤组织诱导来的胚性愈伤组织在继代培养过程中出现褐化的主要原因可能是氮源不合适。在MSⅠ：MSⅡ=0：50时，胚性愈伤组织表层呈紫红色，可能与硝酸钾用量过大有关。

表6-12　硝酸钾与硝酸铵用量对胚性愈伤组织褐化的影响

MSⅠ：MSⅡ	瓶数/瓶
10：40	19.7[aA]
20：30	19.3[aA]
25：25	13.7[bB]
0：50	11.3[bBC]
30：20	10.7[bcBC]
50：0	7.7[cC]
40：10	7.3[cC]

2）硫酸镁对胚性愈伤组织增殖与胚状体发生的影响　　选用MSⅠ：MSⅡ=10：40的MSB培养基和0.08mg/L KT+0.12mg/L 6-BA激素条件，pH6.8，对硫酸镁用量进行试验。即MS培养基大量元素中KNO_3的用量调整为3.04g/L，NH_4NO_3调整为0.66g/L。

在培养基中加入硫酸镁后，对胚性愈伤组织的生长有利，从图6-8可以看出，当用量在250mg/L以下时，胚性愈伤组织的增长量随着用量增加而增加，当用量达到300mg/L时，胚性愈伤组织重量下降。从易于长出胚状体的绿色胚性愈伤组织百分比看，硫酸镁用量在0~150mg/L时，随着用量的增加而增加，但到200mg/L时明显下降。用量超过250mg/L后绿色胚性愈伤组织有所增加，但胚性愈伤组织总重量明显下降。可见在叶柄作外植体的胚性愈伤培养中，MS培养基中硫酸镁的量不足，应该添加100~150mg/L。

3）氯化钙对胚性愈伤组织增殖与胚状体发生的调控　　MSB培养基中大量元素KNO_3的用量调整为3.04g/L，NH_4NO_3调整为0.66g/L，激素用量为0.08mg/L KT+0.12mg/L 6-BA，加入150mg/L硫酸镁为基本培养条件，对氯化钙用量进行试验。培养基pH6.8。

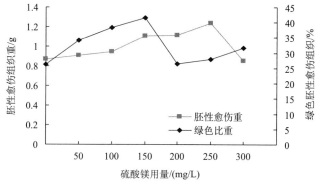

图6-8　硫酸镁用量对胚性愈伤组织的影响

在150mg/L以下时可以促进胚性愈伤组织的增长，同时也促进绿色胚性愈伤组织的生长（图6-9），当用量超过150mg/L后，就对胚性愈伤组织的生长起抑制作用。用量在100~150mg/L时，胚性愈伤组织的增长较快，绿色胚性愈伤组织也有个高峰。因此在MS培养基中补加100~150mg/L氯化钙比较适宜。

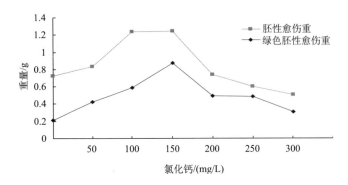

图6-9　氯化钙用量对胚性愈伤组织的影响

（六）　胚状体萌发与植株再生试验

在棉花组织培养中，畸形胚经常发生，且类型很多。但各种畸形胚并不是孤立发生的，同一胚往往存在着多种表型变异，如有的畸形胚既为联体胚，又是玻璃化胚；有的既为单子叶胚，又为无根胚等。棉花组织培养中的畸形胚一般发生在体细胞胚胎发生的初期，随着培养的进程，而逐渐表现出来。畸形苗经过组织培养后长出正常的生长点与叶片，形成无根系的正常棉花再生苗（图6-10）。在胚状体萌发培养中，常用的3种激素是IAA、6-BA、KT；常用IAA/6-BA和KT/6-BA组合进行再生苗培养。

图6-10　胚状体的萌发与成苗

A. 畸形；B. 玻璃化；C. 出现正常生长点；D. 再生植株

1. 6-BA/IAA配合使用对成苗的影响　　从表6-13看，IAA与6-BA均能极显著影响棉花再生苗的产生。IAA用量在0.05mg/L和0.10mg/L时，均极显著高于其他处理。当IAA用量达到0.20mg/L时，成苗数显著下降。培养基中添加6-BA，可以极显著增加成苗数，但各用量间差异不显著。

表 6-13　IAA/6-BA 对正常苗数量的影响

IAA浓度/（mg/L）	成苗数/棵	6-BA浓度/（mg/L）	成苗数/棵
0.05	38.6aA	0.30	36.4aA
0.10	37.6aA	0.90	33.8aA
0.15	32.2aAB	0.60	33.6aA
0.20	24.0bB	1.20	33.4aA
0.00	23.8bB	0.00	19.0bB

依据试验观察发现，IAA的主要作用是使心形胚、鱼雷形胚等已经成型的、比较大的胚状体迅速萌发、伸长；但是长期处理会使非胚性愈伤增多，并出现不定根。因此，应该视情况短期应用，可以增加胚状体的萌发量。长期应用由于非胚性愈伤的增加和胚状体数量的减少而影响效果。IAA浓度应控制在0.10mg/L以内。

2. 6-BA/KT配合使用对植株再生的作用　　从表6-14看，两处理与对照相比均达到了极显著水平，说明KT和6-BA均能极显著影响棉花组织培养过程中的胚状体到再生植株阶段。KT处理间差异不显著，但均极显著高于不加KT的处理。随着培养基中KT浓度的增加，再生苗数逐渐下降，但差异不显著。

表 6-14　KT/6-BA 对正常苗数量的影响

KT浓度/（mg/L）	成苗数/棵	6-BA浓度/（mg/L）	成苗数/棵
0.03	37.8aA	0.20	38.8aA
0.06	37.2aA	0.10	36.6aA
0.09	36.1aA	0.15	35.8aA
0.12	35.4aA	0.05	35.2aA
0.00	23.8bB	0.00	23.4bB

6-BA与KT相似，处理间差异不显著，但都极显著高于不添加6-BA的处理。与KT不同的是，随着用量的增加，再生苗数逐渐升高，但升高的幅度也不显著。

根据观察，KT主要增加了胚状体萌发的数量，同时也增加了畸形苗的产生，特别是玻璃化的加重，长时间、高浓度的使用反而使正常苗减少。因此应用KT增加胚状体萌发时，应该尽量控制应用的浓度，以不高于0.12mg/L为宜。6-BA可以减轻畸形苗和玻璃化程度，增加正常苗数量。因此协调好二者的浓度有利于正常苗的形成。

二、讨论

（一）棉花叶柄的灭菌

大田采摘的棉花叶柄利用0.1%$HgCl_2$处理可以达到良好的灭菌效果，灭菌时间控制是关键，过长易造成叶柄死亡，时间短则灭菌效果差，污染率高，$HgCl_2$浸泡时间为4~5min，灭菌后要彻底冲洗掉残留的$HgCl_2$，残留的$HgCl_2$也可以造成叶柄死亡、愈伤组织诱导生长困难等。

（二）棉花叶柄愈伤组织的诱导

棉花叶柄愈伤组织诱导所需外源激素种类与无菌苗下胚轴作外植体时无差别，都需要在培养基中添加IAA、KT、2，4-D。与以无菌苗下胚轴作外植体的培养体系相比，相同的是诱导愈伤组织的激素中，IAA、KT不是必需的激素，但能够促进愈伤组织的增长，当培养基中缺少其中的一种激素时不影响愈伤组织的诱导；2，4-D是叶柄细胞脱分化、愈伤组织诱导必需的激素，当缺乏时可以显著降低出愈率，并且导致诱导出的愈伤组织呈绿硬的难分化状态。在激素用量上，需要无菌苗下胚轴作外植体时的一半，就可以达到很好的效果。一般2，4-D用量在0.05~0.15mg/L之间，IAA、KT用量在0.05~0.10mg/L之间。

（三）胚性愈伤组织的分化

从愈伤组织诱导出胚性愈伤组织是棉花组织培养的关键步骤。棉花叶柄愈伤组织在KT/IAA和ZT/IBA两种分化培养体系中均能分化。

在KT/IAA系统中，KT用量大于IAA时有利于胚性愈伤组织的诱导，KT用量在0.08~0.16mg/L之间效果较好；IAA用量应控制在0.08~0.12mg/L之间，过高或过低均能影响愈伤组织的分化。

ZT/IBA系统组织培养效果不如KT/IAA系统，整体分化率较KT/IAA系统低。当IBA用量为0.05~0.10mg/L时，随着用量的增加，分化率逐渐增加，当用量在0.10~0.20mg/L时，随着用量的增加，分化率逐渐下降，说明IBA的用量稳定在0.05~0.15mg/L比较合适。ZT浓度在0.10mg/L处理时分化率极显著高于0.05mg/L处理。超过0.10mg/L后，随着ZT浓度的增加，分化率开始下降，0.10mg/L与0.15mg/L处理间差异不显著，但均显著高于0.20mg/L处理。因此ZT用量应控制在0.10~0.15mg/L之间效果较好。

（四）叶柄组织培养中的极性现象

叶柄组织培养中，可以明显观察到同一切段的近主茎端首先出现愈伤组织，靠近叶片端要推迟7d左右才出现愈伤组织。靠近主茎端的愈伤组织生长速度明显大于靠近叶片端，同时距叶片越远的切段，愈伤组织生长越快、极性越明显。随着培养时间的延长，极性现象逐渐减弱。在棉花下胚轴为外植体时，也有极性现象，表现为近子叶端先萌动，近根端萌动时间迟3~4d，但极性现象没有叶柄明显。随着组织培养时间的延长，极性现象逐渐减弱消失，在后期的培养中没有发现极性现象。

（五）胚性愈伤组织的继代培养

叶柄愈伤组织诱导出的胚性愈伤组织与来自下胚轴的胚性愈伤组织相比，在继代增殖培养过程中褐化比较严重，一般要继代2次后才能获得黄绿色米粒状胚性愈伤组织与胚状体；在MSB培养基中适当减少硝酸铵用量，增加硝酸钾用量，有利于避免褐化的发生；经过对氮源调整、激素配比优化，同时调整了硫酸镁、氯化钙等重要成分的用量，基本解决了褐化问题，达到了继代一次就可以获得绿色胚状体的效果，从而缩短了组织培养周期。

（六）胚状体萌发与植株再生

在胚状体萌发成苗培养过程中，6-BA与IAA、6-BA与KT合用均能促进胚状体成苗。IAA的主要作用是使心形胚、鱼雷形胚等已经成型的、比较大的胚状体迅速萌发、伸长；但是长期处理会使非胚性愈伤增多，并出现不定根。因此，应该视情况短期应用，可以增加胚状体的萌发量，长期应用由于非胚性愈伤的增加和胚状体数量的减少而影响效果。IAA浓度应控制在0.10mg/L以内；KT主要增加了胚状体萌发的数量，同时也加重了畸形苗的产生，特别是玻璃化的加重，长时间、高浓度的使用反而使正常苗减少，因此应用KT增加胚状体萌发时，应该尽量控制应用的浓度，以不高于0.12mg/L为宜；6-BA可以减轻畸形苗和玻璃化程度，增加正常苗数量；因此协调好3种激素的用量及使用时机，有利于正常苗的形成。

第三节 棉花高分化率材料的选育与遗传转化

基因型对棉花体细胞胚胎发生和植株再生能力具有决定性作用。棉花胚性愈伤组织的分化，是棉花组织培养体系与棉花基因型互作的结果。因此应该从两个方面研究。棉花组织培养体系应用的外植体主要是下胚轴，组织培养后该个体将不存在，因此很难实现真正的个体筛选。吴家和等（2003）将棉花单株一半种子种植、一半种子用于组织培养的方法，从'泗棉3号'中选育出2个适用于组织培养的棉花特种材料，同时把'珂字棉312'的愈伤分化率提高到96.1%。

张朝军（2008）利用建立的叶柄组织培养体系，从'CCRI24'、'JIHE312'、'中394'中筛选出10个高分化率的材料，其分化率可以稳定遗传给后代，说明在建立培养体系后，需要对培养材料提纯。培养材料的提纯不是表现型和农艺性状的提纯，而是对不能直接选育的组织培养性状进行提纯。通过材料选育可以大幅度提高胚性愈伤组织分化率，从而提高组织培养效率和遗传转化效率，降低成本。

一、叶柄组织培养中的基因型限制

利用叶柄组织培养体系，对'CCRI24'、'中394'、'CCRI12'、'TM-1'、'珂字棉201'5个材料，进行叶柄组织培养。每份材料选取生长正常的无病单株10株，从棉花现蕾期至开花期，分3次取主茎倒2、倒3、倒4叶的叶柄，进行组织培养，同时利用无菌苗下胚轴作为对照。继代3次统计分化率。从表6-15可以看出，已经建立组织培养体系的'CCRI24'与'珂字棉201'表现不同，'CCRI24'的叶柄分化率与无菌苗下胚轴差异不显著，国际上通用的'珂字棉201'的叶柄与无菌苗下胚轴分化率差异达10倍以上，这可能是多数文献认为来自棉花成熟植株的外植体比来自无菌苗的培养困难的原因；'中394'、'CCRI12'叶柄与无菌苗下胚轴的愈伤组织均有少量分化。来自难分化的'TM-1'叶柄与下胚轴的愈伤组织均没有诱导出胚性愈伤组织。

表6-15说明利用'CCRI24'建立的叶柄组织培养体系和其他棉花组织培养体系一样存在基因型限制。即使是利用国际上公认的易组织培养的'珂字棉201'材料，其叶柄分化率也很低，这也与国内外报道中叶柄愈伤组织培养困难的研究结果一致。国内外的学者认为成熟棉株的器官组织（包括叶柄）在组织培养时很难分化，可能与研究的材料有关。

表 6-15　棉花不同基因型叶柄与下胚轴的分化率的比较

外植体	叶柄			下胚轴		
材料	愈伤数/个	分化数/个	分化率/%	愈伤数/个	分化数/个	分化率/%
'CCRI24'	172	56	32.5	183	73	39.9
'珂字棉201'	168	12	7.1	134	98	73.1
'中394'	174	12	6.9	124	41	33.1
'CCRI12'	172	13	7.6	112	4	3.6
'TM-1'	124	0	0.0	186	0	0.0

二、叶柄愈伤组织高分化率材料的选育

（一）不同基因型叶柄组织培养中分化率的差异

2004年在构建遗传群体时，对'CCRI24'进行了160个单株的组织培养，筛选到15个高分化率的单株，并于2004年冬加代繁殖。2005年增加了无菌苗下胚轴易分化的'冀合312'、无菌苗下胚轴难分化的'中394'、'CCRI19'、'CCRI12'和无菌苗下胚轴不分化的'TM-1'5个材料进行叶柄组织培养，以筛选易分化的单株。所选材料种植在中国农业科学院棉花研究所（中棉所）试验田中，冬季到海南省中棉所南繁中心加代扩繁。盛蕾期取叶柄两次，每次取主茎倒2、倒3、倒4叶叶柄进行组织培养，每次每株取10~12个切段进行组织培养，每株共取20~24个切段。在愈伤组织诱导培养基上培养40d，之后将获得的愈伤组织转入分化培养基中，继代3次，统计分化率与分化株数。同时取样单株自交，以防止异花授粉。

在愈伤组织分化培养基上继代3次后统计愈伤组织分化率，选择叶柄分化率≥80%的单株。2005年9月底将入选单株自交种送海南省中棉所南繁中心加代，并作自交。2006年在安阳扩繁。

从表6-16可以看出，'CCRI12'、'CCRI19'、'TM-1'中没有筛选到高分化率的单株，2006选取2个'CCRI12'低分化率株系和1个'CCRI19'单株株系种植在中棉所实验田，并进行单株叶柄组织培养，结果没有筛选到可分化的单株。

表 6-16　不同材料单株分化情况表

材料	'CCRI24'	'CCRI12'	'CCRI19'	'中394'	'TM-1'	'冀合312'
筛选株数	160	120	119	160	142	135
不分化单株	71	102	118	94	142	75
低分化率株数（≤20%）	51	19	1	55	0	43
中分化率株数（≤80%）	23	0	0	9	0	12
高分化率株数（>80%）	15	0	0	2	0	5

（二）部分易分化株系世代间分化率比较

利用部分株系进行叶柄与下胚轴分化率比较试验（表6-17）。从2004年、2005年、2006年的培养试验结果看，叶柄高分化率性状可以稳定遗传给后代，不同世代间没有差异。

表 6-17　部分选育株系世代间分化率（%）

株系	2004年	2005年		2006年	
	叶柄	叶柄	下胚轴	叶柄	下胚轴
CCRI24-1	94.4	98.5	62.5	99.2	69.3
CCRI24-2	88.9	82.5	91.3	91.5	94.2
CCRI24-3	80.6	73.5	31.3	69.3	41.4
CCRI24-4（W12）	96.1	94.5	100.0	97.5	100.0
CCRI24-6	92.2	83.5	0.0	84.3	0.0
CCRI24-7	88.9	96.5	100.0	89.5	100.0
CCRI24-8	84.5	97.0	0.0	94.6	0.0
CCRI24-9	91.7	91.0	100.0	97.5	100
CCRI24-10	86.1	89.5	26.7	91.3	32.5
CCRI24-15（W10）	97.5	100.0	100.0	100.0	100.0
JIHE312-1	–	90.5	100.0	91.5	100.0
JIHE312-2	–	89.5	100.0	98.5	100.0
JIHE312-3	–	96.5	60.0	95.2	64.3
JIHE312-4	–	89.5	100.0	93.8	100.0
JIHE312-5	–	89.5	68.8	86.3	72.6
A83-13	–	95.2	92.0	94.7	100.0
A83-27	–	91.0	94.0	96.3	94.0

从各株系无菌苗下胚轴的分化率看，以叶柄为外植体分化率高的材料，以无菌苗下胚轴为外植体时分化率不一定高，但其遗传性比较稳定，可能与组织培养体系有关。从叶柄高分化率的株系中，也选育出了无菌苗高分化率的株系。

从'CCRI24'选育出了5个以叶柄与无菌苗下胚轴为外植体均易分化的材料，分别是CCRI24-2、CCRI24-4（W12）、CCRI24-7、CCRI24-9、CCRI24-15（W10）。

从'冀合312'中选育出JIHE312-1、JIHE312-2、JIHE312-4三个以叶柄与无菌苗下胚轴为外植体均易分化的材料。

从'中394'中选育出A83-13、A83-27两个以叶柄与无菌苗下胚轴为外植体均易分化的材料。这些材料已经在课题大规模的农杆菌遗传转化中成功应用。

三、利用选育株系研究激素作用的初步试验

利用叶柄组织培养体系，从'CCRI24'中筛选出15个叶柄分化率大于80%的单株，在海南加代、自交。将海南收获的高分化率株系部分种子种植无菌苗，利用张朝军建立的'CCRI24'无菌苗下胚轴组织培养体系进行无菌苗下胚轴培养，愈伤组织诱导培养基选用MSB5和ZA6，ZA6是不含IAA的MSB5。诱导出的愈伤组织在相同的分化培养基上分化胚性愈伤组织，分化率见表6-18。

表 6-18　CCRI24 中筛选株系无菌苗下胚轴的分化率（%）

株系编号	MSB5	ZA6	差异
CCRI24-1	62.5	100.0	−37.5
CCRI24-2	81.3	87.5	−6.3
CCRI24-3	100.0	73.3	+26.7
CCRI24-4	100.0	86.7	+13.3
CCRI24-10	100.0	93.3	+6.7
CCRI24-6	26.7	12.5	+14.2
CCRI24-7	68.8	86.7	−17.9
CCRI24-8	100.0	62.5	+37.5
CCRI24-9	60.0	100.0	−40.0
CCRI24-15	100.0	93.8	+6.3

　　从材料分化率的差异可以看出愈伤组织诱导培养基对随后的愈伤组织分化培养有影响；IAA对愈伤组织分化培养的影响与材料基因型有关。MSB5和ZA6仅是IAA一种激素的差异，但分化率差异可以高达40%；在不同的材料中表现也不同，有6个株系分化率提高，也有4个分化率降低的株系，说明愈伤组织诱导培养基可以影响愈伤组织的分化。因此，在材料不纯的情况下，对激素应用效果进行研究可能会得到相反的结论。

四、利用高分化率株系进行棉花遗传转化

　　利用选育出的高分化率株系进行农杆菌介导遗传转化试验。

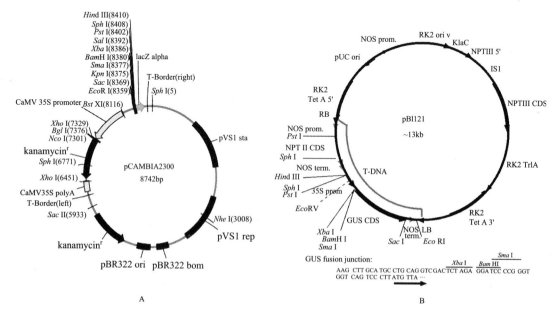

图 6-11　目的基因的质粒图谱

A. 带 *OsNAS1* 基因的 pCAMBIA2300；B. 带 *ACO3* 基因的 pBI121

选用两个不同载体的目的基因，*ACO3*基因由北京大学生命科学院朱玉贤教授提供，*OsNAS1*基因由中国科学院植物遗传发育所储成才提供。*OsNAS1*基因所用载体为pCAMBIA-2300（图6-11A）。它是植物基因工程中常用的载体，并带有在细菌及植物中均可表达的卡那霉素抗性基因及*lacZ*报道基因。*OsNAS1*基因编码区及其启动子和终止子插入在多克隆位点。*ACO3*基因所用载体为pBI121（图6-11B）。它是植物基因工程中常用的载体，并带有在细菌及植物中均可表达的卡那霉素抗性基因及*GUS*报道基因。*ACO3*基因插入在*Bam*HⅠ和*Sac*Ⅰ酶切位点之间，替换了原来的*GUS*报道基因。E6启动子替换了原来驱动的*GUS*报道基因的35S启动子。

（一）愈伤组织诱导培养基对转化效率的影响

从抗性愈伤组织出愈率看，'W10'与不经筛选的'CCRI24'相比，抗性愈伤组织出愈率差异不大，都在40%以上。ZA6诱导出的抗性愈伤组织在胚性愈伤组织诱导时，分化率比来自MSB5的抗性愈伤组织低约10个百分点。

从分化率看（表6-19），利用MSB5作为愈伤组织诱导培养基的培养体系中'W10'抗性愈伤组织的总分化率为68.1%，比ZA6体系的45.6%高22.5个百分点；从转化率（转化率=出愈率×分化率）看，利用MSB5作为愈伤组织诱导培养基的培养体系总转化率为32.9%，比ZA6体系的18.9%高14个百分点。说明组织培养各阶段是一个整体，每一步的培养都会对最终培养效果产生影响。

表 6-19　'W10'株系的遗传转化统计（外源基因是 *ACO3* 基因）

材料	重复	培养基	切段数/个	抗性愈伤组织/个	胚性愈伤组织/个	出愈率/%	分化率/%	转化率/%
'W10'	Ⅰ	ZA6	236	89	41	37.7	46.1	17.4
	Ⅱ	ZA6	260	117	53	45.0	45.3	20.4
	Ⅰ	MSB5	262	124	85	47.3	68.5	32.4
	Ⅱ	MSB5	276	136	92	49.3	67.6	33.3
'CCRI24'	Ⅰ	ZA6	240	99	21	41.3	21.2	8.8
	Ⅰ	MSB5	220	95	25	43.2	26.3	11.4

在以ZA6为愈伤组织诱导培养基时，'W10'株系的总转化率为18.9%，'CCRI24'转化率为8.8%，转化效率提高了约1.14倍。在以MSB5为愈伤组织诱导培养基时，'W10'株系的总转化率为32.9%，'CCRI24'转化率为11.4%，转化效率约是原来的2.88倍。可见当组织培养体系建立后，通过材料纯化，可以大幅度提高转化效率。

（二）外源基因对转化效率的影响

'W10'及其培养体系十分稳定，可以用来研究基因、质粒载体、农杆菌菌株对遗传转化的影响，本试验选用两种质粒载体与目的基因进行探索性的试验。

从表6-20可以看出，导入不同外源基因，出愈率差异达到极显著水平，分化率差异不显著，转化率差异达到极显著。因此基因转化效率差异主要是抗性愈伤组织诱导差异引起的，可能与农杆菌、载体等转化元件有关，具体原因有待深入研究。

表 6-20　外源基因对转化效率的影响

基因	切段数 /个	抗性愈伤组织/个	胚性愈伤组织/个	出愈率 /%	分化率 /%	转化率 /%
ACO3	945	436	298	46.1[aA]	68.3	31.5[aA]
OsNAS1	978	323	211	33.0[bB]	65.3	21.6[bB]

（三）转基因植株的获得与检测

胚性愈伤组织经胚状体培养萌发成再生植株，再生植株经嫁接定植在温室中。每个基因随即挑选40个转化（来源于同一个外植体的再生植株是一个转化体），每个转化体嫁接2~3株再生苗进行检测。

1. 卡那抗性检测　　再生植株定植在温室中，一个月后用1500ppm的卡那霉素涂抹主茎倒2叶，14d后观察涂抹叶片，叶片失绿坏死的为没有卡那抗性的植株，叶片没有反应的就是有卡那抗性的植株。经检测，转*ACO3*基因的阳性植株有29棵阴性植株，卡那抗性株率占72.5%；转*OsNAS1*基因的阳性植株有14棵阴性植株，抗性株率占35.0%。

2. 转基因植株的PCR检测　　对3次卡那筛选后获得的植株进行PCR检测，结果如图6-12所示，利用*Npt*Ⅱ基因特异引物扩增出了774bp的*Npt*Ⅱ基因的条带，与阳性对照中扩出的条带相符，而阴性对照中均未出现相应的电泳图谱。因此可以初步认为棉花再生苗中含有该基因。

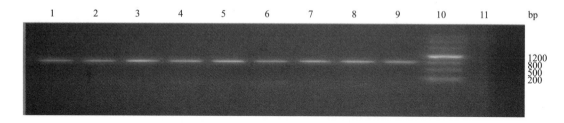

图 6-12　*ACO3* 基因转化植株的 *Npt*Ⅱ 基因的 PCR 检测

1~8. 阳性植株；9. 阳性对照；10. DNA marker；11. 阴性对照

利用*ACO3*基因特异引物扩增出了1103bp的*ACO3*基因的条带，与阳性对照中扩出的条带相符，而阴性对照中均未出现相应的电泳图谱（图6-13）。可以初步认为棉花再生苗中含有*ACO3*基因。经检测，29个有卡那抗性的转基因植株中均检测到了*ACO3*基因。

利用*OsNAS1*基因特异引物扩增出了999bp的*OsNAS1*基因的条带，与阳性对照中扩出的条带相符，而阴性对照中均未出现相应的电泳图谱（图6-14）。依次可以初步认为棉花再生苗中含有*OsNAS1*基因。经检测，14个有卡那抗性的转基因植株中均检测到了*OsNAS1*基因。

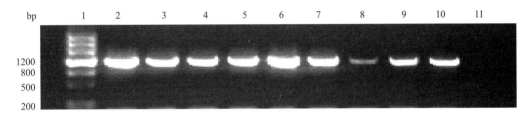

图 6-13　*ACO3* 基因转化植株的 PCR 检测

1. DNA marker Ⅲ；2. 阳性对照；3~10. 转基因植株；11. 阴性对照 'W10'

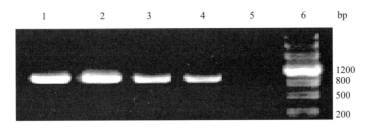

图 6-14　转 *OsNAS1* 基因的植株 PCR 检测

1~3. 转基因植株；4. 阳性对照；5. 阴性对照 W10；6. DNA marker Ⅲ

第四节　小　　结

一、棉花高分化率材料的选育

在棉花组织培养已经建立起组织培养体系的基因型中，以品种为单位建立棉花组织培养体系有一定的局限性；材料不纯是造成试验难重复、培养体系不稳定的主要原因。

从 'CCRI24'、'JIHE312'、'中394' 中筛选出10个高分化率的材料，其分化率可以稳定遗传给后代，说明在建立培养体系后，对培养材料需要提纯。培养材料的提纯不是表现型和农艺性状的提纯，而是对不能直接选育的组织培养性状进行提纯。通过材料选育可以大幅度提高胚性愈伤组织分化率，从而提高组织培养效率，提高遗传转化效率，降低成本。

二、叶柄组织培养体系在高分化率材料选育中的应用

不同基因型叶柄组织培养与无菌苗下胚轴组织培养结果表明，无菌苗下胚轴与成熟植株的叶柄在组织培养中基因型限制的表现不同。无菌苗下胚轴易分化的珂字棉叶柄很难分化，可能是依托 'CCRI24' 培养体系建立的叶柄组织培养体系不适合珂字棉。利用 'CCRI24' 的叶柄组织培养体系筛选后的材料，当用无菌苗下胚轴为外植体时，多数表现为高分化率，也有少数材料表现较低的分化率，可能与培养体系有关。因此利用叶柄组织培养选择，既可以筛选到以叶柄为外植体的高分化率材料，又可以筛选到以无菌苗下胚轴为外植体的高分化率材料。

三、组织培养与遗传转化的初步结论

IAA是棉花愈伤组织诱导中常用的激素，利用选育的材料研究发现，愈伤组织诱导培养基中添加IAA，对随后的愈伤组织分化培养的影响与材料基因型有关。

　　在农杆菌介导遗传转化时，愈伤组织诱导培养基可以通过影响分化率而影响转化效率。外源基因也可以通过影响出愈率和再生植株中转基因植株的所占比例而影响转化效率。因此构建合适的载体与建立高效的组织培养体系一样重要。

四、高效组织培养体系的建立

　　利用叶柄组织培养体系从'CCRI24'中选育高分化率的单株，经过1次选择就使转化效率提高了1.88倍，并使转化效率稳定在30%以上，转化周期由原来的12个月缩短到6个月，取得了单靠改良组织培养体系难以达到的效果。

参 考 文 献

曹有龙, 贾勇炯, 陈放, 等. 1999. 枸杞花药愈伤组织悬浮培养条件下胚状体发生与植株再生. 云南植物研究, 21(3): 346-350

陈惠娟. 2005. 植物组织培养中褐变的产生机理及克服措施. 植物保护, 31(2): 79-82

陈志贤, 李淑君, Trolinder N L, 等. 1987. 棉花细胞悬浮培养胚胎发生和植株再生某些特性的研究. 中国农业科学, (5): 6-12

迟吉娜, 马峙英, 韩改英, 等. 2005. 陆地棉组织培养体细胞胚胎发生技术改进. 棉花学报, 17(4): 195-200

崔凯荣, 裴新梧, 秦琳, 等. 1998. ABA对枸杞体细胞胚发生的调节作用. 实验生物报, 31(2): 195-199

董合忠. 1990. 棉花体细胞胚胎发生和植株再生. 植物生理学报, (2): 8-12

宫相忠, 黄健. 1997. 苜蓿组织培养体细胞胚发生的细胞学观察. 青岛海洋大学学报, 24(4): 504-508

胡含, 王恒立. 1991. 植物细胞工程与育种. 北京: 北京工业大学出版社

焦改丽, 李俊峰, 李燕娥, 等. 2002. 利用新的外植体建立棉花高效转化系统的研究. 棉花学报, 14(1): 22-27

李付广, 郭三堆, 刘亮, 等. 1999. 双价基因抗虫棉的转化与筛选研究. 棉花学报, 11(2): 106-112

李付广, 李秀兰, 李凤莲, 等. 1994. 棉花体细胞胚胎发生及主要物质生化代谢机制. 河南农业大学学报, 28(3): 313-316

李付广, 刘传亮. 2007. 生物技术在棉花育种中的应用. 棉花学报, 19(5): 362-368

李付广, 周勇, 刘传亮, 等. 1999. 影响陆地棉遗传转化的外部因子研究. 西北植物学报, 19(3): 387-392

刘传亮, 武芝霞, 张朝军, 等. 2004. 农杆菌介导棉花大规模高效转化体系的研究. 西北植物学报, 24(5): 768-775

毛树春. 1999. 中国棉花可持续发展研究. 北京: 中国农业出版社

孙世孟, 徐丽娟, 何忠诚, 等. 1995. 玉米胚性愈伤组织发生频率及其遗传规律的研究. 莱阳农学院学报, 12(3): 173-176

谭晓连, 钱迎倩. 1988. 不同外植体来源和培养条件对拟似棉植株再生的影响. Journal of Genetics & Genomics, (2): 3-7

于娅, 刘传亮, 李付广, 等. 2004. 陆地棉中棉所24胚性愈伤组织的诱导及植株再生. 西北植物学报, 24(2): 306-310

张朝军, 李付广, 王玉芬, 等. 2005. 降低棉花胚性愈伤褐化的研究. 棉花学报, 17(5): 285-288

张朝军. 2008. 棉花叶柄高效再生体系的建立与遗传分析. 北京: 中国农业科学院博士学位论文

张海, 高晓华. 2002. 棉花子叶离体培养与植株再生. 西北农业学报, 11(1): 84-85

张家明, 孙雪飘, 郑学勤, 等. 1997. 陆地棉愈伤诱导及胚胎发生能力的遗传分析. 中国农业科学, 30(3): 36-43

张林, 服部一三. 2003. 水稻愈伤组织增殖力的遗传研究. 华南农业大学学报(自然科学版), 24(4): 44-47

张献龙, 孙济中, 刘金兰. 1991. 陆地棉体细胞胚胎发生与植株再生. 遗传学报, 18(5): 461-467

张献龙, 孙济中, 刘金兰. 1992. 陆地棉品种"Coker201"胚性与非胚性愈伤组织生化代谢产物的比较研究. 作物学报, 8(3): 176-182

张献龙, 孙玉强, 吴家和, 等. 2004. 棉花细胞工程及新种质创造. 棉花学报, 16(6): 368-373

张献龙. 1990. 陆地棉体细胞胚胎发生、植株再生及其机制的研究. 武汉: 华中农业大学博士学位论文

Abe T, Futsuhara Y. 1991. Diallel analysis of callus growth and plant regeneration in rice seed-callus. Jpn J Genet, 66: 129-140

Ella C, Mirandah G. *Agrobacterium* mediated transformation of cotton with novel explants. *Patient, WO*, 00/53783

Finer J J. 1988. Plant regeneration from somatic embryogenic suspension cultures of cotton(*Gossypium hirsutum* L.). Plant Cell Rep, 8: 586-589

Gawel N J, Robacker C D. 1990. Somatic embryogenesis in two *Gossypium hirsutum* genotypes on semi-solid versus liquid proliferation media. Plant Cell Tissue and Organ Culture, 23: 201-204

Kamo K K, Hodges T K. 1986. Establishment and characterization of long-term embryogenic maize callus and cell suspension cultures. Plant Science, 45(2): 111-117

Laudenir M P, William J da S, Maro R S. 1990. Tissue, cell, and protoplast culture of maize (*Zea mays* L.). Current Plant Science and Biotechnology in Agriculture, 9: 38-43

Price J H, Smith R H, Grumbles R M. 1997. Callus cultures of six species of cotton(*Gossypium* L.) on defined media. Plant Sci Lett, 10: 115-119

Sharp W R, Sondahl M R, Caldas L S, et al. 1980. The physiology of *in vitro* asexual embryogenesis. Hort Rev, 2: 268-310

Takeuchi Y, Abe T, Casahara T. 1997. Genetic analysis of plant regeneration from seed-callus in rice (*Oryza sativa* L). Crop Science, 37: 963-965

Trolinder N L, Shang X. 1991. *In vitro* selection and regeneration of cotton resistant to high temperature stress. Plant Cell Rep, 10: 448-452

Trolinder N L. 1989. Genotype specificity of the somatic embryogenesis in cotton. Plant Cell Rep, 1989, 8: 133-136

Zhang X. 1996. The effect of antibiotics on the callus induction and growth in upland cotton (*Gossypium hirsutum* L.). Journal Huazhong Agricultural University, 15(2): 123-126

第七章　棉花遗传转化

第一节　棉花遗传转化概况

棉花组织培养是棉花遗传转化，主要是农杆菌介导法的基础，也是其建立的主要目的。棉花是目前少有的几种已投入商品化生产的转基因农作物之一，孟山都公司利用苏云金杆菌的不同菌株HD-1和HD-73基因和商业棉花'Coker312'，利用农杆菌介导法转化得到转基因棉花新材料，后培育出转基因棉花新品种，自1996年转Bt基因抗虫棉BOLLGUARD投入商品化后，转抗除草剂基因棉、抗逆棉也相继商品化。目前，国产转基因抗虫棉已有多个品种通过审定，这些品种大部分是通过花粉管通道法获得的。随着转基因技术的日益成熟及国家对转基因管理的日益严格与规范，我国棉花转基因技术将日益集中在农杆菌介导法上。随着棉花基因组测序的逐步完成，棉花遗传转化在生产应用和基础研究两方面的应用前景日益广阔。

一、棉花遗传转化发展历程

1987年，Umbeck等（1987）和Firoozabady等（1987）首次用农杆菌介导法将*Npt*Ⅱ和*CAT*标记基因转入棉花获得转基因植株。1988年，美国孟山都公司采用同样的转化方法将Bt基因转入珂字棉'Coker312'，成功获得了转基因抗虫棉。此后，国际上以珂字棉为主要受体，我国则主要以国内棉花品种为受体，关于棉花遗传转化的研究迅速开展，所用目的基因也由最初的标记基因和Bt基因为主扩展到抗虫基因、抗病基因、抗逆基因、品质改良基因等多种类型。利用转基因在棉花抗虫、抗病、抗逆育种方面取得了很大进步，至今已有不少的转基因品种商品化种植。

目前，棉花遗传转化中应用最多的、最为主要的方法为农杆菌介导法。棉花易受农杆菌侵染，且农杆菌介导的遗传转化外源基因整合成功率高，多为单拷贝，遗传稳定性好。应用农杆菌介导法转化棉花时，从农杆菌侵染外植体到获得转化植株需要借助于体细胞胚胎发生途径，大体经历转化体筛选、脱分化形成愈伤组织、胚性愈伤组织形成、再分化形成胚状体、植株再生等几个阶段，最终经过嫁接形成可移栽的转化株。然而，棉花的体细胞再生较为困难，存在愈伤组织再分化率低、再生周期长、再生过程中易畸变等问题。影响棉花体细胞培养再生的因素很多，包括培养基组成、激素种类与配比、培养方式、外植体类型等，而基因型从根本上决定了棉花体胚发生和植株再生的能力。不同品系、不同品种的棉花材料体胚发生和植株再生的能力存在很大差异。容易再生的材料能在多种培养基上培养，经过少数几次继代便可诱导出体胚，再生困难的材料只能在特定的培养基上培养，体细胞胚胎诱导对激素种类和配比有严格限制，往往继代很长时间也难以诱导出胚胎或再生。Trolinder等通过多项研究对培养再生体系进行改良，并比较了棉属内不同基因型间的体胚发生能力，发现了高频胚胎发生的棉花材料——珂字棉（Coker棉系）（Trolinder et al., 1987；Trolinder and Goodin,

1987；Trolinder and Chen，1989）。在国外，珂字棉（'Coker312'、'Coker201'等）成为棉花转基因的常用高效品种。然而，在国内大多数主栽品种受到基因型限制，农杆菌侵染转化后再生率低或难以再生，尤其是愈伤组织再分化效率低，成为限制棉花转基因发展的瓶颈。伴随着棉花细胞培养和组织培养再生体系的不断研究、完善与发展，目前已经能从多个棉种及品种通过体细胞培养途径获得再生植株，在国内通过对不同棉花品种的体细胞培养及再生试验研究，逐步建立了'中棉所24'、'中394'、'冀合321'、'冀合713'、'泗棉3号'、'鲁棉6号'等棉花品种的高效再生体系，其中将'中棉所24'发展成为高效转化再生模式品种。

刘传亮等（2003）对影响棉花体细胞培养再生的关键因素进行研究，建立了一种适用于多种基因型的棉花体细胞再生体系，研究所用'中棉所24'、'中棉所19'、'泗棉3号'等20余个国内主栽优良品种均诱导获得了体胚和再生植株，并首次从体细胞愈伤组织直接诱导出胚胎，使棉花体细胞培养再生周期明显缩短。但整体看来，棉花体细胞再生的基因型限制问题仍然存在，还有很多品种难于再生。目前农杆菌介导的棉花遗传转化主要以无菌苗下胚轴为外植体材料进行转化后的组培再生，培养基一般以MSB或MS为基础进行适当调整，培养基中一般添加Gelrite和Phytagel做固化剂，以葡萄糖或蔗糖为碳源，在愈伤组织诱导过程中添加2,4-D、ZT、IAA、IBA、KT、6-BA等激素。不同基因型的棉花品种在诱导愈伤组织和胚状体时使用不同的培养基、激素、外植体类型等。为克服棉花遗传转化后植株再生的基因型限制，扩大农杆菌介导转化的棉花材料范围，一方面需要针对不同的棉花品种分别进行体细胞培养再生体系的探索、优化，为不同品种量身定制适宜的高效再生体系。马盼盼等（2014）对新疆主栽品种'新陆早33号'体细胞培养及再生的培养基及培养方法进行改进，在低浓度的2,4-D和KT激素诱导下，愈伤组织诱导率达100%，胚胎分化率达到67.2%，比对照'Coker312'为高，且体胚发生时间也早于'Coker312'。肖向文等（2014）建立了'新陆早33号'的高效农杆菌介导转化再生体系，并成功获得转*AtPGIP1*基因植株。另一方面可通过杂交、回交等手段将体胚发生及植株再生能力强的棉花材料中的有利基因型渐渗至新的棉花品种/材料中，或者通过自交和再生鉴定、单株选育，获得胚胎发生纯合品系，提高受体材料的再生率（迟吉娜等，2005；吴家和等，2003）。吴家和等（2003）选择再生率高的'冀合321'自交后代单株多次自交，使后代株系的再生率大为提高。另外，寻找或QTL定位体细胞胚胎发生及再生相关基因，就可能通过分子辅助育种或基因工程手段培育高体胚发生及再生能力的棉花材料。Xu等（2015）用高体胚发生率的'W10'株系和难以诱导体胚的'TM-1'株系杂交群体，用SSR标记构建了陆地棉的体细胞胚胎发生相关基因座的高密度连锁图谱，为高体胚发生能力的棉花材料分子辅助培育提供了有利条件。此外，鉴于农杆菌介导转化的整合成功率高、遗传稳定的优点，对于一些难于诱导体胚及再生却希望通过农杆菌介导转化的棉花材料，农杆菌介导的茎尖转化成为解决这一问题的途径之一。茎尖培养可以直接分化再生，转化后可以不通过愈伤组织直接诱导叶、根的形成获得转化株，缩短了转化周期，且无基因型限制。但存在转化率低和嵌合体等问题。近年来，一些研究对农杆菌介导的棉花茎尖转化体系进行了优化。赵福永（2009）通过对农杆菌介导的茎尖转化法的侵染时间、菌液浓度、恢复培养等条件进行优化，成功将除草剂抗性基因转入'中棉35号'、'中棉27号'、'石远321'等难于再生的陆地棉品种获得转化植株。刘明月等（2011）发现针刺处理可以提高农杆菌介导棉花茎尖转化的转化率。欧婷等（2013）以'中棉所49'、'Coker201'和'YZ-1'为研究材料，对茎尖农杆菌介导转化体系进一步优化，成苗的转化率为6.4%，建立了具有较好应用价值的以草甘膦为筛选剂的农杆菌介导棉花茎尖转化体系。

花粉管通道法由我国学者周光宇提出，国内最初的棉花遗传转化多用此法。花粉管通道法借助于植物的传粉受精过程，使外源基因通过花粉管通道进入胚囊参与合子的形成，从而实现与受体基因组的整合，获得转化种子。这种方法操作简单，且避免了组培再生过程所消耗的较长时间，转化周期短，基本无基因型限制。但存在转化率低，遗传稳定性差的缺陷，且只能在开花期间进行转化。1991年，谢道昕等成功将Bt基因通过花粉管通道法导入4个国内棉花品种中，获得转Bt抗虫棉。郭三堆等（1999）通过花粉管通道法获得了双价转基因抗虫棉。此后还有一些抗病、抗逆及纤维改良转基因棉通过此法获得。王义琴等（2003）将天麻抗真菌蛋白基因*Gafp*转入新疆彩棉品种，筛选获得了抗黄萎病的转化株。至今，花粉管通道法在一些难以再生的棉花材料的遗传转化研究中仍发挥重要作用。

基因枪法转化作为一种物理转化手段，转化受体不受组织、器官和基因型限制，采用基因枪法进行的植物遗传转化具有操作简便、高效的特点，同时在棉花中主要以茎尖分生组织、胚性愈伤组织为受体材料，茎尖培养不经过愈伤组织阶段就生成丛生芽，经嫁接再生，植株再生不受基因型的限制，且再生周期短，通常1.5~3个月时间就能成苗。由于其不涉及体细胞再生，在本书中不作为重点。采用胚性愈伤组织作为转化材料，则可以免去剥取茎尖分生组织的麻烦，提升基因枪法转化规模，但不适用于难以诱导胚胎发生的棉花材料（刘传亮等，2014）。国内外利用基因枪法进行的棉花遗传转化研究也较多开展，中国农业科学院棉花研究所（中棉所）已研究、建立了国内多个主栽品种的规模化基因枪转化体系。但是基因枪转化法仍有外源基因整合率低，遗传稳定性差，常为多拷贝整合从而容易诱发基因沉默、嵌合体较多等诸多问题存在，有待进一步研究。

中棉所与多家单位合作，经过探索研究，于2002年建立了棉花规模化转基因技术体系。该体系将农杆菌介导法、基因枪法、花粉管通道法并用，对不同材料采用不同的适宜转化方法，拓宽了受体材料的基因型范围，同时缩短了转化周期，使许多国内主栽品种得以转化再生。基于此建设的规模化转基因技术体系平台，已为国内外众多客户单位提供技术支持（李付广等，2013）。

近些年来，高效、安全转基因成为植物转基因的客观要求，也是当前研究热点及趋势。这主要包括：多基因转化、基因定点转化、质体转化、安全标记转化等。多基因转化可以更有效地实现产量、纤维品质等数量性状或引入多基因控制的新的代谢途径等。在棉花中多基因转化可以通过构建多基因表达载体或多载体共转化来实现。贾香楠等（2010）利用基于Cre/loxP的重组系统将Bt基因、甜菜碱醛脱氢酶基因*BADH*、GA20氧化酶基因*pttGA20ox*和*rolB*基因整合在表达载体pYL1305上形成多基因表达载体，并成功转入烟草。华南农大构建了含有潮霉素选择标记基因*HPT*、花色素苷合成相关基因共9个基因的多基因转化载体pYLTAC380DTH，已被应用于棉花转化研究。刘传亮等将含有*GaNHX1*、*GaDREB*、*TcVP1*等5个基因的多基因载体通过基因枪法转入棉花茎尖分生组织获得成功并获得转化植株（李付广等，2013）。中棉所通过共转化法已获得了多个双价或多价转基因株系。外源基因的定点转化是为了避免转化基因的位置效应，使外源基因稳定高效表达的同时较少基因组变异，可降低转化再生株的畸形率、死亡率，提高转基因效率。2012年，中棉所与中国科学院华南植物园合作构建了以Cre-loxP系统为基础的棉花基因定点转化载体（刘传亮等，2014）。随着雷蒙德氏棉和亚洲棉基因组测序的完成，将为棉花定点基因转化提供更多位点参考信息。

质体转化能够克服细胞核转化的许多缺陷，具有多拷贝高效表达、原核目的基因无需改造、母系遗传、安全性好的特点，为植物转基因开辟了新的路径。2004年，Kumar等用基因枪法将外源基因转入棉花质体获得稳定的棉花重组转化质体，建立了棉花DGSS质体转化体系。2006年，陆地棉叶绿体基因组测序完成（Lee et al.，2006），为棉花叶绿体转化中的同源重组定点整合、表达调控序列克隆等提供了有利参考。质体遗传转化近年来成为棉花遗传转化研究热点之一。外源基因的质体转化主要通过基因枪法进行。

安全标记转化可一定程度上缓解社会公众的转基因安全忧虑，目前主要通过基于共转化后代分离、同源重组的标记基因删除策略，无标记表达载体/片段转化策略，使用新型安全标记基因（*xylA*、*pmi*基因等）策略来进行安全标记转化。

二、主要功能基因及其研发状况

棉花作为一种重要的经济作物，目前已经开展了众多的转基因研究工作。目前已克隆并应用于棉花的作物性状相关基因包括抗虫基因、抗病基因、抗除草剂基因、抗逆基因、纤维品质相关基因、产量相关基因、育性相关基因等。

（一）抗虫基因及其研发状况

棉花转基因涉及的抗虫基因主要有：Bt基因、蛋白酶抑制剂基因、植物凝集素基因。

Bt是苏云金芽孢杆菌（*Bacillus thuringiensis*）的简写，属革兰阴性菌。这种芽孢杆菌在形成芽孢的同时会生成具有杀虫作用的伴孢晶体，其杀虫活性来自于一些具杀虫活性的蛋白质，主要抗鳞翅目害虫，称Bt杀虫毒蛋白，编码这些毒蛋白的基因就是Bt基因。1981年，Schnepfh等首次从苏云金芽孢杆菌中分离到Bt基因。1988年美国孟山都利用农杆菌介导法获得了转Bt珂字棉，并于1996年获批商品化应用。1991年谢道昕等成功将Bt基因通过花粉管通道法导入国内棉花品种中。1993年郭三堆等人工构建了具有自主知识产权的Bt基因并成功转入国内主栽品种中。此后，中棉所等单位将Bt基因转入'中棉所12'、'中棉所16'、'晋棉7号'等国产棉花品种中。目前，转Bt抗虫棉在全世界范围广泛推广，我国棉花种植面积的90%以上为转Bt棉。转Bt棉虽能减轻害虫危害，但主要对鳞翅目害虫有效，且在后期推广应用中出现棉铃虫抗Bt现象。所以，相关的转基因双价/多价抗虫棉及寻找广谱抗虫基因等研究陆续开展。

蛋白酶抑制剂可通过抑制昆虫蛋白消化酶来达到抗虫目的，能够对大多数农田害虫起作用，其中以豇豆中的豇豆胰蛋白酶抑制剂（CPTI）抗虫效果最好。CPTI具有抗虫谱广的优点，因而被广泛应用于烟草、水稻、番茄等多种植物的转基因研究。在我国，郭三堆等（1999）将修饰过的*CPTI*基因与Bt基因共转化培育转基因双价抗虫棉。蛋白酶抑制剂具有抗虫谱广的特点，但要达到理想的杀虫效果必须使外源转入的蛋白酶抑制基因获得比Bt更高的表达量，因此需要对其基因及表达元件进行适当修饰或改造。

植物凝集素是植物中广泛存在的一种蛋白质物质，可以和昆虫肠道细胞、植物病原生物表面的半乳糖、甘露糖基糖蛋白特异性结合，抑制后者的生理活性，从而影响昆虫对营养的吸收，达到抗虫目的，主要抗同翅目、鳞翅目害虫。目前植物转基因应用的外源凝集素基因主要有雪花莲凝集素基因*GNA*、伴刀豆凝集素基因*ConA*、苋菜凝集素基因*AHA*、半夏凝集素基因*PTA*、菜豆凝集素基因*Plec*、菊芋块茎凝集素基因*HTA*等。应用于棉花转基因的主要有雪花莲凝集素基因*GNA*和菊芋块茎凝集素基因*HTA*。山西省农业科学院将棉花曲叶病毒超强启动子或韧皮部高效表达的特异性启动子调控的*HTA*基因转入棉花，成功获得有明显效果的转凝集素抗蚜虫棉。同时构建了含有*HTA*基因和*GNA*基因的双基因转化载体用于培育双价转凝集素棉花。

（二）抗病基因及其研发状况

目前棉花种植中危害最大的是黄萎病、枯萎病等真菌病害。这类病害在全世界范围泛滥，每年造成的经济损失达数十亿美元。其致病机制尚不确切，通过转基因培育抗病棉花品种用于种植成为防止黄萎病、枯萎病为害的重要途径。目前棉花中应用较多的抗病基因主要有几丁质酶基因*Chi*、β-1，3-葡聚糖酶基因*Glu*和葡萄糖氧化酶基因*GO*。大多数真菌的细胞壁主要由几丁质和β-1，3-葡聚糖组成，植物在正常情况下只有低水平的几丁质酶和β-1，3-葡聚糖酶表达，在诱导物刺激下会产生抗病反应，两种酶的表达量增加，破坏真菌细胞壁，致死病原体，同时真菌细胞壁碎片可诱导植物自身的抗病反应。1994年Zhu等研究表明几丁质酶和β-1，3-葡聚糖酶双价转基因烟草植株的抗病性高于各个单价转基因植株，证实了两者在植物抗病反应中的协同作用。程红梅等（2005）构建了*Chi*基因和*Glu*基因的单价和双价植物表达载体，通过花粉管通道法转入棉花成功获得抗黄萎病、枯萎病转化植株，抗性鉴定结果也证实了几丁质酶和β-1，3-葡聚糖酶之间的协同增效抗病作用。将*Chi*基因和*Glu*基因同时转入国产抗虫棉，又获得了抗病兼抗虫的转基因棉。葡萄糖氧化酶可以催化葡萄糖氧化产生过氧化氢和葡萄糖酸，其中的过氧化氢具有直接的抑杀作用，动植物中尚未发现。研究发现黑曲霉（*Aspergillus niger*）中GO活性较强，从其中扩增的*GO*基因广泛应用植物转基因。甄伟等（2000）将从黑曲霉中扩增的葡萄糖氧化酶基因与病原诱导型启动子融合构建表达载体，经农杆菌介导转化获得了阳性植株。侵染实验表明获得的转基因植株的晚疫病病征明显减弱或发病时间推迟，显示了病原诱导型启动子调控的表达体系在植物抗真菌病基因工程中的良好应用前景。在棉花转化方面*GO*基因的转化研究也有所开展并取得一定成果。张宝红（2001）、巩万奎（2002）利用农杆菌介导法将*GO*基因导入棉花中，获得了再生阳性植株。

（三）抗逆基因及其研发状况

棉花生长过程中的极端温度、干旱和盐碱等不良环境条件对棉花生长发育、品质、产量产生严重影响，研究棉花对逆境胁迫的响应机制，培育抗逆棉花新品种，对于棉花生产具有重要的现实意义。目前棉花抗逆基因研究主要集中在渗透调节相关基因、功能蛋白类基因及转录调节因子基因3个方面（雷志等，2014）。

在低温、干旱等逆境条件下，植物体内响应积累的渗透调节物质可以提高植物体内的细胞液浓度，起到维持细胞渗透平衡，保持水分和生物大分子结构，保证细胞的正常生理代谢的作用，这些渗透调节物质主要有3类：①氨基酸及其衍生物，包括研究最多的脯氨酸、甜菜碱等；②糖类，包括蔗糖、果聚糖和海藻糖等；③醇类，包括甘露醇、山梨醇和芒柄醇等。植物抗逆遗传转化中所用的渗透调节相关基因大多是这些渗透调节物质合成代谢途径中关键酶的基因。例如，吡咯啉-5-羧酸合成酶基因*P5CS*，编码植物体积累脯氨酸的谷氨酸途径中的关键酶吡咯啉-5-羧酸合成酶。胆碱单加氧酶基因*CMO*、胆碱脱氢酶基因*CDH*及甜菜碱醛脱氢酶基因*BADH*所编码的酶都是甜菜碱生物合成过程中所涉及的关键酶。罗晓丽等（2008）

把菠菜的*BADH*基因转入棉花中过量表达，提高了棉花的耐盐性和抗冻性。朱玉庆等（2010）将山菠菜*AhCMO*基因转入棉花，成功使在受干旱胁迫后的棉花甜菜碱含量显著增加，增强了抗旱性。樊文菊等（2013a）发现转玉米磷脂酶基因*ZmPLC*棉花的脯氨酸含量显著高于野生型，耐盐能力显著提高。RT-qPCR分析发现转化株中脯氨酸合成关键酶基因*P5CS*表达上调，脯氨酸降解中的关键酶基因*ProDH*表达下降。吴伟将*ZmPLC*和*betA*基因聚合在转化株上，使转化棉花的耐盐性进一步提升（吴伟，2012；樊文菊等，2013b）。此外，糖类合成酶基因主要有海藻糖合成酶基因*TPS*、蔗糖合成酶基因*sus*和蔗糖磷酸合成酶基因*sps*等。从大肠杆菌中克隆出的1-磷酸甘露醇脱氢酶基因*mtlD*和6-磷酸山梨醇脱氢酶基因*gutD*分别编码甘露醇和山梨醇合成关键酶，在马铃薯、高粱和花生等转基因研究中多见，在棉花的抗逆研究中相对较少。此外，从大肠杆菌中分离的*betA*基因、拟南芥的*AtLOS5*基因等也参与植物渗透调节，在棉花遗传转化中也有应用。Lv等（2007）用*betA*基因转化陆地棉，得到的转基因植株的渗透调节能力进一步提高，其光合作用能力有所增强。

目前植物基因工程应用的植物抗逆相关的功能蛋白主要有LEA蛋白、抗冻蛋白、抗氧化酶活蛋白等。LEA蛋白又称晚期胚胎发生丰富蛋白，是在种子成熟和发育阶段大量合成的一系列蛋白质，在植物受干旱、低温和盐胁迫下也会表达。目前已经发现了*D19*、*B191*、*16A-D*等多个LEA蛋白基因，可用于棉花的抗旱相关研究。裴金玲等（2012）将紫杆柽柳LEA蛋白基因导入新疆早熟棉'新陆早18号'，得到的转化株在干旱胁迫之后，*LEA*基因表达量显著增加并表现出生长优势。另外，水通道蛋白（aquqporins，AQPs）是一类与植物抗旱紧密相关的特异高效转运水分子的膜蛋白，在棉花中的*AQP*基因种类明显高于其他植物，表明*AQP*基因可能在棉花生长发育中起重要作用。抗冻蛋白（antifreeze protein，AFP）是一种对细胞中冰晶生长起抑制作用，维持细胞液和细胞外液液体状态及生理代谢的一类具抗冻活性的蛋白质，在鱼类、昆虫、植物、真菌等生物中广泛存在。20世纪80年代以来，人们先后将鱼类、昆虫、植物等的抗冻蛋白基因*AFP*转入烟草、油菜、玉米和番茄等作物，以改善植物的抗寒能力。例如，2006年Khanna等将鱼类抗冻蛋白基因转入冬小麦，显著提高了冬小麦耐寒性；Wang等于2008年利用农杆菌介导法将准噶尔小胸鳖甲抗冻蛋白基因*MpAFP149*转入烟草，烟草转化株与野生型相比具有明显的抗寒能力。抗冻蛋白基因的棉花遗传转化研究也相应开展，2008年，马纪等尝试通过花粉管通道将准噶尔小胸鳖甲抗冻蛋白基因*MpAFP*转入新疆栽培棉花品种，获得了2个PCR检测阳性株。此后，梁娜等（2011）将转化了*MpAFP*基因的棉花内生菌回接棉花，使棉花获得了一定的抗寒性。当植物在低温诱导和胁迫的过程中，植物体对氧分子的利用能力大大降低，会产生大量对植物有毒害作用的活性氧物质。抗氧化酶如超氧化物歧化酶、过氧化氢酶、过氧化物酶、抗坏血酸过氧化物酶及谷胱甘肽还原酶等，可以去除这些活性氧，维持正常的活性氧代谢。目前在棉花中已报道了多个编码过氧化物酶的基因和谷胱甘肽还原酶基因（雷志，2014）。此外，植物抗衰基因*ipt*通过调控细胞分裂素合成，在提高棉花抗衰老能力的同时也能提高棉花的抗逆能力（谢得意等，2007），已有较多研究。

近年来，随着人们对植物胁迫响应机制和功能基因表达调控的研究深入，通过增强或减弱转录调节因子同时引发系列基因发挥作用，来增强植物的抗逆能力已成为植物抗逆研究的热点。目前，从陆地棉（*Gossypium hirsutum* L.）中已分离出的功能特征初步明确的棉花抗逆性转录因子基因大约有30个。DREB1/CBF转录因子可与植物中干旱、高盐、低温胁迫应答基因启动子中的DRE/CRT顺式作用元件特异结合乙烯应答因子ERF可以识别并结合GCC-box原件，激活一系列抗逆响应功能基因，它们在植物抗逆胁迫中有非常重要的作用，是目前植物中研究较多的抗逆调节因子。Qiao等（2008）从棉花中分离出 *GhERF1* 基因，在乙烯、ABA、高盐、冻害和干旱胁迫下，其转录产物迅速积累，说明该基因在棉花逆境胁迫中发挥重要作用。Gao等（2009）将棉花 *GhDREB* 基因导入小麦中，转化小麦株在干旱、高盐和冻害胁迫下大量积累可溶性糖类。李永亮等（2015）将抗逆植物铃铛刺转录因子基因 *HhERF2* 和胡杨 *PeDREB2a* 通过花粉管通道法转化棉花，获得的转基因棉花表现了对大丽轮枝菌及干旱和高盐胁迫的较强的耐受能力。

（四）抗除草剂基因及其研发状况

现代农业生产中，除草剂的使用越来越普遍，为了使使用除草剂的过程中不对作物产生伤害，需培育抗除草剂品种，转基因手段可以有效快速地培育出抗除草剂品种。目前在棉花上已成功开发出了一大批抗除草剂相关基因，也获得了一批抗除草剂或同时抗除草剂和抗虫或抗病的双抗甚至多抗转基因棉花品种并商业化生产。目前生产上使用的除草剂根据其作用机制主要分为3类：①氨基酸或蛋白合成抑制型除草剂，如草甘膦；②光合作用抑制型除草剂，如百草枯、溴苯腈等；③激素类除草剂，如2，4-D（郭书巧等，2012）。了解了这些除草剂的作用机制后，转基因抗除草剂育种可以从转化表达可降解除草剂的酶系，或者是突变除草剂作用的靶位点或结构，使除草剂不能发挥作用，或超表达除草剂受体，中和过多的除草剂等方面开展（郭三堆等，2015）。因此，抗除草剂棉花基因工程中用到的目的基因主要有：①降解除草剂基因，如1987年Stalker等从臭鼻杆菌中克隆了腈水解酶基因 *Bxn* 并将该基因导入棉花，获得抗溴苯腈的转基因棉花；Castle等（2004）从地衣芽孢杆菌中克隆得到草甘膦 *N*-乙酰转移酶基因 *gat*，能将草甘膦转化为无毒的 *N*-乙酰草甘膦；又如降解2，4-D的 *tfdA* 基因，解毒草铵膦的 *bar* 基因。②改造的除草剂作用受体基因，如中国农业科学院生物技术研究所从草甘膦污染的土壤中分离克隆得到的新型EPSPS合成酶基因 *GR79*，表达产生的EPSPS合成酶不受草甘膦的抑制，将其与 *N*-乙酰转移酶GAT改造后转入棉花和烟草，获得了对草甘膦抗性较强的双价转基因抗除草剂棉花。类似的还有 *cp4-epsps*、*aroA* 等基因。③过量表达的除草剂受体基因，如乙酰乳酸合成酶基因 *ALS*，其编码的乙酰乳酸合成酶催化支链氨基酸的生物合成，是磺酰脲类除草剂的受体。Sulian等（2007）将 *betA/ALS* 基因转入'鲁棉研19号'，获得了抗除草剂和耐盐转化株。目前国内外在抗除草剂棉花培育方面已经取得丰硕成果，成功培育了抗2，4-D、溴苯腈、草胺膦、草丁膦、草甘膦等除草剂的棉花品种。

（五）纤维品质基因及其研发状况

棉纤维是棉花种子的表皮毛，由单细胞生长分化发育而成，其品质指标主要由纤维长度、细度、强度、絮度等。棉纤维在发育过程中主要经历纤维原始细胞分化和突起、纤维细胞的伸长、纤维次生壁形成与增厚和纤维脱水成熟4个阶段。目前已发现多个与棉花纤维发育相关的基因，这些具有不同功能，可以调控棉纤维的不同特性/参数。例如，*GhEX1* 基因可能控制纤维细胞伸长，*H6* 基因可能参与了次生壁物质的组装，*GhACP* 基因可能与纤维细胞膜油脂蛋白含量相关。同时棉纤维发育相关基因中很多基因的表达在棉纤维发育过程中有不同组织和阶段特异性。*E6*、*FS*、*GhEX1*、*GH3*、*GhCAP* 等基因都在纤维伸长期出现表达峰；*H6*、

*FbL2A*等在纤维次生壁增厚期活跃表达，其他时期只有少量表达；而肌动蛋白基因等在整个棉纤维发育过程中都维持相对恒定的表达水平（李付广，2013）。基于此，可以利用棉纤维发育不同阶段特异启动子，在纤维发育特定时期启动超表达特定棉纤维发育相关基因或表达特定的外源功能基因，从而有针对性改变棉纤维特性或品质，还可以赋予棉纤维新的特性。Lee等（2010）将参与棉纤维细胞壁构建的*GhXTH1*基因转入'Coker312'中过表达，使转基因株系的纤维长度比未转化株系高16%左右。John等（1996）将细菌的*phaB*和*phbC*基因连接到E6和FbL2A启动子后转入棉花，使棉花纤维中合成聚β-羟丁酸（PHB），纤维保暖性提高。又如，将黑色素基因连接棉纤维特异启动子后导入棉花，可生产褐色或褐色棉纤维。张震林等（2004）将E6启动子驱动的兔角蛋白基因导入'苏棉16号'；李菲菲等（2009）将蚕丝心蛋白基因导入陆地棉品系'WC'，均使转基因株的纤维品质有所提高。

（六）产量及育性相关基因

棉花早衰可导致棉花吐絮异常，影响棉花产量和质量。提升棉花的抗衰老能力对提高棉花产量有重要意义。施用外源细胞分裂素可以提高植物抗衰老能力，因此通过转基因提高植物内源细胞分裂素含量，就可以提升植物抗衰能力进而提高棉花产量。烯基转移酶基因*ipt*编码细胞分裂素生物合成限速步骤的关键酶，在植物转基因中多有研究。目前*ipt*基因已被导入水稻、小麦、玉米等多种植物中，成功使受体植物的抗衰能力得到增强（林拥军等，2002）。于晓红等（2000）将菜豆蛋白启动子Ph/P驱动的*ipt*基因导入棉花，获得的转化株内源细胞分裂素含量显著增加，根系更发达，次生根增多，棉纤维缩短。刘钊等（2012）将嵌合基因*Psag12-ipt*导入棉花'冀合321'中，成功获得转基因株系，且成铃数和单株子棉产量得到提高。

生产上通过三系或二系配套进行杂交育种已成为作物制种的高效手段，棉花的杂种优势明显，尽管已实现"三系"配套制种，但由于用于棉花制种的恢复系材料少、恢复力不强等使棉花三系法制种系统的大规模应用受到限制。王学德等（2002）将谷胱甘肽S-转移酶基因*gst*导入待改良的棉花恢复系'DES-HAF277'中，从转化株自交后代中育成一个对雄性不育系具有强恢复力的恢复系'浙大强恢'。其育性恢复明确机制尚需进一步研究。目前，棉花雄性不育的分子机制研究仍较匮乏，相关研究主要集中在不育系和保持系在叶绿体和线粒体基因组结构、转录和翻译产物方面的差异研究上。王学德（2000）对哈克尼西棉的研究表明不育系与保持系相比，线粒体基因组缺少一个1.9kb的与*cox*Ⅱ基因（线粒体细胞色素氧化酶基因）部分同源的片段，表明*cox*Ⅱ基因可能与棉花细胞质雄性不育相关。黄晋玲（2003）对'晋A'不育系及其保持系的研究同样发现不育系线粒体DNA中缺少*cox*Ⅱ基因探针的强杂交带，同时表现出*apt6*基因的差异。因此在棉花雄性不育分子机制研究方面，在继续寻找差异基因并进行验证的同时，可运用转基因工程技术，将花粉或花药特异启动子驱动的育性不利基因导入棉或通过RNAi等技术阻断花粉发育相关基因的表达以获得不育材料（马小定等，2006）。

三、棉花遗传转化的载体系统及其适应性

虽然在植物基因转化研究中已经建立了多种转化系统，而Ti质粒载体则是最常用的。随着植物基因工程技术的发展，适合于不同研究目的的各种载体系统应运而生，在为某种特定

的植物构建表达载体时，为了使外源基因高效、稳定、安全表达，或由于特定的要求，需要构建新载体或改造已有载体，而选择一种合适的载体构建方法，从而达到方便、快捷的目的就显得十分重要。

（一）细胞核转化载体系统

植物转基因载体主要是指质粒转化载体，具体包括Ti质粒转化载体、Ri质粒转化载体及病毒转化载体等。其中Ti质粒转化载体应用最为广泛，此处主要对植物转基因工程中载体构建所涉及的概念、共性及相关理论做概括性的介绍。

植物基因工程载体的种类和概念：根据植物基因工程载体的功能及构建原理，将有关载体分为目的基因克隆载体、中间载体、卸甲载体及植物基因转化载体四大类，其中中间载体又分为中间克隆载体和中间表达载体。①目的基因克隆载体：通常是由多拷贝的*E.coli*质粒为载体，其功能是保存和克隆目的基因。②中间克隆载体：是由大肠杆菌质粒插入T-DNA片段及目的基因、标记基因等构建而成。中间克隆载体是中间表达载体的基础质粒。③卸甲载体：是解除武装（切除了T-DNA上的*onc*毒基因）的Ti质粒，其功能是作为构建植物基因转化载体的受体质粒。由于利用野生型的Ti质粒作载体时，*onc*基因的致瘤作用影响植株的再生。因此，为了使野生型的Ti质粒成为基因转化载体，必须切除毒基因。在onc-Ti质粒载体中，T-DNA中缺失部分被大肠杆菌的pBR322取代。④植物基因转化载体：是最后直接用于目的基因导入植物细胞的载体。该载体是由中间表达载体和卸甲载体构建而成。根据其结构特点，该载体又可分为一元载体系统和双元载体系统。

构建好的中间表达载体是大肠杆菌质粒，故而仍然不能直接将外源基因转化到受体植物细胞。因而，需要把中间表达载体和Ti质粒构建成能侵染植物细胞的转化载体。由于转化载体由上述两种质粒构成，通常称之为植物转化载体系统，根据其构建原理，又可将转化载体系统分为一元载体系统和双元载体系统。目前，双元载体系统是棉花遗传转化中应用最广泛的载体系统。

双元载体由分别含有T-DNA和Vir毒性区的相容突变Ti质粒构成的载体转化系统。双元载体的构建原理可以归纳为以下几点。①微型Ti质粒的作用。除了缺失*Vir*基因外，微型Ti质粒含有T-DNA的左右方向重复边界、广谱质粒复制位点及选择标记基因。目前植物转基因工程中最常用的微型Ti质粒是pBin19。该微型质粒的左右边界之间的T-DNA区含有植物选择标记*Npt*Ⅱ基因及*lac*基因。在*lac*基因内部含有多克隆位点，这样，方便外源基因插入的同时，自然造成*lac*基因自身的失活，从而方便了在平板培养基上直接筛选含有重组质粒的阳性转化子。②辅助Ti质粒的作用。辅助Ti质粒是T-DNA缺失型的Ti质粒，完全丧失了致瘤功能。其在双元载体系统中的功能是利用自身的*Vir*基因功能，激活处于微型Ti质粒上T-DNA的转移。在棉花转基因工程中，目前最常用的辅助Ti质粒是根癌农杆菌LBA4404中的pAL4404。

双元载体的构建主要是通过将微型Ti质粒转化速冻的根癌农杆菌感受态细胞。同样，含有微型Ti质粒和辅助质粒的根癌农杆菌可以直接用于植物细胞的转化。与一元载体相比，双元载体具有以下特点和优势。①双元载体不需要共整合过程。因而，此系统中的微型质粒和辅助质粒之间无需同源序列；同时，由于两个载体之间无需共整合过程，使得其构建的过程相对简单，便于操作。②微型质粒不仅具有大肠杆菌*E.coli*质粒复制位点，而且分子质量仅仅10kb左右。这些特点使得其在大肠杆菌的拷贝数增加到原来的10~100倍，同时由于分子质量小而便于体外遗传操作，构建频率相对较高，也容易转化根癌农杆菌菌株。

1. 载体构建中启动子的选择　　启动子是RNA聚合酶能够识别并与之结合，从而起始基因转录的一段DNA序列，是植物基因转录调控的中心。在植物转基因工程载体构建中，选择合适的启动子对增强外源基因在受体植物体内的高效表达具有重要的意义。按作用特征，可将启动子分为组成型启动子、组织特异型启动子和诱导型启动子及复合型启动子4类。①组成型启动子。组成型启动子在所有组织中都能持续性启动基因的表达。目前使用最广泛的组成型启动子是花椰菜花叶病毒的CaMV 35S启动子，在棉花纤维发育研究中，主要是E6启动子。②组织特异型启动子。组织特异型启动子往往调控外源基因在特定器官或组织中的表达，表现出时空调节的特性。目前，在棉花转基因工程中，可供选择的器官特异表达启动子还比较有限。③诱导型启动子。诱导型启动子是植物在特定的发育阶段、组织器官或生长环境下，接受诱导信号后，启动某些基因表达或者大幅度提高或降低基因的转录水平。这种特定因素诱导激活的表达模式，在一定程度上避免了植物体内资源的浪费。目前已克隆的有光诱导表达启动子、热诱导表达启动子、化学诱导表达启动子及创伤诱导表达启动等多种。④复合型启动子。在植物转基因研究中，通过基因工程手段对现有启动子进行改造和修饰，并通过选择不同类型的启动子串联组合成复合型启动子，借以提高外源基因的表达效率。这种经修饰的复合型启动子表达效率高，可以通过多种因素激活，并根据不同转化目的和表达目标进行选择和优化组合，从而更高效地调控外源基因的表达效率和表达稳定性。复合型启动子已逐渐受到重视并得到广泛的研究和应用。

2. 载体构建中常用的选择标记基因与报道基因　　棉花基因工程中，载体上的选择标记基因和筛选标记基因（报道基因）是为了方便对阳性转化体（或转化子）进行选择和筛选。目前，已经有许多标记基因可供载体构建用。作为标记基因，需具备一些条件：①编码的产物在正常的植物受体中不存在；②基因小，便于构成嵌合基因和后期的遗传转化；③在转化体中能够充分表达，并且便于检测或者定量分析。

选择标记的功能是在各种选择压力下将转化体分离出来。其原理是在选择培养基中加入选择剂，其产生的选择压力使未转化的细胞不能生长而最终趋于消失。而转化的细胞由于选择标记基因的表达产物对选择压力产生抗性而能够正常生长、发育，从而使其得以选择出来。作为培养基中的选择剂及选择标记的基因需要具备以下特征：①能够抑制生长，但不立即致死植物细胞的化合物优先被用来做转化系统的选择剂；②选择剂和选择标记基因产物不能对转化细胞的生长、发育及分化产生不利的影响；③选择标记基因产物要便于分析。目前，新霉素磷酸转移酶基因（*Npt*Ⅱ）、潮霉素磷酸转移酶基因（*HPT*）、庆大霉素抗性基因（*gent*）、草丁膦抗性基因（*bar*）等在棉花转基因工程中广泛应用。

报道基因是一种编码可被检测的蛋白质或酶的基因，亦即一个其表达产物非常容易被鉴定的基因。把它的编码序列和基因表达调节序列相融合形成嵌合基因，或与其他目的基因相融合，在调控序列控制下进行表达，从而利用它的表达产物来标定目的基因的表达调控，筛选得到转化体。作为报道基因，在遗传选择和筛选检测方面必须具有以下几个条件：①已被克隆且全序列已测定；②表达产物在受体细胞中本不存在，即无背景，在被转染的细胞中无相似的内源性表达产物；③其表达产物能进行定量测定。由于一些选择标记基因同样能起到报道基因的功能，所以，*Npt*Ⅱ基因、*HPT*基因及*bar*基因等也常作为报道基因使用。另外，β-葡萄糖酸苷酶（Gus）、绿色荧光蛋白（GFP）还具有可直接观察的优点。

（二）新型载体及转基因新技术

转基因技术经过数十年的发展日渐成熟，并推动转基因技术研究进入一个新的发展阶段。一些新的转基因技术逐渐被开发出来，如转座子介导的转基因、RNAi干扰转基因，以及近几年出现的基因打靶技术。

1. 基因打靶　　基因打靶是指通过DNA定点同源重组，改变基因组中的某一特定基因，从而在生物活体内研究此基因的功能。基因打靶技术是一种定向改变生物活体遗传信息的实验手段。基因组编辑是建立在基因靶向修饰的基础上，对生物基因组进行改造的一项新技术。通过利用人工核酸酶ZFN和TALEN及细菌获得性免疫系统CRISPR，可在靶位点制造DNA双链切口进而诱导细胞内源性修复机制，通过同源重组修复或非同源末端连接途径实现基因敲除、替换和纠正。

锌指（zinc finger，ZF）是一种常见的DNA结合蛋白结构基元，每个锌指可直接特异识别DNA双螺旋中3个连续的核苷酸。人工串联3~6个识别不同靶位点序列的重组锌指结构，能够与靶序列特异性结合（Klug，2010）。将多个锌指串联形成的ZFP结构域与IIs型限制性核酸内切酶*Fok*I（Bitinaite et al.，1998）的切割结构域相连接，就可构建成锌指核酸酶（ZFN），实现对靶序列的切割。增加串联锌指的数目可识别更长的靶序列，同时也就增加了DNA靶向修饰的特异性（Wolfe et al.，2000）。

TALE核酸酶（TALEN）是由TALE代替了ZF作为DNA结合域与*Fok*I切割结构域连接成核酸酶。通过TALE识别特异的DNA序列，*Fok*I二聚化产生核酸内切酶活性，与ZFN一样在特异的靶DNA序列上产生双链断裂以实现精确的基因编辑（Miller et al.，2011）。通过对目前发现的所有TALE蛋白分析发现，TALE蛋白中DNA结合域有1个共同的特点，不同的TALE蛋白的DNA结合域是由数目不同的、高度保守的重复单元组成，每个重复单元含有33~35个氨基酸残基。这些重复单元的氨基酸组成相当保守，除了第12位和第13位氨基酸可变外，其他氨基酸都是相同的，这两个可变氨基酸被称为重复序列可变的双氨基酸残基（repeat variable diresidues，RVD）。TALE特异识别DNA的机制在于每个重复序列的RVD可以特异识别DNA的4种碱基中的1种，目前发现的5种RVD中，组氨酸-天冬氨酸特异识别碱基C；天冬酰胺-异亮氨酸识别碱基A；天冬酰胺-天冬酰胺识别碱基G 或A；天冬酰胺-甘氨酸识别碱基T；天冬酰胺-丝氨酸可以识别A、T、G、C中的任一种。而通过对天然TALE的研究发现，TALE蛋白框架固定识别碱基T，所以靶序列总是以碱基T开始（Moscou and Bogdanove，2009）。

规律性重复短回文序列簇（clustered regularly interspaced short palindromic repeats，CRISPRs）是一类独特的DNA直接重复序列，广泛存在于原核生物基因（大多数的细菌和几乎所有的古细菌）中（Lillestøl et al.，2006）。自2002年首次被人们定义以来（Ruud et al.，2002），CRISPR一直以其奇特的结构与特殊的功能吸引着各国科学家们的共同关注。它的结构非常稳定，长度为25~50bp的重复序列（repeats）被间区序列（spacers）间隔（Lander，et al.，2007）。2005年，Cas 系统（CRISPR-associated sequences system，CASs） 被发现在原核生物中表现出某种获得性免疫功能，能使宿主获得抵抗噬菌体、质粒等外来DNA入侵的免疫能力（Rodolphe et al.，2007）

2. 转座子介导转基因　　转座子又称跳跃因子，是存在于基因组上可自主复制和移位的DNA片段，可直接从基因组内的一个位点移到另一个位点，从而改变原有基因组的结构和排序。自1951年美国McClintock在玉米中首次发现DNA转座子以来，转座子已成为基因工程和基因功能分析等的有效工具之一（唐丽莉等，2010），作为基因操作工具，转座子在植物、细菌、真菌、昆虫中的应用较多。

按照转座机制及序列特征，转座子可分为反转录转座子和DNA转座子两大类，前者编码反转录酶，以RNA为中介，通过"拷贝和粘贴"机制（copy and paste）进行转座，引起稳定突变；后者编码转座酶，一般直接通过"剪切和粘贴"（cut and paste）机制发生转座，引起不稳定突变（王建军等，2009）。

DNA转座子是以DNA-DNA方式转座的转座子，可通过DNA复制或直接切出两种方式获得可移动片段，重新插入基因组DNA中导致基因的突变或重排，但一般不改变基因组的大小。根据转座的自主性，DNA转座子又分为自主转座子和非自主转座子，前者本身能够编码转座酶而进行转座，后者则要在自主转座子存在时才能实现转座（刘冬，2008）。玉米的Ac/Ds体系就是典型的例子。活化子Ac属于自主转座子，解离子Ds属于非自主转座子，只有在Ac存在时，Ds才能转座。

反转录转座子不同于转座子，是以DNA-RNA-DNA的途径来实现转座，在整合酶的作用下，将新生成的以DNA状态存在的反转录转座子整合到宿主基因组中。这样，反转录转座子在宿主基因组中的拷贝数得到不断积累，从而使基因组增大。由于反转录转座子带有增强子、启动子等调控元件，所以会影响宿主基因的表达。在生物进化过程中，反转录转座子起着不可忽视的作用。根据是否具有编码反转录酶的能力，反转录转座子可分为：自主性反转录转座子和非自主性反转录转座子；按照序列结构中有无长末端重复序列（LTR）又可分为有LTR反转录转座子和无LTR反转录转座子。自主性反转录转座子包括内源性反转录病毒（ERV）、LTR反转录转座子及长散在元件（LINEs）；非自主性反转录转座子包括短散在元件（SINEs）及修饰性反转录假基因（刘冬，2008）。

转座子都具有编码与转座作用有关的酶——转座酶的基因，而末端大多数都是反向重复序列。转座酶既识别转座子的两末端，也能与靶位点序列结合。转座作用的机制是转座子插到新的位点上产生交错切口，所形成的突出单链末端与转座子两端的反向重复序列相连，然后由DNA聚合酶填补缺口，DNA连接酶封闭切口，交错末端的产生与填补说明了靶DNA在插入位点存在正向重复，两条链上切口之间的交错取决于正向重复的长度。因此，每个转座子所特有的靶重复序列反映了切割靶DNA的酶的几何形状（刘冬，2008）。

在动物上，最常用的转座子有piggy Bac转座子及Tol2转座子，piggy Bac转座子能在生物体染色体中准确地切出和转座，适用范围较广，可在鳞翅目等多种昆虫中作为基因转移载体发挥作用（王建军等，2009）。Tol2转座子是hAT转座子家族中的一员，是目前发现的唯一一个可以编码具有完整转座酶功能的自主性转座子。已证实Tol2转座子在斑马鱼、鼠、人等多种动物细胞中都具有转座活性，有可能作为脊椎动物特有的转座子系统，在转基因方面具有重要的应用前景（孟立等，2009）。

在植物上关于Ac/Ds转座子与植物基因工程育种方面的研究发展起步较早。王新其等（2001）以水稻Ds转基因后代的种子为抗性筛选材料，建立了种子浸润发芽的抗性检测方法。朱正歌等（2001，2003）利用其构建的转Ac及Ds的水稻（*Oryza sativa* L.）转化群体，探讨了构建转座子水稻突变体库进行水稻功能基因组学研究的策略。金维正等（2003）采用了Ac/Ds转座子系统在水稻中进行无*hpt*选择标记的转基因，证实利用Ac/Ds转座子系统在水稻中获得无选择标记的转基因植株是可行的。

3. RNA干扰介导转基因　　　　RNA干扰（RNA interference，RNAi）是指在进化过程中高度保守的、由双链RNA（double-stranded RNA，dsRNA）诱发的、同源mRNA高效特异性降解的现象。RNAi是在研究秀丽新小杆线虫（*C. elegans*）反义RNA（antisense RNA）的过程中发现的，是由dsRNA介导的同源RNA降解过程。1995年，Guo等发现注射正义RNA（sense RNA）和反义RNA均能有效并特异性地抑制秀丽新小杆线虫*par-1*基因的表达，并将这一现象命名为RNAi。

RNAi的作用机制可由图7-1来描述。病毒基因、人工转入基因、转座子等外源性基因随机整合到宿主细胞基因组内，并利用宿主细胞进行转录时，常产生一些dsRNA。宿主细胞对这些dsRNA迅即产生反应，其胞质中的核酸内切酶Dicer将dsRNA切割成多个具有特定长度和结构的小片段RNA（21~23bp），即siRNA。siRNA在细胞内RNA解旋酶的作用下解链成正义链和反义链，继之由反义siRNA再与体内一些酶（包括核酸内切酶、核酸外切酶、解旋酶等）结合形成RNA诱导的沉默复合物（RNA-induced silencing complex，RISC）。RISC与外源性基因表达的mRNA的同源区进行特异性结合，RISC具有核酸酶的功能，在结合部位切割mRNA，切割位点是与siRNA中反义链互补结合的两端。被切割后的断裂mRNA随即降解，从而诱发宿主细胞针对这些mRNA的降解反应。siRNA不仅能引导RISC切割同源单链mRNA，而且可作为引物与靶RNA结合并在RNA聚合酶（RNA-dependent RNA polymerase，RdRP）作用下合成更多新的dsRNA，新合成的dsRNA再由Dicer切割产生大量的次级siRNA，从而使RNAi的作用进一步放大，最终将靶mRNA完全降解。

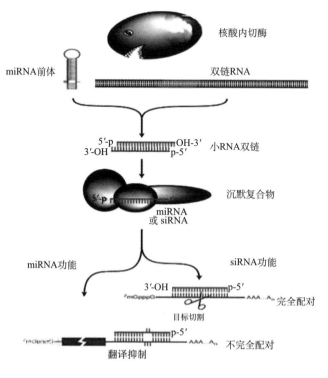

图 7-1　RNAi 机制示意图

RNAi具有以下特点。①高效性：Elbashir等在研究中发现分别为25nmol/L与100nmol/L的起始双链RNA产生的结果是一样的，只是高浓度起始的更为有效。将双链RNA浓度降低到1.5nmol/L时产生的基因沉默效果变化不大，只有当浓度降低到0.05nmol/L时，沉默的效果才消失。②特异性：Elbashir等（2001）发现在21~23个碱基对中有1~2个碱基错配会大大降低对靶mRNA的降解效果。③位置效应：Holen等（2003）根据人TF不同的位置各合成了4组双链RNA来检测不同位置的双链RNA对基因沉默效率的影响。在不同浓度和不同类型的细胞中，hTF167i和hTF372i能够抑制85%~90%的基因活性，hTF562i只能抑制部分基因活性，而hTF478i则几乎没有抑制基因的活性。④竞争效应：Hoten等（2005）将10nmol/L和30nmol/L的hTF167i相比，两者的沉默基因效果无差异，但将20nmol/L基因抑制效果很差的PSK314i和10nmol/L的hTF167i相混合后，hTF167i产生的抑制效果明显降低。⑤可传播性：在线虫中，双链RNA可以从起始位置传播到远的地方，甚至于全身。Feinberg和Hunter（2006）在线虫细胞膜上发现一种跨膜蛋白SID1，它可以将双链RNA转运出细胞，因此系统性的RNAi包括了SID1介导的双链RNA在细胞间的运输。

第二节 直接利用棉花体细胞再生的遗传转化

一、农杆菌介导转化法

目前，棉花大部分转化都是通过农杆菌介导法实现的。农杆菌介导法有以下几方面的优点：①棉花是双子叶植物，容易受到农杆菌的侵染；②转化效率高，可以得到较多的转基因植株；③设计简便，费用较低；④无特殊外植体要求，对多种细胞及组织都可以进行农杆菌的转化；⑤整合的外源基因大多以多个拷贝存在于植物基因组中，遗传稳定性好，符合孟德尔遗传定律。

（一）农杆菌介导法原理及操作流程

农杆菌是普遍存在于土壤中的一种革兰氏阴性细菌，生活在植物的根的表面，依靠由根组织渗透出来的营养物质生存。它能在自然条件下趋化性地感染大多数双子叶植物或裸子植物的受伤部位，并诱导植物产生冠瘿瘤或发状根。其中，根癌农杆菌是农杆菌的重要组成部分之一。根癌农杆菌的Ti质粒和发根农杆菌的Ri质粒上有一段T-DNA，农杆菌通过侵染植物伤口进入细胞后，可将T-DNA插入植物基因组中。因此，农杆菌是一种天然的植物遗传转化体系，被誉为"自然界最小的遗传工程师"。

根癌农杆菌侵染植物细胞会引起一系列复杂反应。当植物细胞发生损伤，受伤位置的植物细胞会释放一些糖类、酚类等信号分子。在信号分子的诱导下，农杆菌会向受伤位置靠拢，并在细胞表面富集。随后，农杆菌中T-DNA上的毒粒基因会被激活表达，形成T-DNA的中间体，然后T-DNA中间体进入植物细胞，整合到植物基因组中并稳定表达。

以棉花下胚轴为例，根癌农杆菌转化操作程序如下：无菌苗的获得—外植体的采集—外植体侵染—外植体与农杆菌共培养—愈伤组织诱导—胚性愈伤组织诱导—胚状体发生—再生苗诱导—成苗—嫁接—嫁接苗成活—移栽。

（1）无菌苗的获得。将脱绒过的棉花种子放入三角瓶中，在三角瓶中加入适量配制好的3%H_2O_2溶液，28℃150r摇床培养，培养约两天后，棉花种子开始露白，此时，将露白的种子播种于种子培养基上，培养基的配方如下：大量元素母液37.5ml/L；蔗糖15g/L；琼脂粉6g/L；调节pH至7.0左右。培养种子约一周，当棉花幼苗长至10cm左右时，即可进行下胚轴剪切工作。

（2）外植体采集。收集长势良好的棉花幼苗，在超净台中将棉花的下胚轴剪成0.5cm长度的小段，放入诱导愈伤组织培养基中，每瓶培养基中放置7~8段，注意不要剪取靠近子叶及根部位置的下胚轴。

（3）外植体的农杆菌侵染。将切割成小块的下胚轴浸泡在制备好的工程菌液中，浸泡一段时间后，尚需用无激素植物培养基或无菌水漂洗，再用无菌吸水纸吸干。但目前外植体用菌液浸泡后常不经漂洗直接放在无菌吸水纸上吸干下胚轴非伤口面的菌液，即可进行共培养。

（4）外植体与农杆菌共培养。农杆菌和外植体共培养是决定转化能否成功的一个重要环节，在这一环节中农杆菌附着在植物创伤位置，将农杆菌中的T-DNA转移至植物细胞并整合至植物基因组中。因此掌握共培养技术条件是转化的关键。有研究表明，在固体培养基表面加上1~2层滤纸，有利于控制外植体上的农杆菌过度繁殖，但是目前大多数研究者并没有在培养基上添加滤纸，农杆菌也没有繁殖过剩。共培养也可在液体培养基中进行，目前采用较少。共培养的时间对转化率有着很大影响，而且不同物种、外植体种类、农杆菌菌株的最佳共培养时间不同，同一植物的不同外植体所需的共培养时间也不同，棉花切段用农杆菌浸泡5min，沥干菌液平放于培养基上共培养48h。

（5）愈伤组织诱导。当外植体与农杆菌培养两天后，取出外植体将其放入愈伤组织诱导培养基，每瓶培养基放入7~8个小切段，注意每瓶中不能放入太多，要留有足够的空间使其诱导愈伤组织。愈伤组织诱导培养基主要采用改良后的MSB培养基（pH5.8~6.5），在愈伤组织诱导的不同时期，通过调节IAA、2，4-D、KT等激素的含量及配比，确定最佳培养基组成。

（6）胚性愈伤组织诱导。当下胚轴小切段转移至适宜的愈伤组织诱导培养基上，培养一段时间后，大量愈伤组织形成，这时需要对这些诱导出的愈伤组织进行严格筛选，去除一些假阳性愈伤组织块，将阳性愈伤组织块转入胚性愈伤组织培养基上诱导。现在大部分科研人员使用的胚状体诱导培养基的分成为：MS无机盐，无激素或低于0.01mg/L浓度的激素处理，添加谷氨酰胺、天冬氨酸、酪氨酸各0.5g，B5维生素加倍。

（7）胚状体发生。棉花胚状体萌发生长需要适宜的激素种类及配比，目前主要采用的为在MS培养基中添加6-BA与IAA两种激素，并调节合适的配比含量。

（8）再生苗的诱导培养及成苗。棉花胚状体萌发后需要进行再生苗的诱导。目前主要采用的培养基为改良的D29培养基：MS盐类（大量、微量及铁盐）1~5倍B5培养基的有机成分+3%蔗糖+1~2g活性炭+0.1mg/L IAA+0.005~0.2mg/L 6-BA，在再生苗的诱导中6-BA的含量因材料的不同有所差异，其浓度区间为0.005~0.2mg/L，除了一些极个别情况，绝大部分胚性愈伤组织都可以获得再生苗。

（9）嫁接。目前再生苗除生根定植方法外，也可以采用嫁接方式定植，以受体棉花幼苗为砧木，以转化植株为接穗进行嫁接，现在棉花再生苗嫁接技术已经相对成熟，其成活率可高达93%以上。

（二）影响体细胞胚胎再生的因素

体细胞胚胎发生作为棉花遗传转化的基础对棉花转基因有着至关重要的作用。

1. 农杆菌浓度　　农杆菌菌株选用LBA4404，常采用LB或YEB液体培养基培养，振荡培养12~24h后到达农杆菌的对数生长期，即可作为接种外植体的工程菌液。在采用棉花下胚轴作为外植体感染时，合适的农杆菌浓度是必需的，大部分研究结果表明当OD_{600}为0.6~0.8时农杆菌侵染效果最好。但农杆菌处于此浓度范围内的时间很短（0.5h左右），难以适应大量感染的需要。更重要的是，过高浓度的农杆菌会造成外植体的死亡。经过研究发现OD_{600}值在0.3~0.7时，对愈伤组织的诱导率都比较理想，如表7-1所示，当OD_{600}值小于0.3时，切段感染不足，前期切段会呈现绿色，后期因选择抗生素的作用逐渐死亡，愈伤组织基本难以发生；OD_{600}值在0.3~0.7时，会获得30%~40%的愈伤组织诱导率（OD_{600}值在0.5时效果最好），且愈伤组织长势较好，大小适中，松软，接近黄色，对胚性愈伤组织的诱导会比较容易；值大于0.8时，绝大部分切段会发黑萎缩，只产生极少量的愈伤组织，且愈伤组织生长很差，小而发白，不适合下一步的工作。另外在大量侵染时，农杆菌OD_{600}处于0.3~0.7时期时间相对较长，有利于菌体收集和外植体的侵染，大大提高了外植体侵染效率及棉花的遗传转化。

表 7-1　改良 B29 培养基上不同浓度农杆菌对 'CCRI24' 愈伤组织诱导率的作用（刘传亮，2004）

切段培养时间	生长状况	OD_{600}值					
		<0.1	0.2	0.3	0.5	0.7	>0.8
15d	外观	发绿，两端有少量膨胀	发绿，两端有少量膨胀	变黄	深黄色	棕黄色	发黑，无愈伤组织
	愈伤组织诱导率/%	0.0[c]	2.4[b]	6.1[a]	5.8[a]	—	0.0[c]
30d	外观	黄色，萎缩	棕色，萎缩	大量愈伤组织形成（未出愈伤组织切段棕色，萎缩）	大量愈伤组织形成（未出愈伤组织切段棕色，萎缩）	大量愈伤组织形成（未出愈伤组织切段黑色，萎缩）	黑色，干缩、死亡，极少愈伤组织
	愈伤组织诱导率/%	0.0[d]	6.8[b]	25.7[a]	23.8[a]	19.8[a]	0.5[c]
45d	愈伤组织诱导率/%	0.0[c]	—	31.0[a]	41.4[a]	26.7[a]	3.2[b]

注：字母上标为方差分析结果。后同

2. 外植体选择　　外植体类型对棉花胚性愈伤组织诱导和胚状体分化有着重要影响，选择合适的外植体对棉花的遗传转化、体细胞再生非常重要。尽管目前认为植物体的任何组织和器官都可以作为建立再生系统的外植体，甚至作为植物基因转化的外植体，但是这些外植体的脱分化和再分化能力、细胞的全能性潜在趋势及感受态程度等都有很大差别，即使是同一组织器官的不同部位也有明显的差异，因此不同种类的外植体对离体培养的反应不同，培养效果也不同。

通常情况下，选择幼年型、增殖能力强、萌动期、具有强再生能力基因型、遗传稳定性好的外植体有利于提高愈伤组织形成率和减少胚状体形成时间。有实验表明植物各个组织如叶片、叶柄、子叶、子叶柄、下胚轴、茎、葡匐茎、块茎、茎尖分生组织、芽、根、合子胚或体细胞胚，乃至成熟的种子等都可作为外植体转化。但各种外植体材料的转化率有明显差异。贾世荣等（1992）对不同外植体转化成功的事例进行分析统计，结果表明叶片、子叶、胚轴、茎作外植体有很高的转化成功率，分别为35%、9%、10%、17%。但是不同植物的最佳外植体种类不同，需要根据具体植物进行选择。

3. 培养基种类　　使用不同的培养基、不同的激素含量及配比对于体细胞胚胎发生起到了关键作用。目前主要使用的培养基依据不同激素浓度可分为以下3种：改良B29培养基IAA 0.1mg/L、KT 0.1mg/L、2，4-D 0.1mg/L；LX培养基KT 0.1mg/L、2，4-D 0.1mg/L；L4培养基IAA 0.1mg/L、2，4-D 0.1mg/L。如表7-2所示，CCRI对于所有培养基基本都能获得较理想的愈伤组织诱导率，其中，以改良B29培养基最好，虽然LX培养基能够获得更高的愈伤组织诱导率，但是改良B29培养基获得的愈伤组织更有利于分化；'CCRI19'在LX培养基上能够获得理想的愈伤组织诱导率，而在其他3种培养基上的诱导率都很低；'CCRI17'在L4培养基上能够获得较好的愈伤组织诱导率，而在改良B29培养基上则极难获得愈伤组织。通过对不同激素含量的培养基比较，发现不同材料在相同激素含量培养基、同种材料在不同激素含量培养基中生长状况有很大区别，通过调节不同激素的配比适应不同材料的处理对愈伤组织的诱导起着非常关键的作用。

表 7-2　不同受体材料在 3 种主要培养基上的愈伤组织诱导率比较（刘传亮，2004）

材料	改良的B29	LX	L4
'CCRI24'	35.6^A	62.1^A	9.1^B
'CCRI27'	31.5^A	1.0^D	3.3^C
'CCRI34'	6.5^B	19.1^B	—
'CCRI19'	5.8^B	47.0^A	5.8^{BC}
'CCRI17'	0.5^C	11.0^C	26.8^A
'Zhong135'	0.5^C	7.2^C	—

4. 基因型限制　　目前利用农杆菌介导转化棉花已经相对较为成熟，在许多棉花品种中都取得了成功，海岛棉、野生棉（比克氏棉等）也报道建立了其再生体系（表7-3）。现有的再生体系只适用于单个或少数几个品种的胚胎发生和植株再生，大部分品种只在某种再生体系下发生体细胞胚胎，而且胚胎发生效率极低、培养周期长、畸形率高等问题普遍存在。基因型范围较窄，且不同品种间的再生能力差异较大。现在的植株再生体系受到基因型限制依然是棉花转基因的一大问题。

表 7-3　利用我国栽培种建立的转基因体系

材料	年份	作者	再生及转化情况
'Coker315'	1989	Trolinder等	成为棉花转基因模式品种
'海岛棉1198'	1998	Kumar等	F$_1$代不能再生
'中棉所24'等	2003	刘传亮等	'中棉所24'效率高
'新陆早1号'	2004	王芳等	品种已经不是目前主要推广品种
'CCRI521'等	2006	Wang等	植株难以再生

续表

材料	年份	作者	再生及转化情况
'Coker201'	2006	Jin等	成为棉花转基因模式品种
'鄂棉23'	2007	谢德意等	转化效率低，再生能力弱
'新陆早36号'	2007	秦江鸿等	目前尚未见报道
'新陆早33号'	2010	顾冉冉等	分化时间较长，仅限于实验室研究
G. bickii	2010	Yang等	分化能力较低
'Coker 310'	2010	Tanveer等	再生能力较强
'新陆早42号'	2012	焦天奇等	再生能力较强但仅见胚胎发生
'新海16号'	2015	李琼等	转化效率低，畸形率高

　　我们分别对比了多个我国自育的棉花栽培品种的遗传转化及植物组织培养再生的能力。发现有16个棉花栽培品种，如'中棉所24'、'中394'、'中091'、'冀合321'等成功建立了植物组织培养再生体系，极大地拓展了棉花组织培养中品种限制和基因型的范围，但它们之间效率差异很大，'中棉所24'的转化效率可高达15.1%，'中394'、'中091'及'冀合321'品种转化效率也在5%以上，其余品种基本上在0.1%~5%之间波动，有多数品种转化效率不足1%，遗传转化效率特别低。克服基因型限制开展多个品种的遗传转化是棉花转基因技术需要解决的首要问题。

（三）转基因过程中体细胞再生过程与分子生物学研究

　　植物体细胞再生是一个无性繁殖过程，主要包括以下3个阶段：细胞发生脱分化获得器官再生能力、对外源激素响应准备分化特定器官及不依赖植物激素的组织器官再生过程。

　　植物体细胞培养及器官再生是多基因参与的共同结果。例如，在不定芽形成中受到内源激素相关基因的调控，根尖分生组织和离体不定芽的形成也与相关激素的合成、转运和信号转导都有关系（Atta et al.，2009；Duclercq et al.，2011）。

　　蛋白质激酶可以使特定氨基酸加磷酸，使蛋白质磷酸化，对某些蛋白质功能及生理信号过程起到调控作用。主要体现在两个方面：①通过蛋白质磷酸化或去磷酸化调控蛋白质的活性从而调节信号通路，有些经磷酸化后可以激活蛋白质活性，有些则会抑制蛋白质活性。②通过磷酸化放大信号反应，使得一点点的信号分子就可以使细胞产生强烈的应激反应。有人对蛋白质激酶做过表达，发现蛋白质激酶表达量升高可以促进细胞分裂，加快愈伤组织的形成，同时也决定了细胞进一步发育的方向。

　　DNA甲基化是植物表观遗传学中重要的修饰途径，在基因表达、细胞分化及生长发育过程都发挥着重要的调控作用。DNA甲基化主要通过DNA水平上的甲基化及去甲基化调控DNA转录活性，调节基因表达，从而影响基因的功能。有人对拟南芥DNA甲基化转移酶*MET*基因研究发现，*MET*基因表达下调使拟南芥DNA甲基化程度降低，导致拟南芥生长发育畸形，胚后期植株发育不正常。

　　另一种起表观遗传调控作用的对植物的生长发育也起着至关重要。miRNA是真核细胞中长度为18~25nt的小分子非编码RNA，通常与mRNA结合使mRNA降解，从而导致靶mRNA的沉默。在拟南芥研究中，miRNA调控许多重要的转录因子，与体细胞胚胎和分生组织的形成都有至关重要的作用。例如，调控胚胎发生的*LEC2*和*FUSCA3*基因，作用于器官原基启动生长素信号网络的*CUC1*和*CUC2*基因。

在体细胞胚胎发生过程中还涉及一些其他相关基因的调控，如调控体细胞向胚性细胞转变的关键基因*SERK*基因等，它们都对植物组织培养、器官的再生及转基因植株的获得有着重要的调控作用，目前在一些其他植物中克隆到一些再生候选基因，如*OsSERK1*（Hu et al.，2005）、*Os22A*（Asuka et al.，2005）、*AtLEC1*（Lotan et al.，1998）等，但由于不同植物中基因功能可能有差别，在棉花中相关基因需要进一步的研究。

（四）目前及再生基因型限制问题

我国开展棉花转基因遗传转化研究30多年来，其细胞和组织培养技术已取得了很大的进展（表7-4）。在棉花转基因初期，主要建立了以珂字棉为受体的转基因体系，随着雷蒙德氏棉、亚洲棉、海岛棉、陆地棉等其他棉种组织培养体系的建立，农杆菌介导法、基因枪轰击法、花粉管通道法及其他转基因方法的应用，使得棉花转基因技术研究取得了长足的进步。目前农杆菌介导转化应用最为广泛，其转化机制、转化范围、转化方法及转化策略等方面的研究也最为成熟，但依然存在着很多问题。

表 7-4　棉花组织基因型限制研究进展

研究者	年份	研究结果
Gawel，Robacker等	1990	再生能力是可以遗传的，为数量性状，具有加性效应
张献龙等	1997	再生能力是质量性状，一对隐性主基因控制胚状体的发生能力，而胚状体诱导率受少数修饰基因控制
张家明等	1997	品种的局限性具有一定的规律，美国爱字棉和斯字棉系统难再生，岱字棉极难或不能再生，珂字棉系统最易再生；在我国，黄河流域品种容易，长江流域品种困难
吴家和等	2003	同一品种的不同单株间也存在显著差异
张朝军等	2006，2008	同一品种不同单株间也存在差异，利用再生鉴定和单株选育相结合方法可以获得体细胞胚胎发生能力较强的株系

农杆菌介导植物遗传转化的应用已经很多年了，其中农杆菌侵染机制及转化过程已研究较为深入，但对农杆菌转化的宿主细胞在转化过程中的分子机制了解较少。农杆菌侵染宿主细胞将T-DNA区插入整合到宿主基因组中，常常以单拷贝或低拷贝形式存在，可能原因是在农杆菌与宿主细胞相互结合的过程中，某些物质对两者的结合起到了负调控作用，从而导致农杆菌T-DNA插入困难，造成侵染效率低下。

目前农杆菌侵染植物组织和细胞，经培养得到的再生植株体系已经在很多植物组织上取得了成功，但是其操作复杂，取材周期较长依然限制了此方法的进一步发展。目前棉花转化主要以下胚轴为受体材料，受生长周期限制特别大。因此迫切需要开发一种新的不需经过组培直接获得转基因植株及能够经常大量获得外植体（如叶）的农杆菌转化体系。

在棉花遗传转化中，通过同源重组向棉花基因组特定位点引入目的基因，并引导目的基因正确表达的效率极低，有时还需要在植物体内先引入某些序列（如loxP）才能实现，因而新的基因靶位操作体系亟待建立，向植物体内导入大片段DNA的工作有待深入。

有实验表明，在农杆菌受体材料中，叶片、叶柄、子叶、子叶柄、下胚轴、茎、匍匐茎、块茎、茎尖分生组织、芽、根、合子胚或体细胞胚胎，以致成熟的种子等都可作为外植体转化。但是棉花遗传转化依然以下胚轴为主，对品种的限制依然很严重。与农杆菌共培养的外植体必须经过组织培养再生最后形成植株，并且组织培养过程中容易发生再生苗的畸形，极大地影响了农杆菌的侵染效率。

商海红转入EGFP基因，发现该基因在愈伤组织、胚性愈伤组织、非胚性愈伤组织和体细胞胚胎均可以表达。利用荧光显微镜可以快速无伤性地鉴定出阳性转化体。胚性愈伤组织表面的细胞以细胞团方式存在，这些细胞团由半球形、形状规则、体积相对一致的细胞构成，细胞之间结合紧密，细胞团之间可见间隙；组织学水平上，细胞形态相对一致，表面可见胚性细胞团；细胞超微结构水平上，细胞核大，核仁明显；细胞质电子密度高，富含各种细胞器；质体呈现原质体状态，位于细胞核附近；粗面内质网较为丰富；存在大小不等的液泡。非胚性愈伤组织表面细胞的排列疏松，以单个细胞或者数个细胞构成的简单细胞结合体存在，细胞的形态和体积差别较大；细胞超微结构也有类似之处，有中央大液泡的存在，细胞质被挤压在四周；质地较硬的叶绿体内膜系统发育良好，疯长型的非胚性愈伤组织叶绿体呈类原质体状态，中间形成空泡结构。叶绿体在陆地棉体细胞胚胎发生和形态建成过程中发挥着重要的作用。在愈伤组织细胞中，叶绿体为造粉体的状态；随着胚性愈伤组织被诱导出来，以原质体状态存在，待到形成胚状体以后，叶绿体内膜系统逐渐出现；到子叶期的胚叶绿体内膜系统逐渐恢复；再生苗阶段，叶绿体内膜系统恢复正常。研究还发现，叶绿体的异常发育与非胚性愈伤组织发生关系密切，玻璃化胚状体和白化胚状体的叶绿体也存在结构异常。诱导出胚性愈伤组织时，细胞外基质就可见；随着胚性愈伤组织表面形成有数个胚性细胞构成的集合体，细胞外基质发生达到了最多，在愈伤组织表面形成网络状结构；随着胚性细胞团的发生和体细胞胚胎的形成，细胞外基质逐渐消退。

二、棉花农杆菌介导法规模化转基因技术体系的建立

在转基因专项等项目的资助下，中棉所与国内相关研究单位合作，建立了棉花规模化转基因技术体系，对农杆菌介导法、基因枪轰击法、花粉管通道法进行了大量研究与改良，验证了大量功能基因与载体，累计培育了2000余份棉花新材料，并培育了大量新品种（表7-5）。

表 7-5　主要代表性转基因棉花品种

品种	基因	转基因性状	受体	国家
'33B'	Bt (cry I a)	抗棉铃虫	'Coker'	美国
'99B'	EPSPS	抗除草剂	'Coker'	美国
'GK1'	Bt，CpTI	抗棉铃虫	'Simian 3'	中国
'CCRI41'	Bt，CpTI	抗棉铃虫	'CCRI23'	中国
'CCRI60'	Bt，CpTI	抗棉铃虫	'CCRI23'	中国

（一）适合棉花农杆菌介导法转化的载体构建及验证

中棉所以2002年建立的棉花规模化转基因技术体系为基础，对大量植物转基因载体进行了转基因验证，筛选出3类适宜农杆菌介导转化棉花的高效转化载体：pBI121类、pCAMBIA2300类和pKGWFS7类（表7-6），结合不同目的基因的特点，针对性地加以改良。

表 7-6　质粒载体系统对棉花农杆菌介导法转化率的影响

载体类型	转化率/%	载体类型	转化率/%
pBI121/131	27.89	pROKII	3.68
pCAMBIA2300/2301	22.52	pCAMBIA1300/1304/1305	3.92
pKGWFS7/ pH7WG2	20.45	pCB2004	3.78
pBin	3.29	pCB2006	1.14
pART	5.51	pBY520	6.49
pRB1	5.71	pPTL	8.94
pPZP	0.83		

（二）棉花转基因受体的筛选与优化

以扩大转基因受体材料基因型为目标，利用筛选出的优良载体，结合已验证功能的目的基因，以50余个棉花品种（系）为转基因受体，同时进行培养体系的适当优化，建立了27个品种（系）的转基因技术体系。以转化率为依据，可将这些材料分成3类。

（1）总体转化率5%以上的5个品种：'CCRI24'、'冀合321'、'冀合713'、'泗棉3号'、'CCRI24'。其中，'CCRI24'成为中国棉花转基因的模式品种。

（2）总体转化率0.5%~4.9%的9个品种：'CCRI27'、'CCRI13'、'CCRI19'、'CCRI17'、'CCRI35'、'中51504'、'中135'、'中394'和'鲁棉6号'。

（3）总体转化率0.5%以下的13个品种（系）：'中8036'、'中2468'、'中8038'、'CCRI12'、'中3316'、'中5327'、'中857037'、'中1151'、'中1153'、'中3309'、'中208'、'中391'、'中3315'。

为进一步提高这些材料的转化效率，利用建立的棉花叶柄组织培养技术体系，以棉花大田活体材料的叶柄为外植体，进行组织培养，筛选其中的高分化率材料（表7-7），其中W12、W13等5个单株的分化率可达100%，而W07等单株在该培养体系中不分化。将分化率达100%的W12自交纯合后，以其为新的转化受体，使转基因过程中转化率提高了约2.55倍。张朝军等进一步通过分子标记研究发现，单株间分化率的差异受2个分子标记控制。

（三）棉花农杆菌介导法转基因技术体系的优化

虽有少数研究宣称建立了直接发生途径的转化体系，但棉的农杆菌介导法目前仍然以间接发生为主，需要经过胚性愈伤组织—胚状体的阶段，且该阶段为棉花农杆菌介导法转化的关键步骤。我们利用选育的高分化率材料，建立了稳定的棉花无菌苗下胚轴组织培养体系。用的组织培养体系是本课题组建立的'CCRI24'模式化培养体系，由以下5种培养基组成。

表 7-7　'CCRI24'不同单株组织培养分化率统计（诱导培养基：B29）

单株	分化率/%	单株	分化率/%	单株	分化率/%
W01	73.3	W06	100.0	W11	26.7
W02	62.5	W07	0	W12	100.0
W03	81.3	W08	100.0	W13	100.0
W04	31.3	W09	0	W14	87.5
W05	100.0	W10	100.0	W15	68.8

（1）无菌苗培养基MS0：MS培养基的大量元素+25g/L蔗糖+2.5g/L Gel，加自来水定容到1L。

（2）愈伤组织诱导培养基MSB5：MSB培养基附加IAA、KT、2，4-D各0.1mg/L，并附加25g/L葡萄糖和2g/L Gel，pH6.5。

（3）分化培养基MSB6：MSB+0.05mg/L IAA+0.15mg/L KT+25g/L葡萄糖+2.5g/L Gel，pH6.5。

（4）胚性愈伤组织增殖培养基MSB7：MSB培养基+0.1mg/L KT+0.15mg/L 6-BA，pH6.8。

（5）胚状体萌发成苗培养基MSB8：MSB培养基+0.1mg/L KT+0.2mg/L 6-BA+25g/L蔗糖+2.5g/L Gel，pH6.8。利用上述20个株系所建立的高效再生技术体系进行农杆菌介导转化，保证了外源基因经过一次遗传转化，700个外植体就可以得到200个左右的独立转化体。经5~6个月就可以获得转基因再生植株，然后进入外源基因功能评价体系。以该体系为主的"棉花组织培养性状纯化及外源基因功能验证平台构建"于2010年获国家技术发明奖二等奖。

棉花农杆菌介导法转化的流程如图7-2所示。棉花研究所建立的农杆菌介导体系，在原有转化体系的基础上，主要进行了以下改良：降低农杆菌感染浓度至OD_{600}值为0.1~0.3的原有转化体系中，选择的适合感染浓度为OD_{600}值0.3~0.7，发现许多切段容易死亡，若将菌液离心再悬浮则又会增加污染，且操作麻烦。经多次比较试验后，发现适当降低菌液感染浓度即可达到提高愈伤组织发生率的目的（表7-8）。

表 7-8　不同农杆菌浓度对愈伤组织诱导率的影响（受体'CCRI24'，培养基 B290）

载体类型	愈伤组织诱导率/%	
	OD_{600}=0.1~0.3	OD_{600}=0.3~0.5
pBI1210RF79	54.6±12.8	32.5±6.7
pCAMBIA2300-GbML1	67.8±10.9	39.8±11.7
pBin438-RRM2	60.9±9.8	28.9±6.8

调整胚性愈伤组织诱导培养基，此步骤是棉花农杆菌介导的关键步骤，培养基的调整至关重要。由于不同载体及不同愈伤组织对培养基的需要有所不同，在此将调整的原则概述如下。

降低激素的用量可提高胚性愈伤组织的发生率：过高的激素含量会使愈伤组织水化严重且不易分化，但若愈伤组织硬化则证明激素含量过低。愈伤组织继代的时机也非常重要：大约40d的愈伤组织比较适合继代，此时的愈伤组织一般呈现暗黄色，较酥松。一般不需要悬浮培养，因为该处理容易引起细胞的大量变异。

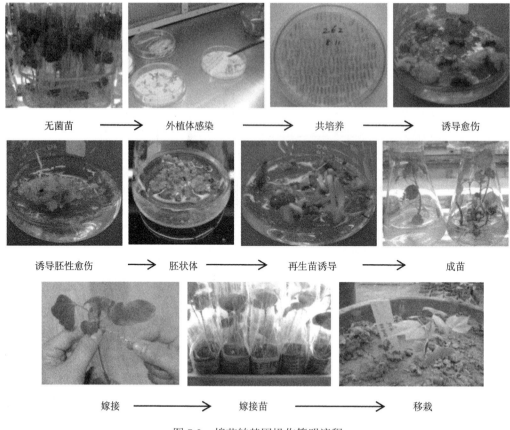

图 7-2　棉花转基因操作简明流程

为检测培养体系是否合适，可采用镜检：将愈伤组织直接在荧光显微镜下观察GFP荧光。在卡那霉素抗性愈伤组织、胚性愈伤组织、非胚性愈伤组织和体细胞胚胎中均可以检测到GFP的荧光信号，抗性愈伤组织中有90.0%~96.0%的转化系可以观察到GFP荧光（图7-3），若细胞结构完整、团状大小适中，基本可表明培养体系较合适。

三、其他方法

植物原生质体培养及体细胞杂交是创造新物种、克服不亲和性和进行遗传转化的有效手段。自从1973年Beasley等首次从陆地棉的纤维中分离出原生质体，并用原生质体培养得到小细胞团，至今棉花原生质体培养再生技术已经得到广泛的应用，并在多个实验室取得了成功。

（一）原生质体培养

植物原生质体（protoplast）是指脱去细胞壁的细胞，即有质膜所包围的具有生活力的"裸露细胞"，最早是Hanstein在1880年提出。原生质体培养是对离体植物的原生质体进行培养，形成完整植株的培养技术。

自1973年Beasley等从棉花纤维中培养出原生质体以来，随后科学家们也相继在棉花下胚轴（Bhojwani et al.，1977）、子叶（Khasanov and Butenko，1979）、花药（Thomas and Katterman，

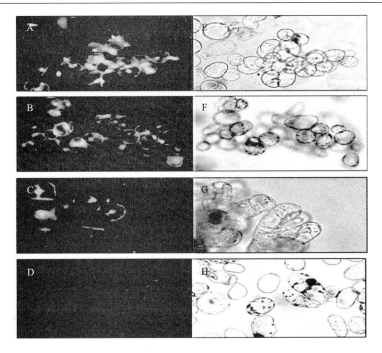

图 7-3　棉花愈伤组织 GFP 荧光观察

A. 胚性愈伤组织 1；B. 胚性愈伤组织 2；C. 绿色质地较硬的愈伤组织；D. 组织培养；E~H. A~D 相应的明视场

1984）、叶肉细胞（Firoozabady and Deboer，1986），以及茎（Saka et al.，1987）中培养出肉眼可见的愈伤组织或小细胞团。早在1892年Klercher等通过机械切割发生质壁分离的细胞获得原生质体。1960年Cocking提出使用酶分解法分离植物原生质体，使得原生质体的分离效率大大提高。虽说利用多个组织及细胞培养出原生质体，但并未获得再生植株。1986年，El-Shihy等首次报道了从海岛棉子叶原生质体培养得到再生植株。随后。陈志贤和李淑君及佘建民和陈志贤等在1989年分别以胚性细胞悬浮系为材料进行原生质体的分离和培养得到再生植株，并指出具有再生能力的胚性愈伤组织可以分离原生质体。2005年Sun等分别将野生棉克劳茨基棉和陆地棉'珂字棉201'不同外植体分离，并将得到的原生质体进行液体浅层培养，得到了大量的再生植株。

　　原生质体分离材料的选择。利用植物组织分离原生质体受到多个方面的影响，如外植体的基因型、材料的类型及生理状态、植物发育时期等都在很大程度上影响着原生质体的分裂、增殖及再生。植物的各个器官及组织都可以作为分离原生质体的材料，如根、茎、叶、子叶、下胚轴、果实、种子、愈伤组织和悬浮细胞等。目前棉花原生质体的分离材料主要是愈伤组织、胚性悬浮细胞和叶片组织等，但是它们相互之间分离得到的原生质体的再生能力相差比较大。1979年Khasanov等分别对比叶肉细胞和表皮细胞分离得到的原生质体，发现从叶肉细胞分离得到的原生质体较表皮细胞的分裂困难，不能产生细胞团。孙玉强等对棉花活体组织、愈伤组织及胚性细胞悬浮系分离得到的原生质体进行培养发现，胚性细胞悬浮系分离出的原生质体再生能力最强，另外两者分裂能力较弱，容易褐化死亡。

　　原生质体分离方法。目前，主要用酶解法分离原生质体，即利用纤维素酶、果胶酶、半纤维素酶的CPW溶液消化细胞壁。酶解效果受多个因素如酶液种类和浓度，酶解时间、温度和处理方式及酶液渗透压等的影响。另外，加入适量的聚乙烯吡咯烷酮（PVP）或MES可稳定酶解过程中的pH，对于分离原生质体较为有利。

棉花原生质体培养常用培养基为KM8P和K3培养基。有大量实验表明K3培养基比较适宜棉花原生质体培养（Saka et al.，1987）。2, 4-D是原生质体启动分裂和诱导出愈伤所必需的，平衡培养基中生长素和细胞分裂素的合适含量和及时更换新鲜培养基有利于细胞分裂，用葡萄糖和甘露醇配合作碳源和渗透压稳定剂能促进棉花原生质体细胞壁的再生、细胞分裂和细胞团的增殖。

（二）体细胞杂交

植物体细胞杂交，也称原生质体融合，是现代生物技术的重要组成部分，它包括原生质体制备、细胞融合的诱导、杂种细胞的筛选和培养及杂种植株的再生和鉴定等环节。通过原生质体融合能克服传统有性杂交育种常见的不亲和性、雌雄配子不育等杂交障碍。

棉花体细胞杂交最重要的技术就是融合方法。目前主要有两种融合方法：PEG诱导融合法和电融合法。现在大多数采用以PEG为融合剂诱导原生质体融合法。但由于PEG种类及浓度都会对体细胞融合的效果产生很大影响，故其融合效率一般较低，只有1%~5%。有研究采用聚乙酸乙烯酯（PVA）、聚乙烯吡咯烷酮、藻酸钠和葡聚糖（dextran）作为融合剂，融合效率可高达10%；也有研究使用二甲基亚砜、链霉蛋白酶等作为融合促进剂，也能使融合效率显著提高。但是PEG诱导融合操作较为复杂，并且PEG有较大毒性，会对植物原生质体造成很大伤害，甚至使得线粒体等造成严重破坏。

与PEG诱导融合相比，电融合法有以下优点：易操作、融合率高（15%以上）、对原生质体损害小等，这些优点使得电融合有着更广阔的发展前景。1979年Sencia等首次利用电融合法将原生质体细胞融合。随后也有研究通过电融合法得到了陆地棉和多个野生棉的体细胞杂种。

第三节　间接利用棉花体细胞再生的遗传转化

一、基因枪轰击法

（一）基因枪轰击法的原理

基因枪轰击法，又称粒子轰击（particle bombardment）、高速粒子喷射技术（high-velocity particle）或生物弹击法（biolistic method），是依赖于高速的金属微粒将外源基因导入活细胞的转化技术。

基因枪轰击法的原理是：应用氯化钙沉淀技术，将要转移的带有目的基因的克隆载体的DNA片段包裹在直径仅为1μm左右的钨粒或金粒的外表面，使之形成了生物弹。在此之后，利用仪器系统所形成的高压气流轰击，将生物弹射入靶细胞或组织之内，从而完成外源基因的导入转化。

（二）基因枪轰击法的操作步骤

基因枪轰击法可以分为以下几个步骤。

（1）受体材料的准备。胚性愈伤组织及愈伤组织：将预培养得到的胚性愈伤组织0.1~0.2g置于培养皿（直径9cm）中心不大于1cm的范围内。分别于轰击前4~6h和轰击后16h内进行渗透压处理，渗透培养基为MS3附加渗透剂。渗透剂分别采用甘露醇（0~0.8mol/L）、山梨醇（0~0.8mol/L）、甘露醇+山梨醇（0~0.8mol/L），轰击材料经渗透压处理后转入恢复培养基MS3中。同时研究了渗透时间和渗透剂种类及浓度对转化的影响，轰击材料经渗透压处理后转入MS3恢复培养48h，用含有卡那霉素的培养基进行筛选继代，每30d继代一次。

（2）载体构建。一般情况下，可以使用大肠杆菌菌株构建的载体，只要有完整的表达框即可。相对于农杆菌菌株，其质粒DNA的质量要好一些。

（3）质粒载体的构建及制备。质粒载体构建时，采用转化效率相对较高的载体骨架。利用碱裂解法提纯质粒，经酚：氯仿：异戊醇＝25：24：1纯化，使其浓度达到1μg/μl，260nm和280nm处紫外吸光度比值为1.8~2.0。将提取好的质粒放在–20℃备用。

（4）基因枪轰击。目前，实验用的基因枪多为美国Bio-Rad公司的PDS-1000/He Particle Delivery System。选用轰击参数时，金粉直径为1μm，包裹微弹的沉淀剂用10μl 2.5mol/L CaCl₂和4μl 0.1mol/L亚精胺（spermidine，现用现配，或者储存于–20℃冰箱中，时间不能超过1个月。若没有保存好或保存时间过长，亚精胺会发生降解，则会影响DNA吸附于金属微粒表面的能力）。每轰击一枪的金粉用量是1μg DNA/600μg金粉；对于植物材料转化，微粒子弹载体的选择视受体材料而定。例如，胚性愈伤组织一般为1100psi（≈7.584MPa），茎尖分生组织一般为1300psi（≈8.963MPa）。此外，可裂圆片的规格应该与微粒子弹载体对应。轰击最佳距离为9cm。将目的基因轰击到所用材料，并以未轰击材料为对照。

（5）恢复培养。将轰击材料转入MS培养基中，恢复培养至幼叶发绿。在微粒轰击过程中，转化细胞或多或少受到一定伤害，所以转化后，恢复培养是必不可少的，细胞需要一个恢复调整的过程。恢复培养时间的长短很关键，过短或过长，都会导致再生转化率的下降。经过多年试验，我们发现恢复培养3~7d效果最好。

（6）筛选培养。恢复培养后，开始采用抗生素梯度浓度筛选。这样既可以保证刚刚恢复的受伤转化细胞不至于在高浓度的抗生素筛选压下死亡，又可以使非转化细胞受到抑制。抗生素浓度的梯度设置极为重要，每种抗生素都要经过严格的预实验，才能确定最低和最高筛选浓度。以卡那霉素筛选梯度为例，我们采用的梯度浓度为65mg/L、80mg/L、90mg/L和100mg/L以上，每次筛选间隔为7~15d，逐步筛选出转基因再生植株。

（7）再生培养。筛选后组织的再生与一般组织培养基本一致，但需要添加筛选标记所对应的抗生素或其他筛选物质。

（三）基因枪轰击法的应用

1990年，美国俄亥俄州立大学的John等第一次将此技术应用于棉花遗传转化之中，他们以陆地棉胚性悬浮细胞系作为受体，将35S启动子启动的*GUS*基因和*aphIV*基因进行轰击转化，成功得到转化植株。2011年，巴基斯坦棉花研究所Khan利用基因枪轰击技术将*cryIAb*基因引入当地的'MNH-93'棉花中，经过检测发现作物中的Bt蛋白含量达到总蛋白含量的0~1.35%，随后种植实验表明转基因作物对鳞翅类害虫的抗性水平达到了40%~60%。

（四）基因枪轰击后影响棉花体细胞再生的因素

1. 轰击参数　　轰击参数是影响转化效果的关键性因素，同时也影响着进入的微载体对细胞的损伤程度。这些因素包括轰击距离、氦气压力、微载体的大小、真空度等，决定着微载体进入受体靶细胞时的速度。针对一种受体材料，只有当这些参数之间达到最佳配合时，微载体进入细胞时的速度及力度才是最合适的，才能进入最有效的部位，对细胞造成最小的损伤，使细胞后期的恢复培养更快，发育得更好。

2. 再生体系　　棉花基因枪攻击用的主要是胚性愈伤组织，一般采用再生能力较弱的组织。

3. 微载体　　PDS-1000/He型基因枪使用的微载体主要有两种：钨粉微载体和金粉微载体，每种微载体有多种直径大小不同的规格。同种微载体的直径大小决定着该微载体进入靶细胞的速度及对靶细胞的伤害程度。因而针对所用的靶受体，选择合适微载体种类，在保证转化效率的基础上将对靶细胞的损伤降到最低，能够增加体细胞再生的概率。

4. DNA沉淀剂　　进行基因枪转化时，需要采用沉淀剂亚精胺将质粒DNA包裹在载体上，亚精胺对受体细胞的生长具有一定的影响，甚至会影响转化后的发育。因此选择好所用亚精胺的浓度，降低对靶受体的影响，对棉花体细胞再生也相当重要。

（五）基因枪轰击法的特点及展望

基因枪轰击技术无宿主限制，不受基因型限制，可以在动物、植物、微生物中进行转化。而且，基因枪轰击技术靶受体类型广泛，可以转化不同物种或同一物种的不同品种，同时也解决了再生途径困难的植物转化问题。常用的PDS-1000/He型基因枪以氦气为加速系统，可以通过使用不同规格的破裂盘来选择微载体的轰击速度，具有较好的可控度，并且基因枪法操作起来比较简单。此外，采用基因枪法进行植物细胞器转化，稳定性好、重复性佳、转化效率高。

但是基因枪轰击技术同样美中不足，利用此技术得到的材料，嵌合体较多，为后期的筛选鉴定工作带来困难。而且，其轰击随机、外源基因断裂、多拷贝严重导致非转化体出现的概率较大，使其转化效率也不高。还有，其整合到受体基因组的位置是随机的，可能因为多种核苷酸之间的相互作用导致基因沉默现象的发生，不能顺利转化。基因枪技术的成本也是比较昂贵的，如转化效果良好的金粉微载体每克能达到六七千元。

因而，作为棉花遗传转化有效方法的基因枪法，期转化效率还有待提高。其转化之后体细胞的再生也受许多方面因素的影响，还需要注意以下几点。

（1）受体。植物细胞本身的因素也是影响转化后细胞再生的重要因素。受体材料的选择，愈伤组织、胚性愈伤组织等，在挑选时需要挑选合适的幼嫩组织，以增强转化后细胞的再生能力。受体细胞再生长的时候需要被诱导成为感受态细胞才更容易再生出转基因植株，因而如何诱导其成为感受态细胞也值得研究。

（2）轰击体系。轰击参数的选择可以说也是影响转化后细胞再生的一个重要因素，合适的轰击参数与合适浓度的DNA沉淀剂之间的相互配合，使受体细胞转入后的状态更好，也能增加体细胞再生的概率。

（3）培养程序。基因枪轰击后需要对受体细胞进行恢复培养和梯度筛选培养。在轰击之后，只有很少的一部分细胞被转化，未转化的细胞还占大多数。这些未转化的细胞在恢复培养和梯度筛选的过程中会对转化细胞形成一定的保护作用。因而，培养与筛选体系的探究与优化也相当重要。在这个过程中，还要关注恢复培养的条件及时间、抗生素浓度梯度的设置等，这些都对后续转化细胞的再生有影响。

基因枪轰击法作为棉花遗传转化的有效手段之一，其转化之后棉花体细胞再生也是相当重要的，需要关注并解决一系列问题，更需要科研人员的创新。相信随着技术的不断创新，此项技术会越来越完善。

二、其他方法

（一）电激法

1. 电激法的原理　　电激法是以原生质体为受体的一种基因转化方法，当电脉冲以一定的电场强度持续作用于细胞等渗液一段时间后，细胞膜上会生成一些小孔。随着电激条件的不同，这些小孔不断变化。电场消失后这些小孔又可以重新闭合，但是这些小孔的闭合速率受温度的影响，温度越低，小孔维持时间越长。电激法就是基于上述原理用外加电场将外源基因导入植物细胞之中。电激法最初也用于细胞融合，随后用于动物细胞的基因转化。其应用于植物原生质体转化已经在烟草、水稻、玉米、棉花等作物中取得了良好的效果。

2. 电激法的应用　　1976年，Auer等首次采用电穿孔技术将基因物质导入活细胞，从而开创了电穿孔基因转移的先例。他们使用脉冲电场对红细胞进行电穿孔处理，使^{3}H标记的SV40 DNA进入细胞内，并在37℃下培养90min，使细胞膜孔再封闭，表明基因物质能转移到活细胞。1985年，Fromm等用电激法将 *pat* 基因导入了玉米原生质体，得到了该基因稳定表达的愈伤组织。1989年，李宝健等以烟草无菌试管苗、玉米愈伤组织、大豆菊黄愈伤组织为受体，使用电激法将含有新霉素磷酸转移酶Ⅱ基因的质粒载体导入其中，最后分别得到了转基因植株、稳定表达愈伤组织。2002年，耿德贵等利用电激法将 *GUS* 基因转入杜氏盐藻细胞内进行瞬间表达，研究了盐藻的生长状态和电激转化条件对转化率的影响。但是在棉花上应用还未见到报道，不清楚棉花转化情况及生长后的转化情况。

3. 电激法的特点及展望　　此法起初应用于动物细胞，现已广泛应用于各种单子叶植物和双子叶植物。因而此方法适用范围广，且具有简单方便、对细胞毒性低及转化率高等优点，因而具有很大潜力。但是该方法过程太长，因而不是大规模研究的最好办法，而且如果目的基因沉默引起胚在发育早期死亡，这种办法将不会奏效。

相较于其他方法，该方法需要注意电激条件。脉冲电压的高低，低了不能击破细胞，外源基因不能进入；高了则会使形成的孔洞不易恢复，外源基因流失，细胞也不容易恢复，在后期的细胞再生时也存在困难。脉冲次数也不可偏低，偏低时细胞膜表面的小孔会较少，外源基因进入的概率大大降低。

电激法在棉花中的应用还是较新的，需要不断尝试与改良，研究出更适合棉花的再生转化体系，后续棉花体细胞的再生也需要更多的尝试与完善。

（二）激光微束穿刺法

1. 激光微束穿刺转化法的原理　　激光微束是直径很小，但能量很高的物理能量，能引起细胞膜的可逆性穿孔。故而有学者开始研究利用激光微束对细胞或组织进行穿孔，为外源DNA的导入打开通道。

激光微束穿刺转化法导入外源基因，首先是在动物实验中获得成功的。1987年，Weber等首先用激光微束穿刺法将荧光素酶基因导入离体的细胞及细胞器中，并证实激光微束可定向地穿透细胞壁和质膜，将外源DNA导入细胞和细胞器中，由此开启了激光微束在植物转化方面的应用。他们发现激光微束穿刺法具备一个其他方法不可比拟的优势——可定点对单个细胞器进行操作。此外，学者们还建立了渗透—激光微束转化系统，发现先将受体细胞在高浓度缓冲液中处理一段时间后，在正常浓度的缓冲液中进行激光微束穿刺转化，转化效率有很大的提高。

其基本原理是：植物细胞在高渗透溶液中处理一段时间后，质膜内外会形成一个内高外低的渗透压梯度，然后用激光微束穿孔时，外源基因便会顺着渗透压梯度穿过孔道进入植物细胞内。在短时间内，孔道又会自然闭合，进入其中的外源DNA分子便整合到植物基因组中。

2. 激光微束穿刺法的应用　　1998年，王兰岚建立了成熟的植物激光微束穿刺法转化体系，并在世界上率先得到了有分子证据的稳定转化体系。随后，杨忠毅和王兰岚等利用激光微束穿刺法将几丁质酶基因导入油菜中，经过卡那霉素抗性筛选和PCR分子检测，最后总共获得3株转基因阳性植株。1999年，张海燕和王兰岚等利用激光微束穿刺法将商陆抗病蛋白（PAP）导入甘蓝型油菜（*Brassica napus* L.）中，经抗生素筛选、PCR扩增检测和Southern blotting检测，鉴定出2株稳定整合的转基因阳性植株，转化效率为1.5%。后期毒性实验证明该蛋白质高效表达。2000年，刘桂珍等利用激光微束穿刺法，将β-1, 3-葡聚糖酶和几丁质酶导入棉花幼胚，经PCR扩增检测，鉴定出7株转基因阳性植株，这些植株对黄萎病菌具有一定的抗性。2006年，陈凌娜等利用该法将抗真菌基因导入棉花中，并获得转基因阳性植株。之后，此法在棉花上的应用很少，还未见报道，需要进一步开发。

3. 激光微束穿刺法的特点及展望　　激光微束转化技术，因具有操作简便、定位准确、转化效率高、受体材料广泛、重复性好及对细胞损伤小的特点而受到广泛的重视。经过这几十年来的不断研究与验证，证明激光微束穿刺转化法是一种可行的新遗传转化技术，已成功应用在油菜、棉花、玉米等多种植物中。其对植物细胞的损伤较其他方法小，无需担心农杆菌感染对细胞的伤害，而且其在后期培养再生的过程中不需要添加抑菌抗生素，对外植体的伤害也较小，更容易完成体细胞的再生。但美中不足的是，该技术依然存在许多问题，其所用的激光微束仪本身设备复杂、造价昂贵、普及度也不高制约着此技术的进一步发展，但是该技术的潜力是不可忽略的。

激光微束穿刺法一出现就引起人们的广泛关注，在近二十多年也快速发展着，不断修正与完善，至今已成为一种行之有效的遗传转化方法，其对细胞的损伤也较小，无需担心一些其他方法存在的问题，体细胞再生也相对容易，必定会随着技术的不断发展更加完善。

（三）超声波转化法

1. 超声波转化法的原理　　超声波是一种具有能量高、穿透力强、波长短和能定向等特点的物理能量。超声波在介质中传播时，会形成一定的超声效应，主要包括机械效应、热效应、化学效应和空化效应。超声波转化法就是利用超声波的空化效应导入外源DNA。

空化效应：在流体动力学中，超声波作用于流体，会使流体内部形成拉应力，从而形成气泡或真空，这一现象称为"空泡现象"。高强度的超声波导致瞬态空化，而低强度的超声波则会产生稳态空化。瞬态空化短暂，可产生瞬时高压，形成强大的冲击波，容易导致细胞内的蛋白质变性，破坏细胞结构，并产生自由基。稳态空化则更缓和，具有规律性，会使周围的物质产生切应力，有利于物质的流动转移。

超声波的生物学效应是十分复杂的，在不同条件下，既可以引起细胞破裂，又可以增强酶的催化活性。在合适的条件下还可以改变细胞膜的通透性，促进膜内外两侧的物质交换，增加遗传物质转化的效率。

目前对超声波转化法导入外源DNA的原理还不是很清楚，但一般认为有两种可能：①超声波引发空化泡破裂时产生的高温高压冲击波导致了细胞质膜的局部破裂，在其复原以前，就有可能吸收周围的外源基因等物质，从而发生了转化；②在超声波的作用下，细胞膜内的流体静压力足够高而导致细胞膜的机械破裂。总之，超声波产生的空化泡破裂导致细胞膜通透性的变化，从而使外源基因导入细胞内部完成转化。

2. 超声波转化法的应用　　1990年，许宁等首次报道利用超声波转化的空化作用将*GUS*基因导入小麦愈伤组织，自此超声波转化法在植物育种技术领域中的应用报道也越来越多，已成为烟草、玉米、大豆、甜菜、银耳、苹果等植物有效的转基因途径。

1990年，章立建等利用超声波转化，直接将外源基因导入烟草中，获得了转基因植株。Joersbo与Brunstedt等利用超声波转化技术将氯霉素乙酰基转移酶（CAT）转入烟草与甜菜的原生质体中，分别获得了81%与12%的瞬间转化率。1997年，张宏等利用超声波转化法，将Bt基因导入玉米的愈伤组织中，最终获得了转基因阳性植株系。2005年，谢宝贵等利用超声波转化法将*GUS*基因导入银耳中，其转化效率达到1.82‰。2007年，丛郁等利用超声波转化法，将*GUS*基因直接导入海棠叶中，但是转化效率只有1.85‰。

1997年，Trick等首次将超声波辅助农杆菌介导法应用于大豆和豇豆的遗传转化中，明显地提高了豆类植物的遗传转化效率。2010年，张莹等应用超声波直接转化法、农杆菌介导法、恒定频率的超声波仪处理植物15min后再用农杆菌介导法侵染植物和在农杆菌侵染过程中辅助以超声波处理10s。这4种方法对鱼腥草进行转基因研究，发现上述4种转化法对*GUS*基因最大瞬时表达率依次为47%、60%、80%、75%。2008年，Wang等应用超声波处理花粉，提高了花粉介导的转基因技术的效率。以上说明，超声波辅助农杆菌介导和花粉管介导的转基因技术的转化效率得到了极大的提高。此后，超声波转化法的应用不多，多作为其他介导方法的辅助手段来应用。

3. 超声波转化法的特点及展望　　超声波转化法，作为直接将外源DNA导入受体细胞的物理方法，具有操作简单、设备便宜、不受寄主范围限制等特点，但是其转化效率太低，仅有1‰~8‰，因而现在并不单独使用，多作为农杆菌介导法等方法的辅助手段，提高其转化效率。此方法在应用过程中，需要主要超声波的频率，控制其对受体细胞的伤害，最好让体细胞在转化后也有一段时间的恢复培养时间，让细胞自愈超声波对其造成的损伤，然后再进行梯度筛选。

目前超声波直接在棉花中应用的报道还是极少的，因该技术本身不是太成熟，不适合进行大规模的转化，主要还是用作辅助手段，提高其他转化方法的效率。

超声波产生的生物学过程是非常复杂的，但是利用一定条件下产生的效应有助于植物转基因的发展。随着超声波现象机制研究的深入，其生物学效应的范围将会越来越大，在植物分子育种领域将会起到极其巨大的作用。

（四）间接转化法中体细胞再生的特点及其与直接转化法间的异同

间接转化法中，都需要通过一定的物理方法破裂细胞膜。例如，基因枪轰击法通过基因枪轰击载体击破细胞膜，电激法通过外加电场击破细胞膜，激光微束穿刺法通过激光微束击破细胞膜，超声波转化法通过超声波击破细胞膜，然后再将外源基因导入受体细胞，让外源基因自己整合到细胞基因组上，以此来完成外源基因的转化。

因而，间接转化法在完成转化之后需要一个合适的时间来进行恢复培养，让受体细胞通过自身的自愈作用来恢复转化时通过物理方法击破细胞膜对细胞造成的损伤，也需要注意后期的抗生素筛选梯度。

间接转化法与直接转化法的异同如下。

异：间接转化法在转化的过程中不需要用到农杆菌、病毒等对植物细胞来说有毒害作用的物质，因而在后期筛选的过程中不需要添加抑菌抗生素之类的物质，对细胞自身的损害作用会减小很多，在后期培养的过程中对外植体的伤害也较小，更容易完成细胞的培养。

同：在转化完成之后，两类方法都需要进行抗生素浓度梯度筛选，筛选后按照基本的体细胞再生成植物的方法，通过诱导形成愈伤组织、愈伤组织继续培养、分化形成芽苗、芽苗的生根培养、炼苗移栽这些基本程序来获取转基因幼苗。

第四节　转基因过程中体细胞再生的特点及其分子生物学研究

虽然棉花体细胞胚胎发生和形态建成的组织学研究开展较多，也取得了一些重要的研究结果，与模式植物比较（Poljuha et al.，2003；Moghaddam and Taha，2005；Namasivayam et al.，2006；Mikula et al.，2007；Orban et al.，2007），棉花体细胞胚胎发生重要阶段细胞外部结构和内部细胞器等重要的细胞学特征仍然缺乏系统研究（Liu et al.，1996；邢更生等，1994；黄清俊等，2005；Chapman et al.，2000）。棉花体细胞胚胎发生的分子机制研究开展较晚，虽然取得了一些成果（李惠英等，2003；Li et al.，2003；冷春旭等，2007；Zeng et al.，2007；Wu et al.，2009），但与胡萝卜等模式植物比较，研究的深度和广度还有很大差距，对一些重要转录因子和信号分子在棉花体细胞胚胎发生中作用机制的研究还远远不够，这将是今后研究的新重点。总而言之，棉花体细胞胚胎发生和形态建成受到细胞内外多种因子的共同调控，并最终从转录、翻译及蛋白质加工等水平上调节体细胞胚胎发生。目前，由于实验条件和手段的局限，对棉花体细胞胚胎发生发育中的许多机制和规律的研究还不充分。要想在更深的层面上认识棉花体细胞胚胎发生的分子机制，实现人为有效调控棉花体细胞胚胎发生，还需要在生理生化、分子生物学等不同领域进行深入系统的研究。

一、棉花转基因过程中体细胞再生的特点

同组织培养相比，利用体细胞再生的转基因具有以下几个特点。

（1）农杆菌介导法必须依赖于组织培养，因此，再生率高的材料容易获得较高的转化率。但转基因过程中的体细胞再生不等同于组织培养，其培养基的组成及转化程序必须与组织培养有所区别。一般而言，其再生周期要比组织培养长，再生率降低，畸形率上升，再生植株的不育率上升。

（2）转基因过程中体细胞再生是以单个被转化细胞为起点的再生过程。因此，转基因过程中愈伤组织的生长势极显著地弱于组织培养。所以，需要在筛选过程中注意筛选剂的种类、添加时间间隔等问题。

（3）转基因过程中需要添加筛选标记所对应的抗生素或其他物质。因为不同棉花品种对添加物的敏感度不同，出现显著的品种差异性。部分抗生素对棉花具有极强的抑制作用或者杀死外植体（主要是对双子叶具有杀灭作用的除草剂等）。另外，由于外植体必须与细菌接触，对不同毒力的菌株的耐受性也不同，有些菌株毒力太强而不适用于棉花，载体构建须选择合适的标记基因、菌株类型。又由于需要获得目的基因适量表达的转基因材料，所以还必须注意载体中的启动子、增强子等载体的搭配。在转基因过程中，由于以上诸因素的影响，转基因的效率要极显著地低于纯粹的组织培养。例如，'Coker201'、'Coker312'、'CCRI24'等品种进行组织培养，很容易使其再生率达到95%以上，条件合适时可达到100%的再生率。然而在进行转基因时，其再生率很难到达40%以上，而且过高的再生率经常意味着较高的假阳性率。

二、转基因植物中外源基因遗传与表达研究进展

外源基因能否通过有性世代传递给后代并稳定表达，是转基因成功与否的关键，同时，对于确定和评估转基因植物的实用价值和应用前景也具有重要的意义。对转基因植株后代的遗传研究，通常用转基因植株自交或转基因植株与非转基因植株杂交获得后代植株，对选择标记基因或目标基因所决定的性状的表型分离比进行遗传分析，或结合PCR、Southern blotting在分子水平上分析外源基因在后代植株中的遗传方式（Fromm et al.，1990；John et al.，1995；ink et al.，1997；Cheng et al.，1997；Bradley et al.，1998）。近年来，功能强大的实时定量 PCR技术也被用于转基因的遗传研究中（Mason et al.，2002；Weng et al.，2002）。转基因的遗传分离与经典的基因分离概念不同。遗传分离规律的实质是在两个层面上进行的，即基因本身的分离和所控制性状的分离。在经典遗传理论中，二者是统一的，等位基因分离导致性状分离，基因以等位基因杂合体的形式进行分离。但是，转基因的遗传研究表明，二者往往不一致，转基因的分离与其性状的分离不一定吻合（王守才等，2000）。

外源基因在转化植株中的遗传受转化方法、环境条件等因素影响而呈现出复杂的分离情况，表现为遗传的多样性。外源基因一般作为一个显性基因传递给后代。若是单位点插入，无论是单拷贝还是多拷贝串联，只要其中至少有一个拷贝能正常表达，且串联重复不超过一定长度时，大多数转基因植株中的外源基因遵循孟德尔单位点遗传规律（Christou et al.，1989；Pen et al.，1995），自花授粉后代表现3∶1分离，回交后代表现1∶1分离（Budar et al.，1986；Deroles et al.，1988；Heberle-Bors et al.，1988；华志华等，1999；王忠华等，2000；Azhakanandam et al.，2000；Chen et al.，2003）。若是多位点插入，且每个位点都有至少一个拷贝能正常表达，则外源基因同样遵循孟德尔单位点遗传规律，自交后代表现出15∶1或63∶1的分离规律（John and Patricia，1995；Cooley et al.，1995）。转化的外源基因的 T_1 代呈现3∶1单基因孟

德尔分离是外源基因传递中的常见现象，但并非都是如此。对转基因拟南芥研究发现，T_1代植株中有10个株系的抗性分离比为3R：1S，有3个株系是 15R：1S，1个株系是 63R：1S，说明多数情况下外源基因为单位点插入，但也有2个或3个位点的插入，转化的抗性基因按2个或3个独立位点的孟德尔分离，说明这2个或3个插入位点是在不同的染色体上或彼此相距较远，已构成2个或3个独立的连锁体，则自交后分离比为15R：1S或63R：1S（Akama et al.，1992）。最近，使用*GFP*（绿色荧光蛋白）基因为标记基因，发现一个株系中 T-DNA插入两个位点的后代中荧光：未发荧光的植株比率为15：1（Molinier et al.，1996）。同样，研究基因枪转化获得的转基因大麦时发现：荧光原位杂交检测为两位点插入，且位于不同染色体上（Chen et al.，2003）。 显性个体比例显著低于孟德尔比例的现象也普遍存在，这种现象大多发生在早期世代；转基因的不稳定性，包括转基因的重排、缺失及重复等可能是转基因不规则分离的原因（Spencer et al.，1992；Cannell et al.，1999；Choffnes et al.，2001）。转基因的整合方式和拷贝数在世代传递中不稳定和相互位置的改变，以及相互间直接与间接的互作，都可能导致转基因分离的复杂性。杨晓杰等研究发现，转基因棉花中载体骨架的整合和T-DNA的缺失和剪辑位点的碱基组成在根癌农杆菌介导的转基因棉花T_0代中，不仅T-DNA左臂，而且T-DNA右臂都有载体骨架序列的整合，且伴随左臂整合的骨架序列的长度从14~2722bp不等；同样，在T-DNA缺失研究方面，T-DNA左臂和右臂均存在不同程度的缺失；在T-DNA左臂剪辑中，剪辑位点多分布在A、T和C的比例分别为73.7%、15.8%和10.5%处；与此相反，在T-DNA左臂剪辑中，剪辑位点多分布在A和G的比例分别为 13%和87%处。T-DNA在棉花基因组中的整合位点没有十分明显的基因组偏爱性。T-DNA在棉花基因组中的整合位点区域，按其特征可以分为蛋白质编码区序列、质粒来源DNA序列、微卫星序列、转座子和拟转座子序列、35S启动子序列及未知序列六大类。与T-DNA的右臂附近区域序列匹配的棉花基因组序列很可能是T-DNA整合的热点序列。在T-DNA整合的位点为微卫星的共87个序列中，占85.1%（74/87）的序列为ID：emb}AJ567251.1所对应的序列。虽然，不同的整合在该微卫星的T_0代转化体之间，T-DNA右臂的重组位点不同，但该每一个转化体中该微卫星序列的局部与 T-DNA的右臂区域有100%的匹配。

配子传递能力的差异造成转基因的丢失。有研究发现，转基因通过卵细胞传递的能力要强于通过花粉传递的能力。杂交试验表明，无论筛选基因还是非筛选基因，以转基因植株作为母本比作为父本对转基因表达的遗传能力要强（Christou et al.，1989；Ulian et al.，1994）。转基因通过花粉的传递能力很弱甚至不传递的原因，可能是转基因植株花粉的发芽力、花粉管伸长能力与受精能力比非转基因植株的花粉要差，也可能是转基因插入了影响花粉活力的基因位点上（Zhang et al.，1996）。许多文献表明，纯合体致死可能也导致转基因的偏分离（Budar et al.，1986；Deroles et al.，1988；Scott et al.，1998）。Limanton-Grevet和Jullien（2001）对转化体芦笋的遗传表达研究表明，标记基因在杂交F_2代呈2：1的分离，其原因是F_2中缺少转基因二倍体。推测T-DNA 插入导致隐性致死突变造成分离比的偏离。

有研究报道，基因沉默是另一个导致转基因后代分离规律异常的原因。基因沉默主要是指转化体仍然保留着自身的完整性，但不表达或表达活性降低，或者是转化体虽然保留着转基因，但已发生了重排从而不表达或表达活性降低。

影响转基因植物中外源基因表达的因素：外源基因能否在转基因植物中稳定表达是影响转基因植物应用前景的重要因素。农业生产要求导入的外源基因高水平地表达所需要的农艺/

经济性状，并且在当代和后代都能稳定表达（Xia et al., 2000）。然而，外源基因的表达受遗传和环境条件的影响，转基因整合位点、载体组成、转化受体的基因型及其与一些控制数量性状的基因家族的上位作用、环境条件的差异均影响基因的表达。

在大麦中利用基因枪获得转*GFP*基因的研究发现，从二倍体和四倍体荧光表达的强度差异看，若插入位点拷贝数相同，随着插入位点数的增加，转基因的表达呈增加效应（Chen et al., 2003），另外，在大麦外源*GFP*基因表达研究中，发现外源基因表达存在明显的剂量效应（陈建民等，2006）。油菜转基因对脂肪酸含量的效应研究表明，乙酰载体蛋白硫酯酶的拷贝数与脂肪酸的含量呈正相关（Tang et al., 2003）。

然而，转基因烟草的研究表明，含有多拷贝*GUS*基因的烟草中GUS表达量明显低于单拷贝整合烟草中GUS的表达水平（Hobbs et al., 1993）。对所获得的转基因花生植株中的核壳体蛋白基因的整合与表达研究时，在高拷贝的转化体发现了基因沉默（Yang et al., 1998）。在转入玉米可凝性球蛋白*a1*基因的矮牵牛植株中发现，单拷贝整合的转基因植株通常表现整齐一致，而多拷贝整合转基因植株的启动子有甲基化现象，且外源基因不能表达（Linn et al., 1990）。在研究转基因柑橘时发现，GUS表达水平与其自身的拷贝数存在明显的负相关（Cervera et al., 2000）。将BT整合位点不同的转基因抗虫棉品系互交，研究不同拷贝数对抗虫性的效应，发现高拷贝数抑制外源基因表达（郭旺珍等，2001）。转基因插入染色体的某一区域是随机的，其在染色体上插入的位置（常染色质和异染色质、内源调控因子、GC含量的转换区等）不同将产生不同的表达结果，即所谓位置效应（Chandler et al., 2001）。外源基因整合的随机性导致完全沉默和表达水平的多样性，相同剂量外源基因的表达存在明显的差异，表明转基因表达存在位置效应。一般来说，T-DNA整合到异质染色区则趋向沉默，而整合到富含转录活性的常染色质区则趋向表达（Allen et al., 2001）。在研究转基因水稻时发现，同为三拷贝的uida转基因系，GUS活性相差悬殊。*uida*基因在L4转基因系可能是由于整合到水稻染色体的活跃区域，从而使其得到高效表达；而在L6转基因系*uida*基因却插入染色质的非活跃区域导致不能表达。在不同染色体区域，转基因甲基化程度不同或转基因与靶标位点相互作用所产生的后果不一样，从而使得转基因表达效率也不同（苏金等，1999）。用基因枪获得的转GFP的大麦，研究发现转基因插在7号染色体短臂靠近高度重复的NOR区的D株系完全沉默，而整合在其他区域的株系则出现荧光（Chen et al., 2003）。转基因烟草的实验表明，稳定表达的转基因植株中外源基因常常整合在宿主染色体的端粒附近，与核基质结合，而不稳定表达的转基因植株中外源基因常常整合到异染色质区和中间区域或高度重复序列（Iglesias et al., 1997）。外源基因的沉默多是由插入位点附近染色体的微环境影响了外源基因启动子的表达活性所致。即转基因在宿主细胞基因组中的整合位点周围基因组序列组成与转基因能否稳定表达密切相关（Hilder et al., 1989）。由于高等生物中较高GC碱基对的等容线的存在，使得转基因的整合破坏了它们的特征性组成，让宿主生物易于识别，从而启动了甲基化（Fromm et al., 1990）。

外界环境条件同样影响转基因的表达。Lindquist等（1986）通过对转基因植株进行光、热、厌氧和伤害等逆境处理分析发现，高温能诱导热休克蛋白的表达，同时降低其他基因的RNA表达水平（Lindquist et al., 1986）。将*A1*基因转化矮牵牛植株移栽至大田后，由于光照加强，温度升高，转基因植物的花色变化程度比培育在温室中更为显著，转基因失活的植株数目更多（Meyer et al., 1996）。许多研究表明，光照加强会增加基因沉默产生的概率并影响基因沉默产生的时间（Meyer et al.，1992；Borne et al.，1994；Wassenegger et al.，1994）。外界环境条件的改变可以使外源DNA甲基化程度发生变化，并引起外源基因表达的强烈变化。

三、转基因棉花商业化概况及其发展前景

自1996年美国、澳大利亚等国家过率先商业化种植转基因棉花以来，越来越多的国家加入转基因棉花种植的行列。到目前为止，种植转基因棉花的国家数达到数十个，2011年全球转基因棉花种植面积达2470万hm^2，占棉花种植总面积的82%，种植规模较大的主要有印度、美国、中国、巴基斯坦，是全球的主要转基因棉花种植国，90%以上的转基因棉花种植在这4个国家（旭日干，2012）。美国的转基因棉研究与应用最早，美国农业部国家农业统计局（Nationd Agricultural Statistics Service，NASS）的一项调查显示，2015年美国转基因棉花种植比例达94%。2002年印度政府批准转基因棉花商品化种植，到目前印度已经成为世界上转基因棉花种植面积最大的国家，截止到2014年，印度转基因棉大约占棉花种植总面积的95%（UshaBarwaleZehr，2014）。巴基斯坦2010年开始种植转基因棉花，当年占比就达到本国棉花种植面积的75%，2013年已种植接近300万hm^2，种植面积位居全球第四，普及迅速（刘定富等，2013）。1996~2014年我国累积推广抗虫棉面积达3860万hm^2，因此减少农药使用约5万t，经济效益和生态效益巨大（郭三堆等）。棉花转基因研究主要涉及抗虫、抗除草剂、抗病、抗早衰、纤维品质等重要农艺性状改良，其中抗虫转基因棉花和抗除草剂转基因棉花的研发与生产的推广应用最为广泛，对棉花产业影响很大。

目前，国内外已经选育出抗2，4-D、溴苯腈、草胺膦、磺酰脲类、草丁膦、草甘膦等除草剂的转基因棉花品种，美国各大农药公司或与有关的科研单位合作开发工作在转基因抗除草剂作物研究与应用方面处于领先地位，并已经有部分抗除草剂品种商业化。尚未有能在生产上大面积应用的国产转基因抗除草剂棉花品种出现。在抗逆、抗病、抗早衰、纤维品质改良转基因棉花培育方面，国内外相关研究尚处于起步阶段，真正培育出能够应用于生产的转基因品种并广泛推广仍任重道远。

参 考 文 献

陈凌娜, 曲延英, 王兰岚, 等. 2006. 利用激光微束穿刺法将抗真菌基因导入棉花的研究初报. 激光生物学报, 15: 26-30

陈志贤, 等. 1989. 从棉花胚性细胞原生质体培养获得植株再生. J Integr Plant Biol, (12): 966-969

程红梅, 简桂良, 等. 2005. 转几丁质酶和β-1, 3-葡聚糖酶基因提高棉花枯萎病和黄萎病的抗性. 中国农业科学, 38(6): 1160-1166

迟吉娜, 马崎英, 等. 2005. 中国棉花体细胞植株再生的基因型分析. 分子植物育种, 3(1): 75-82

樊文菊, 张莹, 等. 2013. 聚合ZmPLC1-betA基因提高了棉花的耐盐性. 中国棉花学会2013年年会论文汇编

巩万奎, 吴家和, 等. 2002. 葡萄糖氧化酶基因在棉花中的高效转化——转基因再生棉株的获得. 棉花学报, 14(2): 76-79

郭书巧, 倪万潮, 等. 2012. 转基因抗除草剂棉花的创制及产业化前景. 江苏农业学报, 28(5): 943-947

贾香楠, 李伟, 等. 2010. 基于Cre/loxP重组系统的多基因载体构建及烟草转化研究. 北京林业大学学报, 32(5): 121-125

雷建峰, 等. 2015. 棉花花粉高效转录U6启动子的克隆及功能分析. 中国农业科学, 48(19): 3794-3802

雷志, 周美亮, 等. 2014. 非生物逆境相关基因在棉花抗逆研究中的进展. 中国农业科技导报, 16(2): 35-43

李宝健, 石和平, 柯遐义. 1989. 电激法将外源基因导入三种植物的组织细胞. 中山大学学报, 8(4): 73-78

李菲菲, 吴慎杰, 等. 2009. 转蚕丝心蛋白基因改良棉花纤维品质. 科学通报, 54(4): 457-462

李付广, 袁有禄. 2013. 棉花分子育种学. 北京: 中国农业大学出版社

李永亮, 董雪妮, 等. 2015. 转*HhERF2*和*PeDREB2a*基因棉花对胁迫的耐受能力分析. 中国农业科技导报, 17(3): 19-28

林拥军, 曹孟良, 等. 2002. 通过转*PSAG12-IPT*基因培育延缓叶片衰老水稻. 植物学报, 44(11): 1333-1338

刘传亮, 田瑞平, 等. 2014. 棉花规模化转基因技术体系构建及其应用. 中国农业科学, 47(21): 4183-4197

刘桂珍, 蓝海燕, 田颖川, 等. 2000. 利用激光微束穿刺法获得抗黄萎病转基因棉花的研究. 中国激光, 27: 279-283

罗晓丽, 肖娟丽, 等. 2008. 菠菜甜菜碱醛脱氢酶基因在棉花中的过量表达和抗冻耐逆性分析. 生物工程学报, 24(8): 1464-1469

马盼盼, 谢宗铭, 等. 2014. 新陆早33号体细胞植株再生技术研究. 西北农业学报, 23(11): 57-61

裴金玲, 杨红兰, 等. 2012. 转晚期胚胎发生丰富蛋白(Lea)基因棉花及抗旱性分析. 分子植物育种, 10(3): 331-337

余建明, 陈志贤. 1989. 棉花(*Gossypium hirsutum* L.)原生质体培养的体细胞胚胎发生及植株再生. 江苏农业学报, (4): 54-60

王义琴, 陈大军, 等. 天麻抗真菌蛋白基因(*gafp*)转化彩色棉的研究. 植物学通报, 20(6): 703-712

吴家和, 张献龙, 等. 2003. 两个陆地棉体细胞胚胎发生新品系的选育. 棉花学报, 15(4): 254-256

吴敬音, 等. 1994. 陆地棉(*G. hirusutum* L.)茎尖分生组织培养及其在基因导入上的应用. 棉花学报, 6: 89-92

肖向文, 刘海峰, 等. 2014. "新陆早33号"棉花转基因体系建立及*AtPGIP1*基因的导入. 西北植物学报, 34(4): 658-664

谢道昕, 范云六, 等. 1991. 苏云金芽孢杆菌(*Bacillus thuringiensis*)杀虫晶体蛋白基因导入棉花获得转基因植株. 中国科学(B辑), 4: 367-373

旭日干. 2012. 转基因30年实践. 北京: 中国农业科学技术出版社

于晓红, 朱勇清, 等. 2000. 种子特异表达ipt转基因棉花和纤维性状的改变. 植物学报, 42(1): 59-63

张海燕, 党本元, 周奕华, 等. 1999. 用激光微束穿刺法将PAP cDNA导入油菜获得抗病毒转基因植株. 中国激光, 26: 1053-1056

张宏, 等. 1997. 超声波介导法转化棉花愈伤组织及可育转基因植株的获得. 中国科学(C辑), 27: 162-167

张震林, 刘正銮, 等. 2004. 转兔角蛋白基因改良棉纤维品质研究. 棉花学报, 16(2): 72-76

章立建, 陈乐玫, 袁静, 等. 1990. 超声波法直接导入外源基因-高效烟草转化系统的建立. 中国农业科学, 23: 88-90

赵福永. 2009. 棉花茎尖农杆菌转化体系的建立. 安徽农业科学, 37(2): 515-518

Asuka N, et al. 2005. Isolation of a rice regeneration quantitative trait loci gene and its application to transformation systems. Proc Natl Acad Sci USA, 102(33): 11940-11944

Atta R, et al. 2009. Pluripotency of *Arabidopsis* xylem pericycle underlies shoot regeneration from root and hypocotyl explants grown *in vitro*. Plant Journal for Cell & Molecular Biology, 57(4): 626-644

Bhojwani S S, et al. 1977. Isolation, culture and division of cotton callus protoplasts. Plant Science Letters, 8(1): 85-89

Christou P, McCabe D E, Swain W E. 1998. Stable transformation of soybean callus by DNA-coated gold particles. Plant Physiol, (87): 671-674

Dennis E M, Brain J M. 1993. Transformation of elite cotton cultivars via particle bombardment of meristem.

Nature Biotechnology, (11): 596-598

Firoozabady E, Deboer D L. 1986. Isolation, culture, and cell division in cotyledon protoplasts of cotton (*Gossypium hirsutum* and *G. barbadense*). Plant Cell Rep, 5(2): 127-131

Firoozabady E, DeBoer D L, Merlo D J, et al. 1987. Transformation of cotton(*Gossypium hirsutum* L.)by *Agrobacterium tumefaciens* and regeneration of transgenic plants. Plant Molecular Biology, 10: 105-116

Gao S Q, Chen M, et al. 2009. A cotton (*Gossypium hirsutum*) DRE-binding transcription factor gene, GhDREB, confers enhanced tolerance to drought, high salt, and freezing stresses in transgenic wheat. Plant Cell Reports, 28(2): 301-311

Harjeet K K, Grant E D. 2006. Targeted expression of redesigned and codon optimised synthetic gene leads to recrystallisation inhibition and reduced electrolyte leakage in spring wheat at sub-zero temperatures. Plant Cell Reports, 25: 1336-1346

Hu H, et al. 2005. Rice *SERK1* gene positively regulates somatic embryogenesis of cultured cell and host defense response against fungal infection. Planta, 222(1): 107-117

John J, et al. 1990. Transformation of cotton (*Gossypium hirsutum* L.) via particle bomdardment. Plant Cell Reports, (8): 586-589

Khasanov, Butenko. 1979. Cultivation of isolated protoplasts from cotyledons of cotton (*Gossypium hirsutum*). Soviet Plant Physiology, 26(1): 77-81

Kumar S, Daniell H. 2004. Stable transformation of the cotton plastid genome and maternal inheritance of transgenes. Plant Molecular Biology, 56: 203-216

Lee J, Burns T H, et al. 2010. Xyloglucan endotransglycosylase/hydrolase genes in cotton and their role in fiber elongation. Planta, 232(5): 1191-1205

Lee S, Kaittanis C, Jansen R, et al. 2006. The complete chloroplast genome sequence of *Gossypium hirsutum*: organization and phylogenetic relationships to other angiosperms. BMC Genomics, 7: 61

Lotan T, et al. 1998. *Arabidopsis* leafy cotyledonl is sufficient to induce embryo development in vegetative cells. Cell, 93(7): 1195-1205

Lv S, Yang A, et al. 2007. Increase of glycine betaine synthesis improves drought tolerance in cotton. Molecular Breeding, 20(3): 233-248

Lv S, Yang A, Zhang K, et al. 2007. Increase of glycinebetaine synthesis improves drought tolerance in cotton. Molecular Breeding, 20(3): 233-248

Qiao Z X, Huang B, et al. 2008. Molecular cloning and functional analysis of an *ERF* gene from cotton (*Gossypium hirsutum*). Biochimica et Biophysica Acta-Gene Regulatory Mechanisms, 1779(2): 122-127

Saka K, et al. 1987. Cell regeneration and sustained division of protoplasts from cotton (*Gossypium hirsutum* L.). Plant Cell Rep, 6(6): 470-472

Sencia M, et al. 1979. Induction of cell-fusion of plant-protoplasts by electrical-stimulation. Plant Cell Physiol, 20(7): 1441-1443

Thomas J C, Katterman F R H. 1984. The control of spontaneous lysis of protoplasts from *Gossypium hirsutum* anther callus. Plant Science Letters, 36(84): 149-154

Trolinder N L, Berlin J D, Goodin J R. 1987. Differentiation of cotton fibers from single cells in suspension culture. *In Vitro* Cellular & Developmental Biology, 22(11): 789-793

Trolinder N L, Chen X X. 1989. Genotype specificity of the somatic embryogenesis response in cotton. Plant Cell Reports, 8: 133-136

Trolinder N L, Goodin J R. 1987. Somatic embryogenesis and plant regeneration in cotton (*Gossypium hirsutum* L.).

Plant Cell Reports, 6: 231-234

Umbeck P, Johnson G, Barton K, et al. 1987. Genetically transformed cotton(*Gossypium hirsutum* L.)plants. Nature Biotechnology, 5: 263-266

Wang Y, Qiu L, Dai C, et al. 2008. Expression of insect (*Microdera puntipennis dzungarica*) antifreeze protein MpAFP149 confers the cold tolerance to transgenic tobacco．Plant Cell Reports, 27(8): 1349-1358

Zhu Q, Maher E A, Masoud S, et al. 1994. Enhanced protection against fungal attack by constitutive co-expression of chitinase and glucanase genes in transgenic tobacco. Bio/Technology, 12: 807-812

第八章　基因工程材料研究及遗传分析

2014年全球棉花种植面积为3439万hm^2。我国作为世界植棉大国，2014年棉花的种植面积达到了421.9万hm^2，新疆地方和兵团棉花种植面积分别达到了197.8万hm^2和74.3万hm^2，占据了中国棉花种植面积的64.5%，棉花的生产发展关系着百万棉农的生存大计。在基因工程技术应用之前，主要依靠常规育种方法，通过杂交、回交和自交等手段培育某个或若干性状优良的棉花品种，虽然有其自身的优势，但是也面临着遗传资源狭窄、育种年限长及远缘杂交困难等无法解决的技术难题，通过转基因技术可以实现基因在不同物种间定向转移，使其在受体细胞中稳定遗传与表达，实现常规育种无法突破的技术瓶颈。近些年来，随着越来越多的基因被克隆，转基因技术已经在棉花中取得了很大的进展，其中抗虫棉和优质棉的培育与应用是比较成功的事例。目标基因导入棉花只是转基因棉花应用的第一步，后续还要进行很多复杂的筛选与鉴定、遗传分析等工作，才能使转基因材料在生产中能够充分地利用，为棉花转基因育种提供优异的种质资源。

第一节　基因工程材料转化体筛选与检测

通过基因工程手段获得转基因材料之后，进行转化体的筛选与鉴定是后期选择的一个关键性的问题，1993年贾士荣提出了一套转基因植物的标准。转基因模式植物应具有：①严格的对照；②转化当代至少有一种相应的酶活分析（如GUS、NPTⅡ、EPSPs等）；③R_1代应具有Southern杂交或Northern杂交的证据；④有性繁殖作物需要标记基因控制的表现性状传递给R_1代的证据，无性繁殖作物有繁殖一代稳定遗传的证据；⑤转化的方法可以重复。转目的基因的植物应具备：①严格的对照；②转化当代目的基因整合和表达的分子生物学证据；③R_0代需要有目的基因控制的表型性状（如抗虫性、抗旱性、优质、抗病等）；④有性繁殖作物需要标记基因控制的表现性状传递给R_1代的证据，无性繁殖作物有繁殖一代稳定遗传的证据。转化体筛选与检测包括转化体的标记筛选与室内鉴定两个层次，室内鉴定又包括DNA水平、转录水平和翻译水平的鉴定等。

一、标记基因筛选转化体的研究进展

转化筛选方法研究的目的是建立一个选择系统，并能抑制非转化和野生细胞的生长，但不影响转化细胞的正常生长或对转化细胞影响较小。在转基因育种的过程中，转基因植株的鉴定和筛选是其中的一个重要环节，这方面的工作通常都在实验室内进行，而且需要有相当完备的实验条件和进行较为复杂的试验，这对于一般的育种单位具有一定的难度。一个转基因的植株获得后，通常还要对其后代进行基因纯合、遗传稳定性的研究、农艺和经济性状的筛选，甚至还要进行基因的转育、产业化过程中的种性保持等一系列工作，所有这些过程都需要对目的基因进行跟踪调查，需要对越来越大量的转基因后代进行筛选、鉴定。而现有方法对大量总体的转基因植株进行检测较为困难，发展一种与之相适应的筛选技术已显得至关

重要。在有选择压力的条件下，利用抗性基因在转化体内的表达，有利于从大量的非转化细胞中选择出转化克隆。

目前一般是通过导入一个抗生素、药物和除草剂抗性基因来进行筛选，这些基因通常是由一个组成型启动子控制，如花椰菜花叶病毒35S启动子或单子叶高组成型活性启动子Ubi1和Act1等，其中以抗生素筛选应用较多。表8-1列出了主要的选择剂及其抗性基因。在田间直接对已进行基因转化或转育的棉花叶片进行硫酸卡那霉素、潮霉素、除草剂等抗性筛选，根据植株局部（如叶片）反应情况，结合实际经验，可以快速地检测转基因阳性植株，也可以避免对转基因植株正常生长带来影响。因而研究棉花叶片对抗生素处理的反应，对于提高转基因植株后代筛选效果和准确性有重要的指导意义。

表 8-1 植物遗传转化中的选择剂及其抗性基因

选择试剂	抗性基因	抗性水平 / （μg/ml）	抗性酶	作用对象	抗性机制	应用植物
卡那霉素 （Km）	*apHA2*	50~1000	NPT II	蛋白质合成	选择剂磷酸化	双子叶植物、玉米
Geneticin（G418）	*apHA2*	50~200	NPT II	蛋白质合成	选择剂磷酸化	禾谷类、大豆
博莱霉素（Ble）	*He*	5~10	—	DNA损伤	—	未报道
潮霉素（Hm）	*hpt*	30~100	APH（4'）	蛋白质合成	Hm磷酸化	单子叶植物、黄瓜
Basta	*bar*	50~200	PAT	氨基酸合成	Basta乙酰化	油菜、玉米
草甘膦	*aroA*	$1 \sim 5 \times 10^4$	EPSPs	氨基酸合成	靶酶修饰或扩增	大豆、小麦
Chorsulfuron（CS）	*Csrl* ·	—	ALS	氨基酸合成	靶酶修饰	玉米、甜菜，油菜、亚麻
溴苯腈	*bxn*	10^4	腈水解酶	光合作用	选择剂降解	棉花
2，4-D	*tfdA*	300~3000	DPAM	堵塞微管束	降解2，4-D	烟草、棉花
阿特拉津	*PSbA*	0.5~1	QB	光合作用	靶酶修饰	烟草
2，2-DCPA	*Dehl*	—	脱卤素酶	多种酶活性	—	烟草
氨甲蝶呤	*dhfr*	0.5~1.0	DHFR	核苷酸合成	靶酶修饰	甜瓜、水稻
赖氨酸加苏氨酸（LT）	*dapA*	—	DHPS	氨基酸合成	靶酶修饰	烟草、马铃薯
S-氨乙基-L-半胱氨酸（AEC）	*lysC*等位基因	$1 \sim 1.5 \times 10^4$mol/L	AK	氨基酸合成	靶酶修饰	—

（一）硫酸卡那霉素筛选转化体的研究

硫酸卡那霉素（kanamycin）的作用机制：新霉素磷酸转移酶基因（*Npt* II）是目前基因工程中被广泛使用的选择标记，具有抗硫酸卡那霉素的功能，是基因工程技术遗传转化过程中最常用的标记之一。硫酸卡那霉素的对植物细胞表现毒性的机制是、干扰了细胞叶绿体及线粒体的蛋白质合成，最终导致植物细胞死亡（叶片发黄干枯），如果转基因材料的植株中转入了新霉素磷酸转移酶基因，就能产生对它的抗性，从而能够抑制这个过程。因此通过硫酸卡那霉素处理棉花叶片可以快速、有效地筛选转基因植株。

硫酸卡那霉素筛选转基因材料基本程序：利用卡那霉素筛选转基因材料共有3种施药方法。①棉绒法：将脱脂棉绒蘸取硫酸卡那霉素溶液，均匀地平铺在叶片上。此方法在过去是比较常用的方法。②涂抹法：用脱脂棉蘸取硫酸卡那霉素溶液，均匀涂抹叶片，可用于转基因材料中后期的精确或少量鉴定。此方法涂抹均匀，能够精确地对转基因材料进行筛选，且用药量较少，成本低，成为了转基因材料筛选中最常用的方法。③喷雾法：用微型喷雾器将硫酸卡那霉素溶液均匀喷施在叶片上，喷洒至叶面有少许液体滴落为止。此方法主要用于苗期和大量材料鉴定，由于用药量大，成本较高，在应用时受到了一定的限制。在转基因棉花筛选中，一般采用涂抹法，根据不同生育时期叶片对卡那霉素的敏感性，选取合适的浓度（常用的浓度有0.5g/L、1g/L、1.5g/L、2g/L、3g/L，试验时用剪成平头自动下水的软头笔或者海绵，吸取卡那霉素溶液，在棉花生长的不同时期，从上往下连续涂抹棉花新展开倒1、倒2叶的中间部位，直径大小1~3cm，以湿润为准，根据天气和棉花生长情况，在5~10d后观察涂抹部位的叶色反应。需要进行3次重复试验。

叶片对卡那霉素抗性反应的分级标准：根据田间观察的结果，棉花叶片对卡那霉素处理后的最终反应程度划分为7个等级。①0级：叶片正常。②1级：叶片处理部位的叶色与周边正常叶色略有差异，但不明显，叶色仍为绿色。③2级：叶片处理部位的叶色与周边正常叶色对比加深，差异较明显，叶色开始褪绿。④3级：叶片处理部位的叶色与周边正常叶色差异明显，叶色由绿转黄。⑤4级：叶片处理部位的叶色与周边正常叶色差异极明显，叶色由黄逐步转白。⑥5级：叶片处理部位的叶色与周边正常叶色差异极明显，叶色由白逐步转褐，并稍有破损。⑦6级：叶片处理部位的叶色与周边正常叶色差异极明显，叶色基本变褐，破损极为严重。

硫酸卡那霉素筛选存在的问题：尽管采用硫酸卡那霉素进行抗性筛选可以初步检测转基因阳性植株，但在实际操作过程中，会出现各种无法预见的结果。棉花叶片对硫酸卡那霉素本身存在着一定的抗性，不同部位的叶片其抗性水平表现出显著差异，叶龄越小的叶片对卡那霉素处理的反应越敏感，其与叶片的生长速率表现出了明显的正相关。但不同的生育期，棉花叶片对卡那霉素抗性也表现了很大的差异，就是说，棉花整株的发育状态不同，其抗性表现也不一致，生育期越往后棉花新展叶对卡那霉素抗性越强，所需的卡那霉素处理水平要求越高。一方面在抗性范围以内，棉花叶片个体之间表现出了较大的差异，而当卡那霉素处理浓度超出抗性范围以外，其表现个体间的差异较小。另一方面对转基因植物表达而言，基因在植物体内的表达产物有一个量的限制，当卡那霉素浓度处理超过一定限度，如在棉花苗期，当浓度达到15 000mg/L时，转基因植株同样也会显症；随着生育期的延长，植株对卡那霉素的抗性也逐渐加强。因此，选择合适的起始筛选浓度、浓度范围及筛选时期显得至关重要。其次从卡那霉素筛选的结果看，通过卡那霉素和PCR检测的棉花转基因单株，其Southern blotting的结果基本是相同。但也有不一致的情况，即卡那霉素检测通过的，PCR结果却不一定出现特异性带，卡那霉素检测没通过的，PCR结果可能也会出现特异性带，这种情况对通过花粉管通道法获得的转基因植株尤为明显。推测原因：①由于棉花细胞酚类物质含量较大，在DNA提取过程中，酚类物质与DNA形成不可逆的复合物，从而影响了实验结果；②采用花粉管通道法导入的质粒DNA，在导入的过程中，受到棉花体内核酸酶的降解，有可能使目的基因或标记基因形成不完整片段，从而影响了基因的正常表达。此外，对利用花粉管通道法所获得的棉花抗病转基因后代，进行初代筛选的优势较大，但我们在后代的遗传分析中发现，后代入选的抗卡那霉素单株数量明显比理论值低，规律也不明显，推测可能与基因的甲基化有关，具体原因有待于进一步的研究确定。在实践上，卡那霉素筛选转基因材料过程中，叶片反应在3级以上的处理，可作为卡那霉素起始筛选的标准。此外，叶片对硫酸卡那霉素的抗性受到天气、温度等环境条件的显著影响，因此，给筛选带来了一定的复杂性。总之，利用卡那霉素对转基因植株进行筛选具有很大的适用性，可以作为筛选转基因棉花植株的通用方法。

（二）潮霉素筛选转化体的研究

潮霉素（hygromycin）的作用机制：潮霉素B磷酸转移酶基因（hygromycin B phosphotransferase gene，HPT）产物的作用底物是潮霉素B（hygromycin B），Hyg B是一种氨基糖苷类抗生素，可破坏各种细胞中核糖体的功能，导致基因翻译受阻，使敏感组织褐化死亡，而hph编码的潮霉素磷酸转移酶可将磷酸基团共价地加到潮霉素B的第4位羟基上，使其发生磷酸化而失去活性，从而使受体细胞产生潮霉素抗性，如果将潮霉素B磷酸转移酶基因导入植物中，就能产生对它的抗性，从而能够抑制这个过程。

潮霉素筛选转基因材料基本程序与鉴定标准：利用潮霉素筛选转基因材料同硫酸卡那霉素施药相同，也有3种施药方法，分别为棉绒法、涂抹法和喷雾法。在转基因棉花生长中后期或少量筛选中，一般采用涂抹法，根据叶片的生长情况及对潮霉素的敏感性，选取合适的浓度（常用的浓度有0.08g/L、0.1g/L、0.12g/L、0.2g/L），涂抹时使用软毛笔或海绵等蘸取或吸取潮霉素溶液，从上往下连续涂抹棉花新展开倒1、倒2叶的中间部位，直径大小1~3cm，以湿润为准，根据天气和棉花叶片的反应情况，在3~7d后观察涂抹部位的叶色反应。如果叶片涂抹部位呈现黑色或褐色密集点状或连片状的非正常生长状态的情况，则说明无潮霉素抗性，初步判定为转基因阴性植株（即不含有HPT基因），如果叶片涂抹部位正常生长，则说明具有潮霉素抗性（即含有HPT基因）。

潮霉素在基因工程方面的应用：HPT作为筛选标记基因的同时，也是一种较理想的检测转基因植株及其后代的报道基因。HPT基因因其选择效率高、基因型差异小、体积较小（只有约1.1kb）、对转化细胞不产生或很少产生毒害作用和再生的转基因植株育性较好等优点，很容易与其他没有选择标记的目的基因结合并导入植物基因组，在转基因技术、转基因植株后代分离群体的分析和大规模筛选中得到了广泛的应用。2001年，刘巧泉提出了利用转基因植株离体叶片进行水稻潮霉素抗性检测的方法，该方法简单，试剂用量少，非常适合于对大群体的快速初筛。利用潮霉素方法在转基因棉花的筛选研究较少，岳建雄等（2002）以HPT基因作为筛选标记基因，潮霉素作为压力筛选剂，通过农杆菌介导法将GFP基因导入棉花细胞得到再生植株，研究确定了潮霉素作为棉花转化的筛选剂在农杆菌介导的转化中适用的浓度范围及筛选方法，即棉花转化中潮霉素的筛选浓度范围为2.5~10mg/L，在有GFP等一些易于观察和检测的标记基因存在时，起始浓度可用较低（2.5mg/L）的筛选浓度；而在没有标记基因或检测方法较复杂时，起始浓度用较高（10mg/L）的筛选浓度。2003~2013年，中国农业科学院棉花研究所转基因应用与研究课题组，利用农杆菌介导法将特定目的基因和HPT基因转入棉花，创制了大量优异的转基因新型种质材料，为棉花育种提供了良好的资源。研究证明，相对双子叶植物而言，它是单子叶植物较为理想的筛选基因，在水稻、玉米和小麦等作物上得到了广泛应用。潮霉素在转基因棉花育种材料创制中也有一定的应用，但是由于具有一定的安全风险，在实际生产应用中受到了很大的限制，因此，现在在生产应用中已经逐渐被其他选择剂替代，目前，只是进行一些基础理论相关方面的研究。

（三）除草剂标记筛选研究

抗除草剂基因是基因工程涉及较早的领域，在棉花的基因工程育种中，既可以作为目标性状进行利用，也可以作为标记基因性状进行转基因材料的筛选。我国的抗除草剂基因工程研究始于20世纪80年代，1992~1994年，山西省农业科学院棉花研究所陈志贤等将 *tfd* 基因转化导入陆地棉获得了抗2，4-D-丁酯的转基因棉花。在棉花基因工程中，目前转化的除草剂基因主要包括草丁膦（phosphinothricin，PPT）和草甘膦（glyphosate）。

草丁膦的应用进展：它是有机膦类除草剂，是非选择性、广谱除草剂Basta及Liberty等的主要活性成分。草丁膦的作用机制为抑制谷氨酰胺合成酶（glutamine synthetase，GS）的活性；GS是唯一能降解氨毒的酶，它可以除去碳酸还原、氨基酸降解和光呼吸释放的氧。草丁膦抑制GS后，可以导致细胞内氨的过量积累，引起植物中毒死亡。虽然草丁膦能抑制细菌、植物及哺乳动物的GS，但是它无法进入哺乳动物的血液和脑组织，因此对哺乳动物是安全的。

草甘膦的应用进展：草甘膦的商品名叫做Dupound或农达，即 *N*-（phosphonomethyl）glycine，是一种广泛应用的灭生性除草剂。作为一种广谱的灭生性除草剂，其具有非常好的传导性能，能够杀死世界上十大多年生深根性难除杂草。草甘膦与土壤接触后，能与土壤中的二价金属离子形成络合物，在土壤中通过微生物降解丧失毒性或活性，在土壤中较难迁移，因此，可以有效保护土壤理化性质、控制污染和保护环境。同时，由于人体和哺乳动物体内缺乏芳香族氨基酸合成途径，没有草甘膦作用的靶酶，因此对人和哺乳动物没有毒性。草甘膦的主要作用机制是竞争性抑制莽草酸途径中催化磷酸烯醇式丙酮酸（phosphoenolpyruvate，PEP）和3-磷酸莽草酸（shikimate-3-phophate，S3P）合成 5-烯醇式丙酮酸-3-磷酸莽草酸（5-enolpyruvyl-shikimate-3-phosphate）的5-烯醇丙酮酰莽草酸-3-磷酸合成酶（5-enolpyruvyl-shikimate-3-phosphate synthase，EPSPs）。该酶是细菌、真菌、藻类等植物体内芳香族氨基酸——色氨酸、酪氨酸、苯丙氨酸生物合成过程中一个关键性酶。草甘膦施用后可以被植物迅速吸收，随同化物分布整个植株，对植物的细胞分裂、叶绿素合成、蒸腾作用、呼吸及蛋白质等代谢过程发生影响进而导致植物死亡，将5-烯醇丙酮酰莽草酸-3-磷酸合成酶基因（*EPSPs*）导入棉花后，由于阳性转基因植株能够对草甘膦产生抗药性，因此可以用草甘膦产品在田间对此进行初步筛选。田间筛选方法同其他抗生素类一样，在生育期不同时间，根据其对草甘膦的敏感性试验结果，对需要进行筛选的植株喷洒500~700mg/L的草甘膦溶液，因为草甘膦是灭生性除草剂，3~5d后，在叶片施药1d后，不抗植株叶片局部会出现淡黄色反应，之后会逐渐变深，直到干枯甚至整株死亡，对剩余的抗性植株在2周后用同样方法对抗性株进行复筛，以此确保筛选的准确性。

（四）*GUS* 报道基因在筛选研究

报道基因是编码易被检测蛋白质或酶的基因，它不仅可以与目的基因融合，方便后续检测，而且表达产物不会对细胞的生理代谢产生影响。目前，常用的报道基因有很多种，其中β-葡萄糖醛酸酶（β-glucuronidase，GUS）报告系统是现代分子生物研究领域中被广泛使用的一种重要工具，在解析基因时空表达调控和功能验证研究中发挥着重要作用。自1987年Jefferson克隆 *GUS* 基因后，目前已经有上千种转基因植物利用其作为报道基因。

GUS由大肠杆菌K12菌株（*Escherichia coli* K12）的*uidA*基因编码，表达产物为β-葡萄糖醛酸糖苷酶（E.C. 3.2.1.31），系统命名为β-D-glucuronosohydrolase，是68kDa的同源四聚体，最适pH为5.2~8.0。该酶是一种外切水解酶，具有非常广泛的水解底物，可以催化通过β-*O*-糖苷键连接并含有D-葡萄糖醛酸的葡糖苷酸的水解，且具有热稳定性。在转化植物细胞内也非常稳定，在叶肉细胞原生质中其半衰期可达50h。将*GUS*报道基因同目的基因同时进行遗传共转化后，可以用来有效地筛选转基因阳性单株，而且*GUS*报道基因检测方法简便快速多样，包括分光光度法、组织化学染色定位法、荧光法等，并且对实验设备的要求也不高。此外，*GUS*报道基因同常规的抗生素基因和抗除草剂基因相比，还具有不可比拟的优势，可以避免一些可能存在的环境和生态等安全隐患。因此，其受到了广大学者的关注。

利用*GUS*报道基因筛选转基因材料过程如下：①经过植株形态的初步筛选；②结合GUS组织化学染色的细胞生物学分析；③通过检测靶基因*WD*的表达就可以完成阳性植株的鉴定和筛选。GUS组织化学染色液：0.5mol/L NaH$_2$PO$_4$，0.1% Triton X-100，10mmol/L EDTA，2mmol/L X-Gluc，0.78μl 2-巯基乙醇，1mmol/L K$_3$[Fe(CN)$_6$]，1mmol/L K$_4$[Fe(CN)$_6$]·3H$_2$O，调整pH为8.0，并加入28%甲醇，于38℃黑暗孵育24h。

（五）其他标记基因的筛选研究

除了抗生素标记基因和除草剂标记基因外，还有很多其他的抗性标记基因，如大肠杆菌β-半乳糖苷酶（*LacZ*）基因、胭脂碱合成酶（*NOS*）基因、章鱼胺合成酶（*OCS*）基因及萤火虫荧光素酶基因等。但由于大多数植物具有内源β-半乳糖苷酶活性，另外其基因太长，不易进行融合操作，因此，实验中很少应用；胭脂碱合成酶和章鱼胺合成酶在正常的植物细胞中不存在内源的酶活性，但检测费力，不能定量，难以进行组织化学定位，所以也没有广泛使用。从大肠杆菌中克隆来的*GUS*基因，作为基因融合系统中的报道基因广泛应用于细菌、植物，甚至动物的基因调控、表达等分子遗传学的研究中。利用大肠杆菌β-葡萄糖醛酸糖苷酶基因作为报道基因在植物转化系统研究中也广泛地得到了较好的应用。

二、转化体的室内检测

通过抗生素或除草剂等进行筛选后，只能根据植株的抗性初步确定是否为转基因阳性单株，不能完全保证基因已经整合到基因组中，更不能确定整合的拷贝数，因此还需要进一步采用室内PCR或Southern杂交进行后续的验证；整合到基因组中的目的基因能否表达与翻译，也需要进一步进行后续表达与翻译方面的实验验证。

（一）DNA 水平的检测

1. 棉花基因组DNA的分离与纯化 棉花富含棉酚、多糖、单宁等其他干扰物质，在细胞破碎时，棉酚等多酚类物质非常容易氧化，然后跟蛋白质、核酸等发生不可逆反应，结果形成棕色胶状复合物，从而难以获得高质量的DNA，而获取高质量的DNA又是分子生物学研究的关键。为此，在前人研究的基础上，针对棉花的特点，提出了一种简便、快速、经济、有效的gDNA提取方法，它在CTAB法的基础上，首先用二乙基二硫代氨基甲酸钠（DIECA）抑制酚氧化酶的活性，然后用活性炭和PVP40（poly vinyl pyrrolidone）排除棉酚等其他次生干扰物质。主要增加下述3个步骤以解决这个问题。第一步是在研磨叶片时就加入酚氧化酶抑制剂DIECA，从而阻止酚类物质的氧化，避免其与DNA的不可逆结合，这样不但可以提高DNA的纯度，而且可以提高DNA的得率。第二步是在提取液中通过加入高浓度的酚结合剂PVP40和活性炭去除棉花中富含的酚类物质。活性炭的加入不但可以去除酚类物质，而且还能去除脂类与其他色素物质。通过这两步，棉花中富含的酚类、多糖等其他干扰物质就基本上去除干净了。第三步利用在乙醇的盐溶液中DNA的沉淀速度远远大于色素、多糖和酚类等其他物质的原理，在加入乙酸钠、无水乙醇，DNA沉淀出现后，将其立即挑出，这样又进一步排除了多糖、色素等其他杂质。棉花基因组DNA的提取方法（宋国立，1998）如下。

（1）取2~5g新鲜样品，放入冷冻过的陶瓷研钵中，液氮下快速研磨，将粉末转移到50ml离心管中，暂放冰上。

（2）向离心管加入10~15ml冰冷的Buffer 1，在振荡器上混匀。

（3）4℃ 12 000r/min离心20min。

（4）弃去上清液，向离心管中加入10ml Buffer H，充分震荡。

（5）在水浴锅中60~65℃温育30min。

（6）加等体积氯仿：异戊醇（24：1），轻轻翻转30~50次，混匀。

（7）15℃ 16 000r/min离心10min，上清液转移到干净的50ml离心管中。

（8）重复（6）、（7）步骤。

（9）加0.6倍体积冰冷异丙醇，缓慢翻转30次以上，直到DNA絮状沉积。

（10）−20℃冰箱中静置30min。

（11）挑出DNA，用1ml 70%乙醇清洗两次，待乙醇挥发干净后，加入200μl TE缓冲液，溶解DNA（10~30min，65℃）。

（12）10 000r/min离心5min，转上清液到干净离心管中，弃去沉淀。

（13）在上述溶液中加入1μl RNase（10mg/ml），37℃温育2h。

（14）加等体积的酚:氯仿:异戊醇（25：24：1），轻轻混匀，16 000r/min离心10min，取上清。

（15）加0.1倍体积的3mol/L NaAc（pH5.2），混匀，缓慢加入2倍体积的冰冷无水乙醇，缓慢摇动至出现沉淀，−20℃静置过夜。

（16）12 000r/min离心5min，去上清。

（17）加500ml 70%乙醇清洗DNA，倒去乙醇，重复上述操作1次。风干，加100μl TE溶解DNA。

（18）10 000r/min离心5min，取上清，于−20℃长期保存。

（19）0.8%琼脂糖凝胶电泳检测DNA完整性，分光光度计检测DNA浓度。

2. PCR基本概念　　1983年，Kary Mullis提出此概念，PCR技术又称聚合酶链反应，它是通过模拟体内DNA复制的方式，在体外选择性地将 DNA 某个特殊区域扩增出来的技术。PCR扩增法，只需要数小时，就可以用电泳法检出1μg基因组DNA中仅含数个拷贝的模板序列。PCR技术的基本原理：在微量离心管中，加入适量的缓冲液，微量的模板DNA，4种脱氧单核苷酸，耐热性多聚酶，一对合成DNA的引物，通过高温变性、低温退火和中温延伸3个阶段为一个循环的反应过程，每一次循环使特异区段的基因拷贝数放大一倍，一般样品是经过30次循环，最终使基因放大了数百万倍，从而扩增了特异区段的DNA带。

PCR基本要素如下。

（1）模板：单链或双链DNA。

（2）引物：16~30bp合成的寡核苷酸。

（3）DNA聚合酶：耐热的DNA聚合酶。

（4）底物：4种脱氧三磷酸核苷（dNTP：dATP、dTTP、dCTP、dGTP）。

（5）Mg^{2+}：DNA聚合酶的激活剂。

3. 转基因植株的PCR检测　　　选择对筛选剂鉴定和生物鉴定的具有抗性的T$_1$代植株进行PCR检测，首先进行启动子的检测，检测到片段的植株再用特异引物进一步检测。在PCR检测检测过程中，优化了PCR体系。

25μl体系

Ex *Taq*酶（5U/μl）	0.3μl
10×Ex *Taq* Buffer（Mg^{2+} plus）	2.5μl
dNTP（2.5mmol/L）	1μl
引物 1（10μmol/L）	0.5μl
引物 2（10μmol/L）	0.5μl
DNA模板	20ng
ddH$_2$O	至25μl

反应程序

1个循环	95℃	5min	预变性
	95℃	40s	变性
25~35个循环	50~60℃	45s	复性
	72℃	*n*min（按1min扩增1kb计算）	延伸
1个循环	72℃	10min	总延伸
1个循环	4~10℃	∞	保存

PCR反应结束后电泳结果如图8-1所示。

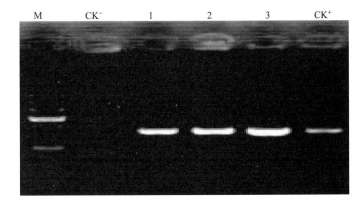

图 8-1　PCR 产物电泳结果

M. DNA Marker，CK$^-$. 阴性对照；1~3. PCR 结果；CK$^+$. 阳性对照

4. 拷贝数的Southern blotting检测 Southern blotting是进行基因组DNA特定序列定位的通用方法。一般利用琼脂糖凝胶电泳分离经限制性核酸内切酶消化的DNA片段，将胶上的DNA变性并在原位将单链DNA片段转移至尼龙膜或其他固相支持物上，经干烤或者紫外线照射固定，再与相对应结构的标记探针进行杂交，用放射自显影或酶反应显色，从而检测特定DNA分子的含量。Southern blotting技术是分子生物学领域中最常用的具体方法之一。

Southern blotting基本原理是：具有一定同源性的两条核酸单链在一定的条件下，可按碱基互补的原则形成双链，此杂交过程是高度特异的。由于核酸分子的高度特异性及检测方法的灵敏性，综合凝胶电泳和限制性核酸内切酶分析的结果，便可绘制出DNA分子的限制图谱。但为了进一步构建出DNA分子的遗传图，或进行目的基因序列的测定以满足基因克隆的特殊要求，还必须掌握DNA分子中基因编码区的大小和位置。有关这类数据资料可应用Southern blotting技术获得。Southern blotting技术包括两个主要过程：①将待测定核酸分子通过一定的方法转移并结合到一定的固相支持物（硝酸纤维素膜或尼龙膜）上，即印迹（blotting）；②固定于膜上的核酸同位素标记的探针在一定的温度和离子强度下退火，即分子杂交过程。该技术是1975年英国爱丁堡大学的E.M.Southern首创的，Southern blotting故因此而得名。

早期的Southern blotting是将凝胶中的DNA变性后，经毛细管的虹吸作用，转移到硝酸纤维素膜上。印迹方法如电转法、真空转移法；滤膜发展了尼龙膜、化学活化膜（如APT、ABM纤维素膜）等。利用Southern blotting可进行克隆基因的酶切、图谱分析、基因组中某一基因的定性及定量分析、基因突变分析及限制性片段长度多态性分析等。基本方法及主要步骤参照Clontech公司试剂盒及《分子克隆（第三版）》。

（二）转录水平的检测

1. 棉花RNA的分离与纯化 棉花组织棉酚、萜类、多糖含量较高，干扰完整RNA的提取。酚类氧化后与RNA不可逆结合，在氯仿抽提时造成RNA的丢失；萜类化合物造成RNA的降解；多糖与RNA性质类似，提取时两者难以分开，目前广为使用的Trizol reagent kit和异硫氰酸胍-酚-氯仿一步提取法很难从中提取出高质量完整的棉花总RNA。针对植物次生代谢类物质的干扰，研究者提出了一些相应的对策，综合比较，热CTAB抽提法所用的都是常规试剂，尽管需过夜沉淀但操作简单。将此方法首次应用于棉花叶片RNA的提取，证明该法易于重复，可以纯化出高质量完整的总RNA，并且能满足许多分子生物学试验进一步操作的要求。热CTAB抽提法利用LiCl沉淀和碱性、高盐离子条件下氯仿抽提去除多糖的干扰，利用螯合剂聚乙烯吡咯烷酮（PVP）结合多酚，加入β-巯基乙醇防止酚类物质的氧化，来去除植物中各种复杂成分的干扰，能从棉花叶片中提出高质量完整的RNA。

实验前的准备工作：准备一次性手套和口罩，一切操作都要带上；将玻璃器皿、金属类置于烘箱中，调温至180℃以上，烘烤8h以上；配制清洁液（0.1mol/L NaOH，0.001mol/L EDTA，事先用DEPC水配制1L），用清洁液擦洗桌面、移液器、试管架等。在溶液配制和提取RNA时都要擦洗。DEPC水（未灭菌的0.1%DEPC溶液）浸泡塑料制品。

抽提液（100ml）的配制如下。

（1）称量2g CTAB、2g PVP40、11.7g NaCl置于烧杯或三角瓶中。

（2）加入少于83ml DEPC水，再加5ml的0.5mol/L EDTA（pH8.0）溶液。

（3）处理12h（或过夜）。

（4）高压灭菌。

（5）灭菌后，加1mol/L的Tris-HCl缓冲溶液10ml（Tris-HCl不能用DEPC处理）。

（6）用灭菌后的DEPC水定容。

实验前取嫩叶等材料，立即置于事先液氮冷冻的研钵中，快速加入液氮研磨。

实验步骤如下。

（1）7000μl提取液加入2%（140μl）终体积的巯基乙醇后，65℃预热。

（2）1g组织在液氮中研磨后置于65℃上述提取液中，剧烈震荡（取样前要先用液氮预冷，研磨时要用力快速）。

（3）加入等体积氯仿：异戊醇（24∶1）抽提1~2次，4℃ 10 000r/min 10min，放冰盒上。

（4）取上清液（使用冰盒）加入1/4体积10mol/L LiCl，混匀，4℃过夜（6~8h）沉淀。

（5）4℃ 10 000r/min 10min，溶于150μl（或500μl）DEPC水。

（6）等体积的水饱和酚（酸酚，液体存于4℃冰箱）：氯仿：异戊醇（25∶24∶1）溶液抽提1~2次。

（7）加入1/10体积的3mol/L NaAc（pH5.2），2.5倍体积的100%乙醇，-70℃沉淀30min。

（8）4℃ 10 000r/min离心10min，70%乙醇洗沉淀两次，风干。

（9）溶于20~50μl（或150μl）DEPC水，并取1.0μl检测结果，合格后以10μl/管分装，-70℃保存备用。

（10）RNA检测。

2. Northern blotting　　Northern blotting是一种通过检测RNA的表达水平来检测基因表达的方法，通过Northern blotting可以检测到细胞在生长发育特定阶段或者胁迫或病理环境下特定基因表达情况。

Northern blotting首先通过电泳的方法将不同的RNA分子依据其分子质量大小加以区分，然后通过与特定基因互补配对的探针杂交来检测目的片段。Northern blotting这一术语实际指的是RNA分子从胶上转移到膜上的过程，当然它现在通指整个实验的过程。Northern blotting在1977年由斯坦福大学James Alwine、David Kemp和George Stark发明。Northern blotting实际上依照比它更早发明的一项杂交技术Southern blotting（依据生物学家 Edwin Southern名字命名）来命名，Southern blotting主要用来对DNA进行分析。

首先需要从组织或细胞中提取总RNA ，或者再经过寡聚（dT）纯化柱进行分离纯化得到mRNA。然后RNA样本经过电泳依据分子质量的大小被分离，随后凝胶上的RNA分子被转移到膜上。膜一般都带有正电荷，核酸分子由于带负电荷可以与膜很好地结合。转膜的缓冲液含有甲酰胺，它可以降低RNA样本与探针的退火温度，因而可以减少高温环境对RNA的降解。RNA分子被转移到膜上后须经过烘烤或者紫外交联的方法加以固定。被标记的探针与RNA探针杂交，经过信号显示后表明需检测的基因的表达。Northern blotting实验中阴性对照可以采用已经过RT-PCR或基因芯片检测过的无表达的基因。

Northern blotting中最为常用的电泳胶是含有甲醛的琼脂糖凝胶，甲醛可以减少RNA的二级结构，电泳完成后的胶可经过EB染色在紫外下检测RNA的质量。而对小分子的RNA 或者microRNA一般采用聚丙烯酰胺变性胶电泳。RNA电泳中可以依据核糖体RNA的大小大致判断条带的大小，28S RNA大小一般为5000nt，18S RNA 大小一般为2000nt。28S RNA 的亮度一般是18S的两倍。

Northern blotting中探针的序列需要和检测目的基因序列互补配对，探针可以是DNA、RNA或者其他的寡聚核苷酸，但最小长度必须大于25bp，体外合成的RNA探针可以采用更高的退火温度来减少背景中的噪音。探针一般采用P或者地高辛来进行标记。杂交过后，可采用X胶片显色的方法来检测信号。实验方法与步骤与Southern blotting类似，参照《分子克隆（第三版）》。

Northern blotting 可用来检测不同组织、器官，生物体不同发育阶段以及胁迫环境或病理条件下特定基因的表达样式。Northern blotting还可用来检测目的基因是否具有可变剪切产物或者重复序列。

分析基因的表达可以有很多种不同的方法，除Northern blotting 外还有RT-PCR、基因芯片、RNA酶保护实验等。Northern blotting较高的特异性可以有效减少实验结果的假阳性。Northern blotting实验中一个主要的问题是存在RNA的降解，所以Northern blotting中所有的实验用品都需要经过除去RNA酶的过程，如高温烘烤、DEPC处理等。同时，Northern blotting中很多实验用品如甲醛、EB、DEPC、紫外灯等对人体都有一定的伤害。Northern blotting的优势在于它可检测目的片段的大小、是否具有可变剪切出现、可允许探针的部分不配对性，杂交过后的膜经过一定的处理除去探针后还可保存很长时间再次杂交使用。

3. RT-PCR　　RT-PCR（real time PCR）是实时荧光定量PCR可对基因的表达和序列多态性分析。

RT-PCR原理：实时荧光定量PCR技术于1996年由美国Applied Biosystems公司推出，由于该技术不仅实现了PCR从定性到定量的飞跃，而且与常规PCR相比，它具有特异性更强、有效解决PCR污染问题、自动化程度高等特点，目前已得到广泛应用。所谓实时荧光定量PCR技术，是指在PCR反应体系中加入荧光基团，利用荧光信号积累实时监测整个PCR进程，最后通过标准曲线对未知模板进行定量分析的方法。

Ct 值的定义：荧光定量PCR技术中，有一个很重要的概念——Ct值。C代表Cycle，t代表threshold，Ct值的含义是：每个反应管内的荧光信号到达设定的域值时所经历的循环数。

荧光域值（threshold）的设定：PCR反应的前15个循环的荧光信号作为荧光本底信号，荧光域值的缺省设置是3~15个循环的荧光信号的标准偏差的10倍，即threshold=10′，SD cycle 3~15。

Ct值与起始模板的关系：研究表明，每个模板的Ct值与该模板的起始拷贝数的对数存在线性关系，起始拷贝数越多，Ct值越小。利用已知起始拷贝数的标准品可作出标准曲线，其中横坐标代表起始拷贝数的对数，纵坐标代表Ct值。因此，只要获得未知样品的Ct值，即可从标准曲线上计算出该样品的起始拷贝数。

荧光化学：荧光定量PCR所使用的荧光化学可分为两种：荧光探针和荧光染料。现将其原理简述如下。①TaqMan荧光探针：PCR扩增时在加入一对引物的同时加入一个特异性的荧光探针，该探针为一寡核苷酸，两端分别标记一个报告荧光基团和一个淬灭荧光基团。探针完整时，报告基团发射的荧光信号被淬灭基团吸收；PCR扩增时，*Taq*酶的5′→3′核酸外切酶活性将探针酶切降解，使报告荧光基团和淬灭荧光基团分离，从而荧光监测系统可接收到荧光信号，即每扩增一条DNA链，就有一个荧光分子形成，实现了荧光信号的累积与PCR产物形成完全同步。而新型TaqMan-MGB探针使该技术既可进行基因定量分析，又可分析基因突变（SNP），有望成为基因诊断和个体化用药分析的首选技术平台。②SYBR荧光染料：在PCR反应体系中，加入过量SYBR荧光染料，SYBR荧光染料特异性地掺入DNA双链后，发射荧光信号，而不掺入链中的SYBR染料分子不会发射任何荧光信号，从而保证荧光信号的增加与PCR产物的增加完全同步。

（三）翻译水平的检测

1. 蛋白质印迹　　蛋白质印迹（Western blotting）的发明者一般认为是美国斯坦福大学的乔治·斯塔克（George Stark），在尼尔·伯奈特（Neal Burnette）于1981年所著的《分析生物化学》（*Analytical Biochemistry*）中首次被称为Western blotting。它的基本原理：与Southern blotting或Northern blotting方法类似，但Western blotting采用的是聚丙烯酰胺凝胶电泳，被检测物是蛋白质，"探针"是抗体，"显色"用标记的二抗。经过PAGE分离的蛋白质样品，转移到固相载体（如硝酸纤维素膜）上，固相载体以非共价键形式吸附蛋白质，且能保持电泳分离的多肽类型及其生物学活性不变。以固相载体上的蛋白质或多肽作为抗原，与对应的抗体起免疫反应，再与酶或同位素标记的第二抗体起反应，经过底物显色或放射自显影以检测电泳分离的特异性目的基因表达的蛋白质成分。该技术也广泛应用于检测蛋白质水平的表达。

实验流程主要包括以下基本步骤：试剂准备、蛋白质样品制备、蛋白质含量的测定、SDS-PAGE电泳、转膜、免疫反应、化学发光、显影和定影，具体方法参照《分子克隆（第三版）》。

2. ELISA　　　1971年Engvall和Perlmann发表了酶联免疫吸附剂测定（enzyme linked immunosorbent assay，ELISA）用于IgG定量测定的文章，使得1966年开始用于抗原定位的酶标抗体技术发展成液体标本中微量物质的测定方法。这一方法的基本原理是：①使抗原或抗体结合到某种固相载体表面，并保持其免疫活性；②使抗原或抗体与某种酶连接成酶标抗原或抗体，这种酶标抗原或抗体既保留其免疫活性，又保留酶的活性。在测定时，把受检标本（测定其中的抗体或抗原）和酶标抗原或抗体按不同的步骤与固相载体表面的抗原或抗体起反应。用洗涤的方法使固相载体上形成的抗原抗体复合物与其他物质分开，最后结合在固相载体上的酶量与标本中受检物质的量成一定的比例。加入酶反应的底物后，底物被酶催化变为有色产物，产物的量与标本中受检物质的量直接相关，故可根据颜色反应的深浅进行定性或定量分析。由于酶的催化频率很高，故可极大地放大反应效果，从而使测定方法达到很高的敏感度。主要方法：双抗体夹心法、双位点一步法、间接法测抗体、竞争法、捕获法测IgM抗体和应用生物素和亲和素的ELISA。

3. 转基因棉花Bt毒蛋白含量的测定　　　试剂盒购自中国农业大学，参照王保民（1999）的方法测定Bt毒蛋白含量。设定阳性对照（'新棉33B'）与阴性对照（'中棉所24'和'中99668'）。含Bt转基因棉花群体T₅代Bt含量结果分析：T₅代的抗虫性在田间表现已经稳定（材料由本实验室提供），阳性对照'新棉33B'的表达量为1650ng/g，有83.4%株系的Bt含量高于对照。1500~4000ng/g范围内的株系占总数的71%，说明大部分株系的表达量集中在这一范围。

第二节　基因工程材料鉴定与评价

利用基因工程技术主要是为了创造具有特定优异性状的新种质，其根本任务是为生产应用或生物育种提供良好的基础或直接资源材料。在基因工程技术诞生之前，作物育种主要采用常规育种技术，通过杂交、回交、测交等手段进行，不仅育种进程慢，而且还受遗传资源狭窄、杂交困难等多种因素制约，但是通过基因工程手段（转基因）可以快速实现同一或不同物种之间特定目标基因的定向转移，从而达到改良植物某一或多个性状的目的。利用基因工程技术将目标性状基因导入植物，只是转基因的第一步，导入的目标性状基因能否在植物中表达、翻译、翻译加工，并最终表现出理想的目标性状，还需要对转基因材料进行长期跟踪和调查，严格评价和鉴定，通过多年、多点的相应指标的测量与测定，确定已知目的基因与目标性状的连锁关系，最终为作物遗传育种提供良好的种质资源材料。近年来，基因工程棉花也取得了显著的成绩，尤其是转基因抗虫棉、转基因优质棉的应用，有效地推动了棉花产业的发展，为稳固棉花市场和国内需求作出了巨大的贡献。

一、抗虫材料抗性鉴定

外源基因抗虫性是把其他植物、动物或微生物中的抗虫基因通过分子操作手段分离出来，或人工模拟合成抗虫基因，加上启动子、终止子、加强子、标记基因、报道基因等调控元件后，转化到棉花中，以增强对害虫的抗性，这类基因工程棉花称为转基因抗虫棉。转基因抗虫棉抗虫性强，可大幅度减少农药使用，达到安全、节约成本、省工、省时、保护生态环境的目的。在转基因抗虫棉的育种过程中，为了得到真正抗虫的材料，需要对其抗虫性进行筛选和鉴定，常采用田间自然感虫鉴定法、田间网室接虫鉴定法和室内饲养法进行直接的抗虫性鉴定，也可以采用ELISA、PCR或Southern blotting进行间接抗虫性鉴定。

（一）试验设计方法

转基因棉对棉铃虫的抗性主要表现为对初孵和1龄幼虫有较强的毒杀作用，对存活幼虫的生长发育有明显的抑制作用，在室内、罩笼内和田间均有较好的控害效果。因此，评价转基因棉的抗虫性，应把室内棉株嫩叶饲养1龄幼虫的校正死亡率和罩笼内及田间的蕾铃被害率、顶尖被害率等指标结合起来进行综合分析评判。此外，由于转基因棉对棉铃虫的抗性表现出时间动态，最好在棉铃虫发生的每一世代均进行一次抗性评价。

（二）测定方法

不同组织器官对幼虫的毒杀效果：于棉花现蕾期采摘棉株顶部展开的第三、四片嫩叶，取上部顶尖生长点及幼蕾分别放入培养皿中，每皿接1龄幼虫5头，每株重复6次，以常规棉作对照。接虫后将培养皿封严，以防幼虫逃逸和保持皿内湿度，置于27℃±1℃、光照周期16：8（光：暗）培养箱内饲养，3d后调查处理幼虫死亡情况，并计算死亡率，以校正死亡率比较各转基因材料对幼虫的毒杀效果。

对幼虫生长发育的影响：将棉株叶片、嫩叶和幼蕾分别放入试管中，每管接初孵幼虫1头，每个材料各组织器官均观察30头幼虫生长情况；6d后每头幼虫分别称重，以平均体重比较各供试材料不同组织器官对幼虫生育的影响。

对不同龄期幼虫的毒杀效果：用棉株嫩叶、嫩尖和幼蕾分别喂养初孵、1龄（孵化后第2天幼虫）、2龄、3龄幼虫，以第3天的幼虫死亡率和校正死亡率比较和评判合适的供试幼虫虫龄。

（三）抗虫鉴定方法

网室鉴定：该方法能避免其他虫害和自然因素的干扰，试验结果准确可靠。每个被鉴定材料在网室的种植规模可视材料多少和网室大小而定，一般种植1~3行，每行10株左右，设置2~3个重复，所得结果与田间小区鉴定结果进行比较。网室经常可以与遮雨活动棚配套使用，在遇雨时在网室上及时覆盖塑料薄膜，以避免降雨对抗虫鉴定结果的影响。

田间鉴定：具体做法是将试验材料种植在田间，利用自然虫源对供试材料进行感虫性鉴定。关键技术在于准确掌握最佳调查时期，过早过晚均不能正确鉴定供试材料的抗虫效果，无法在供试材料间进行相互比较。田间鉴定每个材料的种植群体相对较大，一般3~4次重复，每个材料3~5行，抗虫效果以中间几行的调查数据为准，避免边际效应对抗虫性的影响和干扰。

室内鉴定：该方法简便快速，结果准确，一般适用于虫体较大的害虫试验，如棉铃虫、棉红铃虫等。在棉花生育的不同时期，从田间采集嫩叶，带回室内进行鉴定，在棉花2~3个生育时期进行2~3次，鉴定时，赋予害虫适宜的生存环境和保持供试材料的新鲜是非常重要的，如充足的水分、良好的通气状况和适当的光照条件。

生物鉴定：中国农业科学院植物保护研究所的网室鉴定方法，是将转基因抗虫棉株系在网室随机排列，以各自转基因的受体品种为对照，于棉花现蕾期接成虫，每10m^{2}释放雌雄蛾各4头，7d后调查各株系棉株的落卵量、幼虫数和被害情况，并对所检查的各株系棉株接初孵幼虫两次，接虫量为每株5头，接虫后第7天和第14天分两次调查蕾铃数、顶尖被害数和存活幼虫数。室内组织的抗性生物测定和示范试验的鉴定是，田间采集新鲜叶片或幼蕾，放入保湿容器内，接虫后定时调查害虫存活、虫体变化及供试材料受损程度（董双林等，1996）。美国密西西比州Starkeville农业部试验站大田鉴定，设治虫和不治虫作为裂区设计的主处理，不同材料为副处理，6次重复。当棉株有6个蕾时人工接种初龄幼虫，每株12头，每周一次，共接虫4次，各小区喷杀虫剂杀死除棉铃虫以外的其他害虫和天敌，最后比较产量。

生化鉴定：常用索氏斑点法和韦氏斑点法，前者是提取转化组织中的DNA，电泳后通过分子杂交测定外源基因在受体内的整合；后者是提取转化组织中的蛋白质分子，电泳后将转化基因控制合成的蛋白质分子分离出来，再做血清反应。例如，美国Agracetus公司和Monsanto公司转育的Bt抗虫基因，以及亚利桑那大学转育的胰蛋白酶抑制基因抗虫棉均已通过索氏斑点法鉴定。

转基因抗虫棉快速检测法：由山东农业大学沈法富（2000）申请了国家发明专利（97106143.2）。该方法以棉花种子、叶片、花、铃等器官作为材料，利用试剂盒进行转基因抗虫棉定性、定量测定。该方法操作方便，定性测定不需要仪器设备，检测灵敏度高，重复性好，成本低，测试所需材料少（5~10g），且不破坏植株（植株可正常结铃），棉花育种单位可用于抗虫棉育种，良种繁育单位可用于去除不抗虫植株，保持抗虫棉的纯度，种子经营单位可用于鉴别抗虫棉的真伪。

这些鉴定筛选方法各有其优缺点，或者受小环境、小气候影响大，或者研究成本高，检测数量有限，鉴定条件严格，或者它们的工作量较大，既要大量的人力，又要大量的物力，所以如何提高鉴定筛选效率是目前转基因抗虫育种工作中必须要解决的关键问题。

二、抗病材料抗性鉴定

（一）病圃鉴定

棉花枯萎病、黄萎病属土传侵染病害，检验鉴定棉花品种、品系或种质资源的抗性，一般均采用病圃鉴定法。病圃有自然病圃和人工病圃两种类型。

自然病圃多设在棉区的自然病地上，宜地势平坦，排灌系统合理，土质与菌系具有代表性，最重要的是病地本身发病重而均匀，菌系具有代表性，病圃面积不宜过大，一般 $0.3 \sim 0.6 hm^2$。病圃四周种植当地的常规感病品种为保护区，主要目的有3个：①能将病圃隔离；②可及时检验病圃发病的均匀性；③可正确反映病圃的病情，以病情指数（简称病指）在50左右比较理想。在选择病圃的地理位置时，也应同时考虑到当地的常年气象条件，尤其是6~9月间遇到连续高温干旱天气，不利于病圃的发病，即需要灌溉降温保湿促病显症。根据我国目前病害发生情况，要选择具代表性的黄萎病、枯萎病混生病圃较为方便，然而欲选择一块比较理想的自然黄萎病、枯萎病圃就不太容易。

人工病圃则是通过模拟自然病田的发病环境，设计成可添加接种病原物，又可以调节水分，并限制病圃内水分流窜。人工病圃必须发病重而均匀，抗感病级达标显著，能正确反映供试品种的抗性等级的标准。顾本康（1985）曾设计标准人工病圃的工程图，即容积为4m×2.5m×1.2m的水泥池，全池垂直结构分5层：底层为夯实层；其上为大石块层，厚15cm；上为小石块层，厚5cm；再上为沙石层，厚10cm；最上为土壤层，厚90cm，土壤取自于从未种过棉花的深层老土（或稻田土）。这种结构的优点是可下渗土壤饱和水，土表水可以从四周的管孔排出。每5个池为一排，排距1.22m，池距0.35m，水泥铺面，排距间下设排水沟（深1.4m）和浓氨水消毒池（深1.5m）。池数可根据需要而定，最少为20个。土壤内接病原菌的接种物，可根据鉴定对象而定黄萎病菌或枯萎病菌。菌系宜用本地区具有代表性的菌株培养物。培养物多选用麦粒，或玉米、黄沙，或棉秆碎段，视可利用资源而定。比较方便而又标准的培养基物现多选用小麦粒。麦粒浸泡洗净后分装在培养平菇的塑料袋内，或克氏瓶内，经消毒灭菌后，将代表菌株接种其上，在25℃下培养，一般棉枯萎病菌需培养2周左右，棉黄萎病菌需培养20d左右，将培养物掏出晾干，每公顷约接种麦粒培养物750kg。

在重病棉田连作2~3年抗病品种后的土壤接种病菌，致病力随种植抗病品种年份的增加，病情指数显著逐渐减轻（$r=-0.6032$），连作4~6年病菌致病力的降低极显著；种植感病品种，病菌的致病力随着年份的增加而显著增强（$r=0.6695$）。

经过试验检测，病圃可靠性分析，经28点设置的感病品种对照，平均病指为52.9，完全符合病圃发病均匀且重的标准。同时，供测品种病级间表现出差异显著性，如1983年鉴定的228个材料，按病级归类后进行方差分析，$F=30.37 > F_{0.01}=4.08$，四级病指间的差异达极显著水平。1984年鉴定的198个材料，$F=66.99 > F_{0.01}=3.88$，差异也达极显著水平，表明人工病圃进行种鉴定所显示出的病级差异是可行的。在人工病圃内，从棉株的病情表现同样可看出病情随着生育阶段而有波动，蕾期是发病的初次高峰，进入花铃期呈现出发病第二高峰。据测，第一发病高峰与第二发病高峰具有相关性。例如，1983 年分析第一、第二发病高峰相关系数$r=0.5092$（$t=8.894 > t_{0.01}=2.58$），回归式 $y=45.50+0.60x$；1984 年调查分析，两个发病高峰的相关系数$r=0.1520$（$t=2.152 > t_{0.05}=1.96$），回归式 $y=50.26+0.45x$，两年结果均表明蕾期病指与后期病指具有显著相关性。在鉴定品种时，可利用蕾期的病情调查，即能反映品种抗感性，根据产量损失的估测，往往前期的病情表现影响较大。这样，注意品种第一发病高峰时的抗病性显得更为重要，并且调查前期病情还可减少后期剖秆所花的劳力和时间。因此，若有较多的种质资源或品系进行病圃抗性鉴定，应该重视蕾期的病情分级调查和抗性的表现。

关于病级和抗性的划分，虽然尚没有法定标准，但我国各单位仍然沿用原全国棉花枯萎病、黄萎病综防协作组所商定的病级划分标准（表8-2）。

表 8-2　棉花枯萎病、黄萎病病级划分标准

病级	棉花枯萎病		棉花黄萎病	
	蕾铃期	剖秆	蕾铃期	剖秆
0	无症状叶片	不变色	无症状叶片	不变色
1	显症叶片占1/4株以下，典型症状	变色部占剖面1/4以下	显症叶片占全株1/4以下，呈黄斑型	变色部占剖面1/4以下
2	病症叶片1/4~1/2，表现病株矮化	变色部占1/4~1/2	症叶片占1/4~1/2，呈黄斑型，有枯斑型	变色部占1/4~1/2
3	病症叶片1/2~3/4，病株矮化	变色部占1/2~3/4	症叶片占1/2~3/4，呈枯斑型	变色部占1/2~3/4
4	病株叶片全部显症，落叶、枯死	变色部占3/4以上	显症叶片3/4以上，多呈枯斑型，有落叶，结铃率下降	变色部占3/4以上

（二）苗期鉴定技术

纸钵撕底菌液蘸根法：用旧报纸按营养钵大小做成纸杯，内装非病原菌土，供试棉子播种后，置于温室内，经常保持土壤水分，待棉苗有2~3片真叶时，将纸钵的底纸撕去，露出苗根，在经培养好的枯萎病菌或黄萎病菌的分生孢子菌液里浸蘸，然后将棉苗置于土盘内，经7d后，棉苗即染病显症，当感病品种发病严重时，调查病情。菌液分生孢子浓度可根据试验需要而定，一般浓度在10^6以上。病情调查时间，可视具体病程时间而定。如果种质资源数多，群体量大，可在5片真叶时采用苗期一次性剖秆进行病级统计；如果是品系材料，可拉长病期，分次计算病情，直到7叶大苗期剖秆检查统计病级。

无底塑钵菌液浇根法：无底塑钵用厚塑料膜制备，直径6cm、高8cm的圆桶，无底无盖。将制备好的无底塑钵放在塑料盆中，再将灭菌土小心装入其中，装至无底塑钵的2/3高即可，随后置于温室中，准备播种，播法同纸钵撕底菌液蘸根法，待棉苗长至1片真叶时接菌。病菌孢子液制备法也同纸钵撕底菌液蘸根法。接种时，先将无底塑钵从盆中取出，置于玻璃板上，用手握住塑料钵稍用力在玻璃板上转两圈，使底部的棉根产生伤口，随后将塑料钵倒过来，使苗向下、底朝上，将10ml菌液缓慢浇于钵底，使菌液完全被吸收。随后将其置于铺薄薄一层潮湿的灭菌土的塑料盆中，1h后向盆底浇入200ml自来水。精心管理，20d后调查发病情况。

苗期针刺接种法：棉子可直接播种在无病原菌的土沙盘内，也可直接播种在营养钵上或纸钵土内，待棉苗子叶展平，有1~2片真叶时，采用针刺接种法，即用针灸针或大头针，在离针尖0.5cm处，插一小消毒棉絮球或小泡沫球，饱蘸菌液后，将针由上而下斜刺在子叶节下，并向茎根方向挤压，菌液就顺针尖流入棉苗茎部的维管束内。培养的分生孢子菌液浓度亦为10⁶以上。接种的棉苗，统放在相同环境的温室内，7d后发病均匀，经调查统计可明确显示出供测的不同材料之间的抗性差异。

三、纤维材料鉴定方法

（一）棉花纤维发展现状

棉花纤维是棉花生产的终极产品，中国作为世界上最大的纺织品生产国和消费国，它的生产涉及2亿棉农的生计和近2000万纺织工人的就业。因此，棉花在我国国民经济中具有举足轻重的地位。但是，目前我国原棉无论在产量和纤维品质上已不能满足市场需要，再加上机械化推广作业造成了一定程度的棉纤维长度损失，对于适合纺高档棉纱的优质原棉几乎全部依赖进口，造成国内棉市场受到了很大的冲击。由于受种质资源和常规育种技术的限制，棉花品种的产量潜力已进入平台期，要实现棉花产量与品质的同步提高，难度更大。通过常规育种途径"在不影响产量的前提下要改进棉花纤维品质几乎是不可能的"（Chen，2011）。因此，要实现棉花产量与纤维品质的同步提高必须要有新的突破。自从基因工程技术手段发展以来，已经在水稻、大豆、蔬菜、花卉等方面取得了巨大的成功，利用基因工程（转基因）技术将调控棉花纤维发育的优良基因导入棉花，理论上能够提高棉花的纤维品质。

在"973计划"等攻关项目的支持下，中国农业科学院棉花研究所用国内北京大学、清华大学、中国农业大学、中国科学院上海生命科学研究院植物生理生态研究所、西南大学等多家单位提供的与纤维发育相关的候选基因进行遗传转化，获得了许多优质的转基因棉花材料，为棉花生产应用与育种提供了优异的种质资源。

（二）棉花纤维主要物理性能指标

棉花纤维中纤维素（$C_6H_{10}O_5$）约占94%，除此之外，还包括糖、蜡质、蛋白质、脂肪、水溶性物质、灰分等伴生物（影响加工使用性能）。

棉花纤维主要物理性能指标包括长度、线密度（细度）、吸湿性、强伸性、化学稳定性、成熟度等。

1. 纤维长度　　纤维长度指的是伸直纤维两端间的距离。纤维长度的测定仪器主要有长度照影仪（Fi-brograph）、HVI、Advanced Fiber Information System（AFIS）等。手扯长度（staple length）：我国现行棉花标准GB1103—2012规定，采用手扯尺量法检验棉纤维长度，作为流通领域确定棉纤维长度和结价的依据。2012年发布的GB1103—2012将棉花纤维长度级距由2mm改为1mm，纤维长度范围由中值长度改为保证长度，使手扯长度更接近棉花的真实值。28mm为长度标准级。手扯长度测试快速、简便，不需特殊测试条件，可现场检验，测试结果代表性较高。但难以了解分布情况，测试结果因人而有所波动。细绒棉纤维长度一般为23~33mm，长绒棉纤维长度一般为33~45mm。

跨距长度（span length，SL）：属不分组测定的皮棉长度，称照影仪长度。530型照影仪和HVI 900均可测试棉纤维的跨距长度。利用光电转换原理，测定特制梳夹上随机抓取的纤维束的跨距长度。所谓跨距长度，其含义可理解为被夹子随机抓取的纤维，在平直均匀分布状态下，从梳夹根部（以离梳子基部3.8mm的纤维根数为100%）出来的纤维随纤维束的伸展纤维数量逐渐减少，当纤维数量减少到相对应于梳夹根部纤维数量的某百分数时，从梳夹根部至此部位处的纤维距离，称跨距长度（或称跨越长度）（图8-2）。例如，2.5%与50%跨距长度是指纤维数量为基部2.5%或50%时的梳夹移动的距离。

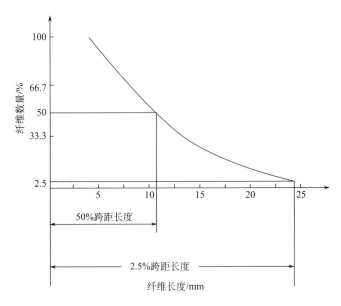

图 8-2　纤维长度分布曲线

从棉花的照影仪曲线，可以得到平均长度（ML）、上半部平均长度（UHML）、上四分位平均长度（UQML）等。平均长度：指在照影仪曲线上50%纤维量的位置，对应点处的距离。上半部平均长度：指在照影仪曲线上50%纤维量的位置，对曲线作一条切线，切点延长线对应点距离。上四分位平均长度：指在照影仪曲线上25%纤维量的位置，对曲线作一条切线，切点延长线对应点距离。主体长度：指长度分布中，占重量或根数最多的那部分的纤维长度。与手扯长度相接近，是我国棉花收购中定级作价的依据。

平均长度（mean length，ML）：指纤维长度的平均值。一般用重量加权平均长度。用来比较原棉长度集中趋势和差异情况。

品质长度：指长于主体长度的那部分纤维的重量加权平均长度，又称为右半部平均长度，是作为棉纺工艺上确定工艺参数时采用的棉纤维指标。品质长度一般较主体长度长2.5~3.5mm。

一般情况下，它们大体符合以下长短差异关系：品质长度＞分梳长度＞手扯长度与光电长度＞主体长度＞2.5%跨距长度＞50%跨距长度。

跨距长度整齐度（uniformity index，UI）：由于校准方法的不同，跨距长度整齐度有整齐度百分比和整齐度指数两种。整齐度百分比是指50%跨距长度与2.5%跨距长度的比值，细绒棉一般为43%~50%。整齐度指数是指平均长度和上半部平均长度的比值。美国通常用整齐度指数这个指标。表8-3为评价长度整齐度具体数值。

短绒率（short-fiber content，SFC）：指纤维长度短于某一长度界限的纤维重量相对所试纤维总重量的百分率。用AFIS可以直接快速测定短纤维含量，一般指短于16mm或19mm的纤维重量百分率。根据现行规定，所谓某一指定长度（即K值长度），是当主体长度大于31mm时为20mm；当主体长度在31mm及以下时为16mm。一般要求陆地棉短纤维含量在10%以下为好。美国将12.7mm作为短纤维分界线，此时的短纤维含量在8%以下为好。

表 8-3　长度整齐度指数分档及代号

分档	代号	长度整齐度指数/%
很高	U1	≥86.0
高	U2	83.0~85.9
中等	U3	80.0~82.9
低	U4	77.0~79.9
很低	U5	<77.0

2. 纤维细度　　棉纤维细度是指纤维的粗细程度，它的直接含义是纤维直径。由于棉纤维的直径难以直接测定，采用间接指标，包括特克斯（tex）、公制支数（N）、马克隆值（M）表示。测试仪器包括马克隆值仪、AFIS和HVI。

特克斯（tex）：也称号数，是我国线密度的法定计量单位名称，是指1000m长纤维的重量以克表示。国际标准通常用特克斯表示纤维细度。其计算式如下：

$$N_{tex}=（G/L）×1000$$

式中，N_{tex}——线密度 （tex）；L——纤维长度（m）；G——纤维重量（g）。

特克斯（tex）的千分之一、十分之一和一千倍分别称为毫特（mtex）、分特（dtex）和千特（ktex）。

以往曾以公制支数作为棉纤维的细度指标。公制支数是指每毫克棉纤维所具有的长度毫米数，其计算式为

$$N_m=L/G$$

式中，N_m——公制支数；L——纤维长度（mm）；G——纤维重量（mg）。

棉花纤维的线密度主要取决于棉花品种、生长条件等因素。一般长绒棉较细，为1.11~1.43dtex（9000~7000公支），细绒棉较粗，为1.43~2.22dtex（7000~4500公支）。在成熟正常的情况下，棉纤维的线密度小，有利于成纱强力和条干均匀度，可纺线密度低的纱。如果由于成熟差而造成的纤维线密度小，如未成熟、死纤维等，在棉花纤维加工过程中容易扭结、折断，形成棉结、短纤维，对成纱品质有害。

公制支数（N）：是指单位质量（g，mg）纤维所具有的长度（m，mm），故N_m越大，表示纤维越细。我国习惯上采用公制支数表示纤维细度。

马克隆值（M）：是指一定量的棉花纤维在规定条件下透气性的量度，能够综合反映棉纤维细度与成熟度的高低，以马克隆值刻度表示。马克隆值刻度是以美国农业部指定的标准棉花的马克隆值范围为准，正常纤维的棉花M值为4~5，马克隆值越大，表示纤维越粗，棉纤维

能经受机械打击，易清除杂质，清梳落棉较少，制成率高，成纱条干较均匀，疵点较少，外观好，成熟度高，吸色性好，织物染色均匀；但是，马克隆值过高，会因纤维抱合力下降使棉纱强力下降，引起棉纱断头率增加，纤维细度较粗，使成纱条干较均匀度和可纺性下降；马克隆值低，清梳落棉较多，棉纱疵点也较多，外观较差，纤维成熟度差，棉纱强力低，织物染色性能差。马克隆值=25 400/公制支数。

马克隆值测试主要仪器有MC型气流仪、175型气流仪、Y145C型气流仪和HVI等，不管气流仪标定的数值是马克隆值还是其他细度指标，都是纤维细度与成熟度的综合反映。对同一品种而言，纤维细度和成熟度有极为密切的关系，气流仪测定时可完全同时反映细度与成熟度。但在品种差别较大、纤维形态也有较大差异时，往往气流仪读数会与中段称重法获得的纤维细度间有一定距离。有人认为，Y145气流仪测定的纤维细度公制支数读数，仅在细度5500~6500公支时较可靠。对同一品种或类型相近的品种而言，气流仪读数可综合反映纤维粗细与成熟程度。美国的棉花分级标准中"马克隆值"是重要指标，并规定自1991年起，实行新的收购价格政策，马克隆值为3.7~4.2的棉花给以加价；马克隆值为3.5~3.7和4.2~4.9的不加不扣；小于3.5或高于4.9的因成熟太差或太粗，售价要适当扣减。

我国按国家标准GB1103—2012《棉花　细绒棉》的规定（此标准中的细绒棉，即陆地棉），将马克隆值分为A、B、C三个级别，五档，其中B级为标准级，A级为最佳马克隆值范围，B1、C1均为偏粗范围，B2、C2均为偏细范围（表8-4）。

表8-4　马克隆值分级分档表

分级	分档	范围
A	A	3.7~4.2
B	B1	3.5~3.6
	B2	4.3~4.9
C	C1	<3.4
	C2	>5.0

3. 成熟度　棉纤维中细胞壁的增厚程度，即棉纤维生长成熟的程度称为成熟度。随着成熟度的增加，细胞壁增厚，中腔变小。棉纤维在生长期内，如果受到病、虫、霜等的侵害，就会影响纤维的成熟度。棉纤维的成熟度几乎与各项物理性能都有密切关系。成熟正常的棉纤维，天然转曲多，抱合力大，弹性好，有丝光，对加工性能和成纱品质都有益。成熟度差的棉纤维，线密度较小，强力低，天然转曲少，抱合力差，吸湿较多，且染色性和弹性较差，加工中经不起打击，容易纠缠成棉结。过成熟的棉纤维天然转曲少，纤维偏粗，也不利于成纱强力。成熟度与纤维各项物理性能关系很大，因此成熟度能综合地反映棉纤维的内在质量。表示成熟度的常用指标有成熟系数、成熟度比和成熟纤维百分率。成熟系数是根据棉纤维中腔宽度与胞壁厚度的比值定出的相应数值，如表8-5所示。成熟系数越大，表示棉纤维越成熟。一般正常成熟的细绒棉平均成熟系数为1.5~2.0。成熟系数为1.7~1.8时，对纺纱工艺和成纱质量都较理想。长绒棉的成熟系数如用同样的腔宽壁厚比值来看，要较细绒棉高些，通常为2.0左右。

表 8-5　成熟系数与腔宽壁厚比值对照表

成熟系数	0	0.25	0.5	0.75	1	1.25	1.5	1.75	2	2.25
腔宽壁厚比值	30~22	21~13	12~9	8~6	5	4	3	2.5	2	1.5

成熟系数	2.5	2.75	3	3.25	3.5	3.75	4		5	
腔宽壁厚比值	1	0.75	0.5	0.33	0.2	0	不可察觉		不可察觉	

　　成熟度比是纤维胞壁增厚度对任意选定等于0.577的标准增厚度之比。纤维胞壁增厚度是纤维胞壁的实际截面积对具有相同周长的圆面积之比。成熟度比值为1时，说明纤维成熟度良好。低于0.8时，说明纤维未成熟。成熟纤维百分率是一批纤维中，成熟纤维占总纤维根数的百分率。

　　4. 纤维强度　　棉纤维的强度是指拉断一根纤维所需的力（即断裂力），以厘牛（cN）为单位。棉纤维强度（力）是衡量纤维拉伸特性的重要指标，对成纱品质有重要影响。单纤维强力：是指单根纤维拉伸断裂时所能承受的最大断裂负荷，也称断裂强力，通常以cN为单位，我国长时间引用的单位则为"克力"（gf）。单纤维强力取决于纤维粗细（马克隆值）与纤维单位面积所能承受负荷（断裂强度）两个方面。由于纤维强力指标本身未考虑纤维细度，故难以全面评价纤维拉伸性能，材料之间无可比性。例如亚洲棉，由于纤维较粗，单纤维强力一般都比较高，但不能据此认为亚洲棉抗拉伸性能好。细绒棉纤维的单纤维强力为3.5~4.5cN，长绒棉的强力一般为4~6cN。断裂长度：是我国等用来表示纤维或纱线断裂强度的另一种方法。它可以理解为，假定纤维一端固定，当一根纤维连接起来直至纤维自身重力（g）等于纤维断裂强力（Fa）时（即纤维自身重量可使纤维断裂时），这个重力所包含的所有纤维的总长度。由于无法将所有纤维依次无弯曲无接头式连接，不同根纤维的强度也各不相同，因此，断裂长度难以直接测定，通常由单纤维强力（g）和公制支数（N）的乘积求得，单位为千米（km），它的物理含义与 g/tex 是相同的（因为 g/tex=g/g/1000m=km；km=g×m/g÷1000=g/g/1000m），两者都是指单位线密度所能承受的断裂负荷。但由于测试条件、方法及使用仪器类型不同，断裂长度的实际结果与其他比强度间略有差异，因在单纤维强力测定时一般要求有3mm的间距，因而断裂长度一般相当于3.2mm隔距比强度，结果介于卜氏水平与斯特洛水平之间。断裂强度：简称比强度，是指纤维单位截面积或单位线密度所承受的断裂负荷，该指标考虑了纤维细度，可用来衡量不同类型纤维及纱线的抗拉伸性能。断裂强度因测试方法、标准及夹头与隔距不同，有多种指标。同种指标因采用仪器不同，结果也不同。零隔距比强度：该指标是国际商业贸易中的通用指标，应用历史较长，是国际上确定原棉售价的主要依据，目前一般采用卜氏束纤维强度仪进行测试。由于专用夹头——卜氏夹头的两副夹片之间没有间隙，故称零隔距。纤维受力拉伸时，理论上因夹片无间隙，不会产生颈缩现象，以纤维受力前的截面积推断受力时的截面积是可行的，也称绝对强度。由于夹片无间隙，使纤维断裂时，断裂伸长极小，其高低不受纤维纵向区段内弱环数的影响，属无缺损强度。零隔距比强度指单位线密度所能承受的断裂负荷，单位为克/特克斯（g/tex）或厘牛/特克斯（cN/tex）（1g/tex =0.98cN/tex）。3.2mm隔距比强度：20世纪50年代，美国农业部鉴于纺纱过程中棉纱的两个着力点有一定距离及织物穿用时的实际情况，认为单纯测定棉纤维零隔距比强度以预测成纱强度不够科学。在同时采用卜氏夹头的情况下，分别选择0mm、

2mm、4mm、6mm、8mm五组隔距方式进行试验，以了解不同隔距强度与成纱强度的关系。结果证明，以2mm和4mm两种隔距的强度指标与成纱强度相关最好，结果稳定性较好，为与英制相匹配，便选定3.2mm，约1/8in（1in≈25.4mm），作为有隔距棉纤维比强度测试的规定隔距。对美棉的多年统计资料分析证明，在中绒棉与中长绒棉中，3.2mm隔距比强度与成纱强度间的相关性都最高。3.2mm隔距比强度测定时因中间有隔距，故在纤维受力拉伸时，一般都会出现断裂伸长与颈缩现象。不同材料的弹性差异必然会造成颈缩比例及伸长率有所差异，从而使结果稳定性比零隔距比强度偏低，两项指标的规律性有时也会出现一定偏差。另外，3.2mm隔距比强度测定时因有隔距，便会在很大程度上受纤维纵向区段弱环数影响，影响因素更加复杂。目前我国主要有4种仪器可对3.2mm隔距比强度进行测定，分别是卜氏强力机、斯特洛强力机（Stelometer）、Y162A及大容量测定仪（HVI 900），与零隔距比强度相似，3.2mm隔距比强度用g/tex或cN/tex表示。

5. 吸湿性　　表示吸湿性的指标是回潮率。回潮率是指材料所含水分的重量对材料干量的百分率。其计算式如下：

$$W（\%）=（G-G_o）/G_o×100$$

式中，W——回潮率（%）；G_o——材料干量（g）；G——材料湿量（g）。

我国原棉的回潮率一般在8%~13%。原棉含水的多少会影响重量、用棉量的计算及以后的纺纱工艺。回潮率太高的原棉不易开松除杂，影响开清棉工序顺利进行，还容易扭结成"萝卜丝"。回潮率太低则会产生静电现象，造成绕罗拉、绕皮辊、纱条中纤维紊乱、纱的条干不均匀等。

目前我国很多地方原棉的含水多少仍沿用含水率这个指标。含水率是指原棉中所含水分重量占原棉湿量的百分率。其计算式如下：

$$M（\%）=（G-G_o）/G×100$$

我国规定原棉的标准含水率为10%。

6. 强伸性　　棉纤维的强伸性通常可用拉伸断裂强力或比强度、断裂长度和断裂伸长率表示。拉伸断裂强力是纤维拉伸到断裂时所需的最大外力P，单位是牛顿（N）。由于纤维的细度影响纤维的强力，为了比较不同粗细纤维的拉伸性质，可将其换算成单位线密度纤维所能承受的最大外力，即断裂比强度P_t，单位为牛每特（N/tex）。计算式如下：

$$P_t=P/N_{tex}$$

按照断裂比强度进行分级分档（表8-6）。

表8-6　棉花断裂比强度分档及代号

分档	代号	断裂比强度/（cN/tex）
很强	S1	≥31.0
强	S2	29.0~30.9
中等	S3	26.0~28.9
差	S4	24.0~25.9
很差	S5	<24.0

注：断裂比强度为3.2mm隔距，HVICC校准水平

断裂长度是以长度形式表示的强度指标。它的物理意义是设想纤维头尾衔接悬吊起来，直到它因自身重力而断裂时的长度，也就是重力等于强力时的纤维长度。

棉纤维在纺织加工过程中不断受到外力作用，一定的强度是纤维具有纺织加工性能的必备条件之一，并且纤维强度越高纺得的纱线强度也越高。棉纤维的强度主要取决于纤维的品种、粗细等。一般细绒棉的断裂长度均为20~30km，长绒棉更高一些。棉纤维的湿强增加2%~10%。

棉纤维的断裂伸长率是指纤维拉伸至断裂时的伸长与原长比值的百分率。计算式如下：

$$\varepsilon（\%）=（L_a-L_o）/L_o\times100$$

式中，ε——断裂伸长率（%）；L_a——拉伸断裂时的纤维长；L_o——拉伸前纤维长度（原长）。棉纤维的断裂伸长率为3%~7%。

7. 化学稳定性　　由于棉纤维的主要组成物质是纤维素，所以它较耐碱而不耐酸。酸会促使纤维素水解，使大分子断裂，从而破坏棉纤维。稀碱溶液在常温下处理棉纤维不产生破坏作用，但会使棉纤维膨化。棉纤维在一定浓度的氢氧化钠溶液或液氨中处理后，纤维横向膨化，从而截面变圆，天然转曲消失，使纤维呈现丝一般的光泽。如果膨化的同时再给予拉伸，则在一定程度上改变纤维的内部结构，从而可提高纤维强力。这一处理称为丝光。浓碱、高温对棉纤维可能起破坏作用。

8. 疵点　　疵点是指原棉中含有的有害于纺纱的纤维性物质，如索丝、棉结、软籽表皮、带纤维籽屑、黄根等。疵点一般在纺纱工艺中不易发现，或包卷在纱条中，或附着在纱条上，使成纱条干恶化，断头增加，外观变差，直接危害纺纱生产和纺织最终产品的质量。一般原棉疵点多，成纱结杂疵点也多。疵点主要是由于生长发育不良和轧工不良而形成的。考核的指标有疵点重量百分率和百克试样疵点粒数。

成包皮棉异性纤维含量指从样品中挑选出的异性纤维的重量与被挑选样品重量之比，用克/吨（g/t）表示，分为4档（表8-7）。

表8-7　成包皮棉异性纤维含量分档及代号表

含量范围/（g/t）	<0.10	0.10~0.39	0.40~0.80	>0.80
程度	无	低	中	高
代号	N	L	M	H

9. 糖分　　棉纤维中含有一定量的糖水，含糖较多的棉黏性大，在纺纱过程中容易引起梳棉机、精梳机、并条机、粗纱机和细纱机绕罗拉、绕皮辊、绕皮圈等明显黏附现象，恶化成纱条干均匀度，增加断头，影响产品质量，严重影响工艺生产正常进行，危害很大。

（三）棉花纤维生育期鉴定

棉花纤维是棉花所特有的一种由胚珠上表皮毛细胞发育而成的单细胞结构。通过转基因手段将优异纤维改良基因导入棉花，可以创造优质棉花新种质材料。棉花纤维发育是一个极其复杂的生长发育过程，可分为4个时期：纤维原始细胞起始分化、纤维细胞伸长、初生壁形成期、次生壁合成期。成熟期的纤维能够通过仪器较为容易地测定，但是无法动态地观察棉花纤维的生长发育，因此，在生育期内通过胚珠培养、煮沸法等手段可以进行生育期内棉花纤维相关指标的测定。

1. 棉花胚珠离体培养　　棉花纤维离体培养为棉花纤维生长发育的研究提供了良好的实验平台，并且是研究棉纤维伸长发育的重要方法之一，可以作为研究细胞伸长和分化的一个参考模型（秦咏梅，2010）。此外，离体纤维培养可以避免大自然的一些不确定因素（天气、温度、光照等）影响而大量稳定生产，又可以用于一些特殊用途，如人工控制产生的无菌纤维可用于制造优质的医用纱布和绷带。

自Beasley等（1973）最先开创棉花胚珠培养以来，有关棉花胚珠培养及其影响因素等方面已有大量的研究，其中大多集中于激素的作用。张恒木等（2000）研究了不同激素对试管棉纤维培养的影响，结果表明IAA对棉纤维的伸长起重要作用。程超华（2004）和刘晓杰等（2008）的研究表明，在同时含有IAA和GA$_3$的培养基中，突变体和野生型胚珠产生的纤维长度均显著高于只含1种激素培养基内的纤维长度，说明IAA和GA$_3$在诱导纤维伸长上有协同作用。Singh等（2009）认为，萘乙酸（NAA）的作用与IAA有相似之处，也可以促进离体胚珠培养时纤维的伸长，并促进胚珠膨大及提高单位面积内纤维的生长量。通过棉纤维cDNA文库测序和后续微阵列分析，Shi等（2006）发现乙烯生物合成是纤维伸长最显著上调的生化途径之一。祝水金等（2003）对棉花胚珠的离体培养研究表明，GA$_3$、IAA、NAA、Ethylene和BR均促进离体培养胚珠纤维的生长，且GA$_3$效果最好，两种激素配合使用效果优于单一激素处理，其中5.0μmol/L IAA+5.0μmol/L GA$_3$激素配比效果最佳。综合前人的研究表明，棉花胚珠离体培养的纤维生长发育存在显著的基因型差异，不同棉花基因型的最佳激素及配比具有一定的差异。

2. 煮沸法测定　　不论是采取离体培养获得的棉花纤维，还是采摘棉花生育期内的棉花纤维，都需要进行纤维长度的测量，才能动态地评价和鉴定棉花纤维的优劣。在实际操作过程中，主要采用煮沸法进行测定。

（四）　棉花纤维品质及成熟期鉴定

棉花在吐絮后30~60d，纤维达到完全成熟，可以进行纤维品质相关指标的测定。

1. 测定方法　　棉花纤维长度的测定方法主要有4种，包括罗拉式分组测定法、手扯尽量法、梳片式分组测定法、纤维照影仪法和HVI法。图8-3是一些常用的测定仪器。

罗拉式分组测定法：采用Y111型（图8-3）或Y111A型罗拉式长度分析仪，测量的指标有主体长度、品质长度、短绒率、质量平均长度、长度标准差、长度变异系数、基数和均匀度。

目前世界上大部分国家采用计算机管理的大容量纤维测试仪HVI（high volume instrument）（图8-4），来测定成熟时棉花纤维的品质相关指标，该系统测试时间短、自动化程度高。测试项目主要包括纤维长度、长度整齐度、马克隆值、比强度、断裂伸长率、反射率、黄度、叶屑含量。通过以上各项指标的测定，可以鉴定纤维质量的好坏，评价转基因棉花材料的纤维品质，另外还可以提供配棉软件包，进行成纱质量和成本预测。我国在棉花品种纤维检测方面已启用HVI系统，但在原棉流通和纺织行业主要采用国家2012年所颁布的棉花细绒棉纤维检验标准（GB1103—2012）。

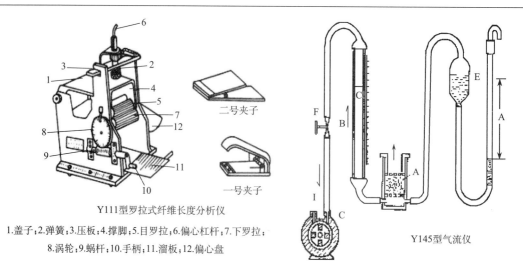

Y111型罗拉式纤维长度分析仪

1.盖子；2.弹簧；3.压板；4.撑脚；5.目罗拉；6.偏心杠杆；7.下罗拉；
8.涡轮；9.蜗杆；10.手柄；11.溜板；12.偏心盘

Y145型气流仪

Y146光电长度仪法

图 8-3　棉花纤维测定常用仪器

图 8-4　棉花纤维大容量测试仪 HVI

2. 仪器测试差异　　采用不同仪器测定的马克隆值、伸长率、2.5%跨距长度等指标基本上比较相似（May，1998）。HVI、AFIS和Fibergraph均能很好地测定纤维长度与细度（Thibodeaux等，1993；Bragg等，1993；Jones等，1994；Palmer，1994；Culp，1998；Nawar，1998），可利用实验室的设备测定大多数纤维性状（Xanthopoulos，1998）。由HVI得出的马克隆值与气流仪（马克隆仪）测出的一样，具有高度可重复性与操作简易性为细度与成熟度的综合指标。

比强度（断裂比强度）的测试仪有卜氏（Pressly）强力机和斯特洛（Sterlometer）强力机、HVI900系列等。斯特洛强力机是一种较理想的国际推荐仪器，其测定纤维强度更精确，强度最好。HVI900系列是自动化程度极高的快速测试装置，其强度测试原理与斯特洛强度仪相同。HVI测试的比强度足以供育种者筛选高纤维强度品系，有助于单株的纤维性状分类，在提高纤维强度的同时，可避免短绒及不成熟纤维含量的提高（May，1998）。

3. 不同测试标准结果的差异和换算　　从1980年开始采用HVI，现有HVI（bremen round trials）和ICCS（HVI calibration cottons USDA checks tests）两套纤维强度标准（Hunter，1997）。由多个实验室参与测定的结果表明，以变异系数5%为标准，纤维杂质和伸长率的变异过大，比强度变异系数在5%左右。HVI大容量纤维测试仪是一种相对测试装置，用不同的标准棉样校准仪器，可测出不同的结果（余楠等，1996）。我国习惯上采用ICC国际校准棉样（intenational calibriation cotton）作为标准（强度以1/8′斯特洛强度值）校准仪器，而美国一般采用HVICC校准棉样（high volume instrument calibration cotton）强度值作为标准校准仪器。对全世界50多个国家200多个实验室参加的1200多样次的测试结果进行分析，HVICC强度=1.29 ICC强度，HVICC上半部平均长度=1.01×ICC 2.5%跨距长度，HVICC整齐度指数=1.76×ICC整齐度比。从2001年起，美国不再发放ICC标样，此后均以HVICC标样校正仪器，所测得的比强度值不再进行换算。本书所述的比强度均为ICC标样校正值。

四、耐盐材料鉴定方法

国内外所采用的耐盐性鉴定方法可分为以下几类：直接鉴定法、间接鉴定法和多标记组合鉴定法。

（一）直接鉴定法

直接鉴定法包括胁迫发芽比较法、形态比较法和产量比较法。在棉花上采用的主要是形态比较法和产量比较法。产量比较法比较准确，但周期长，成本高，且年份和气候的变化影响较大，只能在材料较少时采用。目前普遍采用形态比较法，开始时以目测模糊的形态指标作分级标准，只能定性不能定量，误差较大。

叶武威等（1996）通过对棉花耐盐性的生理遗传研究，确定0.4%盐量（NaCl）作为棉花耐盐鉴定的最佳浓度值。主要有以下两个方面的根据。①过氧化物酶（SOD）活性和超氧化物歧化酶（POD）活性对盐胁迫的反应。无论是对NaCl敏感品种'L09612'，还是不敏感品种'中9807'，SOD、POD活性（total activity）和比活（specific activity）都随NaCl浓度增加而提高，但不敏感品种'中9807'的SOD活性和比活的提高速度明显快于敏感品种'L09612'。当NaCl浓度高于0.4%时，'中9807'的SOD活性显著高于'L09612'，而'中9807'的POD活性显著低于敏感品种'L09612'；当NaCl浓度低于0.4%时，'中9807'的SOD

活性显著低于 'L09612'，'中9807' 的POD 活性显著高于 'L09612'，这说明棉花耐盐与不耐盐以盐浓度0.4%为临界值。②盐对棉花萌发特性的影响。盐浓度为0.4%~0.6%时棉花的萌发对盐反应特别敏感，有利于耐盐性鉴定与筛选，从而确立了棉花耐盐性鉴定的行业执行标准。

该方法的主要操作如下：在土厚15cm的盐池（平底水泥池，规格为90m×2m×0.15m）内，以行距15cm，种子随机排列，设置3次重复。棉花出苗后长至两片真叶时定苗，株距15cm；长至3片真叶时，记载每行有效总苗数（不能少于13株）和土壤含盐量（不能高于0.1%NaCl）。按土壤含盐量0.4%为含盐指标上限，在测定土壤原来的盐分含量的条件下，逐行定量施盐，用喷壶浇水，使盐缓慢溶解于土壤中，最终使土壤盐分指标达到0.4%。棉花在0.4%盐分下生长10d，统计各材料成活苗率（以生长点成活的为活苗），以相对成活苗率来判定棉花不同的耐盐类型（表8-8）。

表 8-8　棉花耐盐类型分级标准

耐盐级别	耐盐类型	相对成活苗率/%
Ⅰ级	高抗	>90.0
Ⅱ级	抗	75.0~90.0
Ⅲ级	耐	50.0~74.9
Ⅳ级	不耐	<50.0

成活苗率（%）=成活苗/总苗数×100

相对成活苗率（%）=（成活苗率×0.5）/对照成活苗率×100

采用该法鉴定了棉花种质6400余份（次），结果和实际应用较接近，比形态观察法有如下改进：鉴定中采用0.4%盐量为最佳值，依据更充分。滨海盐土，如山东东营、平原等地土壤耕层含盐量0.3%，棉苗能够正常生长且盐分影响小。从大量种质资源鉴定结果分析，含盐量在0.4%的条件下，不同耐盐材料比较接近于正态分布情况。以往的施盐方法是在三叶期浇以0.3%的盐水。现在施土壤干土量0.4%的NaCl，均匀地逐行撒施，然后用喷壶均匀缓慢浇水，避免了土面不平导致盐水流动所引起的盐量不匀。统计时采用定量标准，依据棉苗盐害存活率进行分级，结果准确。

（二）间接鉴定法

间接鉴定法是指利用生理学、生物化学和细胞学分析技术，研究棉花在盐胁迫下生理代谢过程中的物质如脯氨酸、甘氨酸、甜菜碱、山梨醇、清蛋白、自由水、束缚水、K^+/Na^+等相关因子的变化。但这方面研究尚存在不同结论。利用组培法鉴定棉花耐盐性，还能进行耐盐细胞的筛选研究。采用电导法鉴定棉花的耐盐性，种仁吸收NaCl后在水溶液中的电导率和棉花耐盐性的相关系数$r=0.9174$，呈高度相关。1997年，沈法富等利用水培的方法对棉花植株进行了耐盐性鉴定，并采用液滴培养技术对其花粉的耐盐性进行了鉴定，结果表明，棉花整株的耐盐性和花粉的耐盐性显著相关，达到极显著水平，明确了利用花粉鉴定、选择耐盐棉花材料的优越性。

多标记组合鉴定法：评价和鉴选耐盐种质是耐盐育种的前提，目前的棉花耐盐性鉴定方法大都建立在形态学的基础上，工作量大，成本高，且受生长季节的限制。分子标记的出现给耐盐性研究带来新思路和新方法。2010年，叶武威等采用SSR技术，展开了棉花耐盐性鉴定技术的有关研究。对从DNA快速提取到PCR扩增和产物检测，以及多标记组合鉴定等环节进行分析探讨，初步制定了一套适于棉花耐盐性分子鉴定的方法，即多标记组合鉴定法。并用11份材料对该方法进行了验证，结果表明和0.4%盐量胁迫法鉴定结果的相符率达90.91%。初步研究结果表明多标记组合鉴定法可用于棉花耐盐分子标记辅助鉴定。操作程序如下：棉花育苗、棉花基因组DNA提取、SSR-PCR扩增、产物检测和标记组合鉴定。

五、耐旱材料鉴定方法

耐旱性评价的指标通常包括形态学指标、生理生化指标。1978年，Fisher等根据潜在产量，对干旱胁迫下产量表现影响等提出敏感指数（sensitive index，SI）概念，用来估计一个品种对干旱胁迫的相对敏感性；Bouslama等（1984）提出种子萌发胁迫指数（germinative stress index，GSI），用来鉴定植物材料苗期的耐旱性，苏联应用该指标进行了大规模抗旱性鉴定；张裕繁等（1987）根据生长点与顶部四片真叶的表现，棉株受旱、叶下垂、恢复时间的快慢，以及叶片受旱程度等来评价棉花耐旱指标；刘金定等（1996）提出用苗期反复干旱法鉴定棉花品种耐旱性；兰巨生（1990）提出"耐旱指数"（drought index，DI）概念；袁钧等（1990）根据耐旱特性与产量间的关系提出，以干旱条件下棉花品种的成铃多少作为鉴定耐旱性的评价指标，耐旱性越强的品种成铃越多。

刘金定等（1996）在形态学研究和大量棉花种质材料抗旱性鉴定的基础上，提出3%作为耐旱鉴定中土壤含水量的下限，制订出棉花耐旱性鉴定方法及分级评价的行业标准，此法简便易行，适于大批量种质材料的耐旱性评价。主要操作程序如下：在旱棚底部铺15cm的无菌砂壤土，播种前浇水达到种子在大田播种出苗所需的水分。棉花用温汤浸种，并在播种时拌多菌灵药剂。行距10cm，株距6cm，行长1m，齐苗后定苗，每行13~15株苗，每个处理重复3次，每次重复内设对照，随机排列。设置1~2个耐旱对照品种。苗齐后15d，调查各处理实有总苗数，然后进行干旱处理。在土壤水分降为3%时，浇饱和水使苗恢复，再干旱处理使土壤水分仍降为3%，如此反复3次，计算各处理成活苗率。以相对成活苗率评价棉花种质苗期耐旱性（表8-9）。

成活苗率（%）=成活苗数/每行总苗数×100

相对成活苗率（%）=（各品系成活苗率×0.5）/对照材料成活苗率×100

表 8-9　棉花种质苗期耐旱性评价标准　（刘金定等，1996）

抗旱级别	抗旱类型	相对成活苗率/%
Ⅰ级	高抗	>90
Ⅱ级	抗	75~90
Ⅲ级	耐	50~70
Ⅳ级	不抗	<50

另外，某些形态、生理、生化指标与耐旱性有关，可作为耐旱鉴定指标，但是存在诸多缺点，如设备投资大、能源消耗大、操作困难、与实际情况差异大、难以大批量操作等，需进一步研究和完善。

第三节　基因工程材料的遗传研究及稳定性分析

利用转基因技术进行作物的品种改良已经成为一种重要的育种途径，通过把优良的外源基因导入受体材料，可以在短期内取得突破性进展。关于外源基因在转化植株世代过程中的遗传传递规律已有较多的研究，一般从表型传递、标记基因的表达及分子杂交分析等方面进行研究。1959年Braun等早已证明，nopaline型Ti质粒农杆菌侵染植物细胞后产生的冠瘿瘤细胞中带有T-DNA，并保留一些形态发生，但只能形成异常芽，亦称畸形瘤。通过嫁接到正常烟草植株上可使这些异常芽开花结果。自交的F_1后代仍然带有胭脂碱nopaline基因，说明T-DNA是可遗传的。后来的许多研究结果表明，转化的外源基因同样表现为典型的孟德尔遗传。1984年David Tcpfer等报道用Agrobacteriom rhizogenes介导的胡萝卜、烟草、牵牛花的基因转化中得到的转化根易于形成完整植株，并能将Ri T-DNA传递给后代。转化植株表型的分析及T-DNA的Southern杂交证明后代中显性位点的遗传是真实的孟德尔遗传。

一、转基因材料的遗传研究

（一）外源基因的整合机制

外源基因以质粒为载体通过同源或非同源重组随机整合到受体染色体DNA上。因而质粒DNA在受体染色体上的存在方式将影响外源基因在受体染色体中存在的完整性和拷贝数。以质粒DNA在受体染色体基因组中存在的完整性和拷贝数为依据，质粒DNA在受体染色体基因组中的存在方式具有多样性。因此，外源基因在基因组的整合有以下几种情况。

1. 单位点插入　　外源基因的遗传规律主要是由外源基因插入的拷贝数及其插入位置决定。如果是一条染色体上的单位点插入（单拷贝或多拷贝串联），且插入单位点的位置对植株生长、发育、繁殖不会产生较大影响，则外源基因进行单位点的孟德尔式遗传。

1981年Otten等对转基因烟草植株进行后代遗传分析，结果发现转基因质粒中带有的基因通过雄配子和雌配子传递，为显性单基因位点的遗传方式。1984年Horsch等分析了转基因烟草中Npt II基因的遗传分离方式，T_1代植株卡那霉素抗性表现为3：1分离，Southern杂交结果显示，抗卡那霉素阳性植株均带有Npt II基因，而阴性植株个体中则没有Npt II基因。王忠华等对Bt水稻'克螟稻'杂交后代进行转基因遗传分离规律分析，结果发现粳粳杂交F_2出现抗性株与非抗性株的3：1分离，籼粳杂交的BC1出现1：1分离，籼粳杂交的BC1 F_2出现3：1分离，表明转基因在杂交后代的传递属单基因显性遗传。　姚方印等对黄淮稻区常规粳稻推广品种与转Bt基因的'中国91'（T_6代）杂交，采用Basta抗性选择技术快速检测Bt转基因水稻及杂交后代群体单株，实验表明：外源基因在F_2和BC_1群体中遵循孟德尔分离。这种遗传表现在拟南芥、矮牵牛、棉花、大豆、油菜、花生、小麦、玉米等植物的转基因植株中都有存在。转基因双价植物也存在同样的分离规律。王守才采用田间接种玉米螟幼虫的方法研究了转基因Bt、新Bt和Pin II在其13个转化体后代家系中的遗传和表达。结果表明：3种转基因无论是单独转化或是两种共同转化，其后代的遗传基本上均呈单基因显性的孟德尔遗传方式。单雷等对转TMV和CMV双价外壳蛋白基因番茄T_1代群体T_2代株系进行PCR及PCR-Southern鉴定，并分别进行温室及田间抗病毒实验，结果表明，T_1代工程番茄植株中存在CMV-TMV双价外壳蛋白基因的遗传和分离，其遗传行为符合显性单基因孟德尔方式。T_2代部分株系 CMV-TMV双价外壳基因已获得稳定遗传，共获得了3个遗传稳定的番茄株系。施荣华等对转基因油菜后代的遗传规律进行研究表明，R_1代卡那霉素抗性为3∶1分离方式，在R_2代卡那霉素抗性植株中，有三分之一为NptⅡ基因纯合型（T∶T），另三分之二为杂合型（T∶O），其遗传规律符合孟德尔单因子显性遗传。

2. 多位点插入　　转化的外源基因在R_1代呈现3∶1单基因显性孟德尔式分离，是外源基因传递中的常见现象，但是并非都是呈现这种分离方式。1992年Akama等在拟南芥菜上发现R_1代植株中有10个株系的抗性分离比为3R∶1S，有3个株系是15R∶1S，1个株系是63R∶1S，说明多数情况下为单位点插入形式，但也有2个、3个位点的插入形式。进一步对124株独立转化株进行基因组杂交，分析T-DNA的拷贝数，发现拷贝数为1个、2个、3个T-DNA者分别占4%、28%和10%，即90%以上插入拷贝数在4个以下，但也发现有10个拷贝数的植株。

1986年Buder等在转基因烟草植株中也得到相似的结果，在获得44个转化后代中有40个Km抗性基因的分离符合孟德尔规律。他分析了3组杂交后代，即转化植株自交、转化植株与非转化植株杂交和转化植株间杂交，获得的种子在含有Km培养基上萌发情况，进行抗Km基因分离比分析，发现40个无性系中有35个包含一个单位点插入Km^r抗性基因，其余5个是2个插入位点，并且在2个单位点插入无性系自交后的分离比中观察到T-DNA插入可能导致隐性致死突变。因此，他们提出了两个假说来解释得到的数据：①抗性标记基因按单一孟德尔因子分离，在自交时有两种情况，或者是带Km^r基因的T-DNA整合诱导产生纯合状态下的致死突变，预期分离比为$2Km^r∶1Km^s$，或者是$3Km^r∶1Km^s$。②抗性标记基因按2个独立的孟德尔位点分离。这是因为两个插入位点彼此相距较远，已构成两个独立事件，则自交后分离比为$15Km^r∶1Km^s$。

1994年Du等利用根癌农杆菌在苜蓿的基因转化研究中发现，NptⅡ基因的拷贝数可多达30~50个，并整合在苜蓿基因组的1~4个位点上。在某些例子中，R_1代基因的分离并不符合3∶1，15∶1或63∶1等典型比例，说明基因的整合和分离是比较复杂的。

（二）外源基因在后代中的表现

外源基因能否通过有性世代传递给后代并稳定表达，是分子育种成功的关键，同时，对于确定和评价转基因植物的实用价值和应用前景也具有重要的意义（王关林等，1996）。

通过各种途径整合进入植物基因组的外源基因中有很少一部分能够整合到基因组中，而能够稳定遗传的外源基因所占比例更是非常少。例如，利用转化效率较高的农杆菌对模式植物拟南芥进行外源基因转移来看，外源基因整合进入基因组的平均比例为30%~80%，而能够稳定遗传的转基因植株所占百分比一般不超过10%，这主要是在转基因后代中大多数外源基因都已经丢失或者发生基因沉默（gene silence）所导致的。

在转基因技术出现的初期，人们关心的主要是转化频率，只要用分子生物学方法检测到外源基因整合到受体基因组中就已经令人满意了。随着研究的不断深入，人们不但希望得到转化体，而且更希望得到的外源基因在受体植物中能够正常表达，进而获得有用的育种材料或种质，所以外源基因在转化体中的表达、表达水平成为了人们关注的焦点。通过对转化植株的检测发现，多数转基因植株能够正常表达，但是也有少数植株出现非正常情况，其中最主要的就是转基因植株发生基因沉默这一现象。

基因沉默主要是指转化体仍然保留着自身的完整性，但不表达或表达活性降低，或者是转化体虽然保留着转基因，但已发生了重排从而不表达或表达活性降低。1990年，Napli等首次在转基因植株中观察到外源基因失活现象，他们在进行矮牵牛转苯基乙烯合成酶（chalcone synthase，CHS）基因的研究中发现有42%的转基因当代植株产生白色或紫色相间的花朵，即外源基因与内源基因均被抑制，称为共抑制（co-suppression）。1994年，通过对30多家从事转基因作物研究和商品化生产公司的调查发现，几乎所有调查对象的转基因植株中都存在这种转基因失活现象，主要表现为外源基因的表达水平大幅度降低，各独立转化体之间差异显著。上述调查结果极大地引起了人们的关注和重视，因为通过研究转基因发生的机制，一方面可以找到克服转基因沉默的方法，促进植物基因工程商品化，另一方面可以进一步探索植物调控基因的表达方式和途径。

目前，基因沉默在转基因植物中有较为深入的研究。基因沉默可分为顺式失活、反式失活和共抑制3种形式（Matzke et al.，1995）。顺式失活是因为多拷贝的转基因在一起，发生甲基化作用而失活（杨金水等，1995；Meyer，1995；Taylor，1997）。反式失活是顺式失活的一种复杂形式，顺式失活的转基因作为一个沉默因子而影响染色体上等位或非等位基因的甲基化，导致基因失活，而沉默因子自身则不发生变化。共抑制发生在转基因和内源基因之间，或者转基因纯合体两个位点之间的相互作用导致基因沉默。通常认为，在众多的转基因技术方法中，直接转化法往往导致多拷贝转基因在宿主细胞中整合，无论是单位点整合还是多位点整合，都会使转基因植株发生较高概率的基因沉默。这是因为多拷贝转基因序列之间及转基因与转录产物之间的配对，使整合位点的染色质发生异染色质化或使其从头甲基化，从空间上阻碍了转录因子与转基因的接触，最终导致转录水平的基因沉默。反式失活主要是由基因启动子间同源序列相互作用引起，启动子区域只要有90bp的序列同源，即可使两个基因间产生反式失活（Park et al.，1996）。共抑制是转录后水平基因沉默中最为常见的现象，最初在研究矮牵牛苯基苯乙烯酮合成酶（chalcone synthase，CHS）的实验中提出。它是由于转基因编码区与受体细胞基因组间存在同源性，导致转基因与内源基因的表达同时受到抑制。共抑制的产生不仅与内源、外源基因间编码区的同源性有关，而且还与控制转基因的启动子强度有关，同时具有基因的剂量依赖性，强启动子往往增强共抑制的强度，扩大表型范围；同时共抑制也受植物发育的调控，可以通过基因的重组分离而逆转消失。基因沉默可发生在转录失活或转录后失活，且二者往往相互关联（Moljn et al.，1989）。

在初步阐明外源基因失活机制的基础上，人们先后采用了多种方法克服基因沉默问题，其中最经典的方式有去甲基化、降低拷贝数、添加增强子和对外源基因的结构进行改造。现有研究结果表明，重复序列是引起基因沉默的关键，因此如何降低外源基因在植物体内整合的拷贝数是解决基因沉默的有效方法之一。这可以通过两条途径进行：①在转基因植株后代中选择单拷贝植株；②选用外源基因整合拷贝数较低的外源基因转化方法。例如，采用农杆菌介导转化法的转基因植株整合的拷贝数要比基因枪轰击法低很多。对目的基因进行结构改造也是克服基因沉默的一种很好的方式。例如，国外有报道称通过对原始的Bt基因进行结构改造，包括去除一些可能影响表达的序列、增加一些能与核糖体80S亚基形成二聚体起始复合物的序列，结果发现Bt基因的表达可以提高10倍以上。随着人们对外源基因整合规律、基因沉默机制研究的深入，相信一定能够找到解决外源基因表达异常的有效方法，进一步为转基因技术的应用提供基础。

（三）外源基因在后代中的遗传规律

转基因的遗传分离与经典的基因分离概念不同。遗传分离规律的实质是在两个层面上进行的，即基因本身的分离和所控制性状的分离。在经典遗传理论中遗传分离是统一的，等位基因分离将会导致性状分离，遗传方式相对比较简单。但是，转基因的遗传研究表明，二者往往不一致，转基因的分离与其性状的分离不一定吻合（王守才等，2000）。

在转基因植物中，外源基因在后代中的遗传多样性通常用转基因植株与非转基因植株杂交或转基因植株自交结合Southern blotting来分析外源基因在后代中的遗传规律。外源基因一般作为一个显性基因传递给后代，遵循孟德尔式遗传分离规律，自花授粉后代表现3∶1分离规律，与非转化亲本杂交后代表现1∶1分离规律。因此可能会出现在多拷贝的转基因作物中，只有一个拷贝具有表达功能，或者所有表达的拷贝整合在受体染色体基因组的一个位点。但也有少部分表现出两个不连锁的显性基因，在自交后代中表现出15∶1的分离规律，或者呈现两对以上显性基因的分离规律。但是显性个体比例显著低于孟德尔比例的现象也普遍存在，这大多发生在早期世代，极少数转化体还常常发生复杂的转基因分离，另外，有一特殊现象表现出自交一代符合3∶1分离规律，但自交二代不符合孟德尔分离规律。在水稻转基因试验中，观测到抗除草剂基因*bar*的性状在自交一代遗传也不符合孟德尔遗传规律。

一般理论上讲，外源基因在自交一代中发生分离，在自交二代中能得到纯合体。在一些文章中，对转基因无规律分离的原因做了探讨。可能的原因有：转基因的失活，外源基因的重排或者缺失，纯合体致死效应，外源基因导入诱发的隐性致死突变及一些未知的原因。进一步的研究证明，转基因分离方式的多样性与转基因整合方式和拷贝数有关。多拷贝整合是常见的整合方式，在某些转化试验中，转基因的拷贝数能够达到几十个，它们有的串联整合，有的独立整合，有的两者共存。另外，在转基因当代也有可能出现纯合体的情况。Spencer等在分析转基因玉米后代遗传分离时，发现其中有一个转基因株系T9在由转基因当代传给自交一代时并不发生基因分离，Southern blotting结果也表现出亲本与后代染色体DNA中只有一个相同的转基因整合位点，因而T9在转基因当代就产生了纯合体。原因可能是在T9愈伤组织有丝分裂时，转基因的单一整合位点发生复制，形成了纯合体，也可能是因为发生了非细胞核的转化事件，后代受细胞质遗传控制。

转基因通过花粉传递的能力要小于通过卵细胞传递的能力。杂交试验表明不论筛选基因还是非筛选基因，以转基因植株作为母本比作为父本对转基因表达的遗传传递能力要大。转基因通过花粉传递的能力很弱甚至不传递，原因可能是转基因植株花粉的发芽力、花粉管伸长能力与受精能力比非转基因植株的花粉要差，也可能是转基因插入了影响花粉活力的基因位点上。

非筛选基因和筛选基因在后代中是协同分离的，进一步证明了两个外源基因共同整合到转基因当代染色体上而且紧密连锁。Southern blotting分析进一步表明，非筛选基因往往跟有功能的筛选基因的基因位点协同分离。一般转基因植株后代染色体DNA中整合有外源基因时，其Southern blotting杂交图谱与转基因当代植株完全一致，表明外源基因整合在同一个染色体上。但由于转基因的基因丢失（gene losing）、基因重组（gene recombination）和基因扩增（gene amplying）等现象，导致同一转基因株系的后代中外源基因杂交图谱发生变异。其中基因丢失可能会是影响转基因技术实用化的重要障碍。Spencer等在分析转基因玉米后代遗传分离时发现，当后代筛选基因（bar）在染色体DNA上的整合方式与转基因当代相似时，非筛选基因（gus）的整合方式不一定与转基因当代相似，表明gus基因与bar基因位于不同的染色体上或者在传递过程中有一些基因序列发生丢失。Spencer等认为基因丢失的可能性最大，如果bar基因与gus基因位于不同染色体上，那么没有bar基因的后代中可能有gus基因的存在，但实验结果表明没有bar基因的后代中也没有gus基因的存在。基因丢失还见于基因转化试验中。Srivastava等观察到在一个小麦转化株系2B-2中，转基因在自交一代中能表达，在自交二代中仅能检测到，在自交三代中发生了丢失，用Southern blotting没有检测到外源基因的存在。基因丢失表明植物基因组中有些特定位点对转基因的可遗传稳定整合是不利的。

二、转基因材料的稳定性分析

外源基因能否在转基因植物中稳定表达是影响转基因植物应用前景的重要因素。在农业生产中要求导入的外源基因能够高效、高水平地表达所控制的农艺性状，并且在当代和子代都能稳定遗传与表达。然而，研究表明，在许多情况下，外源基因整合进目的植物的基因组后，其表达与稳定性和转基因的失活与沉默有关；外源环境条件和植物的生长发育通过影响外源基因的失活与沉默而影响外源基因的表达与稳定性。随着越来越多的转基因植物的商品化生产，这些问题受到国内外学者的广泛关注，并进行了深入的研究。

（一）外源基因的表达与沉默

外源基因整合进目的植物基因组后，很容易被植物基因组存在的修饰与限制系统所识别并加以修饰和抑制，使之失活和沉默。转基因失活的机制有多种，包括转基因的多拷贝之间的异位配对，转基因序列的甲基化，插入位点的染色质结构改变及转录后的衰退调控等。

1. DNA甲基化与转基因失活　　大量研究表明，在生物有机体的发育和分化过程中，通过DNA甲基化可以关闭某些基因的活性，去甲基化又诱导了基因的重新活化和表达。DNA甲基化能引起染色体结构、DNA构象、DNA稳定性及DNA与蛋白质相互作用方式的改变，从而影响基因的表达。

2. 共抑制与转基因失活　　当外源基因导入植物后，使与之同源的内源基因的表达受到一定的抑制，或两者表达均受到抑制。共抑制现象主要是由于外源基因重复，外源基因和内源基因编码区具有同源性或外源基因在强启动子作用下产生过量的同源转录物引起的。Run-on assay分析表明，共抑制的发生为转录后水平调控历程，共抑制不同于由启动子区域同源性引起的影响转录，甚至产生副突变和DNA修饰等减数分裂可逆转的抑制现象。它具有以下特征：①共抑制在体细胞中的表达抑制是随机发生的，并可逆转入正常表达状态；②共抑制有时表现出精确的发育调控模式；③经过重组产生分离后，共抑制现象消失；④共抑制有时伴随着编码区的甲基化现象；⑤共抑制只在部分转化植株中产生，而且不同的基因具有不同的表现。目前，有3种假设来解释共抑制现象：①阈值模型与共抑制；②反义RNA与不正常转录物；③转译未成熟终止与共抑制。

（二）植物的生长发育与转基因表达及稳定性

发育调控的转基因失活是转基因表达水平，活跃转基因拷贝数和植物发育时期三者结合起作用的。由于环境因子（如温度、光照）影响植物生长和基因表达，因而对沉默的发生和时间具有重要的影响。发育调控的外源基因表达具体表现为两种方式：①发育前期表达正常，后期逐渐下降，一旦产生沉默，在整个生长期保持下去；②发育后期成熟植株，下部叶子高表达，而上部叶子表达受到抑制。Kunz等（1996）在研究35S驱动下的几丁质酶CHN48转入烟草时发现，CHN48可以使内源基因和它本身表达失活，这种失活依赖于转录后转录物的同源性和转基因的剂量，通过转录速率分析表明为转录后调控历程，失活和重新活化（resetting）是由发育调控的。25%~100%的植株在幼苗期发生沉默，发生前特征是转基因编码的几丁质酶瞬时提高。重新活化的产生不是一个随机过程，发生在授粉后8~11d，此时表达量很高。此项研究表明沉默和重新活化本身是在植物生长发育的特定时期产生的。

（三）外界环境条件与转基因表达及稳定性

外界环境条件的改变可以使外源DNA甲基化程度发生变化，并引起外源基因表达的强烈变化。例如，利用去甲基化试剂5-氮胞苷可以部分或全部恢复外源基因的表达活性。Meyer等（1994）发现，将A1基因转化矮牵牛植株移栽至大田后，由于光照加强，温度升高，使转基因植物的花色变化程度比培育在温室中更为显著，转基因失活的植株数目更多。Lindquist等（1986）对转基因植物进行光、热、厌氧和伤害等逆境处理，结果表明，高温能诱导热休克蛋白的表达，同时降低其他基因的RNA表达水平。许多研究表明，光照加强会增加沉默产生的概率和影响沉默产生的时间。

第四节　基因工程棉花的创制概况

转基因作物自1983年第一例种植至1996年全球大规模商品化种植以来，对世界农药工业、农业生产和市场发展产生了巨大影响。目前全球转基因植物的种植面积已由1996年的170万hm^2猛增到2014年的1.815亿hm^2，实现了连续19年"持续增加"，增幅已经超过100倍，累计已经超过15亿hm^2，到2014年底，已有28个国家1800万农民种植转基因作物（表8-11），累计转基因生物有147个。自转基因应用以来，产生了"多重重大效益"，包括使化学农药的使用率降低了37%，作物产量直接或间接提高了22%，农民利润增加了68%，预计产生的经济效益为1333亿美元。美国一直保持着转基因技术和相关产物的全球领先地位，也是转基因种植面积最大的国家，2014年种植面积7310万hm^2，占全世界的40%，主要农作物的采约率为90%，2015年三大主要转基因作物玉米、大豆和棉花的种植面积分别达到了3600万hm^2、3448万hm^2和358万hm^2。2014~2015年，自许多作物商品化以来，转基因Bt茄子、防褐变苹果、粮食作物Innate土豆、苜蓿和转基因三文鱼也相继上市，进一步推动了转基因未来发展市场。

表 8-11　2014 年全球转基因作物的种植面积

排名	国家	种植面积/×10⁶hm²	转基因作物
1	美国	73.1	玉米、大豆、棉花、油菜、甜菜、苜蓿、木瓜、南瓜
2	巴西	42.2	大豆、玉米、棉花
3	阿根廷	24.3	大豆、玉米、棉花
4	印度	11.6	棉花
5	加拿大	11.6	油菜、玉米、大豆、甜菜
6	中国	3.9	棉花、木瓜、白杨、番茄、甜椒
7	巴拉圭	3.9	大豆、玉米、棉花
8	巴基斯坦	2.9	玉米、大豆、棉花
9	南非	2.7	棉花
10	乌拉圭	1.6	大豆、玉米
11	玻利维亚	1.0	大豆
12	菲律宾	0.8	玉米
13	澳大利亚	1.0	棉花、油菜
14	布基纳法索	0.5	棉花
15	缅甸	0.3	棉花
16	墨西哥	0.2	玉米
17	西班牙	0.1	棉花、大豆
18	哥伦比亚	0.1	棉花、玉米
19	苏丹	0.1	棉花
20	洪都拉斯	<0.1	玉米、大豆、油菜
21	智利	<0.1	玉米
22	葡萄牙	<0.1	玉米
23	古巴	<0.1	玉米
24	捷克共和国	<0.1	玉米
25	罗马尼亚	<0.1	棉花、大豆
26	斯洛伐克	<0.1	玉米
27	哥斯达黎加	<0.1	玉米
28	孟加拉国	<0.1	茄子
	总计	181.5	

自1994年美国批准第一例耐除草剂转基因棉花BXN的商业化种植至1996年开始全球有3个国家种植了Bt抗虫棉以来，转基因棉花近十几年来取得了显著的成绩，目前其占据转基因农作物种植面积的14%左右，其基因工程方面的研究进展迅速。转基因棉花的种植中心在亚洲，截至2012年底，已经有美国、巴西、阿根廷、印度和中国在内的共计15个国家进行了转基因棉花的种植，总计种植面积达到2510万hm²（图8-5），占全球棉花总种植面积的73.17%，是全球第三大转基因农作物，其中印度是目前世界上种植转基因棉花面积最大的国家，总种植面积达到了1060万hm²，巴基斯坦自2010年开始种植转基因棉，目前种植面积接近300万hm²，

中国种植面积和种植率分别达到了390万hm²和93%，美国358万hm²。美国和印度是全球最大的棉花出口国，分别占全球出口量的29.44%和16.02%。中国为最大的进口国，进口量占到全球的40.37%。转基因棉花主要集中在抗虫、抗除草剂、抗病、抗旱耐盐和纤维品质等性状改良方面，目前全球获批商业化应用的棉花转化事件39个，其中抗虫12个，耐除草剂6个，抗虫复合性状7个，耐除草剂复合性状2个，抗虫和耐除草剂复合性状有12个。转基因棉花的广泛种植，在遏制棉虫危害、降低劳动强度、减少环境污染、促进农田微观和宏观环境改善方面显示出重要的作用，极大地推进了棉花产业的发展，另外，随着陆地棉、雷蒙德式棉等基因组图谱绘制完成和功能基因组学研究的不断深入，基因分离、克隆技术的不断发展，植物生长发育机制的进一步明确，有希望通过转基因技术改变棉花更多的农艺性状。

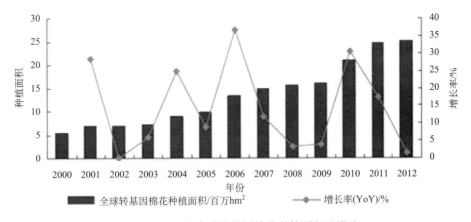

图8-5　2000~2012年全球转基因棉花种植面积及增速

一、转基因抗虫棉的应用

棉花是重要的经济作物，在我国农业生产及整个国民经济中占有重要的地位。影响棉花优质高产的因素很多，而虫害是重要的原因之一。我国每年因虫害造成的棉花产量损失为10%~15%，而在重灾年份损失更为严重，全国每年用于棉花害虫防治的杀虫剂用量约占杀虫剂使用总量的2/3。因此，积极探索新的棉虫治理方法已迫在眉睫，其中转基因抗虫棉的发展和应用是科学家们研究的热点。抗虫棉是转基因棉花方面应用最成功的例子，其全球的种植面积已超过1800万hm²，未来还将进一步扩大，中国抗虫棉种植面积和种植率分别达到了390万hm²和93%。

（一）抗虫棉的研制概述

目前已用于和正在用于转基因抗虫棉培育的基因有3种。①苏云金芽孢杆菌的内毒素蛋白（Bt）基因，该抗虫基因来自苏云金芽孢杆菌，这是一种杀虫的芽孢杆菌（*Bacillus thuringiensis*，Bt），其杀虫毒性来自孢子形成时所产的δ-内毒素的伴孢晶体蛋白，其约占孢重的30%，因此也称杀晶体蛋白（insecticidal crystal protein），目前成功分离并导入植物中获得转基因抗虫植株的Bt基因很多，但应用于棉花的Bt基因仅有*CpTIA*（*b*）、*CryIA*（*c*）、*CryIIA*和*CryIVA*等少数几种。②蛋白酶抑制基因，目前用于转基因抗虫棉的蛋白酶抑制基因主要有：大豆胰蛋白酶抑制剂基因（*SK71*）、豇豆胰蛋白酶抑制剂基因（*CpTI*）、慈姑胰蛋白酶抑制基因（*API*）和水稻胱氨酸蛋白酶抑制基因等。将*CpTI*基因转化棉花，获得的转基因植株后代对棉铃虫具有明显的抗性，慈姑胰蛋白酶抑制基因也是一种重要的具有杀虫作用的蛋白酶抑制基因，它对多种蛋白酶都具有抑制活性，其抗虫能力优于*CpTI*基因。③凝集素基因（*Lectin*），是一类能够特异识别并可逆结合糖类复合物的非免疫性球蛋白，广泛存在于植物组织中，在储藏器官中含量尤其丰富，在植物生长的各个阶段，外源凝集素以不同的方式保护植物免受害虫的侵害，目前应用较多的外源凝集素主要有豌豆凝集素（P-lec）、半夏凝集素（PTA）和雪花莲凝集素（GNA），其中P-lec和GNA对人几乎无毒害，但对害虫却有极强的抑制作用。此外，苋菜种子凝集素（ACA）是一种新发现的凝集素，实验表明它的抗蚜效果比GNA更好。

美国是最先研究出可在生产上利用转基因抗虫棉材料的国家。1990年，美国批准了孟山都公司的第一例转基因抗虫棉的田间试验。之后，1998年，将苏云金芽孢杆菌菌株HD-1和HD-73的基因通过农杆菌介导法转入受体棉花'Coker312'中，获得了第一批转基因抗虫棉。随后澳大利亚采用两种方法培育适于其国家栽培的转基因抗虫棉，首先它们分离和合成自己的抗虫基因，然后通过农杆菌介导法转入本国的优良品种'Siokra l-3'、'Siokra l-4'等中；1996年，加拿大批准进口孟山都公司研发的转基因抗虫棉MON1445、MON531/757/1076；墨西哥、南非、印度等国家开始引进和推广。

我国转基因抗虫棉研究起步于20世纪90年代。1991年，我国启动了"抗虫棉研制"重大关键技术项目。1990年，中国农业科学院生物技术研究中心分子生物学室范云六等从苏云金芽孢杆菌亚种zizawai7-29和kurstaki HD-1中分离克隆出了Bt基因，并且与江苏省农业科学院经济作物研究所合作，于1991年，谢道昕等首次报道通过花粉管通道法将Bt基因的两个变种（*B.t.aizawai* 7-29和*B.t.kurstaki* HD-1）转化导入我国棉花品种（无毒棉、'中棉所12号'，'3118'，'3414'）中，结果表明，其后代出现了杀虫晶体蛋白基因片段，说明基因已经整合到棉花基因组中，但是后代植株虽具有一定的抗虫性，但抗虫性较差，不足以致死害虫。1992年，范云六和郭三堆等根据植物偏爱的密码子设计和改造了Bt基因，添加一系列增强基因转录、翻译和表达的元件，首先成功完成了Bt基因的人工合成和高效表达载体，在此基础上，与有关单位合作，于1993年采用农杆菌介导法和外源基因胚珠直接注射法成功将该基因导入'中棉所12号'、'泗棉3号'、'晋棉7号'等大面积推广品种中，获得了国产GK系列转Bt基因抗虫棉材料，成为世界上掌握该项技术的第二个国家，进而设计并构建了可同时表达Bt杀虫基因和豇豆胰蛋白酶抑制剂基因（*CpTI*）的双价杀虫基因植物表达载体，并成功导入棉花，育成了转双价基因（*CpTI*+Bt）SGK系列抗虫棉。中国科学院上海生物化学研究所首次采用生物技术从慈姑资源中获得慈姑蛋白酶抑制剂基因（API），并构建高效表达载体，表达产物的比活力高且稳定，有抑制多种蛋白酶（胰蛋白酶、胰凝乳蛋白酶、激肽释放酶、弹性蛋白酶和LYS-羧肽酶）的功能，是蛋白酶抑制剂家族中的新成员。所以该基因应用于植物抗虫基因工程育种，抗虫能力优于国际上常用的豇豆胰蛋白酶抑制剂基因等。由于API是一种新的蛋白酶抑制剂，在无同源基因序列参考情况下设计PCR扩增所需的引物，应用植物氨基酸偏爱密码子，首先扩增了基因中的氨基酸密码子使用种类比较少的区段，用PCR扩增*API*基因获得成功。中国科学院上海生物化学研究所和江苏省农业科学院经济作物研究所合作，将慈姑蛋白酶抑制剂基因导入了棉花。经抗虫性鉴定、PCR、RT-PCR、Southern blotting检测，证实了*API*抗虫基因的整合和表达，并能遗传给后代（黄骏麒等，2001）。中国部分抗虫棉材料见表8-12。

表 8-12 中国部分抗虫棉材料

材料名称	基因	受体	遗传转化	单位
GK1 ('国抗1号')	Bt型抗虫基因 (*GFM CryIA*)	'泗棉3号'	花粉管通道法	中国农业科学院生物技术研究中心、江苏省农业科学院和安徽省种子公司
GK95-1 ('晋棉26号')	*GFM CryIA*	'晋棉7号'	农杆菌介导法	中国农科院生物技术研究中心和山西省农业科学院棉花研究所
GK12 ('国抗12号')	*GFM CryIA*	'泗棉3号'	花粉管通道法	江苏农业科学院
'SGK-321'('国家双价抗虫棉321号')	Bt+*CpTI*	'石远321'	花粉管通道法	中国农科院生物技术研究中心、江苏省农科院经济作物研究所、石家庄市农业科学研究院
'SGKz4'('中棉所47'、'中抗杂7号')	Bt+*CpTI*	丰产抗病品系'P-7'/双价抗虫棉品系'sGK-中23'	杂交转育	中国农业科学院棉花研究所和生物技术研究所
'晋棉38号'('DR409'、'98-2')	*CryI Ac*和*API-B*	'中棉所35'	杂交转育	山西省农业科学院棉花研究所、中国科学院微生物研究所和河南某生物技术有限责任公司

（二）抗虫棉发展前景及对策

针对目前生产上遇到的一些问题和转基因抗虫棉自身的特点，我们认为今后转基因抗虫棉的研究重点和发展趋势如下。

1. 采用复合育种技术提高转基因抗虫棉的产量和品质 美国、澳大利亚推广种植的转基因抗虫棉一般均比当地优良推广品种增产，有的甚至增产15%以上，这说明外源基因的导入并不影响棉花的产量，只要选择得当就能使抗虫棉的产量得到提高。因此采用杂交、回交等各种育种技术，并将它们结合起来，形成一种复合育种技术，使常规育种与生物技术育种紧密结合，将棉花的抗虫、丰产、优质和抗病等优良性状结合在一起，培育出优良的抗虫棉新品种。事实上，我国在这方面已取得了明显进展，在转基因抗虫棉出现的初期，其产量较低，经过近几年的改造，其产量已有明显的提高。

2. 转基因抗虫棉的杂种优势利用 杂交转育也是抗虫棉育种的一个重要方法。利用具有外源基因的种质系作供体，通过杂交、回交进一步向目标受体转育；或直接与常规棉杂交配组利用F₁代，培育高产优质的抗虫杂交棉新品种，在现阶段某种程度上可以弥补转基因抗虫棉产量偏低等方面的问题。实践证明，杂交转育能够显著提高产量、改善纤维品质及增强抗耐病等，抗虫杂交棉的推广应用有力地推动了我国抗虫棉产业化进程，加速了现代生物技术在生产上发挥巨大作用。目前我国培育成功的抗虫杂交棉品种一般增产在15%以上。因此，今后应加强抗虫杂交棉的研究和培育。

3. 筛选新的抗虫基因，培育新的转基因抗虫棉品种 危害棉花的害虫种类很多，除棉铃虫外，还有棉蚜、红铃虫、红蜘蛛等。转入某一单抗基因只对某一类害虫有效，为了不造成产量损失，棉田还需用药防治其他害虫，而且单一抗虫基因使害虫易产生抗性。因而我们应积极寻找筛选新的广谱性抗虫基因，以培育出高效广谱性的抗虫棉花。目前已导入棉株体内的基因仅有*CryIA*（b）、*CryIA*（c）、*CryIIA*、*CpTI*、*API*、*STKI*等少数几种，且在生产上应用的也仅是Bt基因，还不能完全有效地防治棉田害虫。为了有效防治棉田害虫，克服棉田害虫对抗虫棉产生抗性的问题，必须筛选新的抗虫基因，培育新的转基因抗虫棉。目前，有希望的抗虫基因有棉铃虫病毒基因、蝎毒素基因、外源凝集素基因等。

4. 复合抗性品种的培育　　棉花生产是一个多因素的复合体，实现高产优质高效是其根本目的。棉花在生长发育过程中除遭受虫害外，病害、草害、旱害、盐害、寒害等也同样影响着棉花的产量和品质。因此单单解决虫害问题并不是育种的最终目标，在转基因抗虫棉的培育过程中要有目的地将抗病、抗除草剂、抗旱、耐盐基因共同导入棉株体内，使棉花获得对各种逆境产生抗性的能力，才能实现棉花的高产优质高效生产。复合抗性品种的培育将是今后转基因抗虫棉研究发展方向和趋势。

5. 重视外源与内源抗虫系统间的协调性，加强现代基因工程与传统抗虫育种相结合　单一使用一种因子长期控制害虫是不现实的，害虫防治必须强调多因子的协调综合作用。在利用基因工程改良棉花抗虫性的同时，外源抗虫蛋白与内源抗虫物质的协调性很重要，但这点尚未引起人们的足够重视。王琛柱等研究表明，苏云金杆菌δ-内毒素和大豆胰蛋白酶抑制剂，分别与棉酚和单宁对棉铃虫的协同作用有增效作用，因此内毒素基因和蛋白酶抑制剂基因转入较高棉酚和（或）单宁含量的棉花植株，有望得到对棉铃虫高抗且稳定的棉花品种。

6. 加强转基因抗虫棉田病虫害综合防治技术研究　　抗虫棉的推广种植使得棉田的生态系统发生了变化。因此常规棉田的病虫害综合治理技术，以及病虫害发生规律、防治指标等在抗虫棉田不适用，应做相应调整和修订。今后应加强这方面的研究，以尽早提出抗虫棉田病虫害综合防治技术。同时要注重抗虫棉对棉铃虫等主要害虫的抗性监测和主要害虫治理对策研究。

二、转基因抗除草剂棉花的应用

棉田杂草种类繁多，适应性强，繁殖力旺盛，严重威胁着棉花的品质和产量，通过化学方法控制棉田杂草，已成为现代棉花生产的重要手段，应用除草剂防除棉田杂草可大幅度减少棉田管理用工，降低劳动强度，是发展现代高效植棉业的重要措施。迄今为止，世界上已生产出400余种除草剂，用于防治棉田杂草的除草剂主要有草甘膦、溴苯腈和2，4-D。除草剂通过影响植物生理生长过程，如光合作用或氨基酸生物合成，抑制杂草生长。但是除草剂选择性不强，并且高效的除草剂往往同时对棉花造成损伤，影响了棉花的正常生长，然而，应用抗除草剂棉花不但能够最大限度地减少棉田杂草，且能够有效地节省农药的使用，减少农药使用后潜在的环境污染，能高效适应目前棉田耕作管理制度的需要。获得棉花抗除草剂品种的主要方法有：①辐射诱变；②除草剂环境胁迫下进行定向筛选；③转基因途径。在实际应用过程中，主要通过3种途径获得转基因抗除草剂植物：①利用强组成型启动子过量表达除草剂作用的靶酶；②诱导靶酶基因突变，对除草剂不再敏感；③引入新的可降解除草剂的酶或酶系统。筛选外源基因、运用转基因技术是选育抗除草剂作物品种的重要手段之一。自1946年生产上开始使用2，4-D以来，已经有一大批抗除草剂基因被成功开发（表8-13）。

表 8-13 已克隆的抗除草剂基因

基因	编码产物	来源	抗性机制	靶标除草剂
cp4	5-烯醇丙酮莽草酸-3-磷酸合成酶（EPSPs）	根癌农杆菌	过量表达靶标酶	草甘膦
aroA	EPSPs	鼠伤寒沙门氏菌	过量表达靶标酶或蛋白质	草甘膦
Epsps	EPSPs异构酶	玉米	目标基因位点发生突变	草甘膦
Gox	草甘膦氧化-还原酶	人苍白杆菌	将草甘膦降解为氨甲基膦酸和乙醛酸	草甘膦
yhhS	MFS家族转运体信号肽	大肠杆菌	将毒素输出	草甘膦
Bar	草铵膦乙酰转移酶	吸水链霉菌	编码产物将草铵膦乙酰化而失活	草铵膦
Bar	草铵膦乙酰转移酶	绿色产色链霉菌	编码产物将草铵膦乙酰化而失活	草铵膦
surB-Hra	ALS异构酶	烟草	过量表达靶标酶ALS并与除草剂结合	磺酰脲类
SurA-C3	ALS异构酶	烟草	过量表达靶标酶ALS并与除草剂结合	磺酰脲类
Csr-1-1	ALS异构酶	拟南芥	过量表达靶标酶ALS并与除草剂结合	磺酰脲类
Ahasll	乙酰乳酸合成酶大亚基	太阳花	编码产物AHAS与咪唑啉酮类除草剂竞争性结合	咪唑啉酮类
PsbA	光系统II的32kDa D1蛋白	蓝藻细菌	32kDa D1蛋白与阿特拉津结合	阿特拉津
Bxn	腈水解酶	臭鼻克雷伯杆菌	将溴苯腈水解为3，5-二溴-4羟基苯甲酸	溴苯腈
tdfA	2，4-D 单加氧化酶	真养产碱杆菌	将2，4-D降解为2，4-二氯苯酚和乙醛酸	2，4-D
PnPQR	MFS家族转运体	硝化还原假单胞菌	输出泵	百草枯
OaPQR	MFS家族转运体	人苍白杆菌	输出泵	百草枯

截至目前已经公开报道了抗2，4-D、溴苯腈、草铵膦、磺酰脲类、草丁膦、草甘膦等除草剂的棉花品种，且部分抗除草剂棉花品种已经商品化种植（表8-14）。

表 8-14 抗除草剂转基因棉花的商业化概况

抗性特征	基因	基因来源	代表品种/系	研究公司	商业化年份
溴苯腈	Bxn nitrilase	臭鼻克雷伯杆菌	'BXN'	Rhonc-Poulenc	1995
草甘膦	cp4-epsps	农杆菌	'MON1445'	Monsanto	1996
	2cp4-epsps	农杆菌	'MON88913'	Monsanto	2006
	2mepsps	玉米	'GBH614'	Bayer	2009
草铵膦	PAT	吸水链霉菌	'LLCotton25'	Bayer	1996
	bar	绿色产色链霉菌	'LLCotton25'		
磺酰脲类	Als	拟南芥		Dupont	1997
	als	烟草			

（一）抗除草剂棉花的研制概述

美国自20世纪90年代开始以公司为科技创新的主体，育成一系列转基因抗除草剂作物新品种，并在生产上大面积应用，取得了良好的经济效益。我国转基因抗除草剂棉花品种的选育也取得了一定的成果，获得了具有重要应用价值并拥有自主知识产权的新基因，初步建立了高效、安全的转基因技术体系。目前公开报道的国内外已培育成功的抗除草剂棉花类型如下。

1. 抗草甘膦材料　　草甘膦（glyphosate）又名镇草宁，是一种有机磷除草剂，由于它特有的非选择性、广谱高效、低毒、低残留、低成本、不污染生态环境等优点，迄今依然是最为优秀的灭生性除草剂品种之一。其作用机制是抑制植物细胞中芳香族氨基酸生物合成中的5-烯醇-丙酮酰莽草酸-3-磷酸酯合成酶（EPSP合成酶）。结果芳香族氨基酸缺乏，莽草酸积累，最终导致细胞死亡。培育抗草甘膦棉花的主要动机在于草甘膦具有广谱除草特性及较低的环境污染（降解迅速）。但是棉花栽培种及其野生种中均不含有抗除草剂的性状基因，因而无法通过常规育种或远缘杂交方法选育抗除草剂品种。随着基因工程技术及分子生物学技术的诞生与发展，可以将其他生物物种中的有利基因导入棉花，为人类选育抗除草剂棉花新品种奠定了基础。

美国Calgene公司将鼠伤寒沙门氏菌（*Salmonella typhimurium*）培养在含有草甘膦的培养基上，筛选到抗草甘膦的菌株，该抗性基因定为*aroA*，编码421个氨基酸；1985年又从这个突变体分离出EPSP合成酶基因。1988 年该公司通过农杆菌介导法将此基因转入棉花，获得抗性稳定的转基因棉花。第一个商用的抗草甘膦棉花是由Mosanto公司培育的代号为MON1445的棉花品种，转化所用的质粒含有两个抗草甘膦基因，包括利用密码子的偏爱性改良过的*cp4-epsps*和来源于人苍白杆菌的*gox*基因：利用CoMVb为启动子，同时添加了来源于农杆菌的CTP2作为转运肽，以'Coker312'为受体品种，利用农杆菌介导法进行转化，但是由于实验原因，*gox*基因并没有整合到基因组中，因此，最终在MON1445中只含有*cp4-epsps*的基因序列（Green，2009）；Mosanto公司的另一个抗草甘膦棉花是MON88913，该材料在四叶期后都具有草甘膦抗性，其转化质粒pV-GHGT35中含有两个*cp4-epsps*的表达框，并对启动子进行了改造，由于其抗性较强，很快就获得了生产者的认可（Dill et al.，2008）。Comai等（1983，1985）从鼠伤寒沙门氏菌中分离出一些耐草甘膦的EPSPs突变体，其中1个突变体是多肽序列101位的脯氨酸被丝氨酸所取代所致。编码此突变体的基因被克隆到了*E.coli*，同时将抗性菌株的EPSP合成酶基因导入大豆、烟草等作物均获得抗草甘膦性状的表达，并可以在后代中遗传。

2. 抗2，4-D材料　　2，4-D是一种激素型除草剂，超剂量使用2，4-D会严重干扰植物细胞的分裂，对阔叶类杂草的生长发育有明显的抑制作用。棉花对2，4-D除草剂非常敏感，只要百万分之一的浓度就会引起棉苗叶芽扭曲皱缩，严重时会绝收，因此很少用于棉田除草。即使在附近地域使用，也会随风漂移至数公里之外，造成对棉花的伤害。2，4-D本身很稳定，土壤中的富氧产碱菌（*Alcaligenes eutrophus*）能高效地分解2，4-D。这类菌通常含有一个大质粒，*tfdA*基因编码2，4-D单氧化酶，能将2，4-D降解为非光合毒性的2，4-二氯苯酚和乙醛酸，其降解产物对植物的毒性为2，4-D的1/100。将控制该酶合成的基因导入棉株，并使之得到表达，从而获得抗2，4-D的棉花品种。1987年，Streber从该菌中分离到2，4-D单加氧酶基因（*tfdA*）。1990年，Lyon将此基因通过农杆菌介导法转入棉花。转*tfdA*基因的棉花的叶片中2，4-D单加酶活性是非转基因棉花的17~38倍，二叶期喷施商用2，4-D除草剂，转基因棉可耐受剂量达到1.5kg/hm²，是小麦、玉米、高粱等作物最高使用剂量的3倍。1992~1994年，山西省农业科学院棉花研究所陈志贤等与澳大利亚CSIRO及中国农业科学院生物技术中心合作，将抗2，4-D的外源基因*tfdA*导入陆地棉'晋棉7号'、'冀合321'等栽培品种，培育出了遗传稳定的抗除草剂的棉花种质，通过分子杂交证明该基因已成功导入棉花。对其后代进行的田间抗药性鉴定结果表明，转基因系可耐0.08%以上的2，4-D，超过了大田使用的浓度。

3. 抗溴苯腈材料　　溴苯腈是一种苄腈化合物，它的作用机制是：抑制光合作用中的电子传递，主要用于防除阔叶型杂草。1986年美国Calgene公司的Mbride等从土壤中发现能分解溴苯腈的细菌臭鼻克雷伯杆菌（*Klebsiella ozaenae*）。该菌产生一特异性水解酶，能将溴苯腈水解为3，5-二溴-4羟基苯甲酸，从而丧失除草功效；1987年Stalker等克隆了腈水解酶的基因（*Bxn*），并在大肠杆菌体内表达出有活性的腈水解酶；1989年，Fillatti等将该酶基因转入棉花中，获得了能耐比田间用量高10倍的溴苯腈的转腈水解酶的转基因棉花，并进一步将这一基因转入斯字棉和珂字棉品种中。由罗纳-普朗克公司培育的抗溴苯腈转基因棉花，1997年在美国出售种子，种植面积达20万~50万hm^2。

4. 抗草铵膦材料　　草铵膦属于广谱触杀型除草剂，内吸作用不强，与草甘膦不同，草铵膦先杀叶，通过植物蒸腾作用可以在植物木质部进行转导，其速效性介于百草枯和草甘膦之间。此外，草铵膦在土壤中通过微生物可以迅速降解，大多数土壤中淋溶不超过15cm，土壤有效水影响其吸附与降解，最终释放出二氧化碳。目前为止，草铵膦在转基因抗除草剂作物研究与推广中的地位仅次于草甘膦而居第2位，目前抗草铵膦的转基因作物有油菜、玉米、大豆、棉花、甜菜、水稻、大麦、小麦、黑麦、马铃薯、水稻等。无疑草铵膦拥有巨大的商业市场。艾格福公司主要生产广谱除草剂草铵膦，以其为目标转化外源抗性基因，可选育出对草胺膦具有抗性的作物品种。该公司已成功创制抗草胺膦的棉花品种'Liberty Link Cotton'，并于 2000 年在美国出售种子。

5. 抗草丁膦材料　　草丁膦是一种高效低毒的广谱除草剂。郭三堆等（1999）报道选育成功抗蚜虫兼抗除草剂的转基因棉花。将同时带有*GNA*与*bar*基因的表达载体pGBIgna.bar转化棉花品种'699'，获得24株抗除草剂植株。通过PCR-Southern杂交证实*sGNA*基因在棉花基因组中被整合。其中14株具有血凝活性，说明*sGNA*基因在CAD1-B启动子指导下表达出有活性的雪花莲凝集素蛋白。抗蚜虫的实验结果显示，转化株与对照相比，蚜虫数目减少60%~70%。

6. 抗磺酰脲和咪唑啉酮材料　　磺酰脲（sulfonylurea）类和咪唑啉酮（imidazolinone）类除草剂的作用机制都是抑制叶绿体中乙酰乳酸合成酶（ALS）的活性（Chaleff，1984）。该酶是植物体内合成支链氨基酸，如缬氨酸、亮氨酸和异亮氨酸生物合成的关键酶。所有植物中都有*als*基因，植物对上述两类除草剂抗性的产生通常与*als*基因突变有关（Yadav等，1986）。20世纪80年代，科学家已经从拟南芥、烟草等植株中成功分离出编码乙酰乳酸合成酶的*als*基因。

美国Phytogen公司将从棉花克隆的编码ALS的基因，进行了编码区改造，使之产生异构ALS，在原有启动子和先导序列的驱动下，进行了棉花遗传转化，转化体表现了对绿磺隆较高的抗性。加拿大的Dupont公司将*als*基因导入'Coker312'，获得对绿磺隆具有抗性的棉花品系，于1997年顺利上市。

（二）抗除草剂棉花存在的问题及发展前景

抗除草剂作物品种的选育必须紧随除草剂研制进程的变化，因势做出调整。由于草甘膦除草剂在价格、杀生谱、选择性等诸多方面具特有的竞争优势，在未来相当长的一段时间内，依托草甘膦这种灭生性茎叶除草剂的抗性作物品种的选育与推广，依然是一个不可抗拒的发展方向，它将会改变杂草防治体系。目前在筛选培育抗除草剂棉花品种的过程中还存在诸多问题，主要表现在以下几个方面：①转化成功率低，受基因型的限制只有极少数的植株才可以实现抗除草剂基因的表达，且外源基因的插入在某种程度上改变了棉花本身的生长性状，影响棉花的产量和质量；②目前选育的抗除草剂棉花只对单一的除草剂有抗性，必须寻找对除草剂具有广谱的抗性基因来满足实际生产中棉花除草的需要；③抗除草剂棉花品种的选育是否破坏生物多样性，还需要进行长期的观测；④有可能使除草剂抗性从作物流入与作物亲缘关系接近种而蔓延，加大除草的难度；⑤在管理不当的情况下，抗除草剂棉花品种的种植会增加除草剂的用量，单纯地依靠种植抗除草剂棉花，并不能达到增加收入的目的。

在棉田推广应用草甘膦化学除草技术，将促使易受土壤环境条件影响的芽前土表处理除草剂退居次要地位；而具有保水、保土及低投入特点的少耕、免耕、密植等简化栽培模式将会得到普及推广。这一发展态势必将给中国的棉花耕作制度带来新一轮的变革，其现实意义极其深远。目前为止，应用各种技术选育抗除草剂棉花品种，已经取得了巨大的成就，对除草剂品种的开发及选择施用产生了重大的影响。草甘膦是目前施用最多的除草剂，主要的发展方向依然是依托草甘膦这种灭生性除草剂的抗性棉花品种的选育与推广。但抗草甘膦棉花的种植及除草剂的常年施用，对杂草的选择性压力增强，陆续发现了一些杂草产生抗性，带来的杂草抗药性问题有待进一步解决。

三、转基因抗病棉花材料

棉花黄萎病是世界棉花生产中普遍存在的一大难题，也是长期困扰我国棉业的一种病害，我国很多学者对其病发的规律及机制进行了研究报道。几丁质酶和β-1，3-葡聚糖酶是重要的水解酶，1991年Broglie等首次报道转几丁质酶基因的植物抗真菌病，他们将菜豆几丁质酶基因置于CaMV 35S启动子控制下，转入烟草和油菜，转基因植物组成型表达菜豆几丁质酶基因，死苗率大大降低，病情发展缓慢。2004年余贤美等将外源β-1，3-葡聚糖酶基因导入植物可提高植物的抗真菌病害能力，到目前为止，丁质酶基因和β-1，3-葡聚糖酶基因已经导入水稻、大麦、烟草等多种植物中。实践证明，转几丁质酶基因和葡聚糖酶基因植物能比较有效地抵抗真菌侵染引起的病害（李春娟，2004）。当前，我国棉花的产量与品质受黄萎病等真菌性病害的破坏非常严重。为了解决这个问题，研究人员已经克隆了许多抗病相关基因，尝试利用分子生物学的手段改良棉花的抗病品质，为培育抗病能力高、品质优良的棉花品种提供有力的支持。在抗病基因工程棉花方面，目前已有人将几丁质酶基因和β-1，3-葡聚糖酶基因等抗真菌病害基因转入棉花中，取得了一定效果，如从生防菌木霉中分离出的几丁质酶CHIT 42；Matteo等（1998）将*T.harzianum*中编码42kDa几丁质酶的基因连接到CaMV 35S启动子下超表达。1996年，中国科学院上海生物化学研究所与江苏省农业科学院经济作物研究所合作，已分离、克隆出抗黄萎病基因*A18*，且导入棉花品种，获得了抗黄萎病的转基因工程棉花。2004年吴家和等把几丁质酶基因和葡聚糖酶基因通过农杆菌介导转化陆地棉品种

'冀合321'和'中棉所35'基因组，获得了表现出不同程度的抗或耐黄萎病特性的转基因棉花。以色列希伯来大学在对几丁质酶控制棉花Rhizoctonia的研究中，从*Serratia marcescens*获得一个几丁质酶基因，克隆到具有强启动子的*E. coli*中，使基因得以高度表达。在温室条件下，酶的粗制备物能减少棉花病害62%。应用活动的*E. coli*工程细胞也获得了相似的结果。现在人们已从不同植物和真菌中分离纯化获得了多种几丁质酶和葡聚糖酶，利用其培育转基因抗病棉。但目前获得的转基因抗病棉对黄萎病等真菌性病害的抗性与预期还有差距。

另外，目前为止，细菌性病害的相关研究工作较少，我国构建的AP1（amphipathic protein 1）抗病蛋白基因来源于甜椒，能抗细菌性病害，特别是抗棉花角斑病，已导入我国海岛棉品种，PCR呈阳性。

四、转基因纤维改良棉花材料

棉花纤维的发育是一个复杂的过程，因而，影响纤维生长与发育的基因根据不同的功能可分为很多类，表8-15列出了一些主要的纤维相关基因。

表 8-15 棉花纤维发育相关基因

基因	编码产物	表达阶段	参考文献
MYB109	MYB转录因子	起始期	Suo等，2003
FIF1	MYB转录因子	起始期	Wang等，2004
TTG1	WD40转录因子	起始期	Humphries等，2005
Sus	蔗糖合成酶	伸长期	Ruan等，2003
PMATPase	质膜质子腺苷三磷酸酶	伸长期	Smart等，1998
V-ATPase	液泡腺苷三磷酸酶	伸长期	Smart等，1998
PEPCase	磷酸烯醇式丙酮酸羧酶	伸长期	Smart等，1998
MIP	水孔蛋白	伸长期	Smart等，1998
Exp1	扩展蛋白	伸长期	Orford and Tinmis，1998
LTP1	脂类运输蛋白	伸长期	Ma等，1995
E6	未知蛋白	伸长期	John and Crow，1992
GhPRP1	富含脯氨酸的蛋白质	伸长期	Tan等，2001
Annexin	膜联蛋白	伸长期	Shin and Brown，1999
GhTUB1	微管蛋白	伸长期	Li 2005
KCBP	驱动蛋白	伸长期	Preuss等，2003
GhWBC1	转运蛋白	伸长期	Zhu等，2003
GhGLP1	未知蛋白	伸长期	Kim and Triplett，2004
GhBRI1	蛋白激酶	伸长期	Sun等，2004
GhRac1	鸟嘌呤核苷酸酶	伸长期	Kim and Triphlett，2004
GHKCH1	驱动蛋白	伸长期	Preuss等，2003
GhACT1	微丝蛋白	伸长期	Li等，2005
GhRLK1	蛋白激酶	次生壁合成期	Li等，2005
GhCesA1	纤维素合成酶	次生壁合成期	Pear等，1996
FbL2A	未知蛋白	次生壁合成期	Rinehart等，1996

在纤维改良方面，目前我国棉花品种的纤维品质能够符合纺织工业的要求，但仍需要培育符合特种要求的专用品种。成熟纤维主要由纤维素组成（约占87%），此外还含有少量的果胶、半纤维素和蛋白质等物质。棉纤维的化学组成及其分子间的排列方式决定棉纤维的理化性质（品质）。在棉纤维中引进新的生物大分子是改良棉纤维品质的重要策略之一。

1996年美国Agracetus公司首次报道基因工程改良棉纤维的探索性试验。经遗传转化的棉纤维中含有一种天然的脂肪族聚酯化合物——多聚-D-3-羟基丁酯（PHB）。PHB聚酯是一种天然的可降解的热性塑料（thermoplastic），理化性质与聚丙烯相似。PHB常以包涵体的形式存在于某些细菌的体内作为碳源。PHB的生物合成涉及3种酶：β-酮硫解酶、乙酰CoA还原酶和PHB合成酶。棉纤维本身含有内源性的β-酮硫解酶。1995年John等将乙酰CoA还原酶基因（phaB）和PHB合成酶基因（phaC）分别与纤维特异性启动子E6和FbL2A连接，构建植物表达载体，运用基因枪技术，将phaB和phaC基因共转化到陆地棉栽培种DP50中，成功获得同时表达phaB和phaC基因的转基因棉花。GUS基因表达、Northern杂交等分子检测结果均证明，phaB和phaC在转基因棉株纤维中表达。荧光显微镜和透射电子显微镜观察一致显示，转基因棉纤维细胞中含有PHB颗粒。对转基因棉纤维提取物的GC-MC分析表明，纤维中有与细菌PHB质谱相同的物质，证明转基因棉纤维中合成了PHB大分子物质。HPLC分析结果表明，每克纤维干重含30~3440μg的PHB，PHB的合成始于开花后10d，纤维成熟后PHB含量没有降低。利用植物体内自身的乙酰CoA合成大分子PHB，并没有对棉花纤维品质如长度、强度和马克隆值带来任何影响，然而PHB的存在的确提高了纤维的热绝缘性能。但是因纤维中PHB含量仍较低，绝缘性提高的幅度尚有限。尽管如此，John的研究还是向人们展示了基因工程在改良棉纤维研究领域中的应用前景。

在基因工程改良棉纤维方面颇为人们关注的另一个焦点是美国Auburn大学Daniell的研究工作。1998年Daniell试图将编码含Val-Pro-Gly-Val-Gly重复单元的蛋白质聚体（protein-based polymers，PBPs）基因转化棉花，使棉花细胞能特异表达出PBPs蛋白。PBPs蛋白广泛存在于自然界中，如哺乳动物结缔组织中的弹性蛋白，分子内含有由多个氨基酸组成的重复顺序，PBPs分子常表现出较强的弹性（弹性系数10.6~10.9Pa）。1998年Daniell认为将PHBs引进棉纤维，一方面有望提高纤维的弹性和强度，另一方面纤维中蛋白质含量提高，纤维吸水能力增强，与染料的亲和力也相应增强。这是目前常规育种方法所做不到的。我国最近也获得了转兔、羊毛角蛋白基因的棉花，该基因在棉纤维中特异表达，使棉纤维具有弹性好、保暖性强、纤维更加细长等特点。

近些年来，北京大学与中国农业科学院棉花研究所合作，经过多年研究，取得重要进展。2006年将ACO2-E6基因通过农杆菌介导法导入'中棉所24'中，得到6个阳性转化体再生苗；2008年，嫁接到温室得到R_0代转基因种子；2009~2011年，经过3年的筛选、鉴定，转基因种子从R_1代发展到R_3代，其纤维品质检测结果比受体材料在长度和强度上都有显著提高。

在国家转基因重大专项的支持下，我国科学家加快推进第二代转基因棉花——优质纤维转基因棉花的研发，成功创制出4种优质纤维转基因棉花种质新材料，其纤维长度、细度及皮棉产量等指标均有显著提高，达到世界领先水平，为我国第二代转基因棉花新品种的培育提供了必要的育种材料。业内专家认为，该研究成果是自转基因抗虫棉诞生以来，我国在棉花生物技术育种领域取得的又一项具有标志性的重大成果，必将大幅改善我国的棉花纤维品质，提升棉花产业的国际竞争力。

五、其他转基因棉花材料

2004年吕素莲等将胆碱脱氢酶基因betA和突变的乙酰乳酸合成酶基因导入到3个棉花优良品种中,获得了耐盐性明显提高的转基因植株及其子代,为棉花耐盐育种提供了优异材料。

在干旱和盐渍逆境下,植物为抵抗渗透胁迫,通常在细胞内积累两类性质不同的渗透保护剂(osmoprotectant)。一类是小分子有机物质,如甘露醇、甜菜碱和脯氨酸;另一类是蛋白质,如调渗蛋白(osmotin)。上述两类物质的积累,与植物对干旱、盐渍逆境的抗性密切相关。因此,利用基因工程技术将不同来源的合成渗透调节物质的基因转入植物,在植物体内过量合成渗透保护剂,被认为是提高植物对各种可能诱导渗透胁迫的逆境适应性的措施之一。美国德克萨斯州Lubbock的美国农业部(USDA)植物逆境实验室正着手将一种细菌的调渗基因(osmogene)转化到棉花中去,以提高棉花的耐旱性(Steward,1991)。澳大利亚的联邦科学院(CSIRO)研究人员正在从事与抗涝有关的乙醇脱氢酶基因(ADH)的遗传转化研究,试图将ADH基因转入棉花的栽培品种中,以提高其耐涝性(Millar,1990)。

1995年Randy首次将来自*Nicotana plumbaginifolia*的MnSOD酶基因与*Arabidopsis thaliana*的RuBISCO基因的叶绿体转导肽序列融合,并使之受控于CaMV 35S启动子,通过农杆菌介导法转入棉花。经检测证实,转基因棉株叶绿体中含有MnSOD同工酶,并且转入的*MnSOD*基因呈孟德尔方式遗传。当棉苗长至一片真叶时,对其进行低温处理,即昼温15℃,夜温0℃,24h;接着昼温15℃,夜温5℃,48h,转*MnSOD*基因棉株存活率为75%,对照棉株的存活率仅有5%。初步认为棉花叶绿体中过量表达MnSOD同工酶能够增加棉株对低温逆境的适应性。

转基因植物的种植给农业生产带来了巨大的变革,转基因抗虫棉、抗病棉、抗除草剂棉的应用给棉花的生产带来了许多积极的影响,但是转基因植物的安全性问题同样困扰着农业的生产和推广。

第五节 基因工程面临的挑战及研究前景

基因工程的应用与发展为基因在物种间的定向转移提供了有力的科学依据,转基因技术是基因工程的一种重要手段。众所周知,科学是一把双刃剑,同其他科学一样,在给社会带来进步的同时,也具有一定的影响。在生物界中,通过转基因方法将外源有利基因导入指定受体,可以在很大程度上解决常规方法无法解决的问题,在农业、医学、工业、环保、能源、新材料等许多方面发挥着重要的作用,总的来说,基因工程的应用能够大力地推动科学发展和人类幸福。

一、基因工程面临的挑战

任何一项新的科学技术发展常常有它有利的一面,也有它不利甚至有害的一面。转基因技术的出现和应用,带来了对转基因食品伦理和安全问题的争论。转基因食品安全的伦理问题主要涉及人类健康、生态环境、国家安全和社会稳定。1998年英国的马铃薯事件,使人们对转基因食品安全性的争论升级,对转基因食品可能存在的毒性、过敏反应和基因污染等安全问题至今仍无定论。2015年,中山大学黄军就团队在《蛋白质与细胞》杂志上发表论文称,他们运用基因组编辑技术在无法发育成胎儿的异常人类胚胎中删除并修复了与地中海贫血有关的*HBB*基因，这篇因伦理等问题被*Nature*与*Science*拒稿的论文，引发了广泛的争论和如潮的质疑，此外，关于基因组编辑育种引发转基因生物法律概念问题也引起了极大的争议。国际癌症研究所称草甘膦致癌，也引发人们争议。还有美国激进团体要求查看转基因作物研究领域科学家的邮件，给社会带给了一定的不稳定因素。

（一）基因工程产品的伦理困境

1983年转基因烟草的培育成功，标志着转基因技术的诞生；1996年由转基因西红柿制造的西红柿饼的市场化，开启了转基因食品市场化的大门。转基因食品是指利用分子生物学手段，将某些生物的基因转移到其他生物物种上，使其出现原物种不具有的性状或产物，以转基因生物为原料加工生产的食品就是转基因食品。随着基因工程技术与转基因技术的快速发展，对基因工程产品（转基因食品）的安全性问题的争论也随之而来，对基因工程的进一步发展也造成了一定程度的影响。目前人们既无法确定转基因食品的安全性，又要面对可能存在的粮食危机和潜在的经济风险。在对转基因食品安全的伦理问题进行阐述的同时，需要重点分析我国转基因食品安全存在的伦理困境，找出我国转基因食品发展新的出路。

（二）基因工程对生态环境的潜在危害

自然界是经过长期的不断进化与发展的平衡生态系统，有其自身的规律和生存法则。转基因生物是人类创造的物种，原本不存在于自然界之中，因而转基因生物可能会对生态环境造成威胁或破坏，导致生态系统的失衡。

转基因技术既然能够打破物种之间的隔离，也就具有创造新物种的可能性。过去的研究表明，转基因技术可能会产生杂草、一些病毒类的微生物及一些害虫。这些可能会对生态环境带来极大的威胁。所以，基因工程在带给人类无穷效益的同时，我们应该严格把好关，以避免给社会带来危险。

（三）基因工程对社会稳定的影响

基因工程与通常的研究计划不同，后者似乎仅在应用时才发现与价值问题有关，而基因工程本身就与许多价值问题纠缠在一起。因此，人类基因组计划包含着一个子计划，称为人类基因组计划的伦理、法律和社会影响。①基因工程使我们能够有办法预防、治疗、治愈很早就能预测的疾病。若发现一个青少年有疾病的基因，他在40岁时或以后发病，那么现在他们生病了吗？他们是患者吗？说他们是患者可能会使他们难以找到工作或被追缴纳更高的保险费。这些携带者似乎处于健康人与患者的中间状态，这要求我们重新审议健康和疾病的定义。②基因工程及基因知识的应用不应该给患者、当事人、受试者及利益相关者造成伤害，应该有利于他们，在利害均存在时应权衡利害得失，对造成的损害要给予赔偿。无论基因研究，还是基因知识的应用是都必须坚持知情同意或知情选择原则。对于可能携带不利基因的任何人，都应公正对待，不得歧视。保护个人和家庭的基因隐私。③克隆技术有很大的实用价值。现在的问题是，能否将克隆技术移用于"人"？对人的克隆问题的争论更激烈，涉及社会伦理问题也更突出。首先无性繁殖复制的人体，将彻底搞乱世代的概念。克隆人与细胞核的供体既不是亲子关系，也不是兄弟姐妹的同胞关系。他们类似于"一卵多胎同胞"，但又存在代间年龄差。这将在伦理道德上无法定位，法律上的继承关系也将无以定位。其次，克隆人破坏了人的尊严。人在实验室里的器皿中像物品一样被制造出来，这样无性繁殖的人不是真正的人，而只是有人形的自动机器。每个生命都是独一无二的，都有独特的个人品性，"复制人"恰恰剥夺了这一点。再次，人类生育模式由于克隆人技术的成熟，"自己生自己"的生育模式在许多方面又给伦理学提出了许多解决不了的难题。克隆人还可能造成人类的性别比例失调。④如果克隆人是为了"优生"，这种"优生"克隆规划由谁来实施？是否要将人类分成值得克隆的优良者与不值得克隆的劣等者。只有禁止克隆，才能避免对不值得克隆的劣等者的严重伤害。

二、基因工程存在的问题

转基因材料的创制与应用为农业生产提供极大的方便，但同时也存在许多问题，只有在不断的生产过程中，取之精华，去之糟粕，才能更好地为农业生产服务。目前转基因材料存在的主要问题如下。①在抗虫材料方面，由于过度单一的选择，使转化的转基因材料抗性单一，只抗棉铃虫，而对棉蚜虫、红蜘蛛等没有抗性，甚至使其危害更重。抗性不稳定也是存在的问题，转基因抗虫棉1代、2代对棉铃虫抗性较好，3代、4代对棉铃虫的抗性明显下降；在抗病材料方面，对于枯萎病和大部分的细菌性病害还没有找到合理的解决办法，另外，通过转基因创造的抗病材料，常常会引起株型畸形、花畸形等不利性状的发生；在纤维材料改良方面，转基因的方法通常能提高其单一的纤维长度，无法提高棉花的总体产量。因此，合理解决转基因材料带来的负面影响，才能更好地为农业生产服务。②转基因材料的安全问题：人类、动物或植物受到寄生、受体或带菌生物的感染；转基因生物、其组分或代谢产物产生的毒性或过敏反应；由转基因生物所代表的产品产生的毒性或过敏反应；意外释放转基因生物而产生的环境影响；产生更多具有传染性或抗药性的微生物；将有害的基因物质通过转基因生物传给人类；会侵占周围环境，替换已在该地长期生长的其他植物；转基因植物中由于基因物质的转移，可能会转移给相关的杂草类植物，使其变得更有竞争性。

三、基因工程应用的前景及误区

1973年，自Jackson等首次提出基因可以进行人工改造或重组，并在一定的条件下进行快速繁殖后，基因工程技术迅速成为了一个新兴的科学领域，不论在基础理论研究方面，还是在生产应用方面都取得了显著的成绩与傲人的成果。它的发展是生命科学发展的一次飞跃，为生物体的定向改良，提供了一个坚固的基础。未来的基因工程将毫无疑问地渗透到人类生活的各个方面，尤其在农业、医学、环保、生物工程等领域，将会达到前所未有的高度。

开展基因工程研究几十年来，目前已经建立了多种生物的载体转化系统，克隆出了一批功能明确的目的基因及一些特异的启动子，利用人工生物反应器研制出了数十种基因工程药物，培育出了具有特定目标性状的转基因生物。随着越来越多的基因组全序列的测定，生物技术的发展将进入后基因组与大数据时代，未来将会有更大批的功能性基因被开发，分离及转基因技术将不断得到完善，转基因的表达效率将极大提高。

越来越多的基因工程产品的产生，已经彻底打破了人类的固定思维，国内外各个领域也传来了非议的声音。作为一个新兴的科学领域，有非议是正常的，也是科学发展要面对的，在争议之中才能产生真正的科学与真理。对于这些负面的影响，我们应该采取科学的态度去进行反驳，随着人类社会发展，相信科学将会逐渐被所有人接受与理解。此外，基因工程的全面放开与实施也应该进行严格的审批与审核，以免在发展过程中带来科学灾难。

　　综上所述，基因工程的研究与发展，将对人类社会的各个方面产生深远的影响。基因工程将使人类的生活更加完美，人类的寿命更长久，人们的身体更健康。工业革命使人类社会进入资本主义，希望基因工程也能够将人类社会带入新的历程。

参 考 文 献

陈志贤. 1994. 利用农杆菌介导转移 *tfdA* 基因获得可遗传的抗2, 4-D棉株. 中国农业科学, 27: 31-37

程超华, 王学德, 倪西源. 2004. 棉花短纤维突变体纤维伸长的电子显微镜观察. 科学通报, 49(24): 25551-25555

邓德旺, 郭三堆. 2000. 棉花花粉管通道法转基因的分子细胞学机理研究. 云南大学学报, 21: 124-125

董国存, 董越梅, 孙敬三. 1998. 以GFP为标记用花粉管通道途径导入外源DNA. 科学通报, 43(23): 2531-2533

董云洲, 贾士荣. 1993. 基因枪在植物遗传转化上的应用. 生物工程进展, 14(2): 15-18

龚蓁蓁, 沈慰芳, 周光宇. 1988. 授粉后外源DNA导入植物技术——DNA通过花粉管通道进入胚囊. 中国科学, (B): 611-614

顾本康. 1985. 棉花黄萎病人工病圃设计与种质资源抗性鉴定. 江苏农业学报, 1(4): 21-27

郭三堆, 洪朝阳, 王京红, 等. 1992. 苏云金芽孢杆菌鲇泽变种7-29杀虫蛋白质结构基因的改造和表达. 微生物学报, 32(3): 167-175

郭三堆, 张秀梅, 崔洪志, 等. 1999. 抗蚜虫兼抗除草剂的转基因棉花研究. 云南大学学报(自然科学版), 21: 27

黄骏麒, 龚蓁蓁, 吴敬音, 等. 2001. 慈姑蛋白酶抑制剂(*API*)基因导入棉花获得转基因植株. 江苏农业学报, 17(2): 65-68

蒋玉蓉. 2006. 棉花遗传转化方法与耐盐、抗除草剂基因的转化利用研究. 杭州: 浙江大学博士学位论文

乐锦华, 祝建波, 崔百明, 等. 2002. 利用目的基因转化技术培育抗病新品种. 石河子大学学报, 6(3): 173-178

李春娟, 单世华, 许婷婷, 等. 2004. 几丁质酶和β-1, 3-葡聚糖酶基因研究进展. 生物技术通报, 15(5): 502-505

李付广, 郭三堆, 刘传亮, 等. 1999. 双价基因抗虫棉的转化与筛选研究. 棉花学报, 11(2): 106-112

李付广. 2003. 双价转基因抗虫棉的获得及其抗虫性与生理生化特征. 北京: 中国农业科学院博士学位论文

李海军, 孟庆民, 祝丽英, 等. 2003. 抗除草剂作物的选育研究概况. 杂粮作物, 23(1): 30-32

李静, 韩秀兰, 沈法富, 等. 2005. 提高棉花花粉管通道技术转化率的研究. 棉花学报, 17(2): 67-71

李静, 沈法富, 于东海, 等. 2004. 转基因抗早衰棉的获得. 西北植物学报, (8): 1419-1423

李晓, 王学德. 2004. 根癌农杆菌转化棉花花粉的研究. 棉花学报, 16(6): 323-327

李燕娥, 朱祯, 陈志贤, 等. 1998. 缸豆胰蛋白酶抑制剂转基因棉花的获得. 棉花学报, 10(5): 237-243

李正理. 1979. 棉花形态学. 北京: 科学出版社

刘方, 王坤波, 宋国立. 2002. 中国棉花转基因研究与应用. 棉花学报, 14(4): 249-253

刘金定, 叶武威, 刘国强. 1996. 棉花抗逆性及其抗病虫鉴定技术. 北京: 中国农业科技出版社

刘进元, 等. 2000. 棉花纤维品质改良的分子工程. 植物学报, 42(10): 991-995

刘晓杰, 张杰, 贾银华, 等. 2008. 植物激素对棉花 *Ligon lintless* 纤维突变体的调控影响. 安徽农业科学, 36(35): 15460-15469

刘志, 郭旺珍, 朱协飞, 等. 2003. 转Bt+GNA双价基因抗虫棉花的抗虫性表现特征. 高技术通讯, 1: 37-41

刘志, 袁小玲, 张天真. 2001. 获得多价转基因作物的策略. 遗传, 23(2): 182-186

毛树春, 冯璐. 2013/2014年度中国棉花生产景气报告

倪万潮, 郭三堆, 贾士荣, 等. 2000. 花粉管通道法介导的棉花遗传转化. 中国农业科技导报, 2(2): 27-32

倪万潮, 黄俊麟, 郭三堆, 等. 1996. 转Bt杀虫蛋白基因的抗棉铃虫棉花新种质. 江苏农业学报, 12(1): 16

倪万潮, 张震林, 郭三堆, 等. 1998. 转基因抗虫棉的培育. 中国农业科学, 31(2): 8-13

亓毅飞, 詹少华, 等. 2005. 棉花离体培养纤维的研究进展. 植物学通报, 22(4): 471-477

沈法富, 尹承俏, 于元杰, 等. 1997. 棉花植株和花粉耐盐性的鉴定. 作物学报, 23(5): 620-625

王关林, 等. 2002. 植物基因工程. 北京: 科学技术出版社

王关林, 方宏筠, 那杰. 1996. 外源基因在转基因植物中的遗传特性. 遗传, 18(6): 7-41

王守才, 王国英, 戴景瑞. 2000. 关于高等植物转基因遗传问题的讨论. 生物工程进展, 20(4): 64-66

王义琴, 陈大军, 危晓薇, 等. 2003. 天麻抗真菌蛋白基因(gafp)转化彩色棉的研究. 植物学通报, 20(6): 703-722

魏伟, 钱迎倩, 马克平. 1999. 转基因作物与其野生亲缘种间的基因流. 植物学报, 41(4): 343-348

谢道昕, 范云六, 倪万潮, 等. 1991. 苏云金芽孢杆菌(Bacillus thuringiensis)杀虫晶体蛋白基因导入棉花获得转基因植株. 中国科学B辑(4): 367-373

杨书华, 倪万潮, 葛才林, 等. 2006. 陆地棉花粉管通道形成时期的研究. 扬州大学学报(农业与生命科学版), 27(l): 63-65

叶春燕, 祝水金. 2013. 培养基、胚龄和激素配比对棉花胚珠离体培养纤维生长发育的影响. 棉花学报, 25(1): 17-23

叶武威, 刘金定, 樊宝相. 1996. 棉花种质资源耐盐性鉴定技术研究. 中国棉花, 24 (5): 20

叶武威. 1998. 棉花种质资源耐盐性鉴定技术与应用. 中国棉花, 25(12): 41

于元杰. 1991. 异科外源DNA导入陆地棉引起性状变异初报. 山东农业大学学报, 22(4): 335-340

余贤美, 郑服丛, 艾呈祥, 等. 2004. β-1, 3-葡聚糖酶在植物抗真菌病基因工程中的研究进展. 生命科学研究, 8(4): 53-57

袁钧, 张铎. 1991. 棉花生态指标研究初报. 中国棉花, 18(2): 9-10

张恒木, 越旌旌, 王隆华. 2000. 试管棉纤维发育中IAA氧化酶和POD活性的变化. 植物生理学通讯, 36(4): 315-317

张丽娜, 叶武威, 王俊娟, 等. 2010. 棉花耐盐性的SSR鉴定研究. 分子植物育种, 8(5): 891-898

张献龙, 唐克轩, 等. 2004. 植物生物技术. 北京: 科学出版社

张裕繁, 刘全义, 严根土. 1998. 我国棉花耐旱碱育种的进展与前景. 中国棉花, 25(2): 2-5

张震林, 陈松, 刘正銮, 等. 2004. 转蚕丝芯蛋白基因获得高强纤维棉花植株. 江西农业学报, 16(l): 15-29

张震林, 刘正銮, 周宝良, 等. 2004. 转兔角蛋白基因改良棉纤维品质研究. 棉花学报, 16(2): 72-76

赵丽芬, 赵国忠, 李爱国, 等. 2005. 利用转角蛋白基因改良棉纤维品质的研究. 中国农学通报, 21(7): 61-63

赵妍, 余涛, 刑少辰. 2010. Cre/LoxP位点特异重组系统在转基因植物中的应用. 中国生物化学与分子生物学学报, 26(2): 95-103

周光宇, 龚蓁蓁, 王自芳. 1979. 远缘杂交的分子基础. 遗传学报, 6(4): 405-413

Armaleo D, Ye G N, Klein T M, et al. 1990. Biolistic nuclear transformation of and other fungi. Curr Genet, 17(2): 97-103

Beasly C A, Ting I P. 1973. The effects of plant growth substances on *in vitro* fiber development from fertilized cotton ovules. American Journal Botany, 60: 130-139

Bechtold N, Ellis J, Pelletier G. 1993. In-planta *Agrobacterium* mediated gene transfer by infiltration of adult *Arabidopsis thaliana* plants. C R Acad Sci Paris, Life Sci, 316: 1194-1199

Broglie K E, Gaynor J J, Broglie R M. 1986. Ethylene-regulated gene expression: molecular cloning of the genes encoding an endochitinase from *Phaseolous vulgris*. Proc Natl Acad Sci USA, (83): 6820-6824

Broglie K, Chet I, Holliday M, et al. 1991. Transgenic plant with enhanced resistance to the fungal pathogen

Rhizoctonia solani. Science, 254: 1194-1197

Chen L L, et al. 1998. Expression and inheritance of multiple transgenes in rice plants. Nature Biotechnology, 16(11): 1060-1064

Christou P, McCabe D E, Swain W F. 1988. Stable transformation of soybean callus by DNA-coated gold particles. Plant Physiol, 87(3): 671-674

Christou P, Swain W F. 1990. Co-transformation frequencies of foreign genes in soybean cell culture. Theor Appl Genet, 79: 337-341

Comai L, Stalker D. 1986. Mechanism of action of herbicides and their molecular manipulation. Plant Mol Cell Biol, (3): 167-195

Corneille S, Lutz K, Svab Z, et al. 2001. Efficient elimination of selectable marker genes from the plasmid genome by the CRE/lox site-specific recombination system. Plant J, 27: 171-178

Dill G M, Cajacob C A, Padgette S R. 2008. Glyphosate-resistant crops: adoption, use and future considerations. Pest Manag Sci, 64(4): 326-331

Finer J J, McMullen M D. 1990. Transformation of cotton(*Gossypium hirsutum* L.) via particle bombardment. Plant Cell Reports, 8: 586-589

Green J W. 2009. Evolution of glyphosate-resistant crop technology. Weed Science, 57: 108-117

Hadi M Z, McMullen M D, Finer J J. 1996. Transformation of 12 different plasmids into soybean via particle bombardment. Plant Cell Reports, 15: 500-505

Hamilton C M, Frary A, Lewis C, et al. 1996. Stable transfer of intact high molecular weight DNA into plant chromosome. Plant Biology, 93: 9975-9979

Hoa T T C, Bong B B, Huq E, et al. 2002. Cre/lox site-specific recombination controls the excision of a transgene from the rice genome. Theoretical and Applied Genetics, 104(4): 518-525

Klein T M, Wolf E D, Wu R, et al. 1987. High-velocity microprojectiles for delivering nucleic acids into living cells. Nature, 327: 70-73

Knoblauch M, Julian M H, John C G, et al. 1999. A galinstan expansion femtosyringe for microinjection of eukaryotic organelles and prokaryotes. Nat Biotechnol, 7: 906-909

Koop H U. 1996. Integration of foreign sequences into the tobacco plastid via PEG-mediated protoplast transformation. Planta, 199: 193-201

Leung W, Malkova A, Haber J E. 1997. Gene targeting by linear duplex DNA frequently occurs by assimilation of a single strand that is subject to preferential mismatch correction. Proc Natl Acad Sci USA, 94: 6851-6856

Lin L, et al. 2003. Efficient linking and transfer of multiple genes by a multigene assembly and transformation vector system. Proc Natl Acad Sci USA, 100(10): 5962-5967

Maliga P. 2004. Plastid transformation in higher plants. Annu Rev Plant Biol, 55: 289-313

Matzke M A, Aatzke A J M. 1995. How and why do plants inactivate homologous (trans) gene. Plant Physiol, 107: 679-685

McCabe1 Dennis E, Brian J. 1993. Transformation of elite cotton cultivars via particle bombardment of meristems. Nature Biotechnology, 11: 596-598

Millar A, Dennis E S. 1990. Studying the genes switched on during flooding. Fifth Australian Cotton Conference, 31-35

Park Y D, Moscone E A, Iglesis V A, et al. 1996. Gene silencing mediated by promoter homology occurs at the level of transcription and results in meiotically heritable alterations in methylation and gene activity. Plant J, 9(2): 183-194

Qin Y M, Zhu Y X. 2010. How cotton fibers elongate: a tale of linear cell-growth mode. Current Opinion in Plant

Biology, (14): 1-6

Rasco-gaunt S, Thorpe C, Lazzeri P A, et al. 2000. Advances in cereal transfor mation technologies. Transgenic Gereal, American Association of Gereal Chemists, St. Paul. Minnesota. USA, 179-226

Rooke L, Byrne D, Sasgueiro S. 2000. Marker gene expression driven by the maize ubiquitin promoter in transgenic wheat. Ann Appl Biol, 136(2): 167-172.

Sauer B, Henderson N. 1988. Site-specific DNA recombination in mammalian cells by the Cre recombinase of bacteriophage P1. Proceedings of the National Academy of Sciences of the United States of America, 85: 5166-5170

Shashi K, Amit D, Henry D. 2004. Stable transformation of the cotton plastid genome and maternal inheritance of transgenes. Plant Molecular Biology, 56: 203-216

Singh B, Cheek H D, Haigler C H. 2009. A synthetic auxin (NAA) suppresses secondary wall cellulose synthesis and enhances elongation in cultured cotton fiber. Plant Cell Report, 28: 1023-1032

Stalker D M, Hiatt W R, Comai L. 1985. A single amino acid substitution in the enzyme 5-enopyruvylshikimate 3-phosphate synthase confers resistance to the herbicide glyphosate. Biol Chem, 260: 4724-4728

Stewart J McD. 1991. Biotechnology of cotton. International Cotton Advisory Committee

Tjokrokusumo D, Heinrich T, Wylie S. 2000. Vacuum infiltration of petunia hybrida pollen with *Agrobacterium tumefaciens* to achieve plant transformation. Plant Cell Rep, 19: 792-797

Toth R L, et al. 2001. A novel strategy for the expression of foreign genes from plant virus vectors. FEBS Lett, 489(2-3): 215-219

Trolinder N L, Linda K. 1999. In-planta method for the production of transgenic plants. USA Patent Number, 1-14

van der Salm T, Dirk B, Guy H, et al. 1994. Insect resistance of transgenic plants that express modified *Bacillus thuringiensis cryIA*(b)and *cryIC* genes: a resistance management strategy. Plant Molecular Biology, 26: 51-59

van Eck J M, Alan D B, Elizabeth D E. 1995. Stable transformation of tomato cell cultures after bombardment with plasmid and YAC DNA. Plant Cell Reports, 14 (5): 299-304

Vergunst A C, Jansen L E T, Hooykaas P J J. 1998. Site-specific integration of *Agrobacterium* T-DNA in *Arabidopsis thaliana* mediated by Cre recombinase. Nucleic Acids Research, 26(11): 2729-2734

von Bodman S B, Leslie L D, Stephen K. 1995. Expression of multiple eukaryotic genes from a single promoter in nicotiana. Nature Biotechnology, 13: 587-591

Xie L Q, Yang C J, Wang X L. 2011. Brassinosteroids can regulate cellulose biosynthesis by controlling the expression of *CESA* genes in *Arabidopsis*. Journal of Experimental Botany, 62(13): 4495-4507

Zhou G Y, et al. 1983. Inheritance of exogenous DNA into cotton embryos. Methods in Enzymology, (101): 433-488

第九章　突变体创造策略与应用

突变体是指某个性状发生可遗传变异或某个基因发生突变的材料，突变体是研究基因功能的重要材料，是研究基因功能最直接、最有效的途径之一，还可以直接或间接地在生产上使用，有助于加快作物育种进程。正向遗传学往往是通过寻找与某种性状相关的突变体来定位和克隆决定特定性状的基因。随着棉花基因组测序的完成，棉花的基因序列信息得到前所未有的丰富，为了阐明棉花基因序列的信息，创制特定基因区段的突变体是阐明基因功能的必然途径。建立饱和的多样的棉花突变体库是棉花功能基因组学的必要组成部分。

借助于遗传转化技术和离体组织培养技术，可以创制T-DNA 插入突变、激活标签突变、转座子诱变和FOX-hunting突变材料。

第一节　T-DNA 标签

插入突变由于T-DNA标签插入基因组后，相应位点基因的功能就可能受到抑制产生基因敲除（knock out）从而产生功能缺失型（loss of function）突变体；在T-DNA边界区域设置多个增强子增强插入位点附近基因表达量而获得功能获得型（gain of function）突变体。T-DNA标签突变体已在植物功能基因研究中发挥重要作用。

一、T-DNA 在植物基因组中的整合

T-DNA（transfer DNA）是位于根癌农杆菌（*Agrobacterium tumefaciens*）Ti（tumor inducing）质粒或发根农杆菌（*Agrobacterium rhizogenes*）Ri（root inducing）质粒上的一段 DNA，它可以从农杆菌中被转移并稳定整合到植物核染色体上，使植物产生冠瘿瘤（crown gall）或发状根（hairy root）。T-DNA能将其中的一段DNA转入植物基因组中，而T-DNA自身并不编码任何与转移及整合有关的酶，这一特性使得它可以携带外来基因进入植物细胞。T-DNA两端被称为左臂（LB）和右臂（RB），它们各有一段25bp的同向重复序列，即T-DNA边界序列，它们相对保守，将要转入植物细胞核的外源基因就位于这两段DNA区域之间。在植物分子克隆中经常应用的Ti质粒可装载大到50kb的外源DNA，能完整进行高频的转移，使其成为植物分子生物学中最常用的工具（图9-1）。T-DNA通过异常重组实现整合进入植物基因组中，早期研究认为T-DNA在基因组中的整合是一个随机过程，没有明显的偏爱性，但近年来有研究表明，这种随机不是绝对的。

现在已经在模式植物及多种作物中建立了T-DNA转化体系，但完善的转化机制模型并未建立。许多研究者通过对农杆菌T-DNA结构特点和T-DNA整合位点的研究建立外源基因在宿主中的整合与重排机制提出了几种模型。"单链缺口修复模型"（single-stranded gap repair，SSGR）表明在T-DNA的整合过程中，两端的作用机制是不同的。左边界和宿主基因组的预整合位点结合，在整合过程中有缺失，而右边界整合过程比较保守。"双链断裂修复模型"（double-stranded breaking repair，DSBR）表明在T-DNA整合过程中，左右边界序列都有部

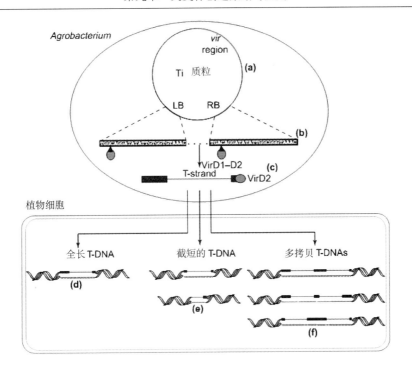

图 9-1　T-DNA 的结构及其在宿主中的整合机制（Mery，2008）

分缺失，由T-DNA的左边界复制形成的填充DNA就插入了T-DNA的右侧与基因组序列之间。该模型很好地解释了T-DNA整合过程出现的缺失及填充DNA的形成。但对于多拷贝单位点整合等复杂的整合方式，不能很好地解释。近期，Tzfira等（2004）和Zhu等（2006）对串联多联体的整合形式提出了"DSB整合模型"。串联的T-DNA在整合进入植物基因组的过程中，T-DNA两末端对宿主植物的预整合位点不同，导致染色体倒位。这些机制分别可以解释研究过程中的一些现象，但不能适应所有的整合情况，仍需要完善或提出新的机制加以阐述。

　　T-DNA整合不引起植物基因组大的重新排列；不需要植物染色体提供特异序列，可随机地整合，但在表达活跃区域的整合概率较高；单拷贝插入较多，且遗传稳定，会表现出孟德尔遗传特性，在后代中长期稳定表达；插入后不再移动便于保存。这些特点使得T-DNA成为创制突变体库的重要手段。

二、功能缺失型突变体

　　在T-DNA载体的左右边界内连接选择标记，通过农杆菌转化法导入植物基因组中，T-DNA的插入可使得特定基因失活，该基因的表达会被破坏，产生基因缺失后的表型。通过插入产生的功能缺失突变体的表型及生化特征的变化，为该基因的研究提供有用的线索。由于插入的T-DNA序列是已知的，因此可以通过已知的外源基因序列，利用反向PCR、TAIL-PCR和质粒挽救等方法对突变基因进行克隆和序列分析，并通过对比突变的表型研究基因的功能。

　　由此可见，T-DNA缺失型突变体可以通过表型变化直接表明基因功能，通过分离突变基因便可快速确定目的基因的功能，T-DNA插入标签技术已成为发现新基因、鉴定基因功能的有效途径。

（一）T-DNA 插入失活突变体库的构建

　　T-DNA插入突变体的获得依赖于植物的遗传转化效率，由于拟南芥转化简便易行，效率较高，不需要经过组织培养，不存在体细胞胚胎发生时的诱导变异，突变主要是T-DNA的插入造成的。T-DNA插入突变体在拟南芥中早在20世纪90年代初就受到关注，并开始建立大规模的插入突变体库。Swarbreck等（2008）在拟南芥中已经获得接近饱和的T-DNA插入突变体库，含有超过22万独立转化体，拟南芥中大于74%的预测基因都已被 T-DNA插入所覆盖。为了全世界科研人员研究方便，早在1991年9月在美国俄亥俄州立大学就建立了拟南芥生物资源中心（The Arabidopsis Biologieal Resouree Center，ABRC），以收集、保存、分发各种突变体。现在ABRC已经建立了一个庞大的拟南芥T-DNA插入突变体库（包括很大一部分来源于T-DNA 插 入 突 变 体），并 且 还 在 以 每 年 数 万 的 数 量 增 长。通 过 拟 南 芥 的 网 站 http://www.arabidopsis.org/可以获得拟南芥T-DNA插入突变体。在拟南芥中，已经有大量的基因功能以T-DNA为插入序列标签得到研究。

　　T-DNA插入失活突变体是建立在高效的遗传转化体系上的，Fu等（2009）在单子叶的模式植物水稻中也建立T-DNA插入突变体库，但由于水稻的转化需要经过体细胞胚胎发生的过程，水稻T-DNA突变体库数量仍然受到限制。法国的Genoplant研究所、韩国的POSTECH研究所（http://www.postech.ac.kr/life/pfg/risd）和中国的科研单位（http://rmd.ncpr.cn）也建立了大型的水稻T-DNA插入突变体库。二穗短柄草是麦类作物的模式植物，已经建立超过12 000个T-DNA插入株系，其插入位点也已经建立特定数据库（http://phytozome.jgi.doe.gov/pz/portal.html），提供给全世界科学家使用。

（二）T-DNA 插入失活突变的特点

　　与图位克隆技术相比，T-DNA标签的存在为目标基因的克隆提供了很大的方便。获得突变体后确定突变性，T-DNA创建水稻突变体具有众多的优点：T-DNA插入拷贝数较低，约30%为单拷贝；能稳定遗传，后代分离符合孟德尔定律；插入位点虽然不完全随机，但仍可最大程度获得饱和全基因组的突变体库；T-DNA转化水稻效率极高；分离插入位点侧翼序列方便。但也存在一些缺点，如需要通过遗传转化获得大量独立的转化子，比较费时、费力；有时一个转化子内出现多拷贝插入，同时T-DNA插入事件可能导致邻近染色体重排突变等问题。

　　植物基因组中往往存在许多重复基因，拟南芥基因组中，约一半以上是以染色体片段形式重复的，约有4000个基因以2个以上拷贝的形式存在。水稻中染色体上重复基因的部分占15.4%~30.4%。当T-DNA插入重复基因中时，产生的基因敲除突变体没有明显的表型变化，这可能是由于在重复基因中一个基因拷贝的突变所导致的功能丧失会被另一个拷贝所弥补。在拟南芥和水稻的T-DNA插入标签系中，只有10%的标签基因能产生明显的表型变化。另外，许多基因只在植物生长的特定阶段或特定生理状态下才进行表达，这类基因若在非表达阶段被突变则不会产生明显的表型突变，在多个生长阶段发挥作用的基因，其突变可能导致早期胚致死效应，因而也无法鉴定。此外，瞬间表达的基因、低水平表达的基因，以及在少数细胞中表达的基因都很难用基因敲除突变体鉴定，为了弥补这些不足，人们又研究出了激活标签载体，以获得功能获得型突变体。

三、功能获得型突变体

利用功能缺失型突变不能发现冗余基因的突变表型，也存在基因失活后致死的现象，功能获得型突变能够克服这些问题，是功能基因发掘的另一种策略，主要有激活标签法（activation tagging）。

（一）T-DNA 激活标签的特点

通过对拟南芥及水稻的基因组的研究，阐明了这两类植物含有大量基因家族，因此，除非多个基因同时突变，T-DNA插入标签系和转座子标签系对分离这些多拷贝基因的效率很低。激活标签（activation tagging）是在T-DNA边界放置多个增强子，增强插入位点附近基因表达量而得到功能获得型突变体，从而对该基因进行鉴定和分析的方法。

常用激活标签质粒载体主要有pPCVICEn4HPT、pSKI074和pSKI015等，分别以潮霉素、卡那霉素和除草剂抗性基因为选择标记。实际应用中，因为潮霉素对人体有毒害作用，所以使用并不十分广泛；卡那霉素抗性，使转化的植株可以在人工培养基中方便地进行幼苗筛选；除草剂抗性，使转化的植株可以在土壤中方便筛选，后两种在植物激活标签载体中使用较为广泛。

T-DNA激活标签对基因的激活表达是不受插入方向影响的，插入基因的上游或者下游都可激活基因的表达，这也表明激活标签能够真正起到增强表达的作用。在拟南芥中，T-DNA标签能够激活插入位点附近380bp至3.6kb范围内基因的表达，在棉花中T-DNA激活标签能够激活7.4kb基因的表达，在水稻中有报道激活标签能够激活下游12.8kb基因的表达，这表明T-DNA激活标签既不依赖插入方向，又具有长距离激活效应。

（二）T-DNA 激活标签的应用

激活标签产生的突变体一般为显性或半显性。在水稻和拟南芥中已建立Activation tagging突变体库。在拟南芥中，利用激活标签系统已经筛选到生长发育、抗病及一些次生物质的合成代谢相关的功能获得型突变体。yucca是利用激活标签发现的下胚轴伸长的突变体，表现出子叶偏上性生长和顶端优势等生长素过量的表型，YUCCA编码的是一个生长素合成酶家族成员，这类基因难以通过缺失途径鉴定。利用激活标签的方式还克隆了Ⅰ型酪蛋白激酶（casein kinase 1，CK1）、开花调控关键基因（FLOWERING LOCUS T，FT）、叶柄发育调控基因LEAFY PETIOLE、次生代谢合成相关基因PAP1和ORCA3、抗病相关基因ADR1和CDR1。黎家实验室利用激活标签在植物激素信号途径的研究中取得重要进展，他们利用激活标签转化油菜素内酯受体BRI1的弱突变体bri1-5，以发掘BRI1介导的信号转导途径新的调控元件，BR信号途径正向调控元件的激活将促进bri1-5的生长，抑制元件将使bri1-5更加矮化；他们筛选了超过12万个激活标签转化体，发现了BR信号传递元件BKK1、BR的辅受体bak1、BR代谢基因ben1、BR合成调控转录因子tcp1（图9-2）。

除了拟南芥之外，激活标签在单子叶模式植物水稻中的应用也取得突出成果。利用农杆菌介导的共培养的转化方法，已经在单子叶模式植物水稻中获得了大约15 000个可育的转化

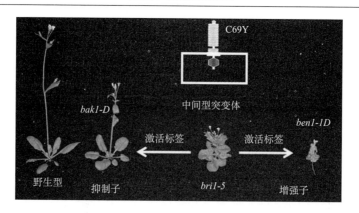

图 9-2　激活标签的应用（引自黎家实验室 http://www.lilab.cn）

植株。Jeong等（2002）创制了47 000个粳稻激活标签突变体，克隆了27 621个插入位点的侧翼序列，分析表明激活标签可以激活距离插入位点10.7kb的基因表达。Mathews等（2003）创制了10 427个番茄激活标签独立转化体，其中1338个株系具有明显的表型，如果实颜色和形状的改变等。Zubko等（2002）用激活标签技术在矮牵牛中分离出与细胞色素合成相关基因。Imaizumi等（2005）在豆科植物百脉根中也创制了超过3500个激活标签突变体，1.5%的转化体具有明显表型。激活标签技术在植物发育、生物胁迫和非生物胁迫的反应和次生代谢等多个方面的功能基因克隆中取得重要成果。

第二节　转座子标签

一、转座子标签的原理

转座子（transposon）又称转座因子或移动因子，转座子是染色体上一段可以移动的DNA序列，首先是由Barbara McClintock在20世纪三四十年代研究玉米籽粒颜色变化时发现的，它可以从一个基因座位转移到另一个基因座位，当转座子插入某个功能基因内部或邻近位点时，就会使插入位置的基因失活并诱导产生突变型，通过遗传分析可以确定某基因的突变是否由转座子引起，由转座子引起的突变可用转座子DNA为探针，从突变株的基因组文库中调取含该转座子的DNA片段，获得含有部分突变株DNA序列的克隆，然后以该DNA序列为探针，筛选野生型植株的基因组文库，最终得到完整的目的基因。在转座子作为外源基因通过农杆菌介导等方法导入植物时，整合到基因组所引起的插入突变，也可用上述原理来克隆基因，这样就大大提高了分离基因的效率。目前研究得比较清楚且应用较多的是玉米的Ac/Ds、En/Spm和金鱼草的Tam3转座子。

转座子在DNA结构上具有一些共同的特点：①在转座子的两端，存在末端倒转重复序列（terminal inverted repeat，TIR），它们是转座发生所必需的结构，而且至关重要。②转座子编码转座酶（transposase），其功能是促进转座子的转座发生。③受体DNA上很短的一段靶序列，由于转座子的插入，会在转座子的两侧形成正向重复序列，靶序列的正向重复序列长短由转座子决定，每一类转座子造成的正向序列重复其碱基数目是确定的。

二、Ac/Ds 转座子系统

玉米中的Ac/Ds转座子系统（aclivator/dissociation）是研究比较多的一个系统。其中Ac是自主性（autonomous）成分，Dc是非自主性（non-autonomous）成分。Ac全长4565bp，具有11bp的末端倒转重复序列TCAGGGTGAAA。自主性Ac元件还编码一个转座酶（Ac transposase）基因，具有完整结构的Ac元件能够发生自主性转座。Ds在结构上缺乏编码完整转座酶基因的DNA序列，但是保留了其他如末端倒转重复序列发生转座作用所必需的结构，因此Ds不能发生自主性的转座，但是在Ac提供转座酶的情况下同样能够发生转座。Ac/Ds转座子在玉米、拟南芥和水稻基因组中插入位点处能形成8bp的正向重复序列，当Ac或Ds从插入位点割离（excision），割离有可能是精确地发生在转座子末端倒转重复序列两侧，也有可能是不精确的割离，通常会使原来的8bp重复序列的一侧或两侧缺少几个碱基，这样会留下Ac或Ds曾经在此插入过的足迹。

Ac/Ds转座子系统在突变体构建中的应用形式可以多种多样，按Ac与Ds是否构建在一起，能否自主性发生转座，一般分成一元系统与二元系统，下面就以这两种系统来说明Ac/Ds在突变体库构建中的应用。

（一）一元系统

一元系统是将Ac转座酶基因与Ds转座子元件构建在同一个载体中，无须通过如二元系统杂交的步骤，方便之处就是在转基因植物T_1代中可以分离筛选到Ds跳跃的植株。一元系统又可以分为Ac自主转座系统与Ac/Ds-T-DNA系统。Ac自主转座系统是利用Ac元件的自主转座特性（含有完整的转座结构与转座酶基因，转座酶基因置于转座子的内部），它的特点是在后代可以进行连续的跳跃而得到的突变体不能稳定。Ac/Ds-T-DNA系统是将Ac转座酶基因置于Ds转座元件的外部，当Ds跳到另一位置时，可以获得与Ac转座酶分离而稳定的Ds插入子，这一点与二元系统相类似。

（二）二元系统

二元系统是将Ac与Ds分开构建到双元载体T-DNA中。自主性的Ac元件可以通过基因工程技术将转座发生所必需的5′和3′末端切除，因此不会发生转座，而只提供完整的转座酶基因。Ds元件含有转座发生所必需的TIR结构，而不含有转座酶基因，Ds元件的内部则可以做各种修饰，如加报道基因、抗生素基因、除草剂基因等。在制作突变体库的时候，首先是获得Ac-T-DNA和Ds-T-DNA的转基因亲本植株，然后通过杂交的方式产生大量的F_1种子，F_1自交产生F_2，在F_2代中对跳跃的转座子进行选择。由于Ac转座酶的存在，Ds就不会稳定。为了获得稳定的Ds插入子，可以通过遗传分离的方法选择不带Ac的Ds插入植株。Sundaresan等（1995）发现二元系统另一个优点是可以在杂交前选择Ac与Ds起始植株的拷贝数，并且通过杂交获得大量的转座频率稳定的同一F_1种子，这样通过少数几个起始转基因植株就可以获得大量的Ds插入突变体。Izawa等（1997）首先利用二元系统来创建水稻突变体。Nakagawa等（2000）对二元系统在水稻中的跳跃规律做了比较仔细的分析。二元标签系统虽然有许多优点，但转座子插入的有效突变率很低，并且还存在转座子继续转座的问题。将Ds与特异重组系统Cre/lox结合起来，把一个lox位点放在T-DNA区，而另一个lox放在Ds内部，当Ds转座到

T-DNA附近时，两个近邻的lox位点可经Cre的反式作用而发生重组，产生T-DNA和Ds之间的重排，使突变率大大提高，并且产生位点特异性的突变。

（三）转座子标签的优势

作为生物标签的一种，除了不需要知道基因的产物，也无须了解基因的表达特点以外，转座子标签与T-DNA标签相比还具有以下优点：①插入完整的元件，便于分析；②可从插入位点切除，产生回复突变，不仅可据此确认真正由转座子引起的突变，还可进一步验证突变基因的功能；③通过不断跳动产生新的突变，相对较少的起始转化系就可获得整个基因组的饱和突变，大大减少了工作量；④可以应用于转化效率不高的植物，通过杂交或繁殖获得新的插入突变。

三、转座子标签的应用

利用转座子标签法分离植物基因的主要步骤如下：①构建含转座子的质粒载体；②将含转座子的质粒载体通过农杆菌介导或其他适当的转化方法导入目标植物中；③转座子插入突变的鉴定与分离；④转座子在目标植物体内的活动性能检测；⑤利用转座子序列作探针，与突变体基因组文库杂交，获得部分基因序列；⑥用部分基因序列作探针，与野生型基因组文库杂交分离出完整的目的基因。

Baker等（1986）在研究转基因烟草时发现玉米转座子Ac/Ds在烟草体系中被激活，从而开创了转座子标签在异源植物中的应用。以后的研究表明，玉米的Ac因子能在烟草、亚麻、大豆、杨树、拟南芥、胡萝卜、健子花等植物中转座，玉米的Ac/Ds因子在拟南芥、水稻、番茄、矮牵牛、亚麻、胡萝卜、莴苣、马铃薯等异源植物中也具有转座活性。Izawa等（1991）将Ac/Ds转座子系统应用到水稻中作为插入序列标签，他们采用电穿孔法将Ac转座子导入水稻的原生质体中，然后再生获得转基因水稻再生植株，在愈伤组织阶段转座活性表现活跃，在不同基因组位置的Ac转座子表现出不一样的转座性。如今水稻转座子标签已经有了公共使用的突变体库。50 000株转座子标签的水稻种植于大田后观察到了11种不同表型，包括萌发、生长、叶片颜色、叶片形状、茎秆形状、斑点/病变、分蘖抽穗时间、穗型、花序、不育和种子，这些又可细分为53种表型。对一些重要的农艺性状突变体，如株高、育性、生长持续时间、植株和柱头颜色、每株的种子产量和种子形成比率，已经做了更为细致的研究。Settles等（2007）首次报道了利用转座子标签技术创制了1882个突变体株系，另外利用大量的玉米转座子突变体已经建立玉米遗传和基因组数据库（MaizeGDB），豆科模式植物苜蓿中也创制了3237个转座子标签株系。

从表9-1可以看出，目前利用转座子标签法克隆异源植物基因只涉及拟南芥、番茄、矮牵牛、烟草和亚麻5个物种，所克隆到的异源植物基因也只有20几个，所用的转座子仅限于Ac/Ds和En/Spm转座子。造成这种现状的原因可能有以下几种：①转座子标签法是建立在遗传转化技术的基础之上，只有那些容易进行遗传转化的植物，才易于诱发标签突变体，进而分离突变基因；②已在分子水平上研究清楚的转座子少，使可用于异源植物基因克隆的转座子不能满足需要；③技术需进一步完善，以提高转化频率。因此，完善植物遗传转化技术体系，进一步研究、挖掘新的转座子，改进标签系统，以达到最佳标签条件。

表 9-1　转座子标签法克隆的异源植物基因（胡英考，2003）

物种	基因名称	基因功能	转座子
拟南芥	MS2	雄性不育	En/Spm
	CAO	叶绿素a/b结合蛋白	Ac/Ds
	SAP	花形态发育	En/Spm
	SSR16	胚缺损致死	Ac/Ds
	EDS1	抗病	Ac/Ds
	DRL1	花形态发生	Ac/Ds
	FAE1	脂肪酸链延长	Ac/Ds
	alb3	白化苗	Ac/Ds
	ANL2	花色素合成	En/Spm
	FDH	表皮细胞分裂	En/Spm
	SVP	控制开花时间	Ac/Ds
番茄	Cf-4	抗叶霉病	Ac/Ds
	Dem	胚与分生组织缺损	Ac/Ds
	FB	花青素积累，玻璃苗，除草剂敏感	Ac/Ds
	Cf-9	抗叶霉病	Ac/Ds
	Xa-1	叶绿体发育	Ac
矮牵牛	PH6	影响花冠细胞酸碱度	Ac
	an2	花色素合成	En/Spm
	nam	无顶端分生组织	En/Spm
烟草	N	抗花叶病毒侵染	Ac
	Su	减少叶绿素积累	Ac/Ds
	ABA2	脱落酸	Ac/Ds
亚麻	L6	抗锈病	Ac/Ds

第三节　文库方法构建突变体库

一、RNAi 突变体库的构建和应用

（一）RNAi 文库的构建

RNA干扰（RNA interference，RNAi）是由双链RNA（double-stranded RNA，dsRNA）分子在mRNA水平关闭相应序列基因表达或使其沉默的过程，是一种典型的转录后基因调控方法，可以特异性地阻断或降低相应基因的表达，已成为研究基因功能的重要手段之一。构建大规模的RNAi文库进而转变成RNAi突变体库是功能基因组学研究的重要手段，相继发展起来的主要有4种构建RNAi文库的方法。

1. 针对每个基因进行单独构建，最后形成RNAi文库　　利用PCR的方法扩增目的基因，两端引物引入不同的限制性核酸内切酶位点，以基因组DNA为模板，分别扩增每个编码基因

片段，利用引物两端的酶切位点酶切后进行连接，每个PCR产物片段都形成了反向重复序列结构，最后分别克隆到含有特定启动子的表达载体中（图9-3）。利用Gateway系统构建也是基于单个基因操作，最后形成文库。

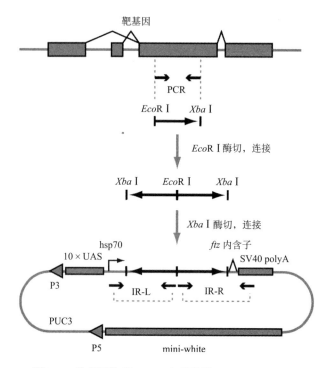

图9-3　单基因构建RNAi文库流程（Dietzl，2007）

2. 通过酶学工程方法构建RNAi文库　　Luo等（2004）利用DNA酶学工程方法（SPEED）构建了小鼠胚胎siRNA文库，先将目的DNA片段用识别4个碱基的核酸内切酶（*Aci* I、*Hpa* I、*Hpy* CH4IV、*Hin*P I、*Taq* I）进行消化，产生出黏性末端相同但长度不等的DNA片段，然后与人工合成的43nt的具有小发卡结构的寡核苷酸片段相连，连接产物经*Mme* I [TCCRAC(N)$_{20}$]酶切并回收形成单链形态的发卡DNA（hpDNA），然后与人工合成的寡核苷酸片段连接，在*Bst* DNA聚合酶作用下，单链hpDNA转变为具有反向重复结构的dsDNA，最后将它们克隆到表达载体上。

3. 以重组酶为基础构建RNAi文库　　Nichols等（2009）以重组酶为基础构建能产生随机siRNA的RNAi文库。该方法利用载体上含有FLP重组酶基因和它特异识别的两个方向相反的重组位点FRT，这样的质粒在细胞内扩增时，在体内重组酶的作用下，各拷贝间会发生重组从而形成hpDNA。

4. 滚环扩增介导的RNAi文库　　Wang等以滚环复制为基础建立的RMHR（RCA-mediated hairpin RNA）系统先将目的DNA片段用*Bsa* I酶切[GGTCTC(N)$_1$/(N)$_5$]，产生出具有非对称黏性末端的DNA片段，然后将该片段与人工合成的短发卡DNA连接，形成一个单链环状DNA，其次采用滚环复制的方法（*Phi*29 DNA聚合酶）对目的基因进行扩增，最后对扩增产物进行酶切消化，将具有IR结构的DNA直接克隆到基因表达载体上，转录后的RNA可折叠形成发卡RNA，诱发基因沉默（图9-4）。

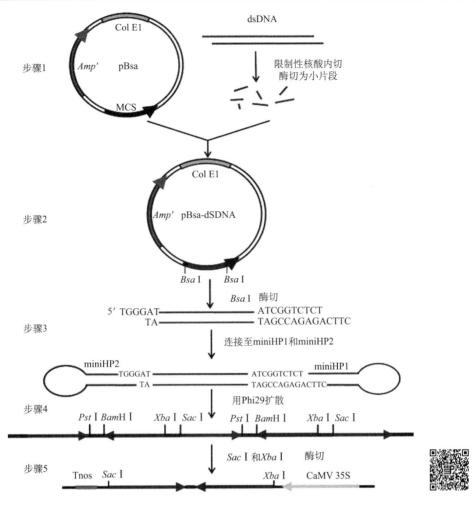

图 9-4 以滚环扩增介导的 RNAi 文库的构建流程（Wang，2008）

（二）RNAi 文库的应用

应用 RNAi 文库对生物全基因组筛选已在模式生物线虫和果蝇中实现。RNAi 还可用于植物的代谢工程，植物中许多有价值的次生代谢产物产量较少，很难满足人们的需要，RNAi 技术用于植物代谢工程可克服这方面的限制。现在将 RNAi 应用于植物全基因组范围的功能基因组学研究，遇到的最大挑战就是 dsRNA 在特定植物体内的释放和稳定表达，因此改良和发展高效的遗传转化技术和特定植物的 VIGS（virus induced gene silencing）的病毒载体或其他的转化途径，是目前急需解决的关键问题。部分 RNAi 文库在植物基因发掘中的应用见表9-2。

表 9-2　RNAi 文库在植物基因发掘中的应用（罗彦忠，2010）

目标性状	靶基因	转基因植物	潜在应用价值	参考文献
着色	polyphenyl oxida	马铃薯	延长保鲜期	Wesley等，2001
增加种子硬脂酸和油酸含量	*GhSAD-1*和*GhFAD2-1*	棉花	棉籽油不必加氢直接食用	LiuSingh和Green，2002

续表

目标性状	靶基因	转基因植物	潜在应用价值	参考文献
减少或缺式花瓣	*BP1*	油菜	增加光合作用	Byzova等，2003
增加类胡萝卜素	*DET1*	西红柿	增加健康	Davuluri等，2005
玉米品质	starch branching enzyme	玉米	增加直链淀粉	Chai等，2005
减少乙烯敏感源	1-aminocyclo propane-1-carboxylate	西红柿	延长货架期	Xiong等，2005
增价砷化合物的吸收	*ACR2*	拟南芥	土壤的植物修复	Dhankher等，2006

二、FOX-hunting

（一）FOX-hunting 系统的原理和文库构建

Fox-hunting系统即full-length cDNA over-expressor（FOX）gene hunting system，是另一种获得功能获得型突变体的方法（图9-5）。Ichikawa等（2006）将FOX hunting system作为一种独创的植物功能获得性基因筛选方法首次被提出，其原理是将全长cDNA连接到含有强启动子载体上超量表达基因，从而获得显性和半显性突变体，利用已知的载体序列可以很容易克隆到造成突变的基因，可用于系统性研究植物基因的功能。FOX hunting system可以应用于各种植物，并不依赖于该植物的基因组详细信息，只需获得该植株的全长cDNAs，因此适用于没有完整的基因组信息的非模式植物和基因功能冗余的多倍体植物。

Fox-hunting系统具体操作方法，总体分为5个过程。①克隆植物全长cDNA，并连接到植物表达载体。②转化农杆菌，构建农杆菌FOX文库。③农杆菌通过侵染等方法转入拟南芥和水稻等转化效率高的模式植物中，构建模式植物FOX文库。④观察FOX转基因植株的表型、生理等方面变化。异位表达的全长cDNA会产生显著的突变表型，根据研究目的对拟南芥变化的表型等进行筛选，如抗病、抗逆和生长发育相关表型。⑤克隆候选转基因植株中所携带的目的基因，转回验证基因功能。

（二）FOX-hunting 系统的应用

Fox-hunting系统已经在多种植物中实现了应用。将RIKEN研究所保存的大约10 000个拟南芥非冗余cDNA等量混合后，用组成型启动子驱动转化拟南芥，获得了15 000个转基因株系，其中9.6%的株系表现出形态的变化。例如，两个株系表现出浅绿的颜色是由于表达了一个编码DEVH box解旋酶基因，克隆该基因并重新转入拟南芥后进一步证实了浅绿就是由该基因引起的。水稻中也建立了FOX hunting体系，超过28 000个水稻全长的cDNA组成文库，转化后获得12 000个转化体，其中13 980个基因在独立转化体中超表达，T_0代就有多个株系表现出明显表型，其中3个株系是由于激活了*gibberellin 2-oxidase*基因的表达引起。盐芥是耐高盐的植物，适合于盐分胁迫相关基因的发掘，将盐芥不同组织的cDNA混合构建了全长文库，转化拟南芥植株进行抗性筛选，从中挖掘出多个盐分胁迫有关基因。除了构建全基因FOX文库外，还可构建仅含有部分基因的FOX文库用于特定基因的筛选。例如，Fujita等利用芯片技术发现43种转录因子被逆境胁迫诱导表达，将其全长cDNA等量混合后构建一个小型FOX文库，

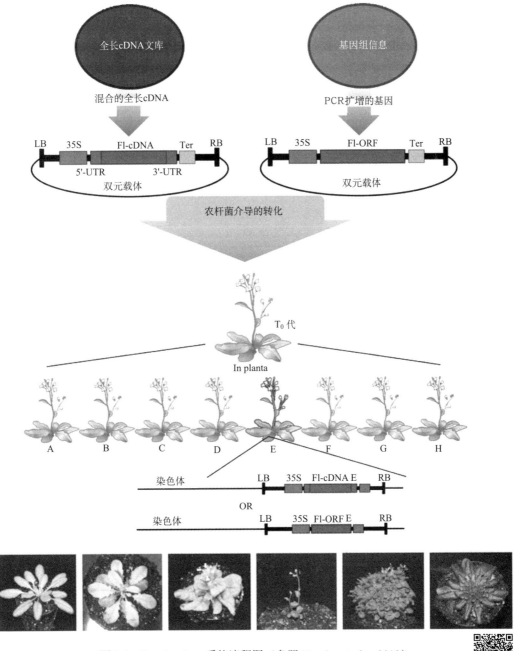

图 9-5　Fox-hunting 系统流程图（参照 Kondou et al.，2010）

转化拟南芥筛选出抗逆性增强的转基因植株，并克隆了一个bZIP转录因子AtbZIP60，证实其能够增强植物的抗逆性。Nakamura收集13 980条水稻独立的全长cDNA，利用玉米 Ubiquitin-1启动子超表达，获得超过12 000个独立转化子，其中大约16.6%的株系有突变表型，已从中克隆一个新的赤霉素-2-氧化酶基因。李付广实验室和黎家实验室合作，构建了棉花全生育期的全长均一化FOX hunting文库，大规模转化拟南芥突变体*bri11-5*，获得20多个表型明显变化的株系，其中7个株系能够恢复*bri11-5*的矮化表型，克隆得到的基因可能参与了BR的信号转导途径，深入研究正在进行中。

第四节　体细胞胚胎诱变

一、体细胞胚胎诱变概况

（一）体细胞胚胎诱变的类型

体细胞胚胎诱变分为自然诱变和人工诱变，人工诱变是人为地利用理化因素诱发植物遗传变异的育种手段，与组织培养结合能够大大丰富培养物中可供选择的突变类型，提高突变率，而且还能获得在自发突变中极难产生的新突变，能够在较短时间内创造更有价值的新品种。常用诱变剂分为物理诱变剂和化学诱变剂两类。物理诱变剂中应用最广泛的是X射线、γ射线、β射线和中子。近年来，如激光、电子束、微波等新的诱变剂也开始应用。尤其是离子辐射，诱变频率高于γ射线，且能诱导多个性状同时突变，应用前景较为广阔。化学诱变剂的种类繁多，主要以烷化剂和叠氮化合物两类诱变效果较好。结合离体培养技术，化学诱变剂的应用逐渐受到重视，尤其在培养基中加入化学诱变剂能增加遗传变异这一特点，引起育种学家的很大关注。单一因素如单纯用γ射线、中子或某种化学诱变剂，虽能引起某些性状的突变，但诱变效果不够理想，诱变谱也较单纯。采用理化因素复合处理，可产生累加效应或超累加效应，可能是辐射处理改变了细胞膜的完整性，促进了化学诱变剂的吸收。在农作物的诱变育种中，已推荐使用γ射线+EMS、γ射线+SA和SA+EMS等复合处理技术。大多数诱变结果表明，从培养的细胞材料中筛选突变体时，诱变剂最适剂量的选择，不仅要考虑突变率的高低，而且还要考虑次级损伤效应的大小，尤其是对再生能力影响的大小。一般认为，适宜的诱变剂剂量是处理后存活率在一半以上的剂量。关于诱变时期，多数认为在细胞快速增殖时期进行诱变处理突变率最高。终止处理诱变材料，经过几个培养周期后，按所希望的表型对培养材料进行筛选。

（二）体细胞胚胎诱变育种

体细胞胚胎诱变育种是利用各种物理因素和化学诱变剂诱导遗传变异，在较短时间内获得有利用价值的突变体，育成新的品种或创造新的种质资源。植物体细胞胚胎发生是指在离体条件下，双倍或单倍的体细胞在特定条件下，未经性细胞融合而通过与合子胚发生相类似的途径发育成新个体的形态发生过程，在此期间发生的诱变即为体细胞胚胎诱变。体细胞胚胎诱变是体细胞无性系变异的一种方式。

（三）体细胞胚胎诱变育种的意义

体细胞胚胎诱变为无性繁殖植物育种提供了新的重要途径。同时，组织培养过程中的体细胞无性系变异与辐射诱变处理相结合，在保持无性系变异育种优点的基础上，有助于进一步提高变异、拓宽变异谱，从而为育种选择提供更大的空间和可能性。突变体通过添加各种选择压力对目标性状进行定向选择。通过定向选择，选择出所需要的变异新品种，不失为一种较快捷的育种途径。而且采用离体筛选技术可以大大缩短育种年限、减少试验规模，为育种家们提供便利，是育种家选育品种的重要手段。

二、体细胞胚胎诱变的特点

与常规育种方法相比，体细胞无性系变异离体筛选弥补了传统育种方法的不足，它的显著特点有：①变异频率高，一般情况下为1%~3%，极个别的甚至可以达到25%~100%，可以获得广泛的变异类型，甚至产生自然界尚未发现的突变；②可以在较小空间内培养与处理大量细胞，选育时间周期短，成本较低；③在细胞水平上直接诱发与筛选突变体，提供了植物基因变异的快捷途径，是高等植物抗性育种微生物化的一种尝试，易于从单倍体细胞选出隐性突变，经加倍成二倍体或双倍体，较快地得到纯合稳定的抗病材料；④在人工控制条件下体外定向选择，易于进行同位素示踪、半微量分析等实验，不受地区与季节限制；⑤可以从细胞、组织及整株水平上进行生化、遗传及抗病机制的研究，可以改进原有优良品种的一个或几个缺陷。

因此，利用细胞培养技术从高等植物中分离出耐盐、抗旱、抗病虫害等突变体是可行的。体细胞无性系变异为植物改良提供了崭新的途径和方法，是选育作物品种的重要手段。

近年来，利用离体培养技术筛选抗病突变体的方法也在飞速发展。随着国内外学者应用组织培养技术筛选突变体取得一些成果，组织培养逐渐成为遗传变异的一个重要来源。近年来，除了利用愈伤组织继代过程中产生的自发突变以外，还采用γ射线、甲基磺酸乙酯（EMS）等物理或化学因素诱发变异，并在细胞水平上进行抗性突变体的筛选，可以大大减少植物改良所需投入的人力物力。高等植物这种通过体细胞培养方法产生愈伤组织并再生植株，在离体培养期间，植物细胞发生了细胞学或遗传学变异，且变异可作为植物品种改良的新变异源，这种可遗传的变异已在许多植物中被发现，为植物的抗病育种开辟了一条新途径。

三、体细胞胚胎诱变创制突变体的流程

以耐盐突变体的获得为例阐述其过程。耐盐突变体的筛选顾名思义就是在植物组织、愈伤组织培养的若干个周期，通过胁迫的影响，有目的地选择出具有抗盐特性的个体，在随后的世代中对变异株系的这些性状进行测定选择，对稳定的变异植株进行繁殖，从而选出新的育种系。可归纳为以下5个步骤。

1. 高效组培再生体系的建立　　耐盐突变体的筛选需要反复继代培养，从而建立长期再生能力强、遗传稳定性高的外植体无性系。目前，国内外组织培养成功建立高频率分化能力外植体的牧草有苜蓿、沙打旺、羊草、高羊茅、草木樨、早熟禾、大花萱草、结缕草、黑麦草、雀稗等。

2. 突变体材料的选择　　植物突变材料的选择对于是否能够成功获得耐盐突变体，是至关重要的。从理论上来说，愈伤组织是分离突变体最为简单的材料，方法简便，易获得突变植株。但亦存在许多缺点，如培养物生长缓慢、选择压不均一、胁迫变异小、个别抗性细胞可能由于周围组织的障碍失去分裂新的变异细胞的能力等，研究者则可以选择使用最初的新鲜愈伤组织来避免。

3. 愈伤组织耐盐变异系的筛选　　获得耐盐愈伤组织的途径主要有两种：①直接筛选，此方法的优点是减少形成生理适应细胞，迅速把耐盐细胞系选择出来，缺点是把一些本来存在的可筛选的变异也淘汰了；②逐级筛选，即逐步增加选择压力，并且每级培养数代，这样就可获得不同选择压力下产生的耐盐愈伤组织变异体系。

4. 耐盐愈伤组织变异系的耐盐性鉴定　筛选得到耐盐愈伤组织变异系后，必须进行相关的耐盐性鉴定，才能确定其是否是变异体植株。步骤是：首先对耐盐性进行分析，即通过耐盐愈伤组织相对生长量[相对生长量=（培养2~3周后的愈伤组织量−原愈伤组织量）/原愈伤组织量]来表示，一般认为只有那些在中等盐压下仍具有较高相对生长量的愈伤组织方可认为是耐盐性的愈伤组织；其次进行耐盐稳定性分析，即将对照和在不含盐的诱导培养基上已培养4~5代的耐盐愈伤组织直接转移到含有NaCl的诱导培养基上培养2~3周，计算相对生长量，只有那些相对生长量随着培养周数的增加而增加的愈伤组织才被认为是具有耐盐稳定性的愈伤组织；最后是对所筛选的耐盐愈伤组织的一些生理生化指标如脯氨酸含量、叶绿素含量、膜透性、超氧化物歧化酶（SOD）活性、过氧化物酶（POD）活性、丙二醛（MAD）活性等进行测定，确定其是否为耐盐突变体。

5. 耐盐愈伤组织的分化和再生植株的耐盐性鉴定　再生植株的耐盐性变异的鉴定，一般是以原正常愈伤组织中分化出的植株作为对照，在无盐压下生长一段时间后，一并转移到一定浓度盐胁迫下生长，并分别计算植株各性状的耐盐系数和指数，最后评定出耐盐级别。与此同时，还可测定植株地上部分K^+、Na^+等含量，游离脯氨酸的含量，以及相对电导率等生理生化指标。最后鉴定为耐盐植株的，收获其种子进行繁殖，其有性下一代仍表现出耐盐性的，即可认为是耐盐突变体植株。

棉花体细胞培养中突变体的创制：目前棉花体细胞培养与抗病育种结合起来研究，筛选出了一些抗病突变体。在植物细胞水平上选择比植株个体上选择具有很多优越性，如群体大、效率高、节约投资、操作方便。植物细胞在培养过程中由于各种因素的影响会产生很多突变体，如果结合细胞诱变，获得目的突变体的机会更大。用枯萎病菌毒素、黄萎病菌毒素作为筛选剂，对诱变处理的细胞、下胚轴或愈伤组织进行筛选，获得了一批抗枯萎病菌毒素、黄萎病菌毒素的突变体，抗病突变体细胞系再生植株后田间鉴定表现出明显的抗病性，说明细胞水平上的筛选是有效的。但抗病再生植株的抗性遗传在早代不稳定，需要进行多代的淘汰筛选，才能得到遗传上稳定的抗源用于育种工作。通过研究，建立了抗病筛选方法，研究了毒素鉴定与田间鉴定的相关性、抗性植株的遗传等。对抗性细胞系抗毒素的机制进行分析，发现抗性细胞系、感细胞系在毒素处理两天前后代谢物质的变化趋势明显不同，受毒素处理时能及时做出保护性反应，为抗病机制研究提供了一个全新的研究体系。

四、体细胞胚胎诱变的应用

1. 抗除草剂突变体　2003年浙江大学祝水金教授等采用体细胞连续定向筛选技术，结合体细胞诱变技术，即在外植体培养30d后，从愈伤组织团块上取下胚性愈伤组织用^{60}Co处理3d获得非转基因抗草甘膦的棉花突变体——R1098。R1098植株抗除草剂性状稳定；霜前皮棉产量与'苏棉12号'相当，纤维品质优良，抗枯萎病，耐黄萎病，是优异的棉花种质资源。根据剂量响应试验，R1098草甘膦抗性是其遗传背景材料珂字棉的71倍。莽草酸含量的检测是用来快速鉴定植物草甘膦抗性的有效方法。试验发现1.50kg ae/ha的草甘膦处理5d后，'珂字棉312'中莽草酸的含量要比R1098中高13.1倍。研究还发现草甘膦可以显著提高R1098和'珂字棉312'的谷胱甘肽转移酶活性。然而在相同浓度草甘膦处理后，'珂字棉312'GSTs活性要高于R1098中GSTs活性，表明草甘膦可能造成植株体内氧化胁迫，而R1098对草甘膦有抗性所以所受损失小于'珂字棉312'，因此体内GSTs活性也低于珂字棉。

在杂交棉纯度控制中的应用价值上，由于R1098的草甘膦抗性是由一对显性基因控制，用R1098作父本与一般陆地棉杂交，其F_1仍具草甘膦抗性，可以用于棉花杂交种的纯度鉴定和假杂种的自动清除。该研究以抗草甘膦陆地棉突变体（R1098）为父本，通过广泛地测交筛选获得高优势的抗草甘膦杂交棉新组合——'浙杂14'。对河南、安徽和浙江3个制种点6批次的'浙杂14'杂交棉种子分别进行发芽试验和苗床试验，采用10%的草甘膦进行纯度鉴定，不同纯度杂交棉种子的生产试验结果表明，在一定范围内，杂交棉的皮棉产量与其种子纯度呈负相关，用草甘膦去除假杂种后，可显著增加皮棉产量，并对纤维长度、纤维整齐度和纤维比强度有明显改良作用。

2. 抗逆突变体　林定波等（1999）曾以脯氨酸作为选择压，筛选到了抗寒的柑橘植株，其抗寒性比对照显著增加，并发现抗寒植株叶片中脯氨酸、亮氨酸和精氨酸的含量均比对照增加2倍以上。

用EMS（甲基磺酸乙酯）处理杨树胚性愈伤组织，通过组织培养方法定向筛选杨树耐盐变异体。结果表明：诱变处理所得植株与对照相比，其耐盐性明显提高。同时，在未经耐盐定向筛选实验中得到29株叶片颜色发生变异的畸变植株，耐盐定向筛选试验中也得到4株同类型畸变植株。刘春月以4个不同基因型的茎段愈伤组织为试材进行了耐盐突变体的辐射诱变及筛选研究，初步建立了耐盐突变体诱变筛选的技术体系。确定了80Gy的辐射剂量为适宜甘薯茎段愈伤组织的诱变剂量；经过初步筛选获得了NaCl最大耐受浓度1.5%，比对照提高0.5%。李波等（2006）以苜蓿愈伤组织为材料，经NaN_3诱变后在不同浓度的Na_2CO_3和 $NaHCO_3$配制的缓冲溶液中胁迫，对诱变胁迫的愈伤组织的苯丙氨酸解氨酶、过氧化氢酶和脯氨酸3项指标进行测定，结果显示3个指标均比对照有所提升，适当浓度的NaN_3可以使苜蓿的耐碱性提高。

3. 抗病突变体　Venkatachalam等（1997）利用花生愈伤组织作为诱变材料，经γ射线辐照和MES诱变处理后，培养在含有黑斑病致病菌滤液的培养基上定向筛选抗病突变体，后代中获得了对黑斑病抗性明显提高的植株。孙立华等（1991）获得了抗水稻白叶枯病的水稻新品系。凌定厚等（1986）得到了抗胡麻叶斑病的水稻品系。已获得再生植株的抗病突变作物见表9-3。

表 9-3　已获得再生植株的抗病突变作物（顾玉城，2004）

种名	表现型	获得者及年份
烟草	抗烟草野火病毒素	Sarlson，1973
	抗烟草黑胫病毒素	周嘉平，1990
	抗烟草褐斑病毒素	Thautong，1980
甘蔗	抗菲基病	Keinz，1977
	抗甘蔗眼斑病毒素	Larkin，1981
玉米	抗玉米小斑病	张举仁，1998
花生	抗花生黑斑病	Venkatachalam，1997
马铃薯	抗马铃薯环腐病	Rassadina，1992
油菜	抗油菜黑胫病毒素	Sacristan，1982

种名	表现型	获得者及年份
水稻	抗水稻胡麻病斑菌毒素	Vidhyusekuran，1984
	抗胡麻叶斑病	凌定厚，1986
	抗水稻白叶枯病	孙立华，1991
小麦	抗小麦根腐病	郭力娟，1991
	抗小麦赤霉病毒素	刘思衡，1997
燕麦	抗维多利亚毒素	Gengbach，1986

4. 其他突变体　Muthusamy（2007）将花生胚性愈伤组织用γ射线辐照、MES或叠氮化钠处理后，进行体胚诱导培养，再生植株中叶片形状有明显变化，单株结果数和荚果重明显提高。赵成章等（1984）从水稻幼胚愈伤组织中，筛选出一些早熟、矮秆、千粒重高的新品系。在草坪草育种上也有应用，如Smith和Quesenberry（1993）利用体细胞无性系变异的方法获得了红三叶的新种质资源，其再生能力显著提高；Croughan等（1994，2001）获得了狗牙根的新种质Brazos-R3，对秋季黏虫（*Spodoptera frugiperda*）具有显著抗性。

第五节　基于基因组编辑的直接突变

一、基因组编辑突变的特点

物理或化学诱变法、T-DNA或转座子插入虽然可以在基因组上随机产生大量突变位点，但突变率较低且突变位点鉴定十分困难，RNAi方法下调基因表达不够彻底，其后代不能稳定遗传。近年来，基因组编辑（genome editing）技术迅速发展。基因组编辑是利用序列特异核酸酶在基因组特定位点产生DNA双链断裂，从而激活细胞自身修复机制——非同源末端连接或同源重组，实现基因敲除、染色体重组及基因定点插入或替换等。这也为基因组改造和突变体创制提供了一种新的方法。

目前，应用最广的3类序列特异的工程核酸酶为锌指核酸酶（ZFN）、转录激活子内效应子核酸酶（TALEN）和规律成簇间隔短回文重复序列及其核酸酶（CRISPR/Cas9）（图9-6）。这些工程核酸酶具有共同的特征，都包含DNA识别与结合结构域（位点特异性）及核酸内切酶切割结构域（双链断裂的酶切活性），与特定靶位点进行特异性的结合并切割产生 DNA双链断裂。3种基因组编辑方法在特异性、设计和编辑效率上有不同，应用于突变体创制需要根据各自特点合理使用。ZFN是最早被利用的工程核酸酶，特异性较低，效率不高，脱靶率较大，并且操作相对繁琐，严重限制了该技术的应用。TALEN技术像ZFN一样对基因组编辑性高，脱靶效应较低，但TALEN 蛋白较大，并且序列重复性强，但表达载体构建较为繁琐。CRISPR/Cas9载体构建仅需设计特异的sgRNA，不需要更换Cas9核酸酶，简单易行，成本更低，多靶点能同时定点修饰，染色体大片段缺失，靶向效率更高，因此在突变体创制方面，CRISPR/Cas9具有突出优势。

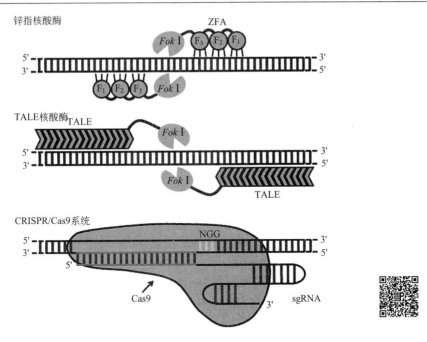

图 9-6　3 种基因组编辑模式图（单奇伟等，2015）

二、基因组编辑突变的应用

基因敲除是基因组编辑最简单的应用形式，只需要在靶位点制造1个突变即可实现基因突变。CRISPR/Cas9系统具有简捷和高效特性，目前已在多个植物中得到应用，如拟南芥、烟草、水稻、玉米、高粱、小麦、甜橙和番茄等。在拟南芥和烟草原生质体中，NHEJ突变效率分别达到5.6%和38.5%。此外，利用农杆菌侵染方法稳定转化拟南芥，T_1代植物中有26%~84%突变效率。Ito等（2015）借助CRISPR方法对控制番茄果实成熟基因*RIN*进行了突变，可以用于开发保质期延长的番茄品系。Shan等（2013）利用水稻偏爱密码子优化Cas9核酸酶基因，并采用水稻小核RNA的U3启动子和小麦U6启动子转录sgRNA，定点敲除水稻*PDS*和小麦*MLO*等基因，在T_0代就获得纯合基因敲除水稻突变体，突变效率达到10%。单奇伟等（2013）对水稻 *OsBADH2*、*OsPDS*基因进行编辑，获得*osbadh2*及*ospds*突变体，可以用于香米株系和耐冷性株系的创建。Miao等（2013）分别敲除水稻叶绿素a加氧酶基因*CAO1*和控制分蘖夹角的*LAZY1*基因，T_1代即可获得纯合*cao1*和*lazy1*突变体，分别表现出叶片叶绿素含量降低和分蘖夹角增大表型。王延鹏等（2014）针对小麦A基因组*TaMLO*基因特异的位点设计sgRNA，实现了A基因组*TaMLO*基因的定向突变，而对B和D基因组*TaMLO*基因没有破坏作用，表明在多倍体的小麦中，利用基因编辑技术既可同时突变多个拷贝，也可以定向突变单拷贝，在多倍体植物突变体的特异创制方面发挥重要作用。

通过设计多个sgRNA可以进行多靶点的同时突变，对同一个基因设计两个sgRNA可实现基因整个的敲除或者大片段缺失。华南农业大学刘耀光实验室开发的多靶点CRISPR/Cas9系统，有效地实现了多基因定点突变及大片段缺失。Bhlhaj等（2013）对烟草*NbPDS*基因设计间隔50bp的两个sgRNAs，实现了对该基因大片段的缺失突变。Mao等针对拟南芥*TT4*基因设计间隔230bp的两个sgRNAs，实现了大片段的缺失，缺失频率高达26%。Xing等构建了一套适合进行植物多基因编辑的CRISPR/Cas9载体系统，在拟南芥的T_1代植物中实现三基因同步敲除。Xie等利用内源tRNA加工系统将多个tRNA-sgRNA结构串联排列，从构建的一个多顺反子tRNA-sgRNA基因（*PTG*）可以转录并加工成多个sgRNA。利用这一策略在水稻中实现多达8个位点的同时突变，提高了CRISPR/Cas9进行多基因编辑的能力。而且由于tRNA及其加工系统在所有生物中都是非常保守的，这一策略有望在其他物种的多基因编辑中广泛应用。随着多倍体棉花基因组测序的完成，棉花的研究也迅速进入后基因组时代，解析和改造基因组的功能非常紧迫，基于基因组编辑技术的直接突变体创制将在棉花功能基因发掘中发挥重要作用。

第六节　突变体功能基因的分离方法

突变体是基因功能研究的理想材料，创制突变体的最终目标是进行功能基因的发掘。利用理化诱变、自然突变、T-DNA插入突变、转座子插入突变、Fox-hunting系统和RNAi文库等方式方法所创制的突变体具有随机性和不可控性，需要借助现代遗传学和分子生物学手段解析突变基因、插入位点等基本信息，进一步揭示基因功能。用于鉴定突变基因（位点）、分离插入位点侧翼序列的方法主要有图位克隆（map-based cloning）、接头PCR、质粒拯救、反向 PCR（inverse PCR，IPCR）、热不对称交错PCR（thermal asymmetric interlaced PCR，TAIL-PCR）和PCR步移（PCR-walking）技术等。上述方法虽然在操作过程及使用效果上各有优缺，但是已成为植物功能基因发掘的有效途径。

一、图位克隆

图位克隆（map-based cloning）又称定位克隆（positional cloning）或染色体步移（chromosome walking），最初由剑桥大学的Alan Coulson于1986年提出。该方法分离鉴定基因最大的优点在于其无需预先知道基因的DNA序列及表达产物信息，通过分析突变性状与分子标记的连锁关系来逐步锁定目的基因。不同作物间在利用图位克隆方法实现突变基因分离鉴定方面具相同的方案，基本程序包括：①突变体植株和正常野生型植株杂交，获得F_2代种子，播种F_2代种子并观察其植株的表型以产生数量较小的粗定位群体；②与目标基因紧密连锁的分子标记的筛选；③启用更多的定位群体和新的分子标记将目的基因缩小到40kb以内的区间；④通过生物信息学方法预测目标区间内的功能基因，利用PCR技术扩增候选基因并进行测序；⑤利用基因表达、互补实验和RNA干涉技术验证突变体是否恢复正常或发生预期的表型变化。伴随着大量作物全基因组序列的发布，包括RFLP（restriction fragment length polymorphism，限制性片段长度多态性）、RAPD（randomly amplified polymorphic DNA，随机扩增多态性DNA）、SCAR（sequence characterized amplified regions，序列特异性扩增区域）、AFLP（amplification fragment length polymorphism，扩增片段长度多态性）、SSR（simple sequence repeat，简单序列重复）、ISSR（inter-simple sequence repeat，内部简单序列重复）、InDels（insertion-deletion，插入缺失标记）、CAPS（cleaved amplified polymorphic sequences，酶切扩增多态性序列）、STS（sequence tagged site，序列标签位点）、SCAR（sequence characterized amplified regions，序列特异性扩增区域）、VNTR（variable number of tandem repeats，可变数目串联重复序列）及SNP（single nucleotide polymorphism，单核苷多态性）

等在内的可供利用的分子标记日趋丰富，为利用图位克隆方法鉴定突变基因奠定坚实基础。目前图位克隆方法不仅在模式植物拟南芥的功能基因组研究中发挥了巨大的作用，克隆了约37%的突变基因，在水稻中利用该方法克隆到的基因也至少有63个，包括引领第一次绿色革命的半矮基因*SD1*、抗褐飞虱基因*Bph14*、单蘖基因*MOC1*、抗白叶枯病基因*Xa21*和*Xa23*、耐盐基因*SKC1*、糊化温度控制基因*ALK*，以及大量的叶色突变相关基因等均是通过图位克隆法分离的。马丹等利用图位克隆的方式克隆了控制棉花腺毛发育的基因*GoPGF*，他们在双隐性无腺体突变体（*gl2gl3*）的*GoPGF*中发现了一个单核苷酸插入，其导入了一个提前终止密码子。

二、质粒拯救法

质粒拯救法（plasmid rescue）最初由Perucho在1980年开创，并用该法克隆鸡胸腺苷激酶基因。其基本过程及原理为：①利用合适的限制性核酸内切酶消化含有T-DNA插入的基因组DNA，获得片段化序列；②利用连接酶对消化产物进行环化连接；③利用高效电击转化等方法将环化核酸片段转化大肠杆菌，并通过抗性筛选获得阳性克隆；④利用T-DNA区已知序列引发测序反应，实现阳性克隆的测序分析，从而得到已知序列的侧翼序列。质粒拯救技术的应用效果与插入基因组载体自身条件有很大的关系，主要表现在：①所选择的载体在转化宿主细胞中有稳定的复制起点和功能性阳性克隆筛选基因；②合适的核酸内切酶的选择。在满足上述两个基本条件后，含有T-DNA插入的基因组DNA经限制性核酸内切酶消化，自身环化后便得到一个只含有目的片段和抗性筛选基因的微笑质粒即拯救质粒。质粒拯救方法获取侧翼序列具有诸多优势：方法直接，不受分离侧翼序列的分子质量大小的制约，其目的性和准确性都很强，所以在早期作为一种克隆基因的方法被广泛应用于果蝇、真菌、哺乳动物和拟南芥中，比较常用于从突变体中克隆基因。但是，质粒拯救的最大缺点就是受载体制约，应用范围较窄；在操作过程中结果与基因组DNA质量、酶消化、连接、大肠杆菌转化效率等各个环节密切相关，操作繁琐，费时费力；阳性克隆不能判断是否为相同的连接产物，往往造成重复测序；假阳性克隆比例较高，筛选繁琐，工作量大。因此，质粒拯救法已经不能够胜任功能基因组学时代的高通量要求，只能作为其他分离方法无效时的一个补充。

三、反向 PCR 法

反向PCR（inverse PCR）技术同质粒拯救技术有许多相同点，其分离侧翼序列的基本步骤如下：①选用合适的限制性核酸内切酶消化带有T-DNA或转座子插入的基因组DNA，同样产生片段化的基因组。所不同的是，利用反向PCR技术酶切基因组DNA时对酶切位点有一定的限定，即其中一个限制性核酸内切酶位点应位于已知T-DNA或转座子上，另一个酶切位点在未知的基因组中的片段上。②酶切后DNA片段的自身环化。③利用T-DNA或转座子的边界已知序列启动相反方向的PCR扩增，即可获得插入位点两侧未知的基因组序列（图9-7）。反向PCR技术避免了对未知序列的克隆、亚克隆和文库筛选等繁琐步骤，最初是用来快速扩增任何一个已知基因片段两侧未知序列。反向PCR技术最大的影响因素是核酸内切酶的选择，黏性末段的高产出可最大限度地提高连接效率；常用核酸内切酶的使用可以大大降低分离的成本，增加产出；合适的酶切片段大小（酶切位点距边界最好为3~5kb）有利于片段自身的连接环化。当然，反向PCR也不可避免地存在一些缺陷：相对于TAIL-PCR，反向PCR鉴定侧翼序列周期较长；相对于TAIL-PCR的PCR扩增反应，反向PCR需要对基因组DNA进行酶消化和连接，基因组DNA用量大、纯度要求较高；而且反向PCR的扩增过程并不像TAIL-PCR一样对目标区域进行多轮富集扩增，所以非特异扩增率较高。针对高的非特异扩增，研究者对反向PCR方法进行了一些改进，设计两对引物进行巢式PCR扩增，大大提高了产物特异性。韩国POSTECH-RJSD数据库便应用反向PCR技术进行T-DNA侧翼序列分离并获得大量侧翼序列信息。

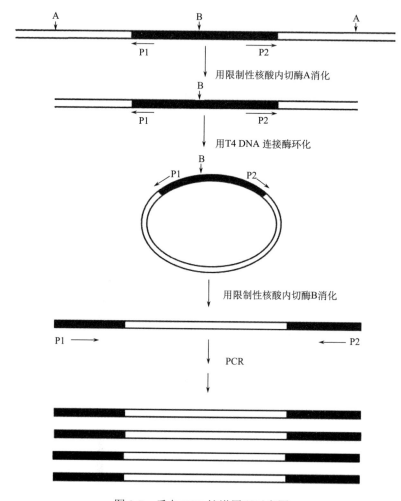

图 9-7　反向 PCR 扩增原理示意图

四、TAIL-PCR

　　TAIL-PCR（thermal asymmetric interlaced PCR，TAIL-PCR）技术是以巢式PCR技术为基本原理，利用插入区已知序列，通过多套特异引物及简并引物的组合扩增来逐步富集已知序列未知区域的经典侧翼序列分析方法。该方法最早本是用于分离文库P1和YAC克隆的插入末端序列，后经刘耀光（1995）改进后用于拟南芥T-DNA插入侧翼序列的分离和鉴定。引物设计是TAIL-PCR的最大影响因素，直接决定着侧翼序列分离的成败。研究者需要根据插入区已知序列依次间隔设计3条较长的Tm值在57~62℃的特异引物（specific primer 1-3，SP1~3），并与较短的Tm值在44~46℃的低退火，任意简并引物（short arbitrary degenerate primer，AD primer）组合形成多套嵌套引物。在侧翼序列扩增过程中，研究者以含有已知插入序列的基因组DNA为模板，并根据引物特异性及扩增产物理论长度差异设计不对称的温度循环，通过预设的逐级反应使特异产物在总扩增产物中富集积累，从而最终得到特异性的扩增产物，解析已知序列的旁侧序列。TAIL-PCR反应一般可分为3级，是一个目标片段逐级富集的过程。①一级PCR反应包括：5次高特异性反应、1次低特异性反应、10次较低特异性反应和12次热不对称的超级循环。其中，5次高特异性的反应使特异引物SP1与已知的序列退火并延伸，有效提高目标序列在总产物中的浓度。1次低特异性反应使随机简并引物AD结合到较多的目标序列上，10个较低特异性反应使两种引物均能与模板退火，实现引物间序列的指数扩增。随后进行12个热不对称超级循环（每个超级循环包括2个高特异性反应和1个较低特异性反应）。上述反应可得到3种类型且浓度不同的产物：Ⅰ型特异性产物、Ⅱ型及Ⅲ型非特异性产物。②二级反应以一级反应产物的1000倍稀释液作为模板，用特异引物SP2及同一AD引物组合进行10个左右的热不对称超级循环，使特异性产物在总产物中的含量达到绝对优势。③三级反应则以二级反应产物的1000倍稀释液作为模板，用特异引物SP3及同一AD引物组合进行普通PCR扩增，进一步纯化目标序列（图9-8）。通过上述嵌套式的三级PCR反应，可有效富集并纯化目标序列，从而获取与已知序列邻近的旁侧序列。TAIL-PCR是以巢式PCR为基础的侧翼序列获取方式，具有PCR扩增法所拥有的一般优势：DNA用量少、纯度要求低，扩增特异性高、效率高，PCR产物可以直接用来测序，实验操作简单。但较多的AD引物及复杂的反应条件也使得TAIL-PCR扩增结果很不稳定。McElver等（2001）简化TAIL-PCR的扩增步骤，改进了扩增条件，从而进一步提高了扩增效率。Sessions等（2002）通过建立简并引物池的方法，大大提高了TAIL-PCR扩增的效率。TAIL-PCR广泛地用于各类插入突变体库侧翼序列的分离，包括拟南芥T-DNA插入突变体库SALK、日本国立农业研究院水稻TosI7插入突变体库、水稻T-DNA插入突变体库RMD和TRIM等都是利用该方法分离侧翼序列。

五、接头 PCR

接头PCR（adaptor ligation，PCR）也是一种基于PCR扩增的侧翼序列获取方法，通过核酸内切酶的精准切割并导入序列已知的核酸序列接头，利用已知的插入序列及接头序列设计特异引物，从而扩增已知序列旁侧的未知序列。其基本操作流程如下：①用限制性核酸内切酶消化基因组DNA并产生暴露的黏性末端；②在酶切产物的两端加上序列已知的接头，获取带有接头的基因组DNA片段模板；③用已知序列的特异引物及接头特异引物对目标片段区域进行普通PCR扩增，理论上即可得到包含侧翼序列的目标片段（图9-9）。因为此克隆过程在目标片段两端都插入了接头，故也称为双接头法。显然，接头之间非目标片段的非意愿扩增成为接头PCR方法存在的一个亟待解决的难题。为了解决如上问题，研究者采用生物素来纯化目标片段，获取更加特异的PCR扩增产物，即利用生物素标记已知序列的特异引物，通过单向PCR扩增方式有效纯化目标片段。纯化后的产物经回收处理后继续作为下一轮反应的模板，并利用已知序列和接头序列设计引物进行下一步的特异性扩增，从而获得已知序列的侧翼序列。Nthangeni等（2005）对接头PCR进行进一步的改良：①已知序列依次间隔设计两条引物，与接头特异引物匹配使用，采用巢式PCR扩增的方法增加目标片段的扩增效率和特异性；②普通PCR扩增过程中引入单引物PCR扩增部分，即只用已知序列特异引物单独进行扩

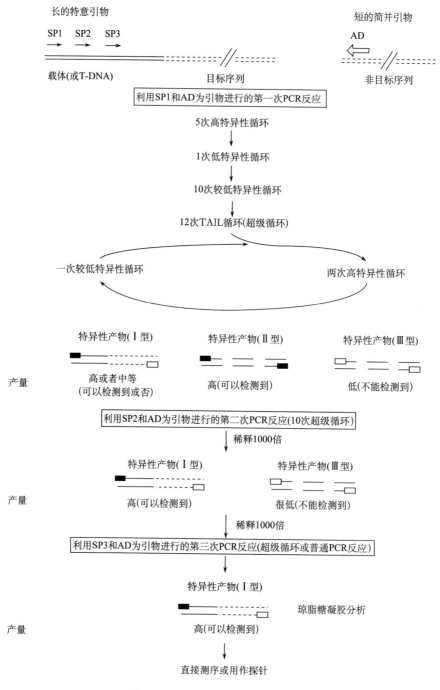

图 9-8　TAIL-PCR 扩增原理示意图

增，以线性增长的形式提高了目标片段在总扩增产物中的百分含量；③连接前用碱性磷酸酶处理接头片段，防止接头片段的自连，缺口的存在也可阻止由接头处引发的PCR扩增，避免了非特异性扩增产物的出现。改良最大限度地提高了目标片段的特异扩增，有效提升了未知序列的获取效率。

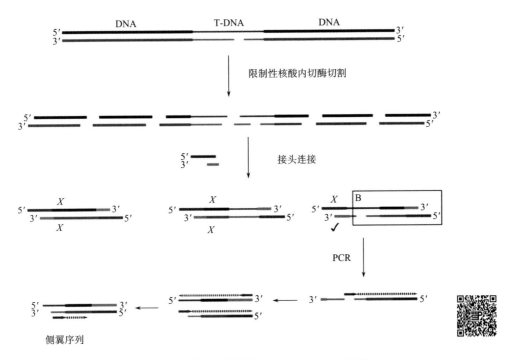

图 9-9 接头 PCR 扩增原理示意图（Ronan et al.，2007）

六、PCR 步移

PCR步移（PCR-Walking）是一种极其有效的代替反向PCR的方法，由Siebert于1995年创立，并成功应用于转基因拟南芥和水稻中T-DNA插入位点侧翼序列的分离鉴定工作。PCR-Walking是嵌套PCR和抑制PCR（suppression PCR）的结合，其主要操作流程与接头PCR有许多相同之处，即：①用限制性核酸内切酶消化基因组DNA并产生暴露的平末端（非黏性末端）；②在酶切产物的两端加上序列已知的接头（具有特殊结构特点，抑制接头间非特异扩增），获取带有接头的基因组DNA片段模板；③用已知序列的特异引物及接头特异引物对目标片段区域进行普通PCR扩增（图9-10）。PCR-Walking的巧妙之处在于接头的特殊结构：接头的两条互补链长短不相等，其中较长的链具有与接头特异引物AP1和AP2互补的连续序列，而较短链的3′端具有氨基基团，且缺乏AP1引物结合位点。接头引物结合位点只能通过从基因特异性引物延伸合成出来的接头长链互补链而产生，从而将普通PCR扩增限定在接头引物和已知序列特异引物之间。偶然情况下，接头引物的非特异扩增也会由于末端重复形成手性结构而不能大量扩增，从而有效避免了接头间非目标序列的扩增干扰。但同接头PCR一样，PCR-Walking同样面临诸如引物特异性低、接头与目标片段连接困难等问题。

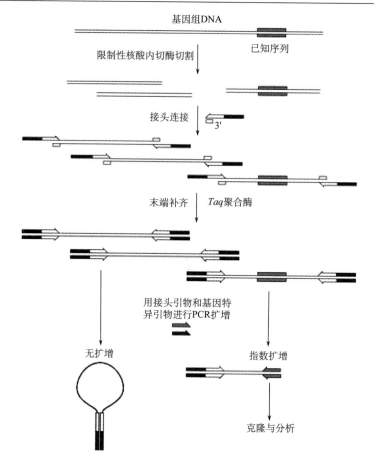

图 9-10　PCR-Walking 扩增原理示意图

参 考 文 献

柴振光. 2010. 盐芥激活标签突变体库的构建及盐芥转座子标签突变体的筛选. 济南: 山东师范大学硕士学位论文

陈志辉. 2015. 水稻T-DNA插入突变体库构建与利用及miRNA基因功能研究. 武汉: 华中农业大学博士学位论文

单奇伟, 高彩霞. 2015. 植物基因组编辑及衍生技术最新研究进展. 遗传, (10): 953-973

耿微. 2010. 利用FOX hunting system技术筛选碱茅中与胁迫相关基因. 哈尔滨: 东北林业大学硕士学位论文

顾玉成, 吴金平. 2004. 利用离体培养技术筛选抗病突变体的研究进展. 湖北农业科学, (2): 56-58

黄坤艳. 2003. 多功能T-DNA标签系统的建立及大规模水稻突变体库的创制. 长沙: 湖南农业大学硕士学位论文

解莉楠, 宋凤艳, 张旸. 2015. CRISPR/Cas9系统在植物基因组定点编辑中的研究进展. 中国农业科学, (9): 1669-1677

金双侠. 2006. 棉花遗传转化体系的优化及突变体的创制. 武汉: 华中农业大学博士学位论文

孔凡岩. 2010. 百喜草体细胞耐盐突变体筛选及其生理生化特性研究. 合肥: 安徽农业大学硕士学位论文

刘冬梅, 等. 2009. 棉花突变体的获得及其应用研究进展. 河南农业科学, (11): 11-15

刘峰. 2014. 烟草激活标签突变体库的构建与分析. 北京: 中国农业科学院博士学位论文

王曙光. 2007. 多功能T-DNA标签系统的建立及杨树突变体库的创制. 杨凌: 西北农林科技大学硕士学位论文

杨作仁. 2014. 棉花T-DNA激活标签突变体*pag1*分子机制的研究与应用. 北京: 中国农业科学院博士学位论文

周想春, 邢永忠. 2016. 基因组编辑技术在植物基因功能鉴定及作物育种中的应用. 遗传, (3): 227-242

Azpiroz-Leehan R, Feldmann K A. 1997. T-DNA insertion mutagenesis in *Arabidopsis*: going back and forth. Trends Genet, 13(4): 152-156

Balzergue S, Dubreucq B, Chauvin S, et al. 2001. Improved PCR-walking for large-scale isolation of plant T-DNA borders. Biotechniques, 30(3): 496-498, 502, 504

Belhaj K, Chaparro-Garcia A, Kamoun S, et al. 2013. Plant genome editing made easy: targeted mutagenesis in model and crop plants using the CRISPR/Cas system. Plant Methods, 9: 39

Bennetzen J L. 1996. The mutator transposable element system of maize. Curr Top Microbiol Immunol, 204: 195-229

Chomet P, Lisch D, Hardeman K J, et al. 1991. Identification of a regulatory transposon that controls the mutator transposable element system in maize. Genetics, 129(1): 261-270

Dietzl G, Chen D, Schnorrer F, et al. 2007. A genome-wide transgenic RNAi library for conditional gene inactivation in *Drosophila*. Nature, 448(7150): 151-156

Feldmann K A, Marks M D, Christianson M L, et al. 1989. A dwarf mutant of *arabidopsis* generated by T-DNA insertion mutagenesis. Science, 243(4896): 1351-1354

Ito Y, Nishizawa-Yokoi A, Endo M, et al. 2015. CRISPR/Cas9-mediated mutagenesis of the RIN locus that regulates tomato fruit ripening. Biochemical and Biophysical Research Communications, 467(1): 76-82

Izawa T, Ohnishi T, Nakano T, et al. 1997. Transposon tagging in rice. Plant Molecular Biology, 35(1-2): 219-229

Jeong D H, An S, Kang H G, et al. 2002. T-DNA insertional mutagenesis for activation tagging in rice. Plant Physiology, 130(4): 1636-1644

Krysan P J, Young J C, Jester P J, et al. 2002. Characterization of T-DNA insertion sites in *Arabidopsis thaliana* and the implications for saturation mutagenesis. OMICS, 6(2): 163-174

Kumar S, Fladung M. 2002. Transgene integration in aspen: structures of integration sites and mechanism of T-DNA integration. Plant Journal, 31(4): 543-551

Li J, Lease K A, Tax F E, et al. 2001. BRS1, a serine carboxypeptidase, regulates BRI1 signaling in Arabidopsis *thaliana*. Proc Natl Acad Sci USA, 98(10): 5916-5921

Li J, Wen J, Lease K A, et al. 2002. BAK1, an *Arabidopsis* LRR receptor-like protein kinase, interacts with BRI1 and modulates brassinosteroid signaling. Cell, 110(2): 213-222

Long D, Swinburne J, Martin M, et al. 1993. Analysis of the frequency of inheritance of transposed Ds elements in *Arabidopsis* after activation by a CaMV 35S promoter fusion to the Ac transposase gene. Mol Gen Genet, 241(5-6): 627-636

Lu J, den Dulk-Ras A, Hooykaas P J, et al. 2009. *Agrobacterium tumefaciens* VirC2 enhances T-DNA transfer and virulence through its C-terminal ribbon-helix-helix DNA-binding fold. Proc Natl Acad Sci USA, 106(24): 9643-9648

Luo B, Heard A D, Lodish H F. 2004. Small interfering RNA production by enzymatic engineering of DNA (SPEED). Proc Natl Acad Sci USA, 101(15): 5494-5499

Nichols M, Steinman R A. 2009. A recombinase-based palindrome generator capable of producing randomized shRNA libraries. J Biotechnol, 143(2): 79-84

O'Malley R C, Alonso J M, Kim C J, et al. 2007. An adapter ligation-mediated PCR method for high-throughput mapping of T-DNA inserts in the *Arabidopsis* genome. Nature Protocols, 2(11): 2910

Qu S H, Jeon J S, Ouwerkerk P B F, et al. 2009. Construction and application of efficient Ac-Ds transposon tagging vectors in rice. Journal of Integrative Plant Biology, 51(11): 982-992

Shan Q, Wang Y, Chen K, et al. 2013. Rapid and efficient gene modification in rice and *Brachypodium* using TALENs. Mol Plant, 6(4): 1365-1368

Siebert P D, Chenchik A, Kellogg D E, et al. 1995. An improved Pcr method for walking in uncloned genomic DNA. Nucleic Acids Research, 23(6): 1087-1088

Sundaresan V, Springer P, Volpe T, et al. 1995. Patterns of gene action in plant development revealed by enhancer trap and gene trap transposable elements. Genes Dev, 9(14): 1797-1810

Tani H, Chen X, Nurmberg P, et al. 2004. Activation tagging in plants: a tool for gene discovery. Funct Integr Genomics, 4(4): 258-266

Tzfira T, Citovsky V. 2000. From host recognition to T-DNA integration: the function of bacterial and plant genes in the *Agrobacterium*-plant cell interaction. Molecular Plant Pathology, 1(4): 201-212

Tzfira T, Li J, Lacroix B, et al. 2004. *Agrobacterium* T-DNA integration: molecules and models. Trends Genet, 20(8): 375-383

Vain P, Worland B, Thole V, et al. 2008. *Agrobacterium*-mediated transformation of the temperate grass *Brachypodium distachyon* (genotype Bd21) for T-DNA insertional mutagenesis. Plant Biotechnology Journal, 6(3): 236-245

Villalba F, Lebrun M H, Hua-Van A, et al. 2001. Transposon impala, a novel tool for gene tagging in the rice blast fungus *Magnaporthe grisea*. Molecular Plant-Microbe Interactions, 14(3): 308-315

Walbot V, Warren C. 1988. Regulation of Mu element copy number in maize lines with an active or inactive mutator transposable element system. Mol Gen Genet, 211(1): 27-34

Wang L, Luo Y Z, Zhang L, et al. 2008. Rolling circle amplification-mediated hairpin RNA (RMHR) library construction in plants. Nucleic Acids Research, 36(22): e149

Wang Y P, Cheng X, Shan Q W, et al. 2014. Simultaneous editing of three homoeoalleles in hexaploid bread wheat confers heritable resistance to powdery mildew. Nature Biotechnology, 32(9): 947-951

Wesley S V, Helliwell C A, Smith N A, et al. 2001. Construct design for efficient, effective and high-throughput gene silencing in plants. Plant Journal, 27(6): 581-590

Xie K B, Minkenberg B, Yang Y N. 2015. Boosting CRISPR/Cas9 multiplex editing capability with the endogenous tRNA-processing system. Proceedings of the National Academy of Sciences of the United States of America, 112(11): 3570-3575

Yu H, Chen X, Hong Y Y, et al. 2008. Activated expression of an *Arabidopsis* HD-START protein confers drought tolerance with improved root system and reduced stomatal density. Plant Cell, 20(4): 1134-1151

Zhan Y G, Zeng F S, Xin Y. 2005. Progress on molecular mechanism of T-DNA transport and integration. Yi Chuan Xue Bao, 32(6): 655-665